plurall

Parabéns!
Agora você faz parte do **Plurall**, a plataforma digital do seu livro didático!
Acesse e conheça todos os recursos e funcionalidades disponíveis para as suas aulas digitais.

Baixe o aplicativo do **Plurall** para Android e IOS ou acesse **www.plurall.net** e cadastre-se utilizando o seu código de acesso exclusivo:

AAPJ323WJ

Este é o seu código de acesso Plurall.
Cadastre-se e ative-o para ter acesso aos conteúdos relacionados a esta obra.

@plurallnet

@plurallnetoficial

CB026357

SOMOS
EDUCAÇÃO

Ensino Fundamental
Anos Finais

9º
ANO

MATEMÁTICA
E REALIDADE

GELSON IEZZI

Engenheiro metalúrgico pela Escola Politécnica da Universidade de São Paulo (Poli-USP).

Licenciado em Matemática pelo Instituto de Matemática e Estatística da Universidade de São Paulo (IME-USP).

Ex-professor da Pontifícia Universidade Católica de São Paulo (PUC-SP).

Ex-professor da rede particular de ensino de São Paulo.

OSVALDO DOLCE

Engenheiro civil pela Escola Politécnica da Universidade de São Paulo (Puli-USP).

Ex-professor da rede pública de ensino do Estado de São Paulo.

Ex-professor de cursos pré-vestibulares.

ANTÔNIO MACHADO

Licenciado em Matemática e mestre em Estatística pelo Instituto de Matemática e Estatística da Universidade de São Paulo (IME-USP).

Ex-professor do Instituto de Matemática e Estatística da Universidade de São Paulo (IME-USP).

Professor de escolas particulares de São Paulo.

Editora Saraiva

Presidência: Mario Ghio Júnior

Direção executiva: Daniela Villela (Plataforma par)

Vice-presidência de educação digital: Camila Montero Vaz Cardoso

Direção editorial: Lidiane Vivaldini Olo

Gerência de conteúdo e design educacional: Renata Galdino

Gerência editorial: Julio Cesar Augustus de Paula Santos

Coordenação de projeto: Luciana Nicoleti

Edição: Rani de Oliveira e Souza e Thais Bueno de Moura

Planejamento e controle de produção: Flávio Matuguma (ger.), Juliana Batista (coord.), Vivian Mendes (analista) e Jayne Santos Ruas (analista)

Revisão: Letícia Pieroni (coord.), Aline Cristina Vieira, Anna Clara Razvickas, Brenda T. M. Morais, Carla Bertinato, Daniela Lima, Danielle Modesto, Diego Carbone, Kátia S. Lopes Godoi, Lilian M. Kumai, Malvina Tomáz, Marília H. Lima, Paula Rubia Baltazar, Paula Teixeira, Raquel A. Taveira, Ricardo Miyake, Shirley Figueiredo Ayres, Tayra Alfonso e Thaise Rodrigues

Arte: Fernanda Costa da Silva (ger.), Catherine Saori Ishihara (coord.), Lisandro Paim Cardoso (edição de arte)

Diagramação: Fórmula Produções Editoriais

Iconografia e tratamento de imagem: Roberta Bento (ger.), Claudia Bertolazzi (coord.), Karina Tengan (pesquisa iconográfica) e Fernanda Crevin (tratamento de imagens)

Licenciamento de conteúdos de terceiros: Roberta Bento (ger.), Jenis Oh (coord.), Liliane Rodrigues; Flávia Zambon e Raísa Maris Reina (analistas de licenciamento)

Ilustrações: Alberto De Stefano, Ericson Guilherme Luciano, Estúdio Mil, Hagaquezart Estúdio, Hélio Senatore, Ilustra Cartoon, João Anselmo, Luigi Rocco, Marcelo Gagliano e Rodval Matias

Design: Erik Taketa (coord.) e Pablo Maury Braz (proj. gráfico)

Foto de capa: Roy Harris/Shutterstock

Todos os direitos reservados por Somos Sistemas de Ensino S.A.
Avenida Paulista, 901, 6º andar – Bela Vista
São Paulo – SP – CEP 01310-200
http://www.somoseducacao.com.br

Dados Internacionais de Catalogação na Publicação (CIP)

```
Iezzi, Gelson
    Matemática e realidade 9º ano / Gelson Iezzi, Antonio
Machado e Osvaldo Dolce. - 10. ed. - São Paulo : Atual,
2021.

    ISBN 978-65-5945-016-9 (livro do aluno)
    ISBN 978-65-5945-017-6 (livro do professor)


    1. Matemática (Ensino fundamental) - Anos finais I. Título
II. Machado, Antonio III. Dolce, Osvaldo

21-2207                                    CDD 372.7
```

Angélica Ilacqua – Bibliotecária – CRB-8/7057

2023
10ª edição
2ª impressão
De acordo com a BNCC.

Impressão e acabamento Gráfica Santa Marta

Uma publicação

APRESENTAÇÃO

Esta é a mais nova edição da coleção *Matemática e realidade*. Por se tratar de uma obra com finalidade didática, esta coleção procura apresentar a teoria de maneira lógica e em linguagem acessível.

Nas séries de atividades e na introdução de alguns capítulos aparecem situações-problema ligadas quase sempre à realidade cotidiana. Algumas dessas propostas são apresentadas por meio da seção **Na real** ou do boxe **Participe**, que estimulam ações reflexivas, estratégias pessoais, compartilhamento de ideias e conhecimentos prévios para introduzir o tema a ser tratado.

Ao longo do livro, nos boxes **Na Olimpíada**, são reproduzidas questões da Olimpíada Brasileira de Matemática (OBM) e da Olimpíada Brasileira de Matemática das Escolas Públicas (Obmep), cujo objetivo é colocar você diante de situações novas, inesperadas, que o levem a analisar soluções, pensar e desenvolver a iniciativa de forma leve, divertida e espontânea.

A seção de leitura **Na mídia**, na qual é apresentada a reprodução de um texto de jornal, revista ou *site* ligado à Matemática, procura mostrar que a aplicação do conhecimento adquirido é essencial para o acesso aos meios de comunicação.

Em outra seção de leitura, **Na História**, você entrará em contato com a interessante história das descobertas matemáticas por meio da abordagem de um tema ligado ao assunto que está sendo estudado.

Em **Educação financeira**, você encontrará atividades individuais e coletivas sobre temas de educação financeira que podem ajudá-lo no planejamento financeiro – seu e/ou de sua família –, buscando sempre melhorar a qualidade de vida.

A seção **Matemática e tecnologia**, novidade desta edição e presente em todos os volumes, explora o uso de *softwares* e aplicativos de Matemática para resolver e modelar problemas.

Nesta edição, procuramos favorecer o desenvolvimento das competências e das habilidades propostas na Base Nacional Comum Curricular (BNCC), porque acreditamos que esse planejamento curricular facilitará a organização dos conteúdos e das abordagens das mais variadas escolas.

Esperamos que você goste deste livro e que aceite nossa companhia nesta viagem de descoberta dos números e das formas. Se quiser expressar sua opinião – seja ela qual for – a respeito desta obra, escreva para a editora. Teremos muita satisfação em saber o que você pensa.

Bons estudos!

Os autores

CONHEÇA SEU LIVRO

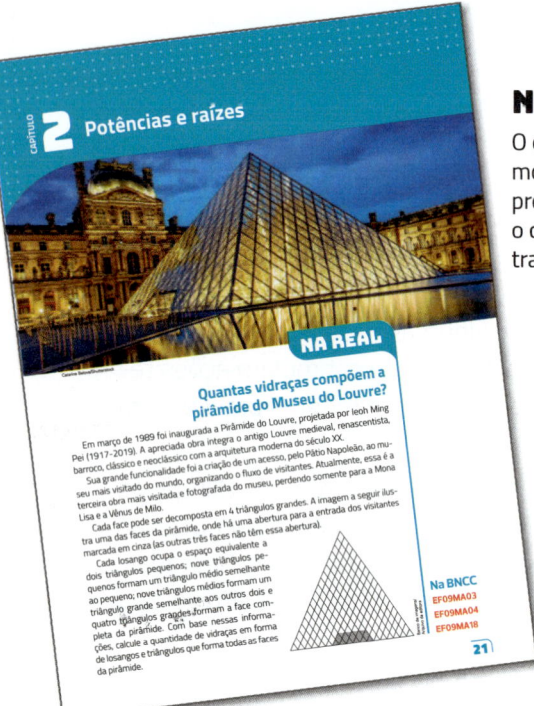

NA REAL

O objetivo da seção é mobilizar conhecimentos prévios e introduzir o conteúdo que será tratado no capítulo.

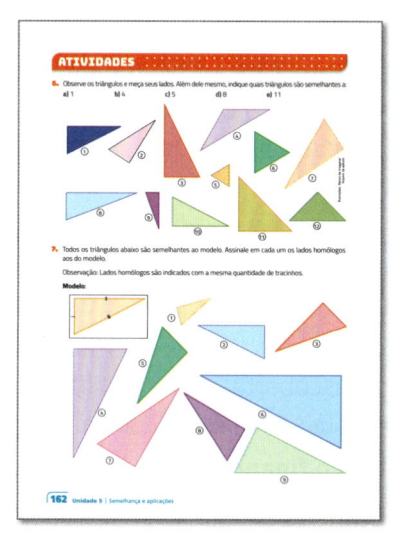

ATIVIDADES

As atividades são apresentadas em gradação de dificuldade e têm por objetivo consolidar o conteúdo estudado.

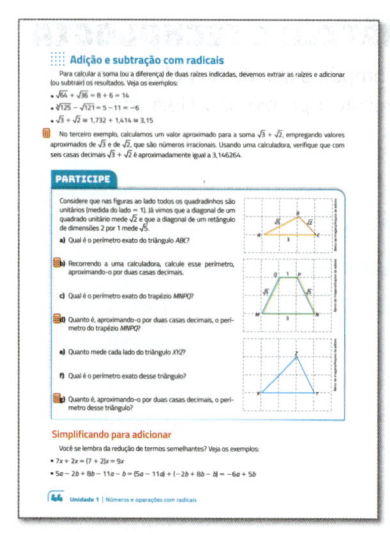

PARTICIPE

Neste boxe, são apresentadas questões que visam estimular o levantamento de hipóteses e a resolução de problemas por meio de estratégias pessoais.

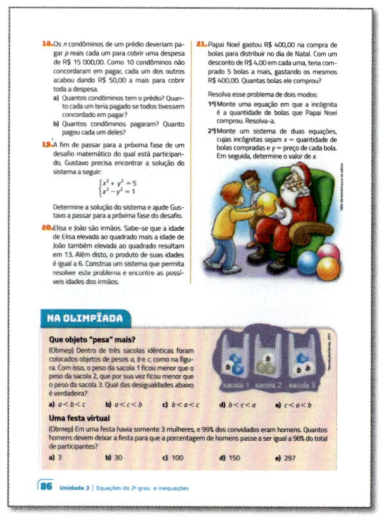

NA OLIMPÍADA

Este boxe propõe questões desafiadoras que levam a analisar, pensar e relacionar conteúdos diversos.

NA HISTÓRIA

Esta seção permite que você entre em contato com relatos históricos e questionamentos científicos relacionados a assuntos ligados ao conteúdo.

NA MÍDIA

Apresenta textos de jornais, revistas ou *sites* que levam a observar a realidade com visão crítica, usando a Matemática para comparar dados e situações apresentadas.

EDUCAÇÃO FINANCEIRA

Esta seção propõe atividades individuais e coletivas, permitindo uma reflexão sobre o consumo excessivo.

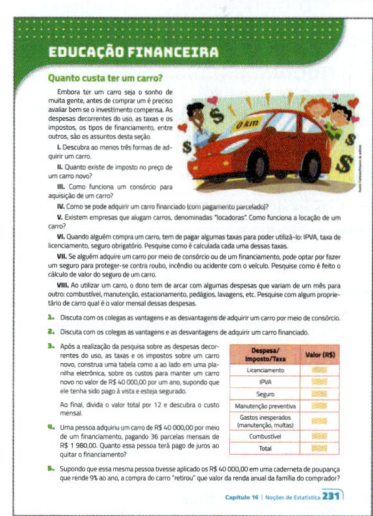

MATEMÁTICA E TECNOLOGIA

Esta seção propõe o uso de tecnologia para modelar e resolver problemas. Nela, são apresentados alguns *softwares* e aplicativos de Matemática.

ÍCONES

Calculadora

Convém usar a calculadora quando encontrar este ícone.

Compasso

Indica o uso de régua, compasso, esquadro, entre outros instrumentos.

SUMÁRIO

1

Números e operações com radicais

NESTA UNIDADE VOCÊ VAI

- Reconhecer que existem segmentos de reta cujo comprimento não é expresso por número racional.

- Reconhecer que um número irracional é um número real cuja representação decimal é infinita e não periódica.

- Resolver problemas com números reais.

- Reconhecer e empregar unidades usadas para expressar medidas muito grandes ou muito pequenas.

CAPÍTULOS

1 Números reais

A4
210x297mm

x210mm

A2
420x594mm

A3
297x420mm

A0
841x1189mm

A1
594x841mm

vectorplus/Shutterstock

NA REAL

O que o papel A4 tem de especial?

Você conhece outros tamanhos de papel que não sejam o A4? A série A de folhas de papel foi criada com base em um padrão para suas dimensões. Isso facilita o corte das folhas, as ampliações e reduções e até padroniza o tamanho de pastas de arquivos. O modelo foi idealizado pelo engenheiro e matemático alemão Walter Porstmann (1886-1959) e hoje é adotado em vários países. A ideia foi partir de uma folha A0 de 1 m² de área e, mantendo a mesma razão entre o lado maior e o menor, obter as outras. Dobrando-se ao meio o lado maior de uma folha dessa sequência, obtém-se a folha seguinte da série.

Nessas condições é possível descobrir que a razão entre a medida do lado maior e do lado menor em cada folha é $\sqrt{2}$ e determinar as dimensões de todas elas começando pela A0. Como $\sqrt{2}$ é um número irracional, as medidas das folhas mostradas são aproximações. Analise as dimensões das folhas de papel da imagem e calcule a razão entre a medida do lado maior e a do lado menor de cada uma delas. O que você observa nas razões encontradas?

Com essas informações, determine as dimensões da folha de papel A6.

Na BNCC
EF09MA01
EF09MA02

⠿ Conjuntos numéricos

A diagonal do quadrado unitário

Quanto mede a diagonal de um quadrado unitário (medida do lado $= 1$, área $= 1^2 = 1$)?

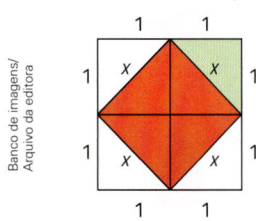

A diagonal divide o quadrado unitário ao meio: cada parte tem área 0,5.

Para facilitar, vamos considerar 4 quadrados unitários dispostos como na figura abaixo, de modo que, calculando a medida do lado do quadrado vermelho, teremos a medida da diagonal do quadrado inicial:

Área do quadrado vermelho $= 4 \cdot 0,5 = 2$

Então: $x^2 = 2$

$$x = \sqrt{2}$$

A diagonal do quadrado unitário mede $\sqrt{2}$.

Vamos analisar agora outra situação.

A diagonal do retângulo 2 por 1

Quanto mede a diagonal de um retângulo de dimensões 2 por 1?

A diagonal divide o retângulo ao meio: cada parte tem área 1.

Nesse caso, vamos considerar 4 retângulos e mais 1 quadrado unitário, dispostos como na figura abaixo.

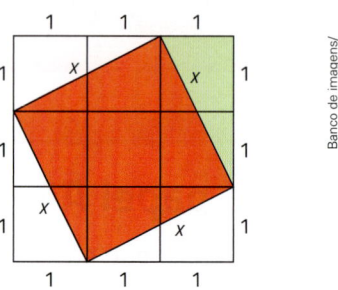

A área do quadrado vermelho é igual à área do quadrado de lado que mede 3 subtraindo a área dos quatro cantos, que têm cada um área 1. Então:

$$x^2 = 9 - 4 \cdot 1$$
$$x^2 = 5$$
$$x = \sqrt{5}$$

A diagonal do retângulo de dimensões 2 por 1 mede $\sqrt{5}$.

O número $\sqrt{2}$, medida da diagonal do quadrado unitário, e o número $\sqrt{5}$, medida da diagonal do retângulo de dimensões 2 por 1, são exemplos de números reais.

Os números reais podem ser representados em uma reta, conforme estudamos nos anos anteriores.

Todo número real corresponde a um ponto na reta numérica, e todo ponto da reta numérica corresponde a um número real. Vamos recordar os principais conjuntos numéricos e sua representação na reta.

Números naturais

Indicamos o conjunto dos números naturais por $\mathbb{N}$:

- $\mathbb{N} = \{0, 1, 2, 3, 4, 5, 6, 7, 8, 9, 10, ...\}$

Quando adicionamos ou multiplicamos dois números naturais, o resultado é um número natural. Na subtração, nem sempre isso acontece.

Por exemplo, a diferença $(9 - 4)$ é um número natural, porém $(4 - 9)$ não é. Começamos a calcular diferenças como $(4 - 9)$ quando estudamos os números inteiros.

Números inteiros

Indicamos o conjunto dos números inteiros por $\mathbb{Z}$:

- $\mathbb{Z} = \{..., -4, -3, -2, -1, 0, 1, 2, 3, 4, 5, 6, 7, ...\}$

Quando adicionamos, subtraímos ou multiplicamos dois números inteiros, o resultado é um número inteiro. Na divisão nem sempre isso acontece.

Por exemplo, o quociente $(10 : 5)$ é um número inteiro, porém $(5 : 10)$ não é. Calculamos quocientes como $(5 : 10)$ quando estudamos os números racionais.

Números racionais

Indicamos o conjunto dos números racionais por $\mathbb{Q}$:

- $\mathbb{Q} = \left\{ \dfrac{m}{n}, m \text{ e } n \text{ inteiros e } n \neq 0 \right\}$

Os números racionais podem ser representados na forma de fração ou na forma decimal. Por exemplo, são racionais os números:

- $5 = \dfrac{10}{2}$
- $-3 = -\dfrac{15}{5}$
- $\dfrac{5}{10} = 0,5$

- $-\dfrac{7}{3} = -2,333333...$
- $\dfrac{17}{4} = 4\dfrac{1}{4} = 4,25$
- $-\dfrac{55}{6} = -9,16666...$

Todo número inteiro é um número racional. Todo número racional é um número decimal exato ou uma dízima periódica.

Quando adicionamos, subtraímos, multiplicamos ou dividimos dois números racionais, o resultado, quando existe, é sempre um número racional.

Não existe resultado apenas para a divisão de um número qualquer por 0; por exemplo, a divisão $5 : 0$ não existe.

Números reais

Sabemos que a medida da diagonal de um quadrado unitário é $\sqrt{2}$ e que a medida da diagonal de um retângulo de dimensões 2 por 1 é $\sqrt{5}$.

Veja como podemos representar os números $\sqrt{2}$ e $\sqrt{5}$ na reta numérica:

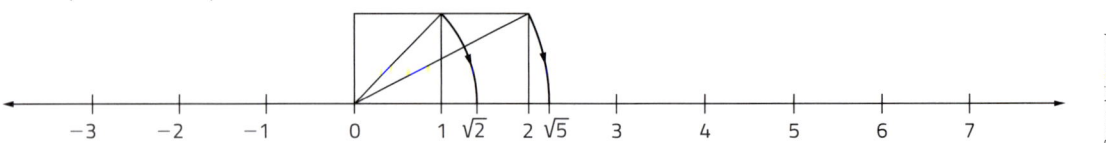

O número $\sqrt{2}$ não é racional, pois pode-se provar que não existem dois números inteiros m e n tais que $\dfrac{m}{n}$ seja igual a $\sqrt{2}$.

Também não existem números inteiros m e n tais que $\dfrac{m}{n}$ seja igual a $\sqrt{5}$, ou seja, o número $\sqrt{5}$ também não é racional.

Então, existem pontos na reta numérica que não correspondem a números racionais; por exemplo, os pontos que correspondem aos números $\sqrt{2}$ e $\sqrt{5}$. Consequentemente, podemos afirmar que os números racionais não preenchem toda a reta.

Os números $\sqrt{2}$ e $\sqrt{5}$ são exemplos de números irracionais. Quando representados na forma decimal, os números irracionais têm infinitas casas decimais e não periódicas. Assim, suas representações com número finito de casas decimais são, na verdade, aproximações dos seus valores reais.

Por exemplo, em uma calculadora podemos ler:

$$\sqrt{2} = 1{,}414213562 \text{ e } \sqrt{5} = 2{,}236067977$$

que são aproximações de $\sqrt{2}$ e de $\sqrt{5}$ com nove casas decimais.

É comum usarmos aproximações com uma a quatro casas decimais:

$$\sqrt{2} \cong 1{,}4 \text{ ou } \sqrt{2} \cong 1{,}41 \text{ ou } \sqrt{2} \cong 1{,}414 \text{ ou } \sqrt{2} \cong 1{,}4142$$
$$\sqrt{5} \cong 2{,}2 \text{ ou } \sqrt{5} \cong 2{,}24 \text{ ou } \sqrt{5} \cong 2{,}236 \text{ ou } \sqrt{5} \cong 2{,}2361$$

(Leia $\cong$ como "aproximadamente igual a".)

O π é um número irracional, e, para indicar seu valor, são usualmente utilizadas as aproximações 3,14 ou 3,1416.

Todo ponto da reta numérica corresponde a um número racional ou a um número irracional. Assim, todos os números racionais reunidos a todos os números irracionais formam o conjunto dos números reais, que indicamos por $\mathbb{R}$.

$$\mathbb{R} = \left\{ x \mid x \text{ é racional ou irracional} \right\}$$

Os números reais preenchem toda a reta real.

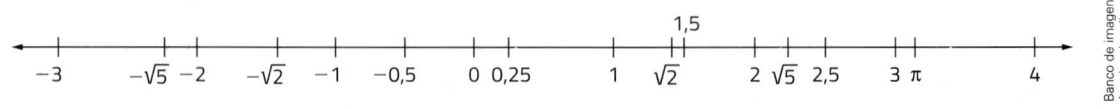

No diagrama ao lado, podemos representar os conjuntos numéricos.

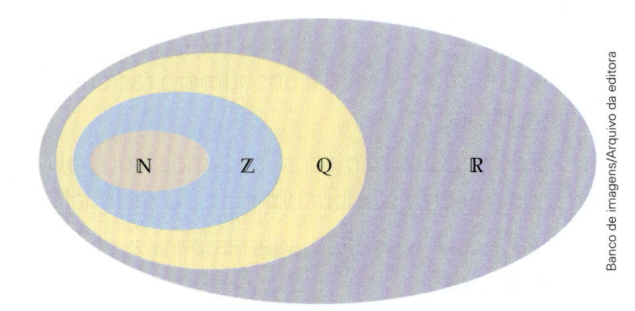

1. Admitindo que o padrão observado nas casas decimais dos números a seguir se repita infinitamente, classifique cada número em racional ou irracional.

a = 1,111111111111111111111...

d = 1,12312312312312312123..

b = 1,12112111211112111112...

e = 1,12233312233312233312233...

c = 1,12131213121312131213...

f = 1,12311223311122233311112222333...

2. Escreva em ordem crescente os números **a** a **f** da atividade anterior.

3. Desenhe uma reta numérica e indique a localização aproximada dos pontos que representam os números:

$A = \sqrt{3} \cong 1,73$

$C = \sqrt{3} + \sqrt{7}$

$E = 7\sqrt{3} - 3\sqrt{7}$

$B = \sqrt{7} \cong 2,65$

$D = \sqrt{3} - \sqrt{7}$

$\pi \cong 3,14$

4. Na reta numérica a seguir, que números são representados pelos pontos A, B, C, D e E?

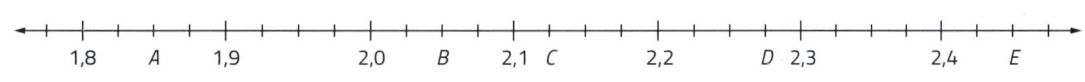

Banco de imagens/ Arquivo da editora

5. Qual é a fração geratriz da dízima periódica 0,4444444...? Quanto é $\sqrt{0,444444...}$?

6. A igualdade a seguir é verdadeira ou falsa?

$$(0,33333...)^2 = 0,11111...$$

7. Utilize números decimais para representar o valor de:

$$\left(1 - \frac{1}{2}\right) + \left(\frac{1}{2} - \frac{1}{3}\right) + \left(\frac{1}{3} - \frac{1}{4}\right) + \left(\frac{1}{4} - \frac{1}{5}\right) + ... + \left(\frac{1}{99} - \frac{1}{100}\right)$$

8. Utilize números decimais para representar o valor de:

$$\left(1 - \frac{1}{2}\right) \cdot \left(1 - \frac{1}{3}\right) \cdot \left(1 - \frac{1}{4}\right) \cdot \left(1 - \frac{1}{5}\right) \cdot ... \cdot \left(1 - \frac{1}{1\,000}\right)$$

9. Calcule o valor de:

$$\left(1 + \frac{1}{2}\right) \cdot \left(1 + \frac{1}{3}\right) \cdot \left(1 + \frac{1}{4}\right) \cdot \left(1 + \frac{1}{5}\right) \cdot ... \cdot \left(1 + \frac{1}{9\,999}\right)$$

10. Calcule o valor de:

$$\frac{2 + 4 + 6 + 8 + ... + 2\,000}{1 + 2 + 3 + 4 + ... + 1\,000}$$

:::: Valor absoluto

Quando representamos os números reais $\frac{5}{2}$ e $-\frac{5}{2}$ na reta numérica, obtemos dois pontos – um à direita e o outro à esquerda de 0 – situados à mesma distância de 0:

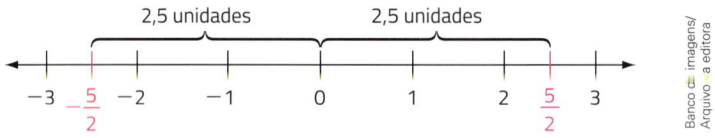

Dizemos que $-\frac{5}{2}$ e $\frac{5}{2}$ são números que têm o mesmo *valor absoluto* (ou *módulo*), que é $\frac{5}{2}$. Indicamos:

$$\left|-\frac{5}{2}\right| = \left|\frac{5}{2}\right| = \frac{5}{2}$$

> Se a é um número real positivo, então $|a| = a$ e $|-a| = a$. Se $a = 0$, então $|a| = |0| = 0$.

Veja outros exemplos:

- $|2| = 2$
- $|-3| = 3$

- $\left|\frac{11}{3}\right| = \frac{11}{3}$
- $|-0,123456...| = 0,123456...$

:::: Comparação de números reais

Elas são maioria nas cidades de São Paulo e do Rio de Janeiro

Na tabela abaixo são fornecidos dados sobre a população das cidades de São Paulo e do Rio de Janeiro pelo Censo 2010.

Dados sobre a população de duas cidades		
Cidade	**População total**	**Mulheres**
São Paulo	11,24 milhões	5,92 milhões
Rio de Janeiro	6,32 milhões	3,36 milhões

Fonte: IBGE.

Em qual das duas cidades a participação das mulheres na população era maior?

Para responder a essa pergunta, comece observando que, quando o censo foi realizado:

– em São Paulo, metade da população era 5,62 milhões. Portanto, as mulheres eram mais da metade da população nessa cidade;

– no Rio de Janeiro, metade da população era 3,16 milhões. Logo, as mulheres também eram mais da metade da população nessa cidade.

Em cada cidade, que fração da população correspondia às mulheres?

Em São Paulo:

$$\frac{5,92 \text{ milhões}}{11,24 \text{ milhões}} = \frac{592}{1124} = \frac{296}{562} = \frac{148}{281}$$

(De cada 281 habitantes, 148 eram mulheres.)

Ponte Estaiada Octávio Frias de Oliveira, em São Paulo (SP). Junho de 2016.

No Rio de Janeiro:

$$\frac{3,36 \text{ milhões}}{6,32 \text{ milhões}} = \frac{336}{632} = \frac{168}{316} = \frac{84}{158} = \frac{42}{79}$$

(De cada 79 habitantes, 42 eram mulheres.)

Calçadão da praia de Copacabana, no Rio de Janeiro (RJ). Junho de 2017.

Qual dessas frações é maior?

A maior delas corresponde à cidade em que a participação feminina era maior. Para responder à pergunta formulada acima, precisamos saber comparar as frações. (Adiante, você vai respondê-la resolvendo a atividade **15**.)

Comparar dois números reais a e b significa estabelecer que uma das afirmações abaixo é verdadeira:

$$a < b \qquad \text{ou} \qquad a = b \qquad \text{ou} \qquad a > b$$

Quando são representados na reta, os números reais ficam em ordem crescente, da esquerda para a direita. Em consequência, um número real a é menor que um número real b quando a está representado à esquerda de b na reta.

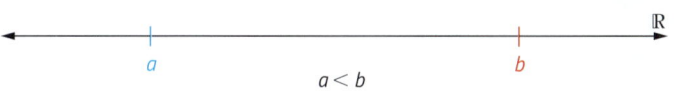

Os números negativos ficam à esquerda do zero e os positivos, à direita.

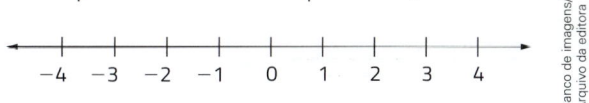

Comparando números positivos na forma de fração

Acompanhe o exemplo a seguir.

Vamos comparar $\frac{5}{4}$ e $\frac{7}{3}$.

Nesse caso, os dois números reais são positivos e representados por frações. Vamos reduzir as frações a um mesmo denominador positivo e comparar os numeradores entre si.

$$\frac{5}{4} = \frac{15}{12} \quad \text{e} \quad \frac{7}{3} = \frac{28}{12}$$

Como $15 < 28$, concluímos que $\dfrac{5}{4} < \dfrac{7}{3}$.

Na reta numérica, $\dfrac{5}{4}$ é representado à esquerda de $\dfrac{7}{3}$.

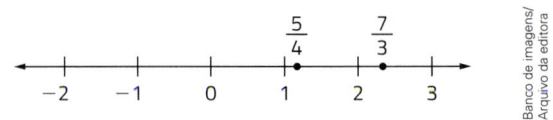

Veja outros exemplos:

- $\dfrac{11}{3} = \dfrac{55}{15}$, $\dfrac{16}{5} = \dfrac{48}{15}$ e $55 > 48$. Logo, $\dfrac{11}{3} > \dfrac{16}{5}$.

- $\dfrac{35}{89}$ e $\dfrac{35}{91}$ têm numeradores iguais e $89 < 91$. Logo, $\dfrac{35}{89} > \dfrac{35}{91}$.

Comparando números positivos na forma decimal

Vamos comparar 1,21 e 3,007.

1,21   3,007

Nesse caso, comparamos as partes inteiras. O maior número é o que tem a parte inteira maior:

$$1 < 3, \text{ então } 1,21 < 3,007.$$

Na reta numérica, 1,21 é representado à esquerda de 3,007. Veja a localização aproximada:

Observe outros exemplos:

- $7 > 4$, então $7,3 > 4,99987$.
- $2 < 11$, então $2,99 < 11$.

E agora vamos comparar 1,13 e 1,37.

1,13   1,37

E se as partes inteiras forem iguais?

Nesse caso, tomamos quantidades iguais de casas decimais nos dois números até que surja uma casa com algarismos distintos. Em seguida, comparamos os números resultantes.

$$1,\underline{1}3 \text{ e } 1,\underline{3}7$$

tomamos uma casa decimal

$1,1 < 1,3$, então $1,13 < 1,37$.

Esse método lembra a colocação de palavras em ordem alfabética.

Que palavra vem antes: abacate ou abacaxi?

Veja outros exemplos:

- 2,35 e 2,231

  tomamos uma casa decimal
  2,3 > 2,2,
  então 2,35 > 2,231

- 5,111 e 5,133

  tomamos duas casas decimais
  5,11 < 5,13,
  então 5,111 < 5,133

- 4,834 e 4,8333...

  tomamos três casas decimais
  4,834 > 4,833,
  então 4,834 > 4,8333...

Comparação com zero e com números negativos

Todo número real negativo é menor que zero.

Exemplos

- $-\dfrac{1}{3} < 0$
- $-5 < 0$
- $-1{,}234567... < 0$

O zero é menor que todos os números reais positivos.

Exemplos

- $0 < \dfrac{1}{3}$
- $0 < 5$
- $0 < 1{,}234567...$

Todo número real negativo é menor que qualquer número real positivo.

Exemplos

- $-\dfrac{1}{3} < 1$
- $-10 < \dfrac{7}{9}$
- $-30{,}2 < 0{,}1001000100001...$

Entre dois números negativos, o menor é o de maior valor absoluto, ou seja, o mais distante do zero.

Exemplos

- $\dfrac{5}{4} < \dfrac{7}{3}$, então $-\dfrac{7}{3} < -\dfrac{5}{4}$.
- $2{,}99 < 11$, então $-11 < -2{,}99$.
- $1{,}13 < 1{,}37$, então $-1{,}37 < -1{,}13$.
- $\dfrac{35}{89} > \dfrac{35}{91}$, então $-\dfrac{35}{89} < -\dfrac{35}{91}$.
- $\dfrac{2}{3} > 0{,}5$, então $-\dfrac{2}{3} < -0{,}5$.

ATIVIDADES

11. Compare os números usando =, < ou >.

a) $\dfrac{11}{17}$ e $\dfrac{13}{17}$

b) $\dfrac{30}{43}$ e $\dfrac{30}{41}$

c) $\dfrac{13}{17}$ e $\dfrac{30}{41}$

d) $\dfrac{11}{17}$ e $\dfrac{33}{51}$

12. Substitua cada ▨ por <, = ou > para comparar os números de maneira correta:

a) 2 ▨ -3

b) -3 ▨ -5

c) $\dfrac{3}{5}$ ▨ $\dfrac{7}{5}$

d) $-\dfrac{2}{7}$ ▨ $-\dfrac{3}{7}$

e) $-\dfrac{5}{11}$ ▨ $\dfrac{8}{11}$

f) $0{,}75$ ▨ $0{,}77$

g) $2{,}98$ ▨ $2{,}957$

h) $\dfrac{64}{5}$ ▨ $12{,}8$

i) $-0{,}8333$ ▨ $0{,}83411$

j) $1{,}25$ ▨ $1{,}2345672...$

k) $(-0{,}333...)$ ▨ $-\dfrac{1}{3}$

l) $(-1{,}2345678...)$ ▨ $-1{,}235$

13. Qual é o menor número:

a) $-2,10203$ ou $-2,11$?

c) 4 ou $\dfrac{17}{4}$?

e) $-2,89$ ou -3?

b) $-\dfrac{2}{3}$ ou $-0,7$?

d) $-\dfrac{21}{23}$ ou $-\dfrac{21}{25}$?

f) 0 ou $-0,8$?

14. Qual é o maior número:

a) $\dfrac{50}{29}$ ou $\dfrac{50}{33}$?

c) $1,1777\ldots$ ou $1,123$?

e) $0,71$ ou $\dfrac{71}{99}$?

b) $-\dfrac{3}{8}$ ou $-\dfrac{9}{20}$?

d) $4,1111\ldots$ ou $\dfrac{4\,111}{1\,000}$?

f) $3,1416$ ou $3,1388$?

15. Pelo Censo 2010, a fração de mulheres na população da cidade de São Paulo era $\dfrac{148}{281}$ e na cidade do Rio de Janeiro era $\dfrac{42}{79}$, conforme vimos no texto "Elas são maioria nas cidades de São Paulo e do Rio de Janeiro", da página 14.

Você pode comparar essas duas frações de dois modos:

1º) reduzindo ao mesmo denominador;

2º) transformando em números decimais.

Então, em qual das cidades a participação das mulheres na população era maior?

16. Segundo o Censo 2010, dos 11,2 milhões de habitantes do município de São Paulo, 119 mil moravam na zona rural. Em Belém do Pará eram 1,4 milhão de habitantes, sendo 11 mil residentes na zona rural. Em qual dos dois municípios era maior a participação da população rural?

17. Faça o que se pede.

a) Coloque estes números reais em ordem crescente:

$$\dfrac{2}{3} \qquad 0,6 \qquad 0,626262\ldots \qquad 0,6789101112\ldots$$

b) Coloque estes números reais em ordem decrescente:

$$0 \qquad -\dfrac{1}{4} \qquad -0,7 \qquad -\dfrac{2}{3} \qquad -0,515115111\ldots$$

18. Desenhe uma reta e marque sobre ela um segmento de 20 cm. Nas extremidades desse segmento, marque os números 0 e 2. Depois, localize (aproximadamente) os pontos que representam os seguintes números reais:

a) $0,5$

b) 1

c) $1,5$

d) $1,6$

e) $1,7$

f) $1,62$

g) $1,666\ldots$

h) $0,75$

i) $0,125$

j) $0,3333\ldots$

k) $0,1234567891011\ldots$

l) $1,234567891011\ldots$

m) $\dfrac{10}{7}$

n) $\dfrac{81}{80}$

o) $0,858855888555\ldots$

Operações com números reais

A adição de dois números reais a e b resulta em um número real, $a + b$. Quando a ou b for irracional, conforme estudamos no 8° ano, operamos com valores aproximados (arredondados) com o número de casas decimais desejado. Nesse caso, o resultado pode ser também um valor aproximado do valor real.

Nas demais operações procedemos do mesmo modo.

Exemplo

- Sabemos que $\pi = 3,14159265...$ Qual é o valor de $2\pi + 10$?

  Aproximando por duas casas decimais, $\pi = 3,14$. Nesse caso:

  $2\pi + 10 \cong 2 \cdot 3,14 + 10 = 6,28 + 10 = 16,28$

  Aproximando por quatro casas decimais, $\pi = 3,1416$. Nesse caso:

  $2\pi + 10 \doteqdot 2 \cdot 3,1416 + 10 = 6,2832 + 10 = 16,2832$

Propriedades das operações em $\mathbb{R}$

Quando fazemos uma aproximação de um número irracional, considerando uma quantidade de casas decimais satisfatória, o valor aproximado que obtemos é um número decimal exato, portanto um número racional.

As operações de adição e de multiplicação de racionais se estendem para os reais, conservando as propriedades:

- **Associativa**

  Quaisquer que sejam os números reais a, b e c, temos:

  $$(a + b) + c = a + (b + c) \quad \text{e} \quad (a \cdot b) \cdot c = a \cdot (b \cdot c)$$

- **Comutativa**

  Quaisquer que sejam os números reais a e b, temos:

  $$a + b = b + a \quad \text{e} \quad a \cdot b = b \cdot a$$

- **Elemento neutro**

  O zero é o elemento neutro da adição. Qualquer que seja o número real a:

  $$a + 0 = a = 0 + a$$

  O número 1 é o elemento neutro da multiplicação. Qualquer que seja o número real a:

  $$a \cdot 1 = a = 1 \cdot a$$

- **Elemento oposto**

  Qualquer que seja o número real a, existe um número real $-a$, tal que:

  $$a + (-a) = 0 = (-a) + a$$

- **Elemento inverso**

  Qualquer que seja o número real a, $a \neq 0$, existe um número real $\dfrac{1}{a}$, tal que:

  $$a \cdot \frac{1}{a} = 1 = \frac{1}{a} \cdot a$$

• Distributiva

Quaisquer que sejam os números reais a, b e c, temos:

$$a \cdot (b + c) = a \cdot b + a \cdot c$$
$$(b + c) \cdot a = b \cdot a + c \cdot a$$

Veja um exemplo que ilustra a propriedade distributiva usando as áreas dos retângulos de lados medindo a e $(b + c)$.

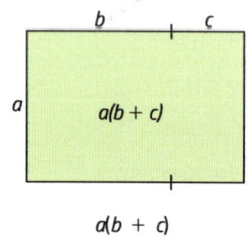

$$a(b + c) \qquad = \qquad ab \quad + \quad ac$$

• As operações de subtração e de divisão de racionais também se estendem para os reais.

A diferença $(a - b)$ de dois números reais a e b é igual à soma de a com o oposto de b:

$$a - b = a + (-b)$$

O quociente $(a : b)$ de dois números reais a e b, $b \neq 0$, é igual ao produto de a pelo inverso de b:

$$a : b = a \cdot \frac{1}{b}$$

Esse quociente também pode ser escrito como $\dfrac{a}{b}$.

ATIVIDADES

19. Dados $a = 5,1011121314...$ e $b = 0,6666666....$, calcule aproximando a e b por quatro casas decimais e dê as respostas com três casas decimais:

a) $a + b$

b) $a - b$

c) $10 \cdot a$

d) $b : 4$

20. Considere as propriedades das operações em $\mathbb{R}$ e responda às questões a seguir.

a) Qual é a fração geratriz de $0,666666...$?

b) Qual é a fração equivalente a $0,666666... : 4$?

21. Aplique a propriedade distributiva e desenvolva os seguintes produtos:

a) $x \cdot (y + z)$

b) $x \cdot (y - z)$

c) $(a + b) \cdot c$

d) $(a - b) \cdot c$

e) $(-a - b) \cdot c$

f) $-x \cdot (y + z)$

g) $-x \cdot (y - z)$

h) $-x \cdot (-y - z)$

22. Calcule:

a) $2,33333... \cdot 1,75$

b) $1,25555... \cdot 4,44444...$

c) $0,757575... : 0,66666...$

23. Qual é o oposto de $-\dfrac{34}{43}$? E o inverso?

24. Qual é o inverso do oposto do número $2,2222...$? Responda na forma decimal.

25. Que propriedade pode ser explicada pela figura abaixo?

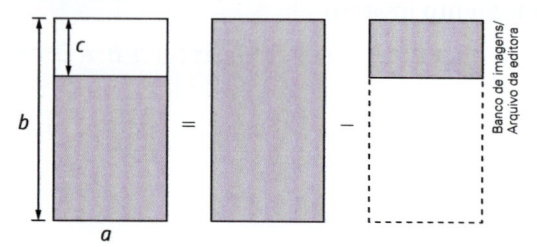

CAPÍTULO 2

Potências e raízes

Catarina Belova/Shutterstock

Quantas vidraças compõem a pirâmide do Museu do Louvre?

Em março de 1989 foi inaugurada a Pirâmide do Louvre, projetada por Ieoh Ming Pei (1917-2019). A apreciada obra integra o antigo Louvre medieval, renascentista, barroco, clássico e neoclássico com a arquitetura moderna do século XX.

Sua grande funcionalidade foi a criação de um acesso, pelo Pátio Napoleão, ao museu mais visitado do mundo, organizando o fluxo de visitantes. Atualmente, essa é a terceira obra mais visitada e fotografada do museu, perdendo somente para a Mona Lisa e a Vênus de Milo.

Cada face pode ser decomposta em 4 triângulos grandes. A imagem a seguir ilustra uma das faces da pirâmide, onde há uma abertura para a entrada dos visitantes marcada em cinza (as outras três faces não têm essa abertura).

Cada losango ocupa o espaço equivalente a dois triângulos pequenos; nove triângulos pequenos formam um triângulo médio semelhante ao pequeno; nove triângulos médios formam um triângulo grande semelhante aos outros dois e quatro triângulos grandes formam a face completa da pirâmide. Com base nessas informações, calcule a quantidade de vidraças em forma de losangos e triângulos que forma todas as faces da pirâmide.

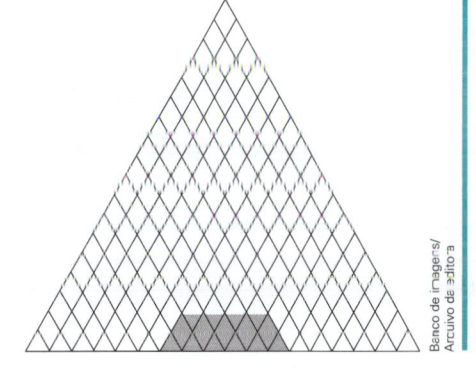

Banco de imagens/
Arquivo da editora

Na BNCC
EF09MA03
EF09MA04
EF09MA18

▒▒ Recordando potência de expoente inteiro

Recordemos que 10^6 é a **potência de base 10 e expoente 6**.

As potências de base 10 são especialmente usadas nas diversas ciências para representar números muito grandes ou muito pequenos.

Temos:

$10^2 = 10 \cdot 10 = 100$

$10^3 = 10 \cdot 10 \cdot 10 = 1\,000$

$10^4 = 10 \cdot 10 \cdot 10 \cdot 10 = 10\,000$

etc.

> Para a real e n inteiro, $n \geqslant 2$:
> $$a^n = \underbrace{a \cdot a \cdot a \cdot \ldots \cdot a}_{n \text{ fatores}}$$

Observe a sequência dos números formados pelo algarismo 1 seguido de 2 zeros, 3 zeros, 4 zeros, etc.:

$$100 \quad 1\,000 \quad 10\,000 \quad 100\,000 \quad \ldots$$
$$\downarrow \qquad \downarrow \qquad \downarrow \qquad \downarrow$$
$$10^2 \quad\; 10^3 \quad\;\; 10^4 \quad\;\;\; 10^5$$

Os números vão sendo multiplicados por 10.

$$\overset{\cdot\, 10}{\longrightarrow} \quad \overset{\cdot\, 10}{\longrightarrow} \quad \overset{\cdot\, 10}{\longrightarrow}$$
$$100 \quad 1\,000 \quad 10\,000 \quad 100\,000 \quad \ldots$$

$$10^{23} = \underbrace{100\,000\,000\,000\,000\,000\,000\,000}_{23 \text{ zeros}}$$

$$1 \text{ quatrilhão} = \underbrace{1\,000\,000\,000\,000\,000}_{15 \text{ zeros}}$$
$$1 \text{ quatrilhão} = 10^{15}$$

Agora, observe a sequência da direita para a esquerda:

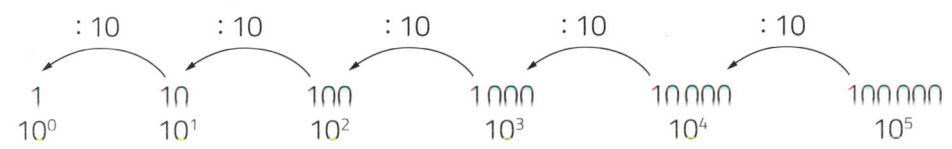

$$100 \qquad 1\,000 \qquad 10\,000 \qquad 100\,000$$
$$10^2 \qquad 10^3 \qquad 10^4 \qquad 10^5$$

Para a esquerda, os números vão sendo divididos por 10. Consequentemente, a quantidade de zeros e o expoente diminuem. Prosseguindo com a divisão, temos:

: 10	: 10	: 10	: 10	: 10
1	10	100	1 000	10 000	100 000
10^0	10^1	10^2	10^3	10^4	10^5

Assim:

$$10^1 = 10$$
$$10^0 = 1$$

$$a^1 = a$$
$$a^0 = 1 \ (\text{para } a \neq 0)$$

Continuando a divisão ainda mais, começam a aparecer zeros à esquerda do algarismo 1 e o expoente fica negativo:

: 10	: 10	: 10					
0,001	0,01	0,1	1	10	100	1 000	10 000	100 000
10^{-3}	10^{-2}	10^{-1}	10^0	10^1	10^2	10^3	10^4	10^5

Assim:

$$10^{-1} = 0,1 = \frac{1}{10} = \frac{1}{10^1}$$

$$10^{-2} = 0,01 = \frac{1}{100} = \frac{1}{10^2}$$

$$10^{-3} = 0,001 = \frac{1}{1\,000} = \frac{1}{10^3}$$

$$a^{-n} = \frac{1}{a^n} \ (\text{para } a \neq 0)$$

Assim, recordamos como se calculam as potências a^n, de expoente n inteiro e base real a.

Conheça os BRICS: Brasil, Rússia, Índia, China e África do Sul

A ideia dos BRICS foi formulada pelo economista-chefe da Goldman Sachs, Jim O'Neil, em estudo de 2001, intitulado "Building Better Global Economic BRICs". Fixou-se como categoria da análise nos meios econômico-financeiros, empresariais, acadêmicos e de comunicação. Em 2006, o conceito deu origem a um agrupamento, propriamente dito, incorporado à política externa de Brasil, Rússia, Índia e China. Em 2011, por ocasião da III Cúpula, a África do Sul passou a fazer parte do agrupamento, que adotou a sigla BRICS.

Bandeiras dos países Brasil, Rússia, Índia, China e África do Sul.

O peso econômico dos BRICS é certamente considerável. Entre 2003 e 2007, o crescimento dos quatro países representou 65% da expansão do PIB mundial. Em paridade de poder de compra, o PIB dos BRICS já supera hoje o dos EUA ou o da União Europeia. Para dar uma ideia do ritmo de crescimento desses países, em 2003 os BRICS respondiam por 9% do PIB mundial, e, em 2009, esse valor aumentou para 14%. Em 2010, o PIB conjunto dos cinco países (incluindo a África do Sul), totalizou US$ 11 trilhões, ou 18% da economia mundial. Considerando o PIB pela paridade de poder de compra, esse índice é ainda maior: US$ 19 trilhões, ou 25%. [...]

Disponível em: www.ipea.gov.br/forumbrics/pt-BR/conheca-os-brics.html. Acesso em: 27 abr. 2021.

Observe, no quadro, alguns dados desses países, incluindo o Índice de Desenvolvimento Humano (IDH) e a posição deles no *ranking* global:

	Área em km^2	População	Moeda	IDH em 2019*
Brasil	$8{,}516 \cdot 10^6$	$2{,}04 \cdot 10^8$	Real	0,765 (84º)
Rússia	$1{,}125 \cdot 10^7$	$1{,}46 \cdot 10^8$	Rublo	0,824 (52º)
Índia	$3{,}287 \cdot 10^6$	$1{,}25 \cdot 10^9$	Rupia	0,645 (131º)
China	$9{,}600 \cdot 10^6$	$1{,}37 \cdot 10^9$	Renmimbi	0,761 (85º)
África do Sul	$1{,}221 \cdot 10^6$	$5{,}50 \cdot 10^7$	Rand	0,709 (114º)

Em 2019, a Rússia tinha o Índice de Desenvolvimento Humano (IDH) classificado como "desenvolvimento humano muito elevado" (entre 0,8 e 1,0); já o Brasil e a China tinham índices classificados como "alto desenvolvimento humano" (entre 0,7 e 0,8), enquanto os demais países do BRICS, como "médio desenvolvimento humano" (entre 0,55 e 0,7).

*Fonte: https://www.cnnbrasil.com.br/internacional/2020/12/15/veja-o-ranking-completo-de-todos-os-paises-por-idh. Acesso em: 28 jun. 2021.

PARTICIPE

No quadro anterior, a área e a população estão escritas em notação científica, isto é, na forma $a \cdot 10^n$, em que a é um número real, $1 \leq a < 10$, e n é um número inteiro. Responda:

a) Que potência de 10 representa 1 trilhão?

b) Como se representa em notação científica a cifra 19 trilhões de dólares americanos citada no texto?

c) Como se escreve o IDH do Brasil em notação científica?

ATIVIDADES

1. Escreva cada número na forma decimal e o represente como potência de 10:
  a) 10 mil
  b) 100 milhões
  c) 1 décimo
  d) 1 milésimo

2. Responda:
  a) Quantos zeros existem em 10^{51}?
  b) Quantas casas decimais existem em 10^{-51} (após a vírgula)?

3. Calcule, colocando na forma decimal:
  a) 10^3
  b) 10^5
  c) 10^{-2}
  d) 10^{-6}
  e) $(-10)^{-3}$
  f) $(-10)^0$

4. Analise os dados do quadro anterior sobre os BRICS e responda:
  a) Qual deles tem a maior área?
  b) Qual deles é o mais populoso?

5. Veja a cotação do real em relação às outras moedas dos BRICS em certo dia:

$$1 \text{ real} = 26 \text{ rublos}$$
$$1 \text{ real} = 24 \text{ rupias}$$
$$1 \text{ real} = 2,4 \text{ renmimbis}$$
$$1 \text{ real} = 4,5 \text{ rands}$$

Nesse dia, qual dessas moedas valia 10^{-1} vezes outra delas?

6. Quantos anos se passarão daqui a 10^{10} segundos?

7. Calcule as potências em cada item:

a) 5^3 $\qquad$ $(-4)^3$ $\qquad$ $(0,25)^2$ $\qquad$ $\left(\dfrac{2}{3}\right)^3$ $\qquad$ $\left(\dfrac{1}{10}\right)^3$

b) $(-6)^2$ $\qquad$ $(-3)^5$ $\qquad$ $(0,2)^3$ $\qquad$ $\left(-\dfrac{1}{2}\right)^4$ $\qquad$ $\left(-\dfrac{1}{10}\right)^2$

c) $(0,9)^2$ $\qquad$ $(0,1)^3$ $\qquad$ $(1,5)^2$ $\qquad$ $(-2,5)^2$ $\qquad$ $(-0,3)^3$

d) 10^1 $\qquad$ $\left(\dfrac{7}{3}\right)^0$ $\qquad$ $(1,7)^0$ $\qquad$ $\left(-\dfrac{2}{3}\right)^0$ $\qquad$ 3^0

e) 10^0 $\qquad$ $\left(-\dfrac{1}{5}\right)^1$ $\qquad$ 0^{10} $\qquad$ 0^3 $\qquad$ $(-3,14)^0$

f) 8^{-2} $\qquad$ 6^{-1} $\qquad$ $(-2)^{-3}$ $\qquad$ $\left(-\dfrac{1}{4}\right)^{-1}$ $\qquad$ $\left(\dfrac{3}{8}\right)^{-2}$ $\qquad$ $\left(-\dfrac{2}{5}\right)^{-3}$

8. Responda:

a) Qual é a área do quadrado de lado medindo 1,5 m?

b) Qual é o volume do cubo de aresta medindo 1,5 m?

c) Quantos litros de água cabem em uma caixa-d'água cúbica de aresta medindo 1,5 m?

9. Em cada item, substitua ///////// pelo expoente que torna a igualdade verdadeira.

a) $10^{/////} = 100\,000$ $\qquad$ **d)** $7^{/////} = 343$

b) $10^{/////} = 0,001$ $\qquad$ **e)** $\left(\dfrac{3}{10}\right)^{/////} = 0,09$

c) $2^{/////} = 64$ $\qquad$ **f)** $\left(\dfrac{4}{3}\right)^{/////} = 1$

Calculando a potência a^2, determinamos a área do quadrado de lado medindo a.

área = a^2

A potência a^3 é o volume do cubo de aresta medindo a.

volume = a^3

$1\,l = 1\,dm^3$

Banco de imagens/Arquivo da editora

10. Calcule x, de modo que $10^{2x-4} = 1$.

11. Calcule $\dfrac{x^2 y^2 - x^3 y}{y^2 - x^2}$, para $x = 0,5$ e $y = 1,5$.

12. Quanto é $(0,6666...)^2$ na forma decimal?

13. Calcule as expressões:

a) $(0,25)^2 - (0,5)^3$ $\qquad$ **c)** $(7 - 5,5)^2$

b) $(0,3333...)^2 + (0,3333...)^4$ $\qquad$ **d)** $(2^2 + 2^{-2})^2$

14. Calcule o valor de $(-1)^n + (-1)^{2n} + (-1)^{3n}$, em que:

a) n é ímpar; $\qquad$ **b)** n é par.

Densidade demográfica da Terra

A superfície total da Terra tem cerca de 510 milhões de km^2, dos quais 360 milhões de km são cobertos por água. A população do planeta é de cerca de 7 bilhões de habitantes. Quantos são os habitantes por km^2 não coberto por água?

$$510 - 360 = 150$$

Há 150 milhões de km^2 não cobertos por água (superfície emersa da Terra).

A quantidade de habitantes por km^2 é obtida dividindo o total de habitantes pela superfície em km^2:

$$\frac{7 \text{ bilhões}}{150 \text{ milhões}} = \frac{7 \cdot 10^9}{1,5 \cdot 10^8}$$

Nessa divisão, empregamos uma das propriedades das potências que já estudamos nos anos anteriores. Veja:

$\dfrac{10^9}{10^8}$ é um quociente de potências de mesma base.

Para calculá-lo, conservamos a base e subtraímos os expoentes:

$$\frac{10^9}{10^8} = 10^{9-8} = 10^1 = 10$$

$$\frac{7 \cdot 10^9}{1,5 \cdot 10^8} = \frac{7}{1,5} \cdot 10 \cong 46,7$$

A densidade demográfica da superfície emersa da Terra é de, aproximadamente, 47 habitantes por km^2.

As propriedades das potências

O quadro abaixo apresenta um resumo das propriedades das potências:

Um produto de potências de mesma base é igual à potência que se obtém conservando a base e adicionando os expoentes.	$a^m \cdot a^n = a^{m+n}$
Um produto de potências de mesmo expoente é igual à potência que se obtém multiplicando as bases e conservando o expoente.	$a^m \cdot b^m = (a \cdot b)^m$
Uma potência elevada a um dado expoente é igual à potência que se obtém conservando a base e multiplicando os expoentes.	$(a^m)^n = a^{m \cdot n}$
Um quociente de potências de mesma base é igual à potência que se obtém conservando a base e subtraindo os expoentes.	$\dfrac{a^m}{a^n} = a^{m-n}$ (para $a \neq 0$)
Um quociente de potências de mesmo expoente é igual à potência que se obtém dividindo as bases e conservando o expoente.	$\dfrac{a^m}{b^m} = \left(\dfrac{a}{b}\right)^m$

15. Consulte a tabela da página 24, calcule e responda: Qual país dos BRICS tem a maior densidade demográfica?

16. Recordemos a notação científica:

- $27\,300 = 2,73 \cdot 10^4$

  4 casas

- $695,25 = 6,9525 \cdot 10^2$

  2 casas

- $0,0175 = 1,75 \cdot 10^{-2}$

  2 casas

> $a \cdot 10^n$ sendo
> $1 \leq a < 10$ e
> n inteiro.

Escreva em notação científica:

a) 365 000

b) 11 trilhões

c) 0,25

d) 1 milionésimo

17. Qual país dos BRICS, em 2015, tinha o menor IDH? Dê esse valor em notação científica.

18. Uma molécula de açúcar comum (sacarose) tem $5,7 \cdot 10^{-22}$ g de massa, ao passo que uma molécula de água tem $3,0 \cdot 10^{-23}$ g de massa.

a) Pesquise o que é molécula.

b) Qual das duas moléculas tem mais massa?

c) A massa maior é quantas vezes a menor?

19. Em um copo com água e açúcar há 180 g de água e 11,4 g de açúcar. Usando os dados do exercício anterior, calcule:

a) quantas moléculas de água há no copo;

b) quantas moléculas de açúcar há no copo;

c) quantas vezes o número de moléculas de açúcar dá o de água;

d) o total de moléculas de água com açúcar.

20. Reduza a uma só potência, aplicando as propriedades:

a) $a^2 \cdot a^5 \cdot a$

b) $\dfrac{10^8}{10^3}$

c) $2^3 \cdot a^3 \cdot b^3$

d) $\dfrac{2^5}{3^5}$

e) $(a^{-5})^{-2}$

f) $\dfrac{(2^3)^2 \cdot 2^4}{2^8}$

21. Obtenha o resultado de:

a) $(2,5 \cdot 10^{12})(4,0 \cdot 10^9)$

b) $(3,6 \cdot 10^{-4})(5,5 \cdot 10^{-5})$

c) $(1,2 \cdot 10^8)(8,2 \cdot 10^{-5})$

d) $(4,0 \cdot 10^{15}) : (8,0 \cdot 10^{10})$

22. Uma molécula de sal de cozinha tem massa de $9,7 \cdot 10^{-23}$ g. Quantas moléculas existem em 1 kg de sal? Responda em notação científica.

23. Qual é maior: 5^{3^2} ou $(5^3)^2$?

24. Responda:

a) Por quanto devemos multiplicar 3^5 para obter 6^5?

b) Por quanto devemos dividir 10^{12} para obter 5^{12}?

25. Simplifique:

a) $x^2 \cdot x^3 \cdot x^4$

b) $\dfrac{7^6}{7^2}$

c) $(a^3)^3 \cdot a^{-2}$

d) $\dfrac{11^2 \cdot 11^4}{11^3}$

e) $(3a)^5 \cdot \left(\dfrac{a}{3}\right)^2$

f) $\left(\dfrac{1}{2}\right)^4 \cdot \left(\dfrac{2}{3}\right)^3 \cdot \left(\dfrac{1}{3}\right)^{-2}$

26. Simplifique as expressões:

a) $\left(\dfrac{a^2 b}{c}\right)^3 \cdot \left(\dfrac{c}{a^3}\right)^2 \cdot \left(\dfrac{1}{b}\right)^{-2}$

b) $\left(\dfrac{xy^2}{2}\right)^4 \cdot \left(\dfrac{x^2 y}{4}\right)^{-2}$

c) $\left(\dfrac{3xy}{4}\right)^{-3} \cdot \left(\dfrac{2x^2 y^2}{3}\right)^2 : \left(\dfrac{16x}{9y}\right)$

27. Responda às questões:

a) 2^{n+3} é quantas vezes 2^n?

b) $2^n + 2^{n+1} + 2^{n+2}$ é quantas vezes 2^n?

28. Na reta numérica estão assinalados alguns pontos:

(sem escala)

Entre quais pontos consecutivos deve ser assinalado o número resultante do cálculo $\dfrac{10^4 \cdot 10^n - 10^3 \cdot 10^n}{10^n \cdot 10^n}$?

29. Como $2^{10} = 1024$, em algumas situações usamos a aproximação $2^{10} \cong 10^3$. Um multimilionário decidiu doar, em partes iguais, 2^{30} reais para 1 000 instituições de caridade no mundo. Quanto recebeu cada uma, aproximadamente?

O número de zeros

(Obmep) Resolvendo as expressões abaixo, qual resultado termina com o maior número de zeros?

a) $2^5 \cdot 3^4 \cdot 5^6$

b) $2^4 \cdot 3^4 \cdot 5^5$

c) $4^3 \cdot 5^6 \cdot 6^5$

d) $4^2 \cdot 5^4 \cdot 6^3$

Os prefixos nas unidades de medida do Sistema Internacional de Unidades (SI)

	Nome do prefixo	Símbolo do prefixo	Fator pelo qual a unidade é multiplicada
Múltiplos	yotta	Y	$10^{24} = 1\,000\,000\,000\,000\,000\,000\,000\,000$
	zetta	Z	$10^{21} = 1\,000\,000\,000\,000\,000\,000\,000$
	exa	E	$10^{18} = 1\,000\,000\,000\,000\,000\,000$
	peta	P	$10^{15} = 1\,000\,000\,000\,000\,000$
	tera	T	$10^{12} = 1\,000\,000\,000\,000$
	giga	G	$10^9 = 1\,000\,000\,000$
	mega	M	$10^6 = 1\,000\,000$
	quilo	k	$10^3 = 1\,000$
	hecto	h	$10^2 = 100$
	deca	da	10
	Unidade		
Submúltiplos	deci	d	$10^{-1} = 0{,}1$
	centi	c	$10^{-2} = 0{,}01$
	mili	m	$10^{-3} = 0{,}001$
	micro	μ	$10^{-6} = 0{,}000001$
	nano	n	$10^{-9} = 0{,}000000001$
	pico	p	$10^{-12} = 0{,}000000000001$
	femto	f	$10^{-15} = 0{,}000000000000001$
	atto	a	$10^{-18} = 0{,}000000000000000001$
	zepto	z	$10^{-21} = 0{,}000000000000000000001$
	yocto	y	$10^{-24} = 0{,}000000000000000000000001$

Para formar o múltiplo ou submúltiplo de uma unidade, basta colocar o nome do prefixo desejado na frente do nome da unidade. O mesmo se dá com o símbolo.

Exemplos:

Para multiplicar e dividir a unidade volt por mil:

quilo e volt = quilovolt; k e V = kV

mili e volt = milivolt; m e V = mV

Os prefixos do SI também podem ser empregados com unidades fora do SI.

Unidades de medida utilizadas na informática

O *byte* é a unidade de medida utilizada na informática para representar a quantidade de dados gravados em um disco ou em qualquer outro dispositivo de armazenamento.

Um *byte* é constituído de 8 bits. O *bit* representa a menor unidade de medida de informação (**1** para ligado, ou **0** para desligado). Assim, o *byte* corresponde a um número de 8 algarismos escrito no sistema binário (com os algarismos 0 e 1).

Por usar o sistema binário, os prefixos do SI são empregados na informática, não correspondendo a potências de 10, mas, sim, a potências de 2. Como $2^{10} = 1\,024$, o prefixo quilo ($10^3 = 1\,000$) na informática corresponde a multiplicar a unidade por $1\,024$. Veja os múltiplos mais usados:

- 1 *byte* (B)

- 1 *kilobyte* (KB) $= 1\,024$ *bytes* (2^{10} B)

- 1 *megabyte* (MB) $= 1\,024$ *kilobytes* (2^{10} KB $= 2^{20}$ B)

- 1 *gigabyte* (GB) $= 1\,024$ *megabytes* (2^{10} MB $= 2^{30}$ B)

- 1 *terabyte* (TB) $= 1\,024$ *gigabytes* (2^{10} GB $= 2^{40}$ B)

ATIVIDADES

30. Quantos metros são:
- **a)** 12 megametros?
- **b)** 1 025 micrômetros?

31. O Sol dista aproximadamente 0,15 bilhão de quilômetros da Terra. Essa medida corresponde a quantos gigâmetros?

32. A massa da molécula de água é $3{,}0 \cdot 10^{-23}$g. Como se expressa essa medida em yoctograma (yg)?

33. Substitua o ///////// pelo prefixo correto no parágrafo:

A medida do diâmetro de um fio de cabelo humano varia de 15 a 170 milésimos de milímetros. Um milésimo de milímetro corresponde a 1 ///////// metro.

34. Uma memória de computador tem 3,8 GB, o que corresponde a, aproximadamente, 4 ///////// de *bytes*.

O jardim reformado

No jardim da casa de Gabriela havia um gramado retangular cujos lados mediam 2 m e 1 m. Portanto, a área do gramado era de $(2 \cdot 1)$ m²; logo, 2 m².

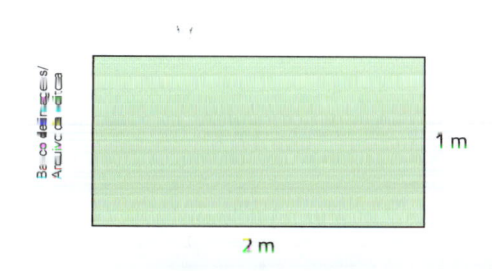

O senhor Jacir, pai de Gabriela, gosta muito de Geometria. Ele decidiu mudar o formato do gramado de retângulo para quadrado.

Não foi difícil realizar o projeto. Ele teve apenas de retirar, cuidadosamente, duas partes triangulares do gramado e replantá-las, de tal maneira que se formasse um quadrado. O gramado continuou tendo a mesma área de 2 m². Mas e agora? Quanto medem os lados do gramado?

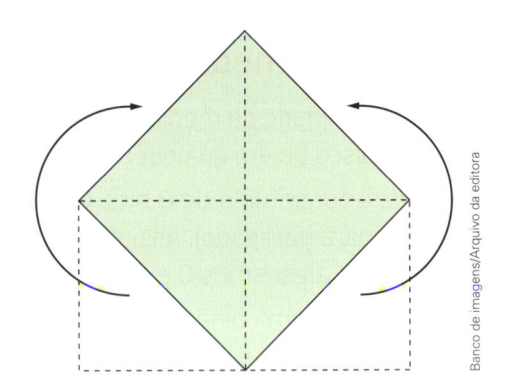

⠿ Raiz quadrada

Você já sabe que a área de um quadrado é a medida do lado desse quadrado elevada ao quadrado. Assim, a medida, em metros, do lado do gramado da casa de Gabriela é o número positivo que elevado ao quadrado é igual a 2.

Esse número existe no conjunto dos números reais. Ele é representado por $\sqrt{2}$ e chama-se **raiz quadrada aritmética** de 2.

> **Raiz quadrada aritmética** de um número real positivo a é o número positivo indicado por $\sqrt{a}$ que, elevado ao quadrado, resulta em a.

Por exemplo, $\sqrt{100} = 10$, porque 10 é o número positivo que, elevado ao quadrado, dá 100. De fato, $10^2 = 10 \cdot 10 = 100$.

E quanto é $\sqrt{2}$?

Sabendo que $\sqrt{2}$ é positivo e $\left(\sqrt{2}\right)^2 = 2$, vamos compará-los com outros números, para obter uma aproximação.

$$\left.\begin{array}{l} 1^2 = 1 \\ \left(\sqrt{2}\right)^2 = 2 \end{array}\right\} \longrightarrow 1 < \sqrt{2}$$

$\sqrt{2}$ está neste intervalo

$$\left.\begin{array}{l} \left(\sqrt{2}\right)^2 = 2 \\ 2^2 = 4 \end{array}\right\} \longrightarrow \sqrt{2} < 2$$

Vamos testar os valores 1,4 e 1,5. Sabemos que $\left(\sqrt{2}\right)^2 = 2$:

$$\left.\begin{array}{l} (1{,}4)^2 = 1{,}96 \ < \ 2 \\ (1{,}5)^2 = 2{,}25 \ > \ 2 \end{array}\right\} \longrightarrow 1{,}4 < \sqrt{2} < 1{,}5$$

$\sqrt{2}$ está neste intervalo

Como $(1{,}41)^2 = 1{,}9881 < 2$ e $(1{,}42)^2 = 2{,}0164 > 2$, temos $1{,}41 < \sqrt{2} < 1{,}42$. Logo, $\sqrt{2} = 1{,}41\ldots$

Usando uma calculadora, para obter $\sqrt{2}$ é só teclar:

$\boxed{2}$ $\boxed{\sqrt{}}$

Se for uma calculadora de dez dígitos, o visor mostrará 1,414213562.

Recordemos que $\sqrt{2}$ é um número irracional, portanto sua representação decimal é infinita e não periódica. O que a calculadora fornece é um valor aproximado, com número de casas de acordo com a sua capacidade.

Então, o lado do gramado do senhor Jacir mede $\sqrt{2}$ metros, que é, aproximadamente, 1,41 m (1 metro e 41 centímetros).

A equação $x^2 = a$

> Vamos pensar: qual é o número que elevado ao quadrado resulta em 1 600?

> É mais fácil chamar esse número de x e resolver a equação

Representando por x o número desconhecido, formamos a equação $x^2 = 1\,600$. Essa equação apresenta duas soluções:

$$x = 40 \text{ (porque } 40^2 = 40 \cdot 40 = 1\,600)$$

ou

$$x = -40 \text{ (porque } (-40)^2 = (-40)(-40) = 1\,600)$$

O número positivo 40 é chamado raiz quadrada aritmética de 1 600 $\left(40 = \sqrt{1\,600}\right)$.

Por isso, na resolução da equação dada, indicamos:

$$x^2 = 1\,600 \Leftrightarrow \left(x = \sqrt{1\,600} = 40 \text{ ou } x = -\sqrt{1\,600} = -40\right)$$

ou ainda, mais resumidamente:

$$x^2 = 1\,600 \Leftrightarrow x = \pm\sqrt{1\,600} = \pm 40$$

> Para a positivo, temos: $x^2 = a \Leftrightarrow x = \pm\sqrt{a}$

> O símbolo "$\Leftrightarrow$" pode ser lido como: "se, e somente se" ou "equivale a".

Qual é a solução da equação $x^2 = 0$?

O único número que elevado ao quadrado dá zero é o próprio zero. Essa equação só possui uma solução: $x = 0$.

Também dizemos que a raiz quadrada de zero é zero e indicamos $\sqrt{0} = 0$.

$$x^2 = 0 \Leftrightarrow x = 0$$

Agora, pense na equação escrita no quadro. Por que essa equação não tem solução em $\mathbb{R}$?

$x^2 = -4$

Nenhum número real elevado ao quadrado tem resultado negativo. Então, essa equação não tem solução no conjunto dos números reais (que indicamos por $\mathbb{R}$).

Para a negativo, $x^2 = a$ não tem solução em $\mathbb{R}$.

ATIVIDADES

35. Um auditório tem n fileiras, cada uma com n assentos.

Se a capacidade é de 196 pessoas sentadas, quantas são as fileiras?

36. Identifique três quadrados na figura abaixo e dê a medida do lado de cada um.

área 18 cm²	área 9 cm²
área 36 cm²	área 18 cm²

37. De acordo com o que estudamos, $\sqrt{1600} = 40$ e $-\sqrt{1600} = -40$. Vale o sinal antes do radical.

Classifique em certo ou errado:

a) $\sqrt{25} = 5$

b) $\sqrt{25} = \pm 5$

c) $\sqrt{25} = -5$

d) $-\sqrt{25} = -5$

e) $\sqrt{36} = 6$

f) $\sqrt{36} = \pm 6$

38. Indique as soluções de cada equação:

a) $x^2 = 36$ **d)** $x^2 = 0$

b) $x^2 = 144$ **e)** $x^2 = 5$

c) $x^2 = -9$ **f)** $3x^2 - 6 = 0$

39. Calcule:

a) $3 + \sqrt{16} - \sqrt{25}$

b) $5\sqrt{49} - \sqrt{121}$

c) $\sqrt{\dfrac{4}{25}} + 3\sqrt{\dfrac{1}{9}}$

d) $\sqrt{1,21} - \sqrt{0,01}$

40. Calcule o valor de $\dfrac{-b + \sqrt{b^2 - 4ac}}{2a}$, em que $a = 20$, $b = 11$ e $c = -3$.

41. Para fazer este exercício, use uma calculadora que tenha a tecla $\sqrt{}$.

a) Complete o quadro com valores aproximados até a 3ª casa decimal.

a	2	3	5	6	7	10
$\sqrt{a}$						

b) Usando os valores obtidos no quadro, calcule com aproximação de centésimos:

- $2\sqrt{5} + 1$
- $\dfrac{\sqrt{10} - \sqrt{3}}{2}$

42. Quais das expressões seguintes não representam números reais?

a) $\sqrt{-4}$ **e)** $\sqrt{3 - 4}$

b) $\sqrt{0}$ **f)** $\sqrt{\sqrt{2} + 1}$

c) $\sqrt{2}$ **g)** $\sqrt{\sqrt{2} - 1}$

d) $\sqrt{0,16}$ **h)** $\sqrt{1 - \sqrt{2}}$

A raiz cúbica

A aresta do cubo

Certa marca de tinta é vendida em um recipiente cúbico com capacidade de 4,096 L (ou 4 096 cm³). Quantos centímetros mede a aresta do recipiente?

Como o volume de um cubo é igual à medida da aresta elevada ao cubo (expoente 3), devemos descobrir o número x tal que $x^3 = 4\,096$.

Vamos testar o número 16.

$16 \cdot 16 \cdot 16 = 4\,096 = 16^3$; então, a aresta mede 16 cm.

Dizemos que 16 é a **raiz cúbica aritmética** de 4 096 e indicamos:

$\sqrt[3]{4\,096} = 16$ (lê-se: "a raiz cúbica de quatro mil e noventa e seis é dezesseis"), porque $16^3 = 4\,096$.

Elevando os números naturais 1 a 9 ao cubo, só o 6 resulta em número com final 6.

A quarta potência e a raiz quarta

Qual é o número que elevado à quarta potência resulta em 16? Em outras palavras, quais são as soluções da equação $x^4 = 16$? Há duas soluções:

- o número 2, porque $2^4 = 2 \cdot 2 \cdot 2 \cdot 2 = 16$;
- o número -2, porque $(-2)^4 = (-2)(-2)(-2)(-2) = 16$.

A solução positiva 2 é chamada **raiz quarta aritmética** de 16 e é indicada assim:

$\sqrt[4]{16} = 2$ (lê-se: "a raiz quarta de dezesseis é dois")

Dessa maneira, $\sqrt[4]{16} = 2$, porque 2 é o número positivo que elevado à quarta potência é igual a 16.

⠿ Raízes aritméticas

Raízes quadradas, cúbicas, quartas, etc. enquadram-se na seguinte definição:

> Raiz n-ésima aritmética de um número real positivo a é o número positivo indicado por $\sqrt[n]{a}$ que, elevado ao expoente n, resulta em a.

> Sendo a positivo, $\sqrt[n]{a} = x$ se, e somente se, $x > 0$ e $x^n = a$.

Nessa definição, n pode ser qualquer inteiro positivo.

Em $\sqrt[n]{a}$ dizemos que n é o **índice** da raiz e que a é o **radicando**.

Veja os exemplos a seguir:

- $\sqrt[3]{1\,000} = 10$ (porque $10^3 = 1\,000$)

  índice: 3

  radicando: 1 000

- $\sqrt[4]{625} = 5$ (porque $5^4 = 625$ e $5 > 0$)

  índice: 4

  radicando: 625

⠿ Equação binômia: $x^n = a$, n inteiro positivo

PARTICIPE

Em um aquário cúbico, cabem 1 000 L de água. Vamos descobrir quanto mede a aresta do aquário.

a) Um litro de água é o mesmo que quantos decímetros cúbicos de água?

b) Quantos decímetros cúbicos de água cabem no aquário?

c) Se x representa a aresta de um cubo, como se expressa o volume do cubo?

d) Se x é a aresta do aquário, em decímetros, qual é a equação dada pelo volume do aquário?

Há um único número real que, elevado ao cubo, resulta em 1 000: é $\sqrt[3]{1\,000}$.

e) Quanto é $\sqrt[3]{1\,000}$? Qual é o valor de x na equação?

f) Então, quanto mede a aresta do cubo?

g) Quanto mede a aresta do cubo em centímetros? E em metros?

A equação $x^n = a$, n par

Já vimos que: $x^2 = 1\,600 \Leftrightarrow x = \pm\sqrt{1\,600} = \pm 40$

A equação $x^4 = 16$ também tem duas soluções: 2 e -2. Escrevemos:

$x^4 = 16 \Leftrightarrow x = \pm\sqrt[4]{16} = \pm 2$

> Para a positivo e n par, temos: $x^n = a \Leftrightarrow x = \pm\sqrt[n]{a}$

Equações como $x^2 = -4$, $x^4 = -16$ e $x^8 = -1$ não apresentam solução real, uma vez que nenhum número real elevado a um expoente par dá resultado negativo.

> Para a negativo e n par, $x^n = a$ não tem solução (ou raiz) real.

A equação $x^n = a$, n ímpar

Vejamos um exemplo:

- Vamos determinar a solução real da equação $x^3 = -64$.

  Como $(-4)^3 = (-4)(-4)(-4) = -64$, a solução dessa equação é $x = -4$. Dizemos que a raiz cúbica real de -64 é -4. Indicamos:

  $$x^3 = -64 \Leftrightarrow x = \sqrt[3]{-64} = -4$$

  Mais um exemplo:

- $x^5 = -1 \Leftrightarrow x = \sqrt[5]{-1} = 21$, pois $(-1)^5 = -1$

> Para n ímpar, temos: $x^n = a \Leftrightarrow x = \sqrt[n]{a}$

Duas observações devem ser feitas:

- como $0^2 = 0$, $0^3 = 0$, $0^4 = 0$, etc., qualquer que seja o índice n, inteiro positivo, definimos:

> $$\sqrt[n]{0} = 0$$

- a equação $x^n = 0$ apresenta apenas a raiz $x = 0$, qualquer que seja o expoente n, inteiro positivo.

> $$x^n = 0 \Leftrightarrow x = 0$$

ATIVIDADES

43. Qual é a medida da aresta de um cubo de volume 512 cm³?

44. Responda:
   a) Quais são a média aritmética e a média geométrica de 3, 8 e 9?
   b) Qual das médias é maior?

> A **média aritmética** de n números positivos a_1, a_2, ..., a_n é
> $$\frac{a_1 + a_2 + ... + a_n}{n}$$
> E a **média geométrica** é:
> $$\sqrt[n]{a_1 \cdot a_2 \cdot ... \cdot a_n}$$

45. Calcule e compare as médias aritmética e geométrica de 4, 5, 20 e 25.

46. Dê o valor das expressões:
   a) $\sqrt[3]{-1}$
   b) $\sqrt[3]{\dfrac{1}{125}}$
   c) $\sqrt[3]{-\dfrac{8}{27}}$
   d) $\sqrt[4]{256}$
   e) $\sqrt[4]{\dfrac{1}{10\,000}}$
   f) $\sqrt[5]{32}$
   g) $\sqrt[5]{-\dfrac{1}{32}}$
   h) $\sqrt[6]{0}$
   i) $\sqrt[10]{1\,024}$

47. Calcule:
   a) $5\sqrt{9} - 3\sqrt[3]{8}$
   b) $\sqrt{21 \cdot 4 - 3}$
   c) $\sqrt{6^2 + 8^2}$

48. Que número deve ser colocado no lugar do ▨▨▨ para que cada igualdade seja verdadeira?
   a) $\sqrt{▨▨▨} = 100$
   b) $\sqrt[3]{▨▨▨} = -8$
   c) $\sqrt[▨▨]{64} = 4$
   d) $\sqrt[▨▨]{64} = 2$

49. Resolva as equações em $\mathbb{R}$ (isto é, determine as raízes reais):

a) $x^2 = 4$

c) $x^2 = 0,09$

e) $x^3 = 1$

g) $x^4 = -16$

b) $x^2 = 25$

d) $x^2 = \dfrac{49}{121}$

f) $x^4 = 1$

h) $x^3 = -\dfrac{1}{8}$

50. Um reservatório de água em formato cúbico tem a mesma capacidade de um reservatório com a forma de um bloco retangular de 8 m de comprimento por 3,2 m de largura e 2,5 m de profundidade. Quanto mede a aresta do reservatório cúbico?

51. Calcule a expressão de cada item.

a) $\sqrt{49}$

e) $\sqrt{0,25}$

i) $\sqrt[3]{0,027}$

m) $\sqrt{1,44}$

b) $3\sqrt{16}$

f) $\sqrt{225}$

j) $\sqrt[3]{-1}$

n) $10\sqrt[3]{0,001}$

c) $2\sqrt{6,25}$

g) $\sqrt[4]{1}$

k) $\sqrt[3]{8}$

o) $0,3\sqrt{1,21}$

d) $\sqrt[3]{-8}$

h) $-\dfrac{1}{2}\sqrt{0,04}$

l) $\sqrt[4]{0}$

52. Calcule:

a) $-\sqrt{9} + 5 \cdot 2^{-1}$

b) $\sqrt[3]{-1} + \sqrt{1} + 3 \cdot \left(\sqrt[6]{64}\right)^0$

c) $\dfrac{\sqrt{64} - \sqrt[3]{-8} + 3\sqrt{4}}{2}$

53. Resolva as equações.

a) $x^2 = 100$

d) $x^3 = 125$

g) $x^4 = -1$

j) $x^4 = 16$

b) $x^3 = 0$

e) $x^2 = -1$

h) $x^4 = 10^4$

k) $x^5 = 1$

c) $x^3 = -1$

f) $x^3 = -\dfrac{1}{64}$

i) $x^2 = 0,04$

l) $x^6 = 1$

:::::: Potência de expoente racional

Sabemos que $4^2 = 4 \cdot 4 = 16$ e $4^3 = 4 \cdot 4 \cdot 4 = 64$. Tomando como expoente um número compreendido entre 2 e 3 (por exemplo 2,5), escrevemos a potência $4^{2,5}$.

Lembremos que números racionais são todos os números inteiros e todas as frações (nas quais numerador e denominador são inteiros, com denominador diferente de zero). Todo número racional pode ser representado na forma $\dfrac{m}{n}$, em que m e n são números inteiros e n é positivo.

Por exemplo, o número 2,5 é o mesmo que $\dfrac{5}{2}$.

Assim, notamos que, para a questão formulada acima, temos $4^{2,5}$, que é $4^{\frac{5}{2}}$.

E agora, como calcular potências do tipo $a^{\frac{m}{n}}$, em que a é um número real positivo?

Como os números inteiros também são racionais, as propriedades estudadas para expoentes inteiros continuam valendo quando se amplia o campo do expoente para os racionais. Então, aplicando:

$$(a^m)^n = a^{m \cdot n}$$

temos, para o caso da potência $4^{\frac{5}{2}}$:

$$4^{\frac{5}{2}} = \left(2^2\right)^{\frac{5}{2}} = 2^{2 \cdot \frac{5}{2}} = 2^5 = 32$$

Note que o resultado, 32, é um número compreendido entre 16 e 64:

$$16 \quad < \quad 32 \quad < \quad 64$$

$$4^2 \qquad 4^{2,5} \qquad 4^3$$

Note também que 2,5 é a média aritmética de 2 e 3, pois $\dfrac{2+3}{2} = 2,5$. Mas 32 não é a média aritmética de 16 e 64, pois $\dfrac{16+64}{2} \neq 32$. Como $32 = \sqrt{16 \times 64}$, 32 é a média geométrica de 16 e 64.

Vejamos outro exemplo:

O expoente 0,25 está entre os inteiros 0 e 1.

Sabemos que $16^0 = 1$ e $16^1 = 16$. Então, $16^{0,25}$ deverá ser um número entre 1 e 16.

Considerando que $16 = 2^4$ e que $(a^m)^n = a^{m \cdot n}$, teremos:

$$16^{0,25} = \left(2^4\right)^{0,25} = 2^{4 \cdot 0,25} = 2^1 = 2$$

Empregando raiz

Agora, considere que

$$a^{\frac{m}{n}} = x$$

em que a e x são números positivos, m e n são inteiros e $n > 0$.

Elevando ambos os membros ao expoente n, obtemos:

$$\left(a^{\frac{m}{n}}\right)^n = x^n$$

Fazendo valer a propriedade da potência de potência:

$$a^{\frac{m}{n} \cdot n} = x^n$$

$$a^m = x^n$$

Como x é o número positivo que elevado a n dá o resultado a^m, pelo conceito de raiz n-ésima temos que:

$$x = \sqrt[n]{a^m}$$

Então, substituindo x na igualdade de partida, ficamos com:

$$a^{\frac{m}{n}} = \sqrt[n]{a^m}$$

É assim que definimos potência de base positiva e expoente racional:

$$a^{\frac{m}{n}} = \sqrt[n]{a^m} \ (a > 0, \ m \text{ e } n \text{ inteiros}, \ n > 0)$$

Retomando os exemplos vistos:

- $4^{2,5} = 4^{\frac{5}{2}} = \sqrt{4^5} = \sqrt{1\,024} = 32$

- $16^{0,25} = 16^{0,25} = 16^{\frac{1}{4}} = \sqrt[4]{16^1} = \sqrt[4]{16} = 2$

Com essa definição, as propriedades estudadas para potências de expoente inteiro são preservadas (continuam valendo) para expoentes racionais.

Veja outros exemplos:

- $8^{\frac{2}{3}} = \sqrt[3]{8^2} = \sqrt[3]{64} = 4$ ou $8^{\frac{2}{3}} = \left(2^3\right)^{\frac{2}{3}} = 2^{3 \cdot \frac{2}{3}} = 2^2 = 4$

- $9^{-\frac{1}{2}} = \sqrt{9^{-1}} = \sqrt{\frac{1}{9}} = \frac{1}{3}$ ou $9^{-\frac{1}{2}} = \left(3^2\right)^{-\frac{1}{2}} = 3^{2\left(-\frac{1}{2}\right)} = 3^{-1}$

- $10^{\frac{3}{5}} = \sqrt[5]{10^3} = \sqrt[5]{1\,000}$

- $5^{\frac{1}{2}} = \sqrt{5^1} = \sqrt{5}$

ATIVIDADES

54. Veja dois modos de calcular $625^{0,25}$:

$$625^{0,25} = 625^{\frac{1}{4}} = \sqrt[4]{625} = 5$$
$$625^{0,25} = \left(5^4\right)^{0,25} = 5^{4 \cdot 0,25} = 5^1 = 5$$

Agora, calcule utilizando o método que preferir.

a) $49^{\frac{1}{2}}$

b) $125^{\frac{1}{3}}$

c) $8^{\frac{4}{3}}$

d) $25^{\frac{3}{2}}$

e) $81^{-\frac{1}{4}}$

f) $16^{\frac{3}{2}}$

g) $9^{0,5}$

h) $10\,000^{0,25}$

i) $1\,024^{0,2}$

> **Para ajudar, fatore como no exemplo:**
>
> | | |
> |---|---|
> | 625 | 5 |
> | 125 | 5 |
> | 25 | 5 |
> | 5 | 5 |
> | 1 | |

55. Escreva empregando radicais:

a) $10^{\frac{4}{5}}$

b) $10^{\frac{1}{2}}$

c) $10^{-\frac{2}{3}}$

d) $5^{\frac{1}{3}}$

e) $8^{\frac{7}{2}}$

f) $2^{-\frac{1}{4}}$

g) $6^{0,5}$

h) $3^{0,25}$

56. Calcule:

a) $0,027^{\frac{1}{3}}$

b) $16^{1,25}$

c) $8^{\frac{1}{3}} + 3^0 - 2 \cdot 4^{0,5}$

d) $27^{0,333\ldots} + 27^{-\frac{2}{3}}$

e) $4^{-1} - 3 \cdot (-2)^1 + 25^{\frac{1}{2}}$

f) $2^{\frac{1}{2}} + 3^0 + 4^{-\frac{1}{2}}$

g) $\dfrac{(0,001)^{\frac{1}{3}} \cdot 100^{\frac{3}{2}}}{10^{-1}}$

h) $\left(\dfrac{81}{16}\right)^{0,75} - \left(\dfrac{2}{3}\right)^{-1}$

57. Observe atentamente os cálculos seguintes. Em um deles foi cometido um erro. Identifique-o.

I. $8^{-\frac{1}{3}} = \sqrt[3]{8^{-1}} = \sqrt[3]{\dfrac{1}{8}} = \dfrac{1}{2}$

II. $8^{-\frac{1}{3}} = \left(\dfrac{1}{8}\right)^{\frac{1}{3}} = \left(\dfrac{1}{8}\right)^{-3} \cdot \sqrt[3]{8^{-1}} = 8^3 = 512$

58. Para que valor de x tem-se $2^{10x\ -1} = 1$?

59. Indique qual é a média aritmética e qual é a média geométrica de 10^m e 10^n.

Transformando radicais em potências

Aplicando a definição de potência de expoente racional, podemos transformar um radical em potência:

$$\sqrt[n]{a^m} = a^{\frac{m}{n}} \text{ (se } a > 0)$$

Por exemplo: $\sqrt[3]{5^2} = 5^{\frac{2}{3}}$, $\sqrt{7} = 7^{\frac{1}{2}}$, $\sqrt{10^3} = 10^{\frac{3}{2}}$, etc.

Isso permite operar com radicais empregando regras da potenciação.

Simplificação de radicais

Observe estes cálculos:

- $\sqrt[6]{10^4} = 10^{\frac{4}{6}} = 10^{\frac{2}{3}} = \sqrt[3]{10^2}$. Então, $\sqrt[6]{10^4} = \sqrt[3]{10^2}$.

- $\sqrt[8]{2^{20}} = 2^{\frac{20}{8}} = 2^{\frac{5}{2}} = \sqrt{2^5}$. Então, $\sqrt[8]{2^{20}} = \sqrt{2^5}$.

Ou seja:

$$\sqrt[np]{a^{mp}} = a^{\frac{mp}{np}} = a^{\frac{m}{n}} = \sqrt[n]{a^m} \text{ (se } a > 0)$$

> O valor de uma raiz aritmética não se altera quando dividimos o índice do radical e o expoente do radicando por um mesmo número.
>
> $$\sqrt[np]{a^{mp}} = \sqrt[np]{a^{mp}} = \sqrt[n]{a^m}$$
>
> $$(a > 0)$$

Aplicamos essa propriedade para extrair raízes ou simplificar radicais. Veja os exemplos:

- $\sqrt{256} = \sqrt{2^8} = 2^4 = 16$

- $\sqrt[3]{1\,000\,000} = \sqrt[3]{10^6} = 10^2 = 100$

- $\sqrt[4]{49} = \sqrt[4]{7^2} = \sqrt{7}$

Começamos fatorando o radicando:

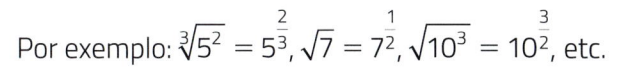

256	2
128	2

$256 = 2^8$

Raiz de um produto

Observe os cálculos a seguir e as conclusões que pudemos tirar:

$$\left.\begin{array}{l}\sqrt{4 \cdot 9} = \sqrt{36} = 6 \\ \sqrt{4} \cdot \sqrt{9} = 2 \cdot 3 = 6\end{array}\right\} \sqrt{4 \cdot 9} = \sqrt{4} \cdot \sqrt{9}$$

$$\left.\begin{array}{l}\sqrt[3]{8 \cdot 125} = \sqrt[3]{1\,000} = 10 \\ \sqrt[3]{8} \cdot \sqrt[3]{125} = 2 \cdot 5 = 10\end{array}\right\} \sqrt[3]{8 \cdot 125} = \sqrt[3]{8} \cdot \sqrt[3]{125}$$

Vamos generalizar:

$$\sqrt[n]{ab} = (ab)^{\frac{1}{n}} = a^{\frac{1}{n}} \cdot b^{\frac{1}{n}} = \sqrt[n]{a} \cdot \sqrt[n]{b}$$

> A raiz aritmética de um produto é igual ao produto das raízes aritméticas dos fatores:
> $$\sqrt[n]{ab} = \sqrt[n]{a} \cdot \sqrt[n]{b} \quad (a > 0, b > 0)$$

Essa propriedade é muito útil; por meio dela podemos extrair raízes ou simplificar radicais. Basta decompor o radicando em fatores e, em seguida, extrair as raízes dos fatores e multiplicar os resultados. Veja mais exemplos:

- $\sqrt{196} = \sqrt{2^2 \cdot 7^2} = \sqrt{2^2} \cdot \sqrt{7^2} = 2 \cdot 7 = 14$
- $\sqrt[3]{216} = \sqrt[3]{2^3 \cdot 3^3} = \sqrt[3]{2^3} \cdot \sqrt[3]{3^3} = 2 \cdot 3 = 6$
- $\sqrt{12} = \sqrt{4 \cdot 3} = \sqrt{4} \cdot \sqrt{3} = 2\sqrt{3}$
- $\sqrt{50} = \sqrt{25 \cdot 2} = \sqrt{25} \cdot \sqrt{2} = 5\sqrt{2}$

ATIVIDADES

60. Escreva como potência:

a) $\sqrt[3]{2^4}$

b) $\sqrt[6]{9^5}$

c) $\sqrt{5^{-1}}$

d) $\sqrt{10^3}$

e) $\sqrt[3]{2}$

f) $\sqrt{6}$

g) $\sqrt{2}$

h) $\sqrt{3}$

61. Calcule:

a) $\sqrt[2]{3^8}$

b) $\sqrt[2]{10^6}$

c) $\sqrt[3]{2^9}$

d) $\sqrt[4]{5^8}$

62. Aplique a propriedade da raiz de um produto e calcule:

a) $\sqrt{4 \cdot 36}$

b) $\sqrt{9 \cdot 100}$

c) $\sqrt[3]{8 \cdot 8}$

d) $\sqrt[3]{27 \cdot 1\,000}$

e) $\sqrt{2^2 \cdot 5^2}$

63. Calcule, fatorando o radicando:

a) $\sqrt{256}$

b) $\sqrt{729}$

c) $\sqrt[3]{343}$

d) $\sqrt[5]{1\,024}$

64. Simplifique, fatorando o radicando:

a) $\sqrt{12}$

b) $\sqrt{18}$

c) $\sqrt{20}$

d) $\sqrt{50}$

65. Sabendo que $2 \cong 1{,}414$ (lê-se: "raiz quadrada de dois é aproximadamente igual a um inteiro e quatrocentos e quatorze milésimos"), calcule o valor aproximado, com duas casas decimais, de:

a) $\sqrt{8}$

b) $2\sqrt{50}$

c) $6 - \sqrt{32}$

EDUCAÇÃO FINANCEIRA

Um lar para chamar de seu

Quanto pesa no orçamento a prestação da casa própria ou o aluguel? Quais os meios para adquirir uma casa própria se a família não pode pagar à vista? Esse é o tema das atividades a seguir.

I. Quais costumam ser os gastos extraordinários de alguém que não ganha o suficiente para pagar todas as suas despesas?

II. Qual é o gasto extraordinário de uma pessoa que não conseguiu poupar para adquirir uma moradia?

III. Na região em que você vive, comparando o valor de um imóvel com o respectivo aluguel, qual é o percentual representado pelo aluguel?

IV. "Alugar um imóvel é como pedir dinheiro emprestado; o aluguel representa os juros desse empréstimo." Você concorda com esse pensamento?

V. "Prefiro não gastar dinheiro em produtos supérfluos e caros; dessa maneira, consigo fazer uma poupança que servirá para eu comprar uma moradia e evitar pagar aluguel, porque esta é uma despesa que me obriga a trabalhar mais." Você concorda com esse pensamento ou discorda dele?

VI. Qual é a ordem de grandeza (meses ou anos) do tempo necessário para que a poupança realizada por uma família fique próxima do valor de um imóvel para moradia?

Algumas das maneiras mais comuns de comprar um imóvel quando não se tem o valor total é por meio de financiamento bancário ou consórcio.

VII. Se uma pessoa desejar antecipar a compra de um imóvel próprio para moradia, que alternativas ela tem?

VIII. Que instituições financiam a compra de moradia própria?

IX. Você já ouviu falar de planos governamentais para financiar a compra de moradias? Faça uma pesquisa sobre isso.

X. Ao contratar um financiamento para a compra de moradia própria, a pessoa contratante está contratando novos gastos?

1. Qual é o principal critério para uma pessoa decidir se vale a pena comprar um imóvel residencial próprio?

2. Qual é o principal critério para uma pessoa decidir se é melhor pagar aluguel ou contratar o financiamento de um imóvel residencial próprio?

NA MÍDIA

A maior *pizza* do mundo

Redação – *O Estado de S. Paulo*
11 de junho de 2017

[...]

No último sábado, 10, foi feita a maior *pizza* do mundo em Los Angeles, Califórnia. A massa tem 1,93 km de extensão e superou a marca registrada na Itália no último ano. A medida foi certificada por representantes do *Guiness*, o livro dos recordes.

Chefs montando uma *pizza* gigante.

Desde o início da manhã, dezenas de pessoas e *chefs* trabalharam no circuito automobilístico de Fontana e montaram a *pizza*, que tem 3 632 kg de massa, 1 634 kg de queijo e 2 542 de molho. [...]

Para conseguir assar a *pizza*, foi necessário usar três fornos industriais, que funcionaram sem parar durante oito horas. Para que desse certo, muitos voluntários ajudaram. O evento era gratuito e, segundo a organização, o objetivo era celebrar a humanidade e a amizade.

Toda comida será doada para bancos de alimentos locais e abrigos para desamparados.

Anteriormente, a maior *pizza* do mundo havia sido feita na Itália, em 2016, e tinha 1,85 km.

Disponível em: https://emais.estadao.com.br/noticias/comportamento,norte-americanos-fazem-a-maior-pizza-do-mundo-com-quase-2-km,70001835685. Acesso em: 22 abr. 2021.

1. Com uma massa que pesava 3 632 quilos, mais 1 634 quilos de queijo e 2 542 quilos de molho, a *pizza* ficou com "um grande sabor", de acordo com os organizadores. Aproximadamente, quantas toneladas pesava a *pizza*?

2. Se cortássemos a *pizza* em fatias, aproximadamente quantas fatias ela teria se, em média, cada fatia de *pizza* tem 120 gramas?

3. Se você comer dois pedaços de *pizza* e tomar um refrigerante, quanto tempo de corrida vai levar para queimar as calorias ingeridas? Consulte a tabela abaixo.

Quanto exercício é preciso para queimar calorias?			
Alimento	**Calorias**	**Caminhada (3-5 km/h)**	**Corrida (5-8 km/h)**
Uma tigela de cereal	172	31 minutos	16 minutos
Uma barra de chocolate	229	42 minutos	22 minutos
Uma lata de refrigerante	138	26 minutos	13 minutos
Muffin de mirtilo	265	48 minutos	25 minutos
Um pacote de batata *chips*	171	31 minutos	16 minutos
Sanduíche de *bacon* e frango	445	82 minutos	42 minutos
Dois pedaços de *pizza*	449	83 minutos	43 minutos

Disponível em: https://veja.abril.com.br/saude/quanto-exercicio-e-preciso-para-queimar-as-calorias-de-uma-pizza/. Acesso em: 16 jun. 2021. (Adaptada.)

4. Elabore um problema com base nos dados dessa reportagem.

Victor Moussa/Shutterstock

Será preciso uma calculadora científica?

Você já imaginou como era a vida dos matemáticos e engenheiros da Antiguidade antes da invenção das calculadoras? O ábaco é conhecido como a primeira calculadora da história, criado pelos chineses no século 6 a.C. A próxima evolução significativa das máquinas de calcular aconteceu em 1642, quando o francês Blaise Pascal idealizou uma máquina para ajudar seu pai a realizar somas e subtrações de forma rápida. Em 1671, o matemático e filósofo alemão Gottfried Leibniz desenvolveu um novo mecanismo capaz de realizar as quatro operações básicas. Atualmente, quais instrumentos de cálculo você conhece? Cite algumas operações possíveis de serem executadas.

A professora pediu aos alunos que realizassem os cálculos a seguir usando uma calculadora.

a) $\sqrt{2} \cdot \sqrt{5}$

b) $\left(\sqrt[8]{75}\right)^{11}$

c) $\sqrt{\sqrt[3]{150}}$

Paisit Teeraphatsakool/Shutterstock

Rebeca possui uma calculadora igual à da imagem e está pensando em maneiras de cumprir a tarefa proposta. É possível realizar todos os cálculos com essa máquina? Se sim, como isso poderia ser feito?

⠿ Adição e subtração com radicais

Para calcular a soma (ou a diferença) de duas raízes indicadas, devemos extrair as raízes e adicionar (ou subtrair) os resultados. Veja os exemplos:

- $\sqrt{64} + \sqrt{36} = 8 + 6 = 14$
- $\sqrt[3]{125} - \sqrt{121} = 5 - 11 = -6$
- $\sqrt{3} + \sqrt{2} \cong 1,732 + 1,414 \cong 3,15$

No terceiro exemplo, calculamos um valor aproximado para a soma $\sqrt{3} + \sqrt{2}$, empregando valores aproximados de $\sqrt{3}$ e de $\sqrt{2}$, que são números irracionais. Usando uma calculadora, verifique que com seis casas decimais $\sqrt{3} + \sqrt{2}$ é aproximadamente igual a 3,146264.

PARTICIPE

Considere que nas figuras ao lado todos os quadradinhos são unitários (medida do lado = 1). Já vimos que a diagonal de um quadrado unitário mede $\sqrt{2}$ e que a diagonal de um retângulo de dimensões 2 por 1 mede $\sqrt{5}$.

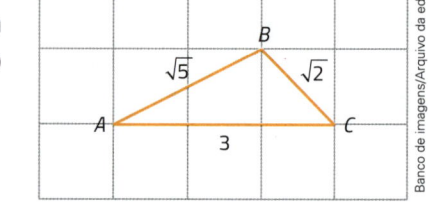

a) Qual é o perímetro exato do triângulo *ABC*?

b) Recorrendo a uma calculadora, calcule esse perímetro, aproximando-o por duas casas decimais.

c) Qual é o perímetro exato do trapézio *MNPQ*?

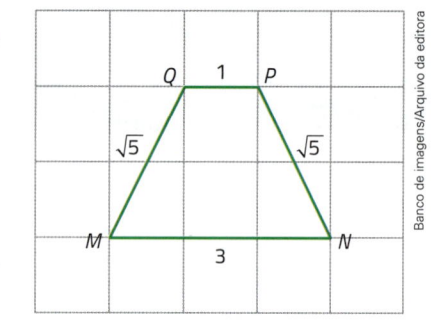

d) Quanto é, aproximando-o por duas casas decimais, o perímetro do trapézio *MNPQ*?

e) Quanto mede cada lado do triângulo *XYZ*?

f) Qual é o perímetro exato desse triângulo?

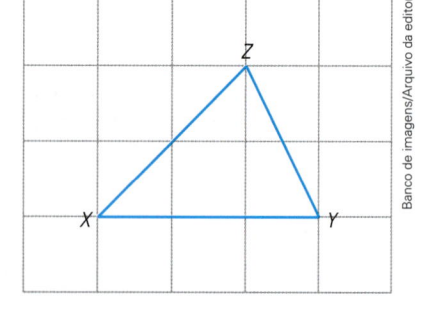

g) Quanto é, aproximando-o por duas casas decimais, o perímetro desse triângulo?

Simplificando para adicionar

Você se lembra da redução de termos semelhantes? Veja os exemplos:

- $7x + 2x = (7 + 2)x = 9x$
- $5a - 2b + 8b - 11a - b = (5a - 11a) + (-2b + 8b - b) = -6a + 5b$

Empregamos o mesmo raciocínio para realizar adições com termos que contêm radicais iguais:

- $3\sqrt{2} + 7\sqrt{2} = (3 + 7)\sqrt{2} = 10\sqrt{2}$
- $11\sqrt{5} - 2\sqrt{3} + 3\sqrt{5} + \sqrt{3} = (11\sqrt{5} + 3\sqrt{5}) + (-2\sqrt{3} + \sqrt{3}) = 14\sqrt{5} - \sqrt{3}$

Em adições com radicais que podem ser simplificados, procuramos simplificá-los antes de calcular a soma.

Veja os exemplos:

- $\sqrt{45} + 2\sqrt{20} = \sqrt{3^2 \cdot 5} + 2\sqrt{2^2 \cdot 5} = 3\sqrt{5} + 2 \cdot 2\sqrt{5} = 3\sqrt{5} + 4\sqrt{5} = 7\sqrt{5}$
- $\sqrt{8} + \sqrt[3]{27} - \sqrt[4]{4} = \sqrt{2^2 \cdot 2} + \sqrt[3]{3} - \sqrt[4]{2^2} = 2\sqrt{2} + 3 - \sqrt{2} = (2\sqrt{2} - \sqrt{2}) + 3 = \sqrt{2} + 3$

ATIVIDADES

1. Calcule:
  a) $\sqrt{49} + \sqrt{81}$
  b) $\sqrt[3]{64} - \sqrt[3]{-1}$
  c) $\sqrt{4} - \sqrt[3]{27} - \sqrt[4]{16} - \sqrt[5]{-1}$
  d) $3\sqrt{25} + 2\sqrt{4} - 5\sqrt[3]{8}$

2. A sentença $\sqrt{9} + \sqrt{4} = \sqrt{13}$ é verdadeira ou falsa? Por quê?

3. Simplifique, reduzindo termos com radicais iguais:
  a) $2\sqrt{3} + 7\sqrt{3}$
  b) $6\sqrt{2} + 2\sqrt{2} - 5\sqrt{2}$
  c) $2\sqrt{3} - 5\sqrt{3} + 3\sqrt{3} - 6\sqrt{3}$
  d) $3\sqrt{5} + 4 - 2\sqrt{5} - 8 + \sqrt{5}$

4. Simplifique os radicais e reduza os termos:
  a) $\sqrt{50} + 4\sqrt{18} - 6\sqrt{2}$
  b) $2\sqrt{20} - 4\sqrt{45} + \sqrt{125}$
  c) $5\sqrt{24} - 3\sqrt{6} + \sqrt{54} - \sqrt{36}$
  d) $5\sqrt{2} - 2\sqrt{5} + \sqrt{50} - 2\sqrt{20} + \sqrt{500}$

5. Observe a figura ao lado e responda:
  a) Qual é a área do quadrado *BDFH*?
  b) Qual é a área do quadrado *ACEG*?
  c) Quanto mede o lado do quadrado *ACEG*?
  d) Calcule o perímetro:
  - do quadrado *ACEG*;
  - dos triângulos *ACE* e *ACI*;
  - dos pentágonos *BCEGH* e *ACDEG*;
  - do hexágono *ABCEFG*.

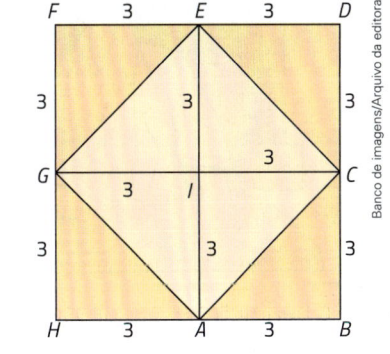

6. Observe a figura ao lado. Nela há triângulos, quadrilátero e pentágonos.

  Agora calcule o perímetro de:
  a) oito triângulos;
  b) um quadrilátero;
  c) quatro pentágonos.

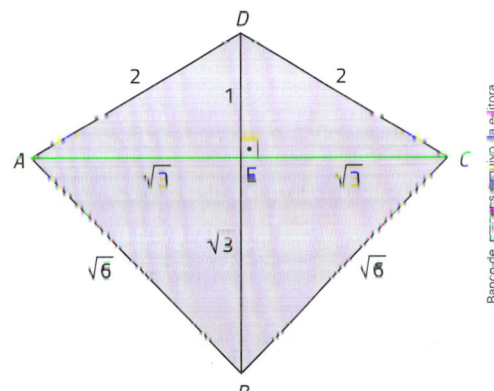

A conta com três algarismos

(Obmep) Na conta indicada a seguir, as letras X, Y e Z representam algarismos distintos. Qual é o algarismo representado pela letra Z?

$$
\begin{array}{r}
X\,X\,X\,X \\
Y\,Y\,Y\,Y \\
+\,Z\,Z\,Z\,Z \\
\hline
Y\,X\,X\,X\,Z
\end{array}
$$

a) 1   **b)** 3   **c)** 5   **d)** 6   **e)** 8

Descubra os algarismos

(Obmep) O produto de um número de dois algarismos pelo número formado pelos mesmos dois algarismos, escritos em ordem inversa, é 2 944. Qual é a soma dos dois números multiplicados?

a) 99   **b)** 110   **c)** 121   **d)** 143   **e)** 154

Multiplicação e divisão com radicais

Quanto é $\sqrt{4} \cdot \sqrt{9}$? E $\sqrt{2} \cdot \sqrt{8}$?

Marcelo Gagliano/Arquivo da editora

Como $\sqrt{4} = 2$ e $\sqrt{9} = 3$, temos: $\sqrt{4} \cdot \sqrt{9} = 2 \cdot 3 = 6$

Por outro lado, $\sqrt{2} \cdot \sqrt{8} = (1{,}41421356...) \cdot (2{,}82842712...)$. Podemos evitar essa multiplicação recorrendo às propriedades dos radicais.

Já vimos que, para $a > 0$ e $b > 0$, vale a igualdade:

$$\sqrt[n]{ab} = \sqrt[n]{a} \cdot \sqrt[n]{b}$$

Então:

$$\sqrt[n]{a} \cdot \sqrt[n]{b} = \sqrt[n]{a \cdot b}$$

A multiplicação de dois radicais de mesmo índice pode ser reduzida a um só radical: basta conservar o índice e multiplicar os radicandos. No final, extraímos a raiz.

Assim: $\sqrt{2} \cdot \sqrt{8} = \sqrt{2 \cdot 8} = \sqrt{16} = 4$

Veja outros exemplos:

- $\sqrt{5} \cdot \sqrt{20} = \sqrt{5 \cdot 20} = \sqrt{100} = 10$

- $\sqrt{2} \cdot \sqrt{3} = \sqrt{2 \cdot 3} = \sqrt{6}\left(\approx 2{,}45\right)$

- $\sqrt{2} \cdot \sqrt{5} \cdot \sqrt{40} = \sqrt{2 \cdot 5 \cdot 40} = \sqrt{400} = 20$

- $\sqrt{16} \cdot \sqrt{2\,500} = 4 \cdot 50 = 200$ (16 e 2 500 são quadrados perfeitos, então não precisamos aplicar a propriedade)

Agora vejamos a divisão de radicais de mesmo índice. Para $a > 0$ e $b > 0$:

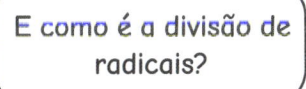

$$\frac{\sqrt[n]{a}}{\sqrt[n]{b}} = \frac{a^{\frac{1}{n}}}{b^{\frac{1}{n}}} = \left(\frac{a}{b}\right)^{\frac{1}{n}} = \sqrt[n]{\frac{a}{b}}$$

$$\frac{\sqrt[n]{a}}{\sqrt[n]{b}} = \sqrt[n]{\frac{a}{b}}$$

Podemos reduzir a um só radical, conservando o índice e dividindo os radicandos. No final, extraímos a raiz.

Veja os exemplos:

- $\dfrac{\sqrt{60}}{\sqrt{15}} = \sqrt{\dfrac{60}{15}} = \sqrt{4} = 2$

- $\dfrac{\sqrt{10}}{\sqrt{2}} = \sqrt{\dfrac{10}{2}} = \sqrt{5}\left(\cong 2{,}236\right)$

- $\dfrac{\sqrt[3]{24}}{\sqrt[3]{3}} = \sqrt[3]{\dfrac{24}{3}} = \sqrt[3]{8} = 2$

- $\dfrac{\sqrt{225}}{\sqrt{25}} = \dfrac{15}{5} = 3$ (225 e 25 são quadrados perfeitos, então não precisamos aplicar a propriedade)

E se os índices forem diferentes?

Nesse caso, transformamos em radicais de mesmo índice, que pode ser o mmc dos índices dados. Por exemplo:

$$\sqrt{2} \cdot \sqrt[3]{5} = \sqrt[6]{2^3} \cdot \sqrt[6]{5^2} = \sqrt[6]{8 \cdot 25} = \sqrt[6]{200}$$

7. Calcule a área de cada figura:

a)

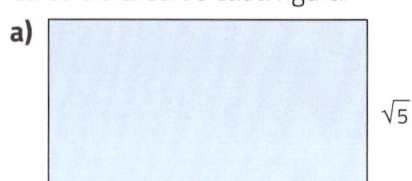

$\sqrt{5}$

$2\sqrt{5}$

b)

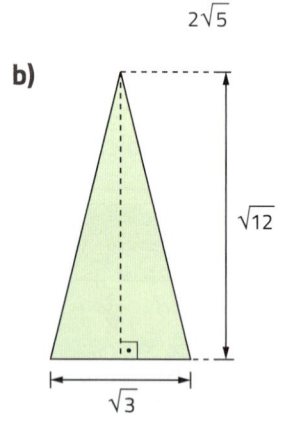

$\sqrt{12}$

$\sqrt{3}$

Ilustrações: Banco de imagens/Arquivo da editora

8. Efetue as multiplicações reduzindo a um único radical e simplificando quando possível:

a) $\sqrt{2} \cdot \sqrt{5}$

b) $\sqrt{5} \cdot \sqrt{6}$

c) $\sqrt{3} \cdot \sqrt{12}$

d) $\sqrt{2} \cdot \sqrt{8}$

e) $\sqrt{2} \cdot \sqrt{3} \cdot \sqrt{7}$

f) $\sqrt[3]{5} \cdot \sqrt[3]{4}$

g) $\sqrt[3]{2} \cdot \sqrt[3]{4}$

h) $\sqrt[4]{5} \cdot \sqrt[4]{2} \cdot \sqrt[4]{10}$

9. Calcule:

a) $2\sqrt{3} \cdot 5\sqrt{2} \cdot \sqrt{6}$

b) $\dfrac{\sqrt{3}}{3} \cdot 5\sqrt{12} \cdot \dfrac{\sqrt{8}}{10} \cdot 3\sqrt{2}$

c) $2\sqrt{8} \cdot 3\sqrt{2} \cdot \sqrt[3]{27}$

10. Escreva usando um só radical:

a) $\dfrac{\sqrt{15}}{\sqrt{3}}$

b) $\dfrac{\sqrt{3}}{\sqrt{6}}$

c) $\dfrac{\sqrt{18}}{\sqrt{6}}$

d) $\dfrac{\sqrt{8} \cdot \sqrt{10}}{\sqrt{20} \cdot \sqrt{2}}$

11. Calcule o valor de cada expressão:

a) $\dfrac{\sqrt{6} \cdot \sqrt{3}}{\sqrt{2}}$

b) $\dfrac{3\sqrt{10} \cdot 2\sqrt{5}}{\sqrt{8}}$

12. Reduza a um só radical:

a) $\sqrt[4]{2} \cdot \sqrt{2}$

b) $\dfrac{\sqrt[3]{4}}{\sqrt{2}}$

⠿ Potenciação e radiciação

Potência de raiz

Como $\sqrt{2} = 1,41421356...$, temos:

$$\left(\sqrt{2}\right)^3 = (1,41421356...) \cdot (1,41421356...) \cdot (1,41421356...)$$

Para evitar essa multiplicação, recorremos às propriedades dos radicais, transformando $\left(\sqrt{2}\right)^3$ em uma expressão mais simples de ser calculada. Temos:

$$\left(\sqrt{2}\right)^3 = \left(\sqrt{2}\right)^2 \cdot \sqrt{2} = 2\sqrt{2}$$

Há outro modo de fazer essa simplificação.

Para $a > 0$:

$$\left(\sqrt[n]{a}\right)^m = \left(a^{\frac{1}{n}}\right)^m = a^{\frac{1}{n} \cdot m} = a^{\frac{m}{n}} = \sqrt[n]{a^m}$$

Quanto é $\left(\sqrt{2}\right)^3$?

Ilustra Cartoon/Arquivo da editora

Quando n é um inteiro positivo, $a > 0$ e m é um expoente inteiro, vale a igualdade:

$$(\sqrt[n]{a})^m = \sqrt[n]{a^m}$$

Assim, $(\sqrt{2})^3 = \sqrt{2^3} = \sqrt{2^2 \cdot 2} = 2\sqrt{2}$.

Veja como simplificamos o cálculo: $(\sqrt{2})^3 = 2\sqrt{2} = 2 \cdot 1{,}41421356\ldots$

Aproximando com três casas decimais, temos $(\sqrt{2})^3 = 2{,}828$.

Observe outros exemplos:

- $(\sqrt{5})^3 = (\sqrt{5})^2 \cdot (\sqrt{5}) = 5\sqrt{5}$ ou $(\sqrt{5})^3 = \sqrt{5^3} = \sqrt{5^2 \cdot 5} = 5\sqrt{5}$
- $(\sqrt{2})^5 = (\sqrt{2})^2 \cdot (\sqrt{2})^2 \cdot \sqrt{2} = 2 \cdot 2 \cdot \sqrt{2} = 4\sqrt{2}$ ou $(\sqrt{2})^5 = \sqrt{2^5} = \sqrt{2^4 \cdot 2} = 2^2\sqrt{2} = 4\sqrt{2}$
- $(\sqrt[3]{10})^2 = \sqrt[3]{10^2} = \sqrt[3]{100}$

Raiz de raiz

Veja um exemplo numérico:

$$\sqrt{\sqrt{10}} = \left(\sqrt{10}\right)^{\frac{1}{2}} = \left(10^{\frac{1}{2}}\right)^{\frac{1}{2}} = 10^{\frac{1}{2} \cdot \frac{1}{2}} = 10^{\frac{1}{4}} = \sqrt[4]{10}$$

Quando m e n são inteiros positivos e $a > 0$, temos:

$$\sqrt[m]{\sqrt[n]{a}} = (\sqrt[n]{a})^{\frac{1}{m}} = (a^{\frac{1}{n}})^{\frac{1}{m}} = a^{\frac{1}{m} \cdot \frac{1}{n}} = a^{\frac{1}{m \cdot n}} = \sqrt[m \cdot n]{a}$$

Logo, podemos transformar raiz de raiz em um só radical multiplicando os índices das raízes:

$$\sqrt[m]{\sqrt[n]{a}} = \sqrt[m \cdot n]{a}$$

Posso indicar a raiz de outra raiz com um só radical?

Ilustra Cartoon/Arquivo da editora

Voltando ao exemplo e aplicando essa propriedade: $\sqrt{\sqrt{10}} = \sqrt[2 \cdot 2]{10} = \sqrt[4]{10}$

Outro exemplo:

$$\sqrt[3]{\sqrt{5}} = \sqrt[3 \cdot 2]{5} = \sqrt[6]{5}$$

ATIVIDADES

13. Calcule:

a) $(\sqrt{3})^4$

b) $(\sqrt{2})^{10}$

c) $(\sqrt[4]{5})^8$

d) $(\sqrt[5]{10})^5$

e) $(\sqrt{6})^{-2}$

f) $(\sqrt{2})^{-8}$

14. Dos números abaixo, quantos não são inteiros? E quantos são inteiros ímpares?

a) $(\sqrt{6})^4$

b) $(-5\sqrt{2})^2$

c) $(\sqrt{5})^{-4}$

d) $(\sqrt[3]{3})^6$

e) $(\sqrt{2})^5$

f) $(5\sqrt[4]{2})^4$

g) $18 \cdot [(\sqrt{2})^{-2} + (\sqrt{3})^2]$

h) $2(\sqrt{3})^4 - 3(\sqrt{2})^6$

15. Qual é o volume de um cubo com 2 cm de aresta?

16. Escreva usando um único radical:

a) $\sqrt{\sqrt{6}}$

b) $\sqrt{\sqrt[3]{10}}$

c) $\sqrt{\sqrt{\sqrt{2}}}$

d) $\sqrt{\sqrt[3]{\sqrt{5}}}$

17. Calcule o valor de $\dfrac{-b + \sqrt{b^2 - 4ac}}{2a}$ para $a = 4$, $b = 5\sqrt{3}$ e $c = 3$.

18. Determine o valor de cada expressão:

a) $(2\sqrt{5})^2$

b) $(\sqrt{1 + \sqrt{2}})^2$

c) $(\sqrt{3\sqrt{2}})^4$

d) $(\sqrt{4 + \sqrt{3}})^2 + (\sqrt{4 - \sqrt{3}})^2$

- Resolver problemas de produtos notáveis utilizando suas propriedades, como o quadrado da soma ou da diferença de dois termos, o produto da soma pela diferença de dois termos e a racionalização de denominadores.

- Resolver problemas de fatoração utilizando fator comum e agrupamento, diferença de dois quadrados e trinômio quadrado perfeito e de 2° grau.

- Compreender a fatoração com base nos produtos notáveis.

- Resolver problemas que podem ser representados por equações polinomiais do 2° grau.

CAPÍTULOS

Produtos notáveis

romeovip_md/Shutterstock

NA REAL

O que esse número tem de curioso?

A teoria dos números é o ramo da Matemática que estuda as propriedades especiais de alguns números. No entanto, essa não é uma atividade exclusiva dos matemáticos. Você consegue citar alguma sequência de números com propriedades em comum? Os números pares, ímpares, primos, múltiplos, divisores e quadrados perfeitos são exemplos de números com propriedades especiais estudados no ensino básico.

Os antigos pitagóricos já investigavam essas regularidades e é atribuída a eles a representação geométrica de números. Os números figurais são aqueles que podem ser dispostos de forma poligonal. Vamos ver aqui exemplos dos números triangulares e quadrados.

Os números triangulares representam as somas sucessivas dos números naturais consecutivos: $1; 1 + 2; 1 + 2 + 3; ...; 1 + 2 + 3 + ... + n; ...$

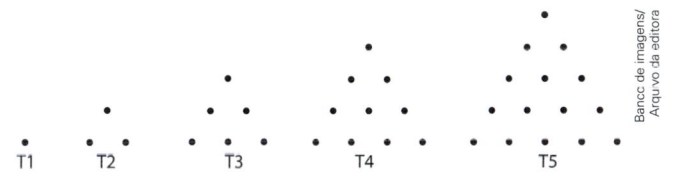

Bancc de imagens/
Arquivo da editora

Os números quadrados representam as somas sucessivas dos números ímpares consecutivos: $1; 1 + 3; 1 + 3 + 5; ...; 1 + 3 + 5 + ... + (2n - 1); ...$

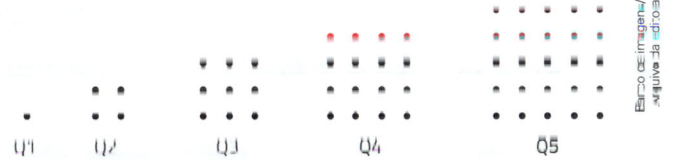

Banco de imagens/
Arquivo da editora

Isabela criou um número quadrado com base em uma das figuras acima. Para isso, ela adicionou 6 linhas e 6 colunas de pontos, totalizando 84 pontos adicionados. A partir de qual número quadrado ela criou o seu número? Qual número quadrado ela obteve?

Na BNCC

EF09MA09

⠿ Quadrado da soma ou da diferença de dois termos

Para quando é a lição?

Pedro, que adora Matemática, enviou um *e-mail* para seu amigo Leo. Leia-o e responda: Em que dia deveriam entregar a lição?

Como $9^{0,5}$ representa o mês, e $9^{0,5} = (3^2)^{0,5} = 3^{2 \cdot 0,5} = 3^1 = 3$, o mês era março. O ano, de acordo com os algarismos romanos (MMXVIII), era 2018.

Podemos descobrir o dia adicionando os dois quadrados: $(\sqrt{2} + 1)^2 + (\sqrt{2} - 1)^2$.

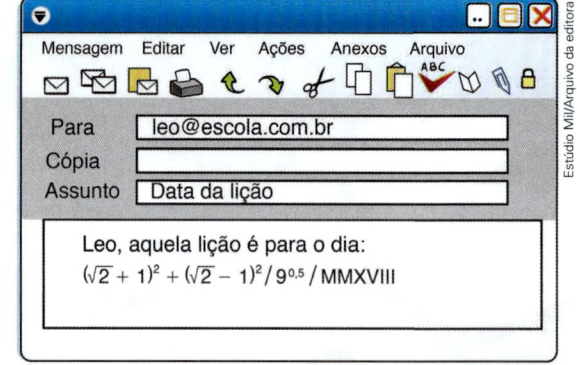

Mensagem Editar Ver Ações Anexos Arquivo

Para: leo@escola.com.br
Cópia:
Assunto: Data da lição

Leo, aquela lição é para o dia:
$(\sqrt{2} + 1)^2 + (\sqrt{2} - 1)^2 / 9^{0,5}$ / MMXVIII

PARTICIPE

Na figura ao lado, *ABCD* é um quadrado e as partes coloridas são superfícies quadradas.

a) A superfície verde tem área igual a 10 cm². Quanto mede o lado desse quadrado?

b) A superfície azul tem área igual a 4 cm². Quanto mede o lado desse quadrado?

c) Quanto mede o lado do quadrado *ABCD*?

d) Quanto mede a área do quadrado *ABCD*?

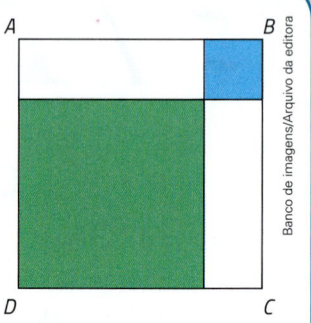

Vamos recordar os produtos notáveis:

$(a + b)^2 = (a + b)(a + b)$

$(a + b)^2 = a^2 + ab + ba + b^2$

Assim:

$$(a + b)^2 = a^2 + 2ab + b^2$$

Essa dedução também pode ser feita usando geometria e calculando a área da figura ao lado.

Trocando *b* por $(-b)$, obtemos:

$[a + (-b)]^2 = a^2 + 2a(-b) + (-b)^2$

Então:

$$(a - b)^2 = a^2 - 2ab + b^2$$

área total $= (a + b)^2$
área total $= a^2 + 2ab + b^2$

Assim:

$(\sqrt{2} + 1)^2 = (\sqrt{2})^2 + 2 \cdot \sqrt{2} \cdot 1 + 1^2 = 2 + 2\sqrt{2} + 1 = 3 + 2\sqrt{2}$

$(\sqrt{2} - 1)^2 = (\sqrt{2})^2 - 2 \cdot \sqrt{2} \cdot 1 + 1^2 = 2 - 2\sqrt{2} + 1 = 3 - 2\sqrt{2}$

Logo:

$(\sqrt{2} + 1)^2 + (\sqrt{2} - 1)^2 = 3 + 2\sqrt{2} + 3 - 2\sqrt{2} = 6$

Concluímos que a lição de Pedro e Leo era para ser entregue em 6 de março de 2018.

1. De uma chapa de metal quadrada, de lado 2 m, recortamos uma parte quadrada de um dos cantos conforme representado na figura ao lado. Qual é a área da parte retirada?

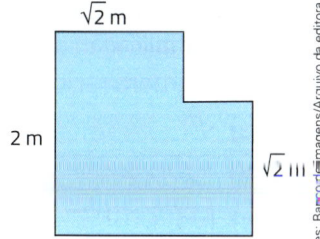

2. Calcule a área de cada quadrado.

a)

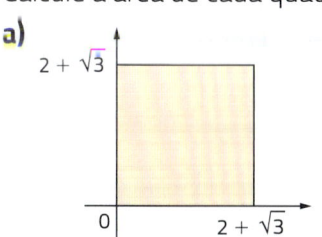

b)

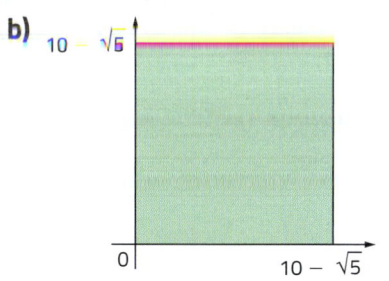

3. Calcule os produtos notáveis:

a) $(4 + \sqrt{2})^2$

b) $(\sqrt{7} + 5)^2$

c) $(3 - \sqrt{3})^2$

d) $(2\sqrt{2} + 3)^2$

e) $(\sqrt{3} + \sqrt{2})^2$

f) $(4\sqrt{2} - 3)^2$

Produto da soma pela diferença de dois termos

Um fator racionalizante

Sabemos que $\sqrt{5}$ é um número irracional e que $3 + \sqrt{5}$ também é irracional.

Por quanto podemos multiplicar $\sqrt{5}$ a fim de obter um número racional não nulo? E $3 + \sqrt{5}$?

Como $(\sqrt{5})^2 = 5$, é fácil responder à primeira pergunta: basta multiplicar $\sqrt{5}$ por $\sqrt{5}$. O resultado, 5, é um número racional não nulo. (Há outras possibilidades – você pode tentar descobrir algumas –, mas uma é suficiente para responder à pergunta.)

Porém, multiplicando a soma $3 + \sqrt{5}$ por ela mesma, obtemos:

$$(3 + \sqrt{5})(3 + \sqrt{5}) = (3 + \sqrt{5})^2 = 3^2 + 2 \cdot 3 \cdot \sqrt{5} + (\sqrt{5})^2 = 9 + 6\sqrt{5} + 5 = 14 + 6\sqrt{5}$$

O resultado, $14 + 6\sqrt{5}$, é um número irracional.

Por isso, vamos procurar outra possibilidade.

Recorde que, no 8º ano, estudamos que:

$$(a + b)(a - b) = a^2 - ab + ab - b^2$$

$$(a + b)(a - b) = a^2 - b^2$$

Então, vamos multiplicar a soma $3 + \sqrt{5}$ pela diferença $3 - \sqrt{5}$:

$$(3 + \sqrt{5})(3 - \sqrt{5}) = 3^2 - (\sqrt{5})^2 = 9 - 5 = 4$$

Agora, o resultado é um número racional não nulo, como gostaríamos. Veja outros exemplos:

- $(6 + \sqrt{2})(6 - \sqrt{2}) = 6^2 - (\sqrt{2})^2 = 36 - 2 = 34$
- $(2\sqrt{3} - 1)(2\sqrt{3} + 1) = (2\sqrt{3})^2 - 1^2 = 4 \cdot 3 - 1 = 12 - 1 = 11$

4. Escolha o fator (para substituir ▨▨▨) e faça a multiplicação de modo que o resultado seja um número racional não nulo.

a) $\sqrt{3} \cdot$ ▨▨▨

b) $3\sqrt{2} \cdot$ ▨▨▨

c) $(\sqrt{3} + 1) \cdot$ ▨▨▨

d) $(7 - \sqrt{19}) \cdot$ ▨▨▨

e) $(2\sqrt{5} - 5) \cdot$ ▨▨▨

f) $(11 + \sqrt{11}) \cdot$ ▨▨▨

5. Em quais dos itens abaixo o resultado é um número racional? Calcule cada um deles.

a) $(2\sqrt{3} + 3\sqrt{2})^2$

b) $(2 + 3\sqrt{7})(2 - 3\sqrt{7})$

c) $\sqrt{7 + \sqrt{13}} \cdot \sqrt{7 - \sqrt{13}}$

6. Desenvolva os seguintes produtos:

a) $(x + 2)^2$

b) $(2x + 1)^2$

c) $(x^2 + 4)^2$

d) $(x - 5)^2$

e) $(3x - 2)^2$

f) $(2x + 1)(2x - 1)$

g) $(4x + \sqrt{2})(4x - \sqrt{2})$

h) $(x^4 + 2)(x^4 - 2)$

7. Calcule:

a) $\sqrt{2}(3 + \sqrt{2})$

b) $2\sqrt{5}(1 - 3\sqrt{5})$

c) $(\sqrt{3} + 1)(\sqrt{3} + 3)$

d) $(1 - \sqrt{2})(1 - 2\sqrt{2})$

8. Calcule a área de cada triângulo:

a) Dado: $h = (1 + \sqrt{3})$ cm.

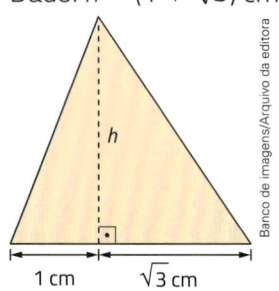

1 cm · $\sqrt{3}$ cm

b) Dado: $h = (\sqrt{5} - 1)$ cm.

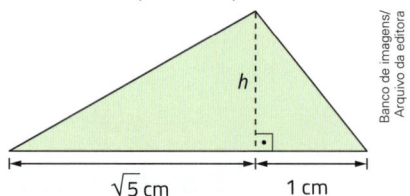

$\sqrt{5}$ cm · 1 cm

⠿ Racionalização de denominadores

Uma divisão complicada

Qual destes valores é o mais aproximado de $\dfrac{4}{\sqrt{2}}$?

A	B	C	D
2,80	2,83	2,86	2,89

Para responder à pergunta do professor, precisamos dividir 4 por $\sqrt{2}$. Como $\sqrt{2} = 1{,}4142...$, vejamos qual será o resultado fazendo aproximações de $\sqrt{2}$ com uma, duas ou três casas decimais:

$$\frac{1}{1,4} \cong 2{,}857 \qquad \frac{1}{1,41} \cong 2{,}837 \qquad \frac{1}{1,414} \cong 2{,}829$$

Pela primeira divisão, poderíamos concluir que a resposta é **C**; mas as outras indicam que a resposta poderia ser **B**.

Vamos ver outra maneira de obter o resultado.

Podemos responder mais facilmente e com mais precisão à questão recorrendo a uma técnica denominada **racionalização de denominador**. Antes de dividir, multiplicamos o numerador e o denominador da expressão dada por um mesmo fator, de modo a obter uma fração equivalente com denominador racional.

Se multiplicarmos $\dfrac{4}{\sqrt{2}}$ por $\dfrac{\sqrt{2}}{\sqrt{2}}$, obteremos uma fração de denominador racional. Veja:

$$\frac{4}{\sqrt{2}} = \frac{4 \cdot \sqrt{2}}{\sqrt{2} \cdot \sqrt{2}} = \frac{4\sqrt{2}}{2} = 2\sqrt{2} = 2(1,4142...) \cong 2,0204$$

Assim, concluímos que a resposta é, de fato, **B**.

Portanto, quando efetuamos um cálculo com radicais em que há um radical no denominador, fazemos a racionalização do denominador.

ATIVIDADES

9. Racionalize o denominador e, em seguida, com o auxílio de uma calculadora, obtenha o valor com duas casas decimais.

a) $\dfrac{1}{\sqrt{3}}$

b) $\dfrac{5}{\sqrt{6}}$

c) $\dfrac{1}{2\sqrt{5}}$

d) $\dfrac{3}{10\sqrt{2}}$

10. Racionalize o denominador e simplifique:

a) $\dfrac{6}{\sqrt{3}}$

b) $\dfrac{15}{2\sqrt{10}}$

11. Responda às perguntas seguintes:

a) Por quanto podemos multiplicar $\sqrt{2} + 1$ para obter um resultado racional não nulo?

b) Qual é o valor de $\dfrac{1}{\sqrt{2} + 1}$ aproximado por três casas decimais?

12. Racionalize o denominador:

a) $\dfrac{1}{4 + \sqrt{2}}$

b) $\dfrac{2}{\sqrt{5} + 2}$

c) $\dfrac{\sqrt{3}}{\sqrt{3} - 1}$

d) $\dfrac{1}{7 - \sqrt{2}}$

13. Racionalize o denominador e simplifique:

a) $\dfrac{3}{3 + \sqrt{3}}$

b) $\dfrac{28}{4 - \sqrt{2}}$

c) $\dfrac{31}{4\sqrt{2} - 1}$

d) $\dfrac{\sqrt{3}}{2\sqrt{3} + 3}$

14. Calcule:

a) $\dfrac{1}{1 - \sqrt{2}} - \dfrac{1}{1 + \sqrt{2}}$

b) $\dfrac{2 + \sqrt{3}}{1 - \sqrt{5}} + \dfrac{2 - \sqrt{3}}{1 + \sqrt{5}}$

c) $1 + \dfrac{2}{1 + \sqrt{3}} + \dfrac{1}{2 + \sqrt{3}}$

d) $\dfrac{1}{\sqrt{2} + 1} + \dfrac{1}{\sqrt{2} - 1} - 2\sqrt{2}$

15. Considerando $\sqrt{10} \cong 3,16$, calcule um valor aproximado para $\sqrt{\dfrac{5}{8}}$.

16. Um galpão de criação de frangos tem o formato retangular de dimensões 100 m por $32\sqrt{2}$ m. Nesse galpão, o granjeiro costuma acomodar 1 600 frangos em cada ciclo de criação. Quantas aves por metro quadrado ele cria em cada ciclo?

Galpão de criação de frangos.

5 Fatoração

Krzysztof Slusarczyk/Shutterstock

NA REAL

Qual é a área do quintal?

Para algumas pessoas, a jardinagem é uma profissão e, para outras, é apenas um passatempo que permite o contato com a natureza. As plantas compõem decorações, deixam os ambientes mais frescos, filtram o ar que respiramos e podem deixar mais alegres alguns cenários caóticos. Para isso, diversas escolhas podem ser feitas, como a criação de hortas, a plantação de flores em vasos ou a construção de canteiros. Você tem ou já teve contato com a criação de alguma planta?

Dona Rosa construiu um canteiro no quintal de casa para plantar flores, como representa a imagem. Se a área do canteiro é de 41 m², qual é a área do quintal da casa de dona Rosa?

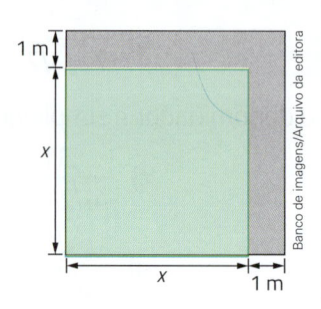

Banco de imagens/Arquivo da editora

Na BNCC
EF09MA09

⣿ Fator comum e agrupamento

Recordando

Ao estudarmos fatoração, no 8° ano, vimos duas aplicações importantes:

- para simplificar uma fração algébrica, precisamos fatorar o numerador e o denominador. Por exemplo:

$$\frac{x^3 + 2x^2}{x^2 - 4} = \frac{x^2 \cdot \cancel{(x + 2)}}{\cancel{(x + 2)} \cdot (x - 2)} = \frac{x^2}{x - 2}$$

- podemos resolver equações fatorando e aplicando a propriedade de que um produto é igual a zero se pelo menos um de seus fatores é zero. Por exemplo:

$x^2 + 3x = 0$ $x = 0$ ou $x + 3 = 0$

$x \cdot (x + 3) = 0$ $x = 0$ ou $x = -3$

As soluções da equação $x^2 + 3x = 0$ são 0 e -3.

Vamos rever e complementar o estudo da fatoração. Algumas fórmulas algébricas também podem ser representadas geometricamente por meio de áreas de figuras planas.

Quando os termos de um polinômio apresentam um fator comum, ele pode ser colocado em evidência. Por exemplo:

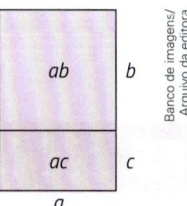

- $ab + ac = a(b + c)$

- $x^5 + x^4 + 2x^3 = x^3(x^2 + x + 2)$

área pintada $= ab + ac = a(b + c)$

Na fatoração por agrupamento, após fatorar cada grupo, vemos que eles ainda apresentam um fator comum a ser colocado em evidência.

Veja os exemplos:

- $ax + ay + bx + by = a(x + y) + b(x + y) = (x + y)(a + b)$

- $x^2 + xy - x - y = x(x + y) - 1(x + y) = (x + y)(x - 1)$

⣿ Diferença de dois quadrados

Observe as figuras a seguir:

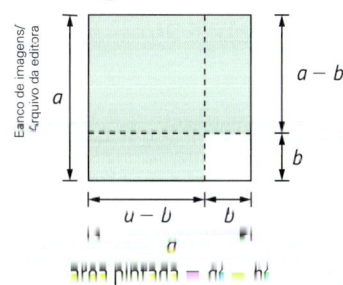

área pintada $= a^2 - b^2$

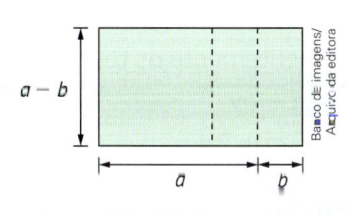

área pintada $= (a + b)(a - b)$

Note que as áreas coloridas são iguais. A diferença de dois quadrados pode ser fatorada empregando-se:

$$a^2 - b^2 = (a + b)(a - b)$$

Veja estes exemplos:

- $x^2 - 25 = x^2 - 5^2 = (x + 5)(x - 5)$
- $x^4 - 1 = (x^2)^2 - 1^2 = (x^2 + 1)(x^2 - 1) = (x^2 + 1)(x + 1)(x - 1)$

⠿ Trinômio quadrado perfeito

Vamos recordar que:

- um número é inteiro quadrado perfeito caso seja o quadrado de outro inteiro.

  Por exemplo, 16 é inteiro quadrado perfeito, pois $16 = 4^2$.

- um polinômio é quadrado perfeito caso seja o quadrado de outro polinômio.

  Por exemplo, $16x^2$ é monômio quadrado perfeito, pois $16x^2 = (4x)^2$.

Como $(a + b)^2 = a + 2ab + b$, o trinômio $a^2 + 2ab + b^2$ é quadrado perfeito, assim como $a^2 - 2ab + b^2$, que é o quadrado de $(a - b)$. Para fatorar trinômios quadrados perfeitos, basta indicá-los na forma de quadrados:

$$a^2 + 2ab + b^2 = (a + b)^2 \quad \text{e} \quad a^2 - 2ab + b^2 = (a - b)^2$$

Veja os exemplos:

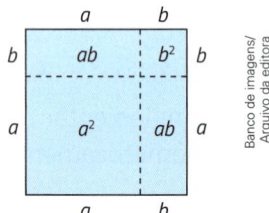

área total = $a^2 + 2ab + b^2 = (a + b)^2$

- $x^2 + 8x + 16 = x^2 + 2 \cdot x \cdot 4 + 4^2 = (x + 4)^2$

- $4x^2 - 4x + 1 = (2x)^2 - 2 \cdot 2x \cdot 1 + 1^2 = (2x - 1)^2$

ATIVIDADES

1. A área de um retângulo é dada pela expressão $2x^2 + 4x$, e um dos lados mede $2x$. Qual é a expressão que representa a medida do outro lado?

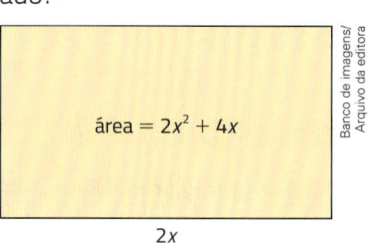

área = $2x^2 + 4x$

$2x$

2. Coloque em evidência o fator comum de cada expressão abaixo:

    a) $mx + nx - px$

    b) $20x^2 + 25x$

    c) $4m^3 - 6m^2$

    d) $(a + b)x + 2(a + b)$

3. Agrupe convenientemente os termos e fatore:

    a) $ax + ay - bx - by$

    b) $m^2 - mn - 3m + 3n$

    c) $x^3 + 2x^2 + 2x + 4$

    d) $7x^2 - y + x - 7xy$

4. Resolva as equações:

    a) $x^3 - 2x^2 = 0$

    b) $4x + 2x = 0$

    c) $x^3 + x^2 + 4x + 4 = 0$

    d) $x^3 + x^2 - 4x - 4 = 0$

5. Simplifique a expressão $\dfrac{6x^5 + 12x^4}{3x^2 + 6x}$.

6. Quantas raízes reais tem a equação $x^3 + x^2 + x + 1 = 0$?

7. Fatore as diferenças de quadrados.

a) $25a^2 - 16$

b) $x^2 - 81$

c) $100x^2 - 1$

d) $4a^2 - 9b^2$

e) $(x + y)^2 - y^2$

f) $1 - (x + y)^2$

8. Fatore os trinômios.

a) $x^2 + 2xy + y^2$

b) $a^2 + 2a + 1$

c) $x^2 - 6x + 9$

d) $4x^2 - 4x + 1$

e) $m^2 + 4mn + 4n^2$

f) $x^2 - 12x + 36$

9. Fatore completamente:

a) $a^4 - a^2$

b) $2ax^2 - 32a$

c) $a^3 + a^2 - 4a - 4$

d) $x^8 - 1$

e) $x^4 - 2x^2 + 1$

f) $x^5 + 2x^4 + x^3$

10. Simplifique:

a) $\dfrac{x^3 + x}{x^4 - 1}$

b) $\dfrac{(x - y)^2 - 2(x - y)}{ax - ay + 2x - 2y}$

11. Indique o valor de:

a) $\sqrt{m^2}$, sendo $m \geq 0$.

b) $\sqrt{(a + b)^2}$, sendo $a + b \geq 0$.

c) $\sqrt{x^2 + 2x + 1}$, sendo $x + 1 \geq 0$.

d) $\sqrt{x^2 - 2x + 1}$, sendo $x \geq 1$.

Trinômio do 2º grau

Formando uma equação

Você sabe formar uma equação que tem raízes 2 e 3? Veja como fazer:

- equação que tem raiz 2:

  $x = 2$ ou, então, $x - 2 = 0$

- equação que tem raiz 3:

  $x = 3$ ou, então, $x - 3 = 0$

Considere a equação produto $(x - 2)(x - 3) = 0$.

Para resolvê-la, igualamos cada fator a zero. Logo, suas raízes são 2 e 3. Assim, uma equação de raízes 2 e 3 é $(x - 2)(x - 3) = 0$, ou, efetuando a multiplicação, temos $x^2 - 5x + 6 = 0$.

Fatoração do trinômio do 2º grau

Repare que $x^2 - 5x + 6$ é um trinômio do 2º grau (o grau 2 é o maior expoente de x). A sua forma fatorada é $(x - 2)(x - 3)$, isto é:

$$x^2 - 5x + 6 = (x - 2)(x - 3)$$

Podemos fazer uma generalização. Para formar a equação de raízes m e n, temos:

raiz m ⟶ $x - m = 0$

raiz n ⟶ $x - n = 0$

raízes m e n ⟶ $(x - m)(x - n) = 0$

$x^2 - \underbrace{mx - nx}, + mn = 0$

$x^2 - x(m + n) + mn = 0$

$x^2 - (m + n)x + mn = 0$

Substituindo a soma $m + n$ por s e o produto mn por p, a equação fica:

$x^2 - sx + p = 0$

> Uma equação de raízes m e n é:
> $(x - m)(x - n) = 0$
> ou, então, $x^2 - sx + p = 0$
> em que $s = m + n$ e $p = mn$.

A forma fatorada do trinômio do 2º grau em x, $x^2 - (m + n)x + mn$, é $(x - m)(x - n)$.

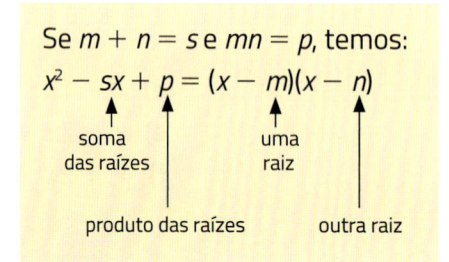

Como formamos uma equação de raízes 5 e 7?

1º modo. Partindo da equação produto:

$(x - 5)(x - 7) = 0$

$x^2 - 5x - 7x + 35 = 0$

$x^2 - 12x + 35 = 0$

2º modo. Partindo da soma e do produto das raízes:

$5 + 7 = 12$ e $5 \cdot 7 = 35$

equação: $x^2 - 12x + 35 = 0$

A forma fatorada de $x^2 - 12x + 35$ é $(x - 5)(x - 7)$.

Vejamos outros exemplos.

Como determinamos as raízes e fatoramos os trinômios $x^2 - 8x + 12$ e $x^2 + 8x + 12$?

- $x^2 - 8x + 12$

  soma das raízes   produto das raízes

Os dois números cuja soma é 8 e cujo produto é 12 são 6 e 2, porque $6 + 2 = 8$ e $6 \cdot 2 = 12$. Então, as raízes da equação são 6 e 2, e temos:

$x^2 - 8x + 12 = (x - 6)(x - 2)$

Podemos conferir a fatoração efetuando a multiplicação:

$(x - 6)(x - 2) = x^2 - 2x - 6x + 12 = x^2 - 8x + 12$

- $x^2 + 8x + 12 = x^2 - (-8)x + 12$

  soma das raízes   produto das raízes

Agora, a soma das raízes é -8 e o produto é 12.

As raízes são -6 e -2 porque $(-6) + (-2) = -8$ e $(-6)(-2) = 12$. Então:

$x^2 + 8x + 12 = [x - (-6)][x - (-2)]$

$x^2 + 8x + 12 = (x + 6)(x + 2)$

Confira!

12. Forme uma equação de raízes:

a) 3 e 4

b) −2 e −5

c) −6 e 3

d) −3 e 6

13. Fatore cada trinômio abaixo. Confira se sua resposta está correta efetuando mentalmente a multiplicação.

a) $x^2 - 4x + 3$

b) $y^2 + 11y + 24$

c) $a^2 - 4a - 45$

d) $t^2 - t - 12$

e) $y^2 + 11y + 30$

f) $x^2 - 10x + 24$

g) $x^2 - 7x + 6$

h) $y^2 + 4y - 5$

i) $a^2 + a - 2$

j) $t^2 + 7t - 8$

14. Simplifique:

a) $\dfrac{x^2 - 4}{x^2 - 6x + 8}$

b) $\dfrac{x^2 + 8x + 16}{x^2 + 10x + 16} \cdot \dfrac{x^2 - 64}{x^2 - 4x - 32}$

15. Resolva as equações:

a) $x^2 + 12x + 32 = 0$

b) $x^2 - 12x + 32 = 0$

c) $x^2 + 4x - 32 = 0$

d) $x^2 - 4x - 32 = 0$

e) $x^2 - 2x - 3 = 0$

f) $x^2 - 16 = 0$

16. Forme uma equação de raízes 2, 3 e 4.

NA OLIMPÍADA

Expressão enigmática

(Obmep) Qual é o valor da expressão abaixo?

$$\frac{-1 \times 2 + 2 \times 3 - 3 \times 4 + 4 \times 5 - 5 \times 6 + \ldots - 49 \times 50 + 50 \times 51}{1 + 2 + 3 + \ldots + 25}$$

a) 4

b) 5

c) 6

d) 7

e) 8

NA MÍDIA

Expectativa de vida, ou esperança de vida, é o número médio de anos de vida esperados para um recém-nascido, se for mantido o padrão de mortalidade existente desde o seu nascimento.

Covid-19 vai abaixar a expectativa de vida

Roberta Jansen, *O Estado de S. Paulo*

19 de abril de 2021

O brasileiro poderá esperar viver menos por causa da pandemia de *covid*-19. A expectativa de vida no Brasil pode cair até mais de três anos e meio, dependendo da região, por causa do impacto da doença nos índices de mortalidade. O *Distrito Federal é o local mais afetado*, com uma redução estimada de 3,68 anos. O Norte, porém, é a região mais afetada. Lá, as piores situações são a do Amapá (com redução de 3,62 anos), de Roraima (recuo de 3,43) e do Amazonas (menos 3,28).

Em São Paulo, unidade da Federação com mais casos do novo coronavírus, a perda deve chegar a 2,17 anos. Será a primeira redução nesse indicador nacional desde 1940, conforme os dados do Instituto Brasileiro de Geografia e Estatística (IBGE). Em média, a redução da expectativa de vida em todo o Brasil será de praticamente dois anos (1,94). O número é resultado direto das mais de 350 mil mortes já registradas no País pela doença. [...]

Em 1940, a expectativa de vida do brasileiro ao nascer era muito baixa, de 45,5 anos. Depois disso, com redução da mortalidade infantil e outros avanços da Medicina e do País, o número vem crescendo consistentemente. Em 1980, chegou a 62,5 anos e, no ano 2000, a 69,8. Nas últimas duas décadas, os ganhos foram um pouco mais lentos. Mesmo assim, nunca se registrou decréscimo. Atualmente, a expectativa de vida do brasileiro é de 76,6 anos.

E essa queda não será pontual. "Quando acontece um conflito, uma pandemia, algo severo assim, é comum ver esse declínio de expectativa de vida; foi assim na gripe espanhola e nas guerras mundiais", afirma a demógrafa Márcia Castro. [...]

A Região Nordeste também sofreu um impacto importante, ainda que não tão grave quanto o registrado no Norte. Ali, entre os Estados mais afetados estão Sergipe (redução estimada de 2,21 anos), Ceará (2,09) e Pernambuco (2,01). No Sudeste, a situação mais grave é a do Espírito Santo (com uma perda estimada de 3,01 anos), seguido de Rio (2,62) e de São Paulo (2,17). No Sul, as estimativas de perda de expectativa de vida estão abaixo dos dois anos para os três Estados. [...]

Disponível em: https://saude.estadao.com.br/noticias/geral,em-alguns-estados-covid-19-ja-rouba-mais-de-3-anos-da-expectativa-de-vida,70003685711#:~:text=RIO%20%2D%20O%20brasileiro%20poder%C3%A1%20esperar,estimada%20de%203%2C68%20anos. Acesso em: 21 abr. 2021.

Em 2019, expectativa de vida era de 76,6 anos

Uma pessoa nascida no Brasil em 2019 tinha expectativa de viver, em média, até os 76,6 anos. Desde 1940, a esperança de vida aumentou 31,1 anos. E a longevidade feminina é, em média, sete anos acima da dos homens.

Expectativa de vida ao nascer (em anos)

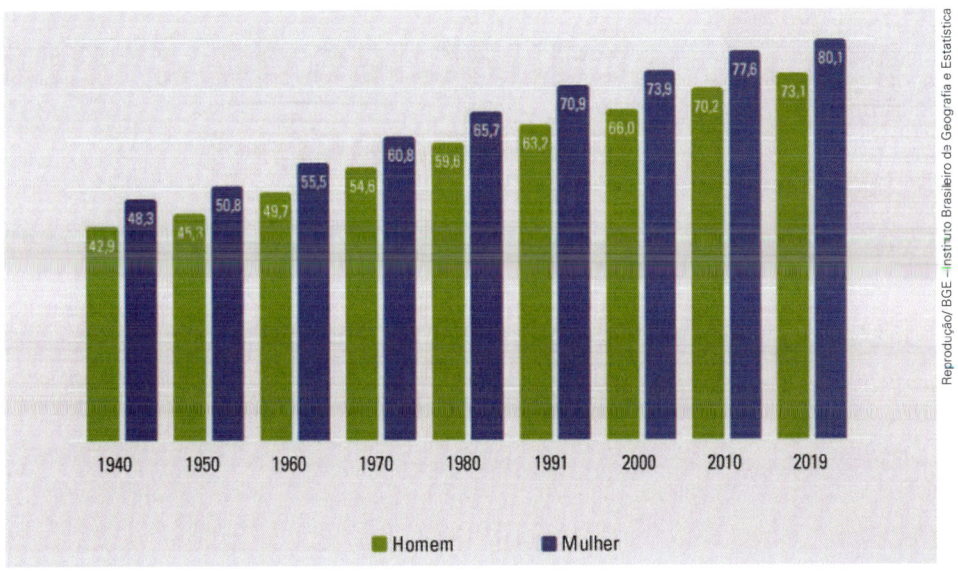

Fonte: IBGE.

Disponível em: https://agenciadenoticias.ibge.gov.br/agencia-sala-de-imprensa/2013 agencia-de-noticias/releases/29502-em-2019-expectativa-de-vida-era-de-76-6-anos#:~:text=Uma%20pessoa%20nascida%20no%20Brasil,9%20para%2080%2C1%20anos. Acesso em: 23 abr. 2021.

1. Observe os dados do gráfico acima. Se x representa a expectativa de vida no Brasil em 2019, y a dos homens e z a das mulheres, qual é a relação algébrica entre x, y e z? Que conclusão pode ser tirada a partir dessa relação?

2. Caso se confirmem as quedas na expectativa de vida da reportagem acima, de acordo com os dados do mapa ao lado, para quanto vai a expectativa de vida ao nascer no estado de São Paulo? Responda com uma casa decimal.

3. Sendo x a expectativa de vida em anos ao nascer em 2019, o maior e o menor valor de x encontrados no mapa ao lado estão em que estados e em que regiões do país?

4. De 1940 para 2000, a esperança de vida ao nascer no Brasil aumentou de 45,5 anos para 69,8 anos. Supondo um crescimento proporcional ao tempo decorrido, a quanto chegaria em 2020?

5. Na sua opinião, por que a expectativa de vida das mulheres é maior que a dos homens?

Expectativa de vida ao nascer (em anos)
Brasil e UFs - 2019

Fonte: IBGE. https://censo2021.ibge.gov.br/2012 agencia-de-noticias/noticias/29505-expectativde-a-vida-dos-brasileiros-aumenta-3-meses-e-chega-a-76-6-anos-em-2019.html. Acesso em 4 jul. 2021.

UNIDADE 3

Equações do 2º grau e inequações

NESTA UNIDADE VOCÊ VAI

- Compreender as diferentes maneiras de resolver problemas envolvendo equações do 2º grau.
- Resolver problemas equacionados na forma $ax^2 + bx + c = 0$.
- Resolver problemas utilizando equações redutíveis à equação do 2º grau.
- Utilizar inequações para descrever diferentes situações e resolvê-las a partir das propriedades da desigualdade.
- Resolver problemas utilizando soluções de uma inequação e sistemas de inequações.
- Representar inequações geometricamente em uma reta numérica.

CAPÍTULOS

6 Equações do 2º grau

Rawpixel.com/Shutterstock

NA REAL

Quantas eram as pessoas na festa?

Quando viajamos para uma região diferente daquela em que moramos ou para outro país, é importante pesquisar a cultura de cada lugar. A maneira de cumprimentar outras pessoas, por exemplo, é algo que muda muito dependendo de onde estamos. Alguma prática muito utilizada por você pode soar desrespeitosa para pessoas que vivem em outros lugares.

No Tibete, por exemplo, mostrar a língua é um sinal de grande respeito; no Catar, encostar os narizes demonstra confiança ao fechar negócios; beijinhos na bochecha são uma tradição na França, na Itália e em Portugal, por exemplo; na Ásia e na África a reverência a idosos é uma forma de honrar os mais velhos. Você conhecia algumas dessas tradições?

No Brasil, os apertos de mão são bem comuns em algumas situações. Matematicamente, cada aperto de mão é uma combinação dois a dois que obedece a duas condições: uma pessoa não pode cumprimentar a si mesma; *A* cumprimentar *B* é o mesmo que *B* cumprimentar *A*. Sendo assim, é possível estabelecer uma fórmula que calcula o total *c* de cumprimentos em função da quantidade *p* de pessoas em uma situação.

$$c = \frac{p \cdot (p - 1)}{2}$$

Teste a eficiência desta fórmula para uma situação que tenha 2, 3 e 4 pessoas. Faça os cálculos e a experiência com colegas de sala de aula e confronte os dados.

Agora, usando a fórmula apresentada, calcule o total de pessoas em uma festa em que foram dados 435 apertos de mão.

Equação do 2º grau

Frank & Ernest. Bob Thaves © 2015 Thaves/ Dist. by Universal Uclick for UFS

Ao resolver um problema por meio de uma equação, você escolhe a letra que vai representar a incógnita e é preciso explicar o que tal letra representa. Nessa tirinha, X era uma incógnita, e não um algarismo romano.

À beira da quadra

Em torno de uma quadra de futebol de salão de 15 m de comprimento e 8 m de largura, deseja-se deixar uma faixa de mesma largura em todos os lados.

A área da quadra mais a área da faixa deve totalizar 198 m². Qual deve ser a largura da faixa?

Se x representa a largura da faixa em metros, a quadra com a faixa é um retângulo de dimensões, em metros, $15 + 2x$ e $8 + 2x$. Então, devemos ter:

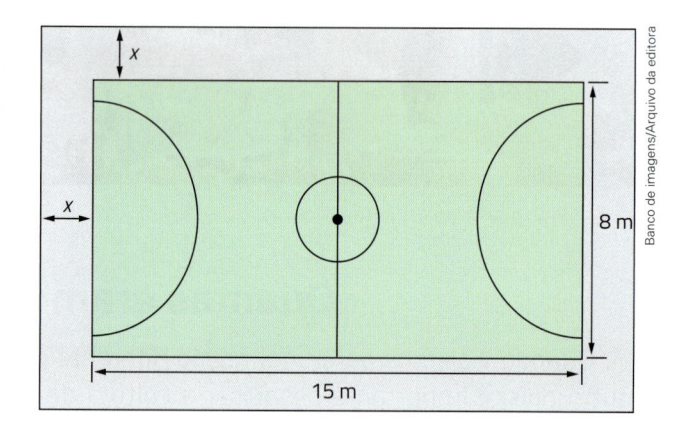

Banco de imagens/Arquivo da editora

$$(15 + 2x)(8 + 2x) = 198$$
$$120 + 30x + 16x + 4x^2 = 198$$
$$4x^2 + 46x - 78 = 0$$
$$2x^2 + 23x - 39 = 0$$

Essa é a equação que nos diz a largura, em metros, da faixa, que é o valor de x. Vamos ver como resolvê-la.

No problema "À beira da quadra", recaímos em uma equação do 2º grau, assim chamada porque o termo de maior grau na equação tem grau 2.

Chama-se equação do 2º grau na incógnita x toda equação que pode ser colocada na forma:

$$ax^2 + bx + c = 0$$

em que a, b e c são números reais e $a \neq 0$.

Os números a, b e c são os **coeficientes**, e x é a **incógnita**.

Assim, na equação $2x^2 + 23x - 39 = 0$, temos $\begin{cases} a = 2 \\ b = 23 \\ c = -39 \end{cases}$

Resolvendo uma equação do 2º grau

Você já viu que resolver uma equação significa determinar suas raízes (ou soluções).

Um número é raiz de uma equação quando, colocado no lugar da incógnita, a equação se transforma em uma sentença verdadeira.

Por exemplo, na equação $3x^2 + 4x + 1 = 0$, trocando x por -1, obtemos:

$$3(-1)^2 + 4(-1) + 1 = 0$$
$$3 - 4 + 1 = 0$$

que é uma sentença verdadeira. Logo, -1 é raiz (ou solução) da equação.

Vamos ver alguns casos de resolução de equações do $2^{\underline{o}}$ grau:

$1^{\underline{o}}$ caso: Quando o coeficiente b é igual a zero, ou seja, quando a equação tem a forma:

$$ax^2 + c = 0$$

PARTICIPE

I. Na equação $4x^2 - 9 = 0$, temos $a = 4$, $b = 0$ e $c = 29$. Vamos determinar suas raízes.

   a) Partindo de $4x^2 - 9 = 0$ e calculando x^2, quanto dá?

   b) Quais são as raízes?

II. Sobre a equação $-2x^2 + 10 = 0$, responda:

   a) Quais são os valores dos coeficientes a, b e c?

   b) Calculando x^2, quanto dá?

   c) Quais são as raízes?

III. Sobre a equação $x^2 + 2 = 0$, responda:

   a) Qual é o valor de x^2?

   b) Quais são as raízes?

ATIVIDADES

1. Resolva as equações:

   a) $x^2 - 4 = 0$

   b) $x^2 = 9$

   c) $4x^2 - 25 = 0$

   d) $9x^2 = 16$

   e) $2 = x^2$

   f) $-2x^2 + 5 = 0$

   g) $x^2 + 1 = 0$

   h) $3x^2 = 2$

   i) $4x^2 = 100$

   j) $2x^2 + 11 = 0$

2. Para revestir uma parede de 9 m² são necessários exatamente 400 azulejos quadrados. Quanto mede o lado do azulejo?

Luigi Rocco/Arquivo da editora

3. Quais dos números a seguir são raízes da equação $9x^2 - 3x - 2 = 0$?

  • -1 • $-\dfrac{1}{3}$ • $\dfrac{1}{3}$ • $\dfrac{2}{3}$ • 1

2° caso: Quando a equação do 2° grau tem coeficiente c igual a zero, temos a forma:

$ax^2 + bx = 0$

Exemplo

Na equação $3x^2 - 10x = 0$, temos $a = 3$, $b = -10$ e $c = 0$.

Observe no primeiro membro que o fator x é comum.

Podemos colocá-lo em evidência:

$$x \cdot (3x - 10) = 0$$

Sabemos que o produto de números reais é zero somente se um dos fatores for zero.

Então, se $x \cdot (3x - 10) = 0$, podemos concluir que:

$$x = 0 \text{ ou } 3x - 10 = 0$$

Ou seja, $x = 0$ ou $x = \dfrac{10}{3}$.

Portanto, as raízes da equação $3x^2 - 10x = 0$ são 0 e $\dfrac{10}{3}$.

ATIVIDADES

4. Resolva as equações:

a) $x^2 - 2x = 0$

b) $x^2 + 5x = 0$

c) $3x^3 - x = 0$

d) $2x^2 + x = 0$

e) $-x^2 + 4x = 0$

f) $-2x^2 - 7x = 0$

5. Determine:

a) um número real cujo quadrado é igual ao seu quíntuplo.

b) um número real sabendo que o dobro do seu quadrado é 7.

c) um número real sabendo que o dobro do seu quadrado é igual à sua oitava parte.

3° caso: Quando podemos descobrir as raízes por meio da soma e do produto delas.

PARTICIPE

No capítulo anterior, você estudou que uma equação que tem duas raízes de soma s e produto p é: $x^2 - sx + p = 0$.

a) Na equação $x^2 - 6x + 5 = 0$, temos $s = 6$ e $p = 5$. Quais são os dois números que têm soma 6 e produto 5?

b) Quais são as raízes da equação $x^2 - 6x + 5 = 0$?

c) Confirme a resposta anterior substituindo as raízes na equação.

d) Na equação $x^2 + 9x + 18 = 0$, quanto vale s? E p?

e) Para resultar em soma negativa e produto positivo, as duas raízes devem ter que sinal?

f) Quais são as raízes da equação do item **d**? Por quê?

g) Em $x^2 + 2x - 8 = 0$, quanto vale s? E p?

h) Para ter produto negativo, as raízes devem ter sinais contrários. Sendo a soma negativa, que raiz tem maior valor absoluto?

i) Quais são as raízes da equação do item **g**? Por quê?

j) Confira a raiz negativa da equação $x^2 + 2x - 8 = 0$, substituindo-a na equação.

k) Em $x^2 - x - 20 = 0$, quanto vale s? E p?

l) Quais são os sinais das raízes da equação do item anterior?

m) Qual raiz da equação $x^2 - x - 20 = 0$ tem o maior valor absoluto? Por quê?

n) Quais são as raízes da equação $x^2 - x - 20 = 0$? Por quê?

Veja agora este exemplo.

Para resolver a equação $x^2 + 6x + 4 = 0$ temos de descobrir quais são os dois números que têm soma -6 e produto 4.

É mais difícil descobri-los mentalmente. Precisaremos utilizar outros recursos para resolver essa equação. Aguarde!

Hélio Senatore/Arquivo da editora

Para resolver equações do 2º grau da forma:

$$x^2 - sx + p = 0$$

procuramos descobrir dois números que têm soma s e produto p. Se determinarmos esses números, eles são as raízes.

ATIVIDADES

6. Determine as raízes das equações por meio da soma e do produto. Confira mentalmente se estão corretas, substituindo-as na equação.

a) $x^2 - 5x + 6 = 0$

b) $x^2 + 8x + 15 = 0$

c) $x^2 - 6x + 8 = 0$

d) $x^2 - x - 6 = 0$

e) $x^2 - 11x + 28 = 0$

f) $x^2 - x - 12 = 0$

g) $x^2 + 3x - 10 = 0$

h) $x^2 - 4x - 32 = 0$

i) $x^2 + 14x + 24 = 0$

j) $x^2 - (1 + \sqrt{2})x + \sqrt{2} = 0$

7. A que distância de A deve ser marcado o ponto P, de modo que o retângulo colorido tenha área 48 m²?

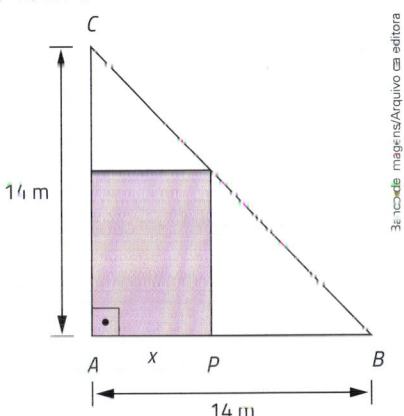

Sérgio de magens/Arquivo da editora

8. Em cada caso, calcule o valor de x, sendo dada a área da região colorida.

a)

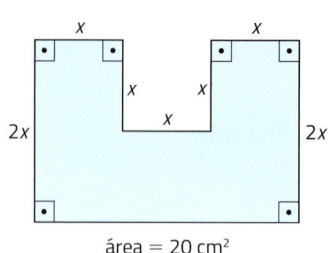

área = 20 cm²

b)

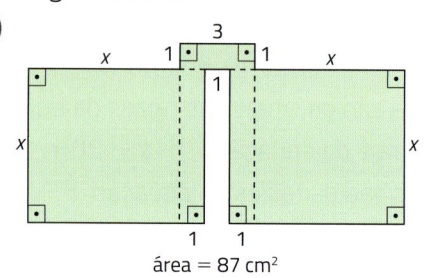

área = 87 cm²

9. Os 40 estudantes de uma turma sentam-se em n fileiras de carteiras, cada uma com $(n + 3)$ carteiras. Se não sobra carteira vazia, quantos estudantes há em cada fileira?

10. Um número multiplicado pelo seu oposto dá -8. Qual é esse número?

Completando quadrados

Quais são os dois números que têm soma -6 e produto 4? São as raízes da equação $x^2 + 6x + 4 = 0$.

É difícil descobri-los mentalmente. Por isso, resolveremos essa equação empregando uma técnica algébrica que denominamos completar quadrados. Você se recorda dos trinômios quadrados perfeitos? Pois então, vamos utilizá-los aqui:

$$a^2 + 2ab + b^2 = (a + b)^2$$
$$a^2 - 2ab + b^2 = (a - b)^2$$

Observe:

$$x^2 + 6x + 4 = 0$$
$$x^2 + 6x = -4$$
$$x^2 + 6x + \text{▨} = -4 + \text{▨}$$

Quanto devemos adicionar a ambos os membros para que tenhamos, no 1º membro, um trinômio quadrado perfeito? Pense:

$$x^2 + 6x + \text{▨}$$

Ficará quadrado perfeito se for igual a:

$$(x + \text{▨})^2$$

que, desenvolvido, dá $x^2 + 2 \cdot \text{▨} x + \text{▨}^2$.

Compare os polinômios:

$$x^2 \quad + 6x \quad + \text{▨}$$
$$x^2 + 2 \cdot \text{▨} x + \text{▨}^2$$

Eles serão idênticos se $2 \cdot \text{▨} = 6$, logo $\text{▨} = 3$ e $\text{▨}^2 = \text{▨} = 9$.

Podemos também usar uma interpretação geométrica. Observe a figura ao lado.

Para completar o quadrado, precisamos somar a área do quadradinho de lado 3.

Voltemos à nossa equação:

$$x^2 + 6x + 9 = -4 + 9 \rightarrow (x + 3)^2 = 5 \rightarrow x + 3 = \pm\sqrt{5} \rightarrow x = -3 \pm\sqrt{5}$$

Assim, os dois números que têm soma -6 e produto 4 são $-3 + \sqrt{5}$ e $-3 - \sqrt{5}$. Vamos conferir?

$$(-3 + \sqrt{5}) + (-3 - \sqrt{5}) = -3 + \sqrt{5} - 3 - \sqrt{5} = -6 \text{ e}$$
$$(-3 + \sqrt{5}) \cdot (-3 - \sqrt{5}) = (-3)^2 - (\sqrt{5})^2 = 9 - 5 = 4$$

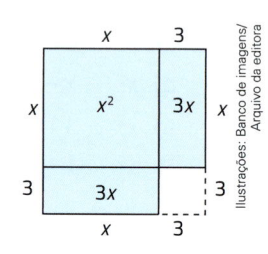

área colorida = $x^2 + 6x$

11. Resolva as equações, completando quadrados:

a) $x^2 + 6x + 2 = 0$

b) $x^2 - 10x + 14 = 0$

c) $x^2 - 2x - 2 = 0$

d) $x^2 + 4x - 16 = 0$

12. Dois números têm soma 4 e produto 2. Quais são eles?

13. Prove que não existem dois números reais que tenham soma 4 e produto 5.

A fórmula de Bhaskara

Ainda não respondemos ao problema "À beira da quadra", do início deste capítulo: a largura da faixa, em metros, é raiz da equação $2x^2 + 23x - 39 = 0$.

Vamos partir da equação $ax^2 + bx + c = 0$, com $a \neq 0$:

$$ax^2 + bx + c = 0$$
$$ax^2 + bx = -c$$

Multiplicamos os dois membros por $4a$:

$$4a^2x^2 + 4abx = -4ac$$

Completamos o quadrado do 1º membro:

$$4a^2x^2 + 4abx + \boxed{} = -4ac + \boxed{}$$

$(2ax)^2 \quad 2 \cdot 2ax \cdot b \quad b^2 \qquad\qquad b^2$

$$4a^2x^2 + 4abx + b^2 = -4ac + b^2$$
$$(2ax + b)^2 = b^2 - 4ac$$

Caso $b^2 - 4ac$ seja negativo, a equação não tem solução real. Caso $b^2 - 4ac$ não seja negativo, podemos extrair sua raiz quadrada. Assim:

$$2ax + b = \pm\sqrt{b^2 - 4ac}$$
$$2ax = -b \pm\sqrt{b^2 - 4ac}$$

Daí resulta a fórmula: $\quad x = \dfrac{-b \pm \sqrt{b^2 - 4ac}}{2a} \quad$ conhecida como **fórmula de Bhaskara**.

Na fórmula de Bhaskara, o número $b^2 - 4ac$ é muito importante e, por isso, tem um nome próprio: é chamado discriminante da equação e é simbolizado pela letra grega Δ (lê-se "delta")

Portanto:

$$b^2 - 4ac = \Delta$$

A fórmula também pode ser escrita assim: $\quad x = \dfrac{-b \pm \sqrt{\Delta}}{2a}$

Agora vamos calcular a largura da faixa.

Em $2x^2 + 23x - 39 = 0$, temos $a = 2$, $b = 23$ e $c = -39$. Então:

$$\Delta = b^2 - 4ac = 23^2 - 4 \cdot 2 \cdot (-39) = 529 + 312 = 841$$

$$x = \frac{-b \pm \sqrt{\Delta}}{2a} = \frac{-23 \pm \sqrt{841}}{2 \cdot 2} = \frac{-23 \pm 29}{4}$$

$$1^a \text{ raiz: } x_1 = \frac{-23 + 29}{4} = \frac{6}{4} = \frac{3}{2}$$

$$2^a \text{ raiz: } x_2 = \frac{-23 - 29}{4} = \frac{-52}{4} = -13$$

A equação tem duas raízes, $\frac{3}{2}$ e -13. Como a largura da faixa é uma medida, então ela é a raiz positiva, $\frac{3}{2}$ (ou 1,5). Portanto, a largura da faixa é 1,5 m (um metro e meio).

ATIVIDADES

14. Aplique a fórmula de Bhaskara para resolver as equações a seguir.

a) $2x^2 + 7x + 3 = 0$

b) $6x^2 + 5x - 1 = 0$

c) $x^2 - 9x + 19 = 0$

15. Em cada item, faça o que se pede.

a) O que ocorre com as duas raízes da equação $ax^2 + bx + c = 0$, $a \neq 0$, caso se tenha $b^2 - 4ac = 0$?

b) Resolva a equação $x^2 - 8x + 16 = 0$.

c) Resolva a equação $2x^2 - 2\sqrt{2x} + 1 = 0$.

16. Quantas raízes reais tem a equação $x^2 + 2x + 4 = 0$?

17. Dois números têm soma 0,9 e produto 0,2. Quais são eles?

18. Determine, se existirem, os dois números reais que têm:

a) soma 10 e produto 20;

b) soma 10 e produto 25;

c) soma 10 e produto 30.

19. Maria Clara e Ana são as irmãs mais velhas de Maria Isabel. As idades de Maria Clara e Maria Isabel têm média aritmética 12,5 anos e média geométrica 12 anos.

Quantos anos Maria Clara tem a mais do que Maria Isabel?

Thinkstock/iStock

20. Calcule as raízes reais das seguintes equações:

a) $\frac{1}{4}x^2 + \frac{1}{3}x + \frac{1}{12} = 0$

b) $9y^2 - 24y + 16 = 0$

c) $t^2 + t - 1 = 0$

d) $-x^2 + 11x - 28 = 0$

21. Resolva cada equação:

a) $x \cdot (x + 1) = 240$

b) $(x + 3)^2 = 2x(x + 7)$

c) $(3y + 2)(y - 1) = y \cdot (y + 2)$

22. A equação $(x^2 + 5)(x^2 - 4)(x^2 - 2x - 3) = 0$ tem quatro raízes reais. Qual é a maior delas?

23. O retângulo abaixo tem 0,8 m² de área e 4,2 m de perímetro.

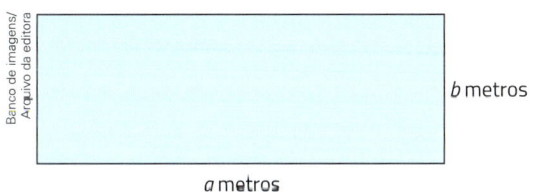

a metros — b metros

a) Quanto vale o produto ab?

b) Quanto vale a soma $a + b$?

c) a e b são raízes de qual equação do 2º grau?

d) Sendo $a > b$, determine a e b.

24. Tenho material suficiente para fazer 54 m de cerca. Preciso cercar um terreno retangular com 180 m² de área. Quanto devem medir os lados do cercado?

25. Deseja-se aumentar igualmente todas as dimensões de um quadrado de lado 5 cm, de modo que a área do novo quadrado seja 24 cm² maior que a área do quadrado inicial. Quantos centímetros devem ser acrescidos aos lados do quadrado inicial?

26. Determine dois números inteiros e consecutivos tais que a soma de seus quadrados seja 85.

Equações literais

Procura-se um terreno

Nas figuras a seguir, representamos três terrenos retangulares que estavam à venda em uma região.

área = 400 m² — 10 m — 40 m

área = 525 m² — 15 m — 35 m

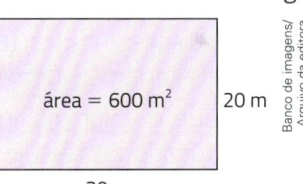

área = 600 m² — 20 m — 30 m

Os três terrenos têm semiperímetro igual a 50 m. As áreas não são iguais. Quais devem ser as dimensões do terreno para que tenha semiperímetro de 50 m e a área de q m² desejada?

As dimensões, em metros, devem ser os dois números positivos que têm soma 50 e produto q; logo, raízes da equação:

$$x^2 - 50x + q = 0$$

> Semiperímetro é a metade do perímetro.

Nessa equação do 2º grau de incógnita x (cujas raízes são as medidas das dimensões do terreno), temos $a = 1$, $b = -50$ e $c = q$.

Como ela apresenta uma letra em um dos coeficientes, dizemos que é uma **equação literal**.

Em uma equação literal, as letras que aparecem nos coeficientes são denominadas **parâmetros**. Em nosso exemplo, o parâmetro é q, que representa a área do terreno.

Terrenos com o mesmo semiperímetro não têm necessariamente a mesma área.

As raízes da equação dependem do valor do parâmetro. Vamos determiná-las:

$$\Delta = b^2 - 4ac = (-50)^2 - 4 \cdot 1 \cdot q = 2\,500 - 4q = 4(625 - q)$$

$$x = \frac{-b \pm \sqrt{\Delta}}{2a} = \frac{50 + 2\sqrt{625 - q}}{2} = 25 \pm \sqrt{625 - q}$$

Portanto, as dimensões do terreno são dadas, em metros, por:

$$25 + \sqrt{625 - q} \quad \text{e} \quad 25 - \sqrt{625 - q}$$

Observe novamente os três terrenos representados na página anterior.

- No primeiro, a área é 400 m². As dimensões, em metros, são:
$$25 + \sqrt{625 - 400} = 25 + \sqrt{225} = 25 + 15 = 40 \text{ e}$$
$$25 - \sqrt{625 - 400} = 25 - \sqrt{225} = 25 - 15 = 10$$

- No segundo, a área é 525 m². As dimensões, em metros, são:
$$25 + \sqrt{625 - 525} = 25 + \sqrt{100} = 25 + 10 = 35 \text{ e}$$
$$25 - \sqrt{625 - 525} = 25 - \sqrt{100} = 25 - 10 = 15$$

- No terceiro, a área é 600 m². As dimensões, em metros, são:
$$25 + \sqrt{625 - 600} = 25 + \sqrt{25} = 25 + 5 = 30 \text{ e}$$
$$25 - \sqrt{625 - 600} = 25 - \sqrt{25} = 25 - 5 = 20$$

Ou seja, os valores das raízes da equação dependem do parâmetro dado.

ATIVIDADES

27. De acordo com o exemplo do terreno da página anterior, pense e responda.

a) Se quiséssemos um terreno de área 624 m², quais seriam as dimensões?

b) Qual é o valor máximo da área que pode ser usado no cálculo das dimensões? Por quê? Nesse caso, quais seriam as dimensões do terreno?

28. Resolva cada equação na incógnita x:

a) $x^2 - 2px + p^2 = 0$

b) $6x^2 - 5mx + m^2 = 0$

c) $x^2 - 2kx = 0$

29. O sr. Antônio comprou arame suficiente para cercar uma área retangular de 200 m de perímetro, em que plantou verduras e legumes.

Plantação de verduras.

a) Quais devem ser as dimensões da horta para que tenha área de s m²?

b) Qual é a área máxima da horta?

c) Quais são as dimensões para conseguir a área máxima?

30. O triângulo ABC deve ter área de s cm², sendo s um número conhecido.

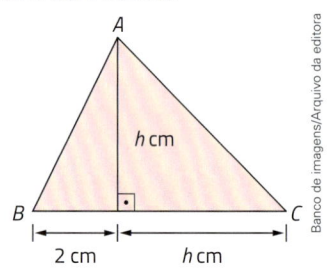

a) Calcule h, usando s na resposta. Lembre que $h > 0$.

b) Calcule h em cada caso:
- $s = 12$
- $s = 4$
- $s = 1{,}5$
- $s = 0{,}625$

31. Dada a equação literal de incógnita x:
$(m - 1)x^2 - m^2x + (m + 1) = 0$

a) Para que valor de m ela é uma equação do 1º grau? Nesse caso, qual é a raiz?

b) Para que valores de m ela é equação do 2º grau? Nesse caso, quais são as raízes?

c) Qual é a maior raiz se $m = 9\,999$?

Quantas raízes?

Sobre estas equações, responda sem resolvê-las: quantas raízes reais **distintas** cada uma tem?

$$3x^2 - 7x + 2 = 0$$
$$4x^2 + 44x + 121 = 0$$
$$3x^2 + 2x + 4 = 0$$

distintas: diferentes

Quando deduzimos a fórmula de Bhaskara, partimos de $ax^2 + bx + c = 0$, $a \neq 0$, e chegamos a $(2ax + b)^2 = \Delta$, sendo $\Delta = b^2 - 4ac$. Para o número Δ há três diferentes possibilidades.

- $\Delta < 0 \longrightarrow$ como nenhum número real elevado ao quadrado dá resultado negativo, concluímos que a equação não tem raiz real.

- $\Delta = 0 \longrightarrow$ temos $(2ax + b)^2 = 0$; logo, $2ax + b = 0$ e $x = \dfrac{-b}{2a}$. Nesse caso, é raiz da equação apenas um número real, $\dfrac{-b}{2a}$.

- $\Delta > 0 \longrightarrow$ obtemos as duas raízes reais:

$$x_1 = \frac{-b + \sqrt{\Delta}}{2a} \qquad e \qquad x_2 = \frac{-b - \sqrt{\Delta}}{2a}$$

que são números distintos.

Note que, se $\Delta = 0$, temos $x_1 = x_2 = \dfrac{-b}{2a}$. Por isso, também dizemos que, neste caso, a equação tem duas raízes reais iguais.

Resumindo, temos:

> Quando $\Delta < 0$, a equação do 2° grau não tem raízes reais.
>
> Quando $\Delta = 0$, a equação do 2° grau admite um único número real como raiz (ou tem duas raízes reais iguais).
>
> Quando $\Delta > 0$, a equação do 2° grau tem duas raízes reais distintas.

Vamos responder à pergunta sobre as raízes das equações apresentadas na lousa, acima:

- $3x^2 - 7x + 2 = 0$, temos $a = 3$, $b = -7$ e $c = 2$.

$\Delta = b^2 - 4ac = (-7)^2 - 4 \cdot 3 \cdot 2 = 49 - 24 = 25$

Como $\Delta > 0$, a equação tem duas raízes reais distintas.

- $4x^2 + 44x + 121 = 0$, temos $a = 4$, $b = 44$ e $c = 121$.

$\Delta = 44^2 - 4 \cdot 4 \cdot 121 = 1\,936 - 1\,936 = 0$

Como $\Delta = 0$, só um número real é raiz (ou as duas raízes são reais e iguais).

Note! Em $4x^2 + 44x + 121 = 0$, temos $(2x + 11)^2 = 0$, logo $2x + 11 = 0$, $x = -\dfrac{11}{2}$.

- $3x^2 + 2x + 4 = 0$, temos $a = 3$, $b = 2$ e $c = 4$.

$\Delta = 2^2 - 4 \cdot 3 \cdot 4 = 4 - 48 = -44$

Como $\Delta < 0$, a equação não tem raízes reais.

32. Determine quantas raízes reais distintas tem cada equação, sem resolvê-la:

a) $x^2 + 7x + 5 = 0$

b) $4x^2 + x - 1 = 0$

c) $x^2 - 10x + 25 = 0$

d) $x^2 + x + 1 = 0$

e) $x^2 + \sqrt{2}x + \dfrac{1}{2} = 0$

f) $x^2 - 3x + 3 = 0$

33. A equação $2x^2 + kx + 2 = 0$ tem duas raízes reais e iguais para que valores de k?

34. A equação $x^2 + 4x + a = 0$ não tem raízes reais para que valores de a?

35. Para que valores de m a equação $mx^2 - 2(m + 1)x + (m + 5) = 0$ tem duas raízes reais e distintas?

36. Para que valores de m a equação $3x^2 - x - 2m = 0$ tem raízes reais?

37. Obtenha m de modo que a equação $x^2 - 5x - (m + 1) = 0$ tenha duas raízes reais e desiguais.

38. Faça o que se pede nos itens a seguir:

a) Para que valores reais de m a equação $x^2 - mx + \dfrac{m^2}{4} = 0$ admite raízes reais?

b) Resolva a equação do item **a**.

Soma e produto das raízes

Em uma equação como $x^2 - 8x + 15 = 0$, já sabemos que a soma das raízes é 8 e que o produto delas é 15. Usamos esse dado para descobrir as raízes (5 e 3) sem precisar recorrer à fórmula de resolução.

> Na equação $x^2 - sx + p = 0$, a soma das raízes é s e o produto é p.

E em uma equação como $5x^2 - 7x - 6 = 0$, será que podemos descobrir a soma e o produto das raízes antes de resolvê-la?

A resposta é sim. Dividindo a equação dada por 5, obtemos outra equação, $x^2 - \dfrac{7}{5}x - \dfrac{6}{5} = 0$, que tem as mesmas raízes. Logo, a soma das raízes é $\dfrac{7}{5}$, e o produto é $-\dfrac{6}{5}$.

Dada uma equação do 2º grau, $ax^2 + bx + c = 0$, $a \neq 0$, dividindo-a por a obtemos $x^2 + \underbrace{\dfrac{b}{a}}_{-s}x + \underbrace{\dfrac{c}{a}}_{p} = 0$.

Como essas equações têm as mesmas raízes, podemos concluir que:

> A **soma das raízes** é $-\dfrac{b}{a}$.
>
> O **produto das raízes** é $\dfrac{c}{a}$.

Vamos confirmar? Pela fórmula de Bhaskara, as raízes são:

$$x_1 = \frac{-b + \sqrt{\Delta}}{2a} \qquad e \qquad x_2 = \frac{-b - \sqrt{\Delta}}{2a}$$

Calculemos a soma:

$$x_1 + x_2 = \frac{-b + \sqrt{\Delta}}{2a} + \frac{-b - \sqrt{\Delta}}{2a} = \frac{-b + \sqrt{\Delta} - b - \sqrt{\Delta}}{2a} = \frac{-2b}{2a} = -\frac{b}{a}$$

Agora, calculemos o produto:

$$x_1 \cdot x_2 = \frac{\left(-b + \sqrt{\Delta}\right)}{2a} \cdot \frac{\left(-b - \sqrt{\Delta}\right)}{2a} = \frac{b^2 + \Delta}{4a^2} = \frac{b^2 - b^2 + 4ac}{4a^2} = \frac{4ac}{4a^2} = \frac{c}{a}$$

Em $5x^2 - 7x - 6 = 0$, temos $a = 5$, $b = -7$ e $c = -6$. Então:

$$\text{soma} \longrightarrow x_1 + x_2 = -\frac{b}{a} = -\frac{(-7)}{5} = \frac{7}{5}$$

$$\text{produto} \longrightarrow x_1 \cdot x_2 = \frac{c}{a} = \frac{(-6)}{5} = -\frac{6}{5}$$

Mesmo conhecendo a soma e o produto das raízes, muitas vezes é difícil descobri-las, não é? Por isso, a fórmula de Bhaskara é imprescindível.

Agora, veja esta equação:

$$x^2 - 4x + 6 = 0$$

$$\text{soma das raízes} \longrightarrow s = 4 \qquad \text{produto das raízes} \longrightarrow p = 6$$

$$\Delta = (-4)^2 - 4 \cdot 1 \cdot 6 = 16 - 24 = -8$$

Portanto, $\Delta < 0$. A equação não tem raízes reais!

No Ensino Médio, você aprenderá que essa equação tem duas raízes não reais e que elas têm exatamente soma 4 e produto 6. As raízes não reais são chamadas de **raízes imaginárias**. Os números reais e os imaginários formam um conjunto numérico chamado **conjunto dos números complexos**.

> Existem números imaginários que elevados ao quadrado dão resultado negativo! Uma equação como $x^2 = -4$ tem solução no conjunto dos números complexos.

ATIVIDADES

39. Dê a soma e o produto das raízes de cada equação, sem resolvê-las.

a) $3x^2 + 5x + 2 = 0$

b) $2x^2 + 11x - 1 = 0$

c) $9x^2 - 6x + 1 = 0$

d) $7x^2 - 5x - 3 = 0$

e) $-2x^2 - 11x - 15 = 0$

f) $11x^2 - 7 = 0$

g) $8x^2 + 5x = 0$

h) $x + 1 = 2x^2$

i) $x^2 - x = 2$

j) $x(x - 2) = 8(x - 1)$

40. Sendo p e q as raízes da equação $x^2 - x - 5 = 0$, calcule o valor de $(p + q)^{2pq}$.

41. Sendo x_1 e x_2 as raízes da equação $5x^2 - 7x - 11 = 0$, calcule o valor de cada uma das expressões:

a) $x_1 + x_2$

b) $x_1 \cdot x_2$

c) $\dfrac{1}{x_1} + \dfrac{1}{x_2}$

d) $(1 + x_1)(1 + x_2)$

42. Sendo x_1 e x_2 as raízes da equação $x^2 + 3x - 1 = 0$, calcule $\dfrac{x_1}{x_2} + \dfrac{x_2}{x_1} + 2$.

43. Dada a equação literal de incógnita x:

$$2x^2 + (k - 4)x + (6k - 2) = 0$$

Responda:

a) Para que valor de k as raízes têm soma 11?

b) Para que valor de k as raízes têm produto 11?

c) Para que valor de k o número 0 é raiz?

d) Para que valor de k o número 1 é raiz?

e) Se o número 2 é raiz, qual é a outra raiz?

f) Se a soma das raízes é 2, quais são elas?

44. Determine o valor de m, em cada item, de modo que:

a) as raízes da equação do 2º grau $4x^2 + (m - 2)x + (m - 5) = 0$ tenham soma $\dfrac{7}{2}$;

b) as raízes da equação do 2º grau $3mx^2 - (m + 1)x + (3m - 2) = 0$ tenham produto $\dfrac{5}{3}$;

c) as raízes da equação do 2º grau $mx^2 - (5m + 2)x + 4 = 0$ sejam números opostos.

Forma fatorada do trinômio do 2º grau

Como fatorar, por exemplo, $3x^2 - 2x - 1$?

Já sabemos fatorar um trinômio da forma:

$$x^2 - sx + p$$

em que descobrimos dois números, x_1 e x_2, de soma s e produto p. Nesse caso, a forma fatorada é:

$$(x - x_1)(x - x_2)$$

Em $3x^2 - 2x - 1 = 0$, colocando 3 em evidência, temos:

$$3x^2 - 2x - 1 = 3\left(x^2 - \frac{2}{3}x - \frac{1}{3}\right)$$

Agora precisamos descobrir dois números de soma $s = \dfrac{2}{3}$ e produto $p = -\dfrac{1}{3}$. Eles são as raízes de $3x^2 - 2x - 1 = 0$.

Temos:

$$\Delta = (-2)^2 - 4 \cdot (3) \cdot (-1) = 4 + 12 = 16$$

$$x = \frac{2 \pm \sqrt{16}}{6} = \frac{2 \pm 4}{6} \begin{cases} x_1 = 1 \\ x_2 = -\dfrac{1}{3} \end{cases}$$

Então, a forma fatorada de $3x^2 - 2x - 1$ é:

$$3(x - 1)\left(x + \frac{1}{3}\right)$$

ou ainda:

$$(x - 1)(3x + 1)$$

Dado um trinômio do 2º grau, $ax^2 + bx + c$, com $a \neq 0$, colocando a em evidência, temos:

$$ax^2 + bx + c = a\left[x^2 + \frac{b}{a}x + \frac{c}{a}\right]$$

Os dois números de soma $s = -\dfrac{b}{a}$ e produto $p = \dfrac{c}{a}$, se existem, são as raízes x_1 e x_2 da equação $ax^2 + bx + c = 0$. Nesse caso, temos:

$$x^2 + \frac{b}{a}x + \frac{c}{a} = (x - x_1) \cdot (x - x_2)$$

Assim, concluímos que:

$$ax^2 + bx + c = a(x - x_1) \cdot (x - x_2)$$

As raízes x_1 e x_2 existem em $\mathbb{R}$ quando $\Delta = b^2 - 4ac \geqslant 0$.

Caso $\Delta < 0$, o trinômio $ax^2 + bx + c$ não é fatorável em $\mathbb{R}$.

ATIVIDADES

45. Fatore os seguintes trinômios:

a) $x^2 - 7x + 10$

b) $x^2 + 4x + 3$

c) $x^2 - 5x - 6$

d) $3x^2 - 7x + 2$

e) $4x^2 + 8x + 3$

f) $5x^2 + 13x - 6$

g) $2x^2 - 20x + 50$

h) $3x^2 - 6x + 3$

Lembre-se: Para conferir se a fatoração está correta, é só efetuar a multiplicação.

46. Considerando válidas as condições de existência (denominador diferente de 0), simplifique as seguintes frações algébricas. (Lembre-se de que primeiro é necessário fatorar o numerador e o denominador da fração.)

a) $\dfrac{x - 1}{x^2 - 3x + 2}$

b) $\dfrac{x^2 - 4}{x^2 - 5x + 6}$

c) $\dfrac{x^2 - 10x + 25}{5x^2 - 26x + 5}$

47. Monte uma equação do 2º grau de coeficientes inteiros que tenha como raízes:

a) -1 e $-\dfrac{2}{3}$

b) $\dfrac{1}{4}$ e $\dfrac{3}{4}$

c) $\dfrac{4}{7}$ e $-\dfrac{2}{7}$

d) $\dfrac{3}{5}$ e $\dfrac{5}{3}$

48. Monte uma equação literal cujas raízes sejam a e $2a$.

EDUCAÇÃO FINANCEIRA

Modos de poupar

Por que, ou melhor, para que poupar? Fazendo as próximas atividades, você aprenderá um pouco sobre poupança, do cofrinho aos principais investimentos oferecidos pelas instituições financeiras.

Para poupar, é necessário que haja um motivo, grande e forte, que o faça renunciar ao prazer para atingir seu objetivo [...]. Não guarde dinheiro por guardar. Não é saudável guardar dinheiro por insegurança ou medo do que pode acontecer no futuro.

(Márcia Dessen, na coluna Finanças pessoais, *Folha de S.Paulo*, 21/6/2010.)

I. Procure num dicionário sinônimos de "poupar". Qual deles é mais adequado quando se fala em "poupar dinheiro" ou "poupar gastos"?

II. Quais são as vantagens procuradas por uma criança ou um adolescente quando resolve poupar moedas e colocá-las num cofrinho?

III. Como funciona uma caderneta de poupança?

IV. Quais são as vantagens procuradas por uma pessoa quando poupa algum dinheiro e o coloca numa caderneta de poupança?

V. Antes de colocar seu dinheiro numa poupança, que levantamentos de sua vida financeira uma pessoa deve fazer?

VI. Quais são as principais formas de realizar um investimento em banco?

Thinkstock/iStock

É comum que crianças utilizem cofrinhos como meio de poupar mesada ou dinheiro que ganham em alguma data especial.

VII. Quais são as principais variáveis a serem consideradas para fazer um investimento em banco?

VIII. Como funciona um fundo de previdência privada?

IX. Que papéis compõem usualmente um fundo de renda fixa?

X. Que papéis compõem usualmente um fundo multimercado?

XI. Que papéis compõem usualmente um fundo de renda variável?

XII. O que são as ações de uma empresa?

XIII. Quais são os riscos que se corre ao fazer uma aplicação em ações?

Em grupo, façam o que se pede:

1. Discutam as respostas obtidas no item **II**.

2. Discutam as respostas obtidas no item **IV**.

3. De que informações uma pessoa precisa para planejar sua poupança?

4. Os rendimentos de uma caderneta de poupança variam de banco para banco?

7 Equações redutíveis à equação do 2º grau

C de la Cruz/Shutterstock

NA REAL

Qual é o tamanho do terreno?

Você sabe o que é arame farpado? Esse material é bastante conhecido e utilizado em fazendas para delimitar terras e conter os animais criados nessas propriedades. Um fio de aço é trançado e são incluídas nele farpas pontiagudas, que dificultam ultrapassagens e invasões. Geralmente são fixadas estacas nas quais o arame é preso com certa tensão. Pense em outras situações em que os arames podem ser utilizados.

Dona Virgínia utilizou em sua fazenda 680 m de arame para cercar um pasto retangular de 1 800 m², dando 4 voltas completas no pasto. Quais são as dimensões do pasto na fazenda de dona Virgínia?

Equações biquadradas

Um quadrado sem os cantos

De um quadrado de lado de medida ℓ vamos retirar quatro quadradinhos de lado de medida $\dfrac{1}{\ell}$, um de cada canto.

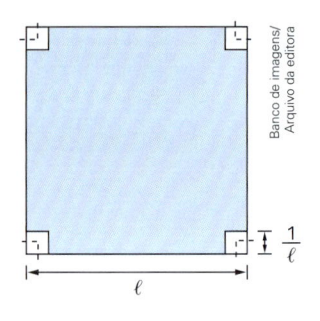

Queremos que a área final seja de 7,5 cm².

A área desejada é a diferença entre a área do quadrado original, ℓ^2, e a área dos quatro quadradinhos retirados, $4 \cdot \left(\dfrac{1}{\ell}\right)^2$. Então, devemos ter:

$$\ell^2 - 4\left(\frac{1}{\ell}\right)^2 = 7{,}5 \quad \rightarrow \quad \ell^2 - 4 \cdot \frac{1}{\ell^2} = 7{,}5 \quad \rightarrow \quad \ell^4 - 4 = 7{,}5\,\ell^2 \quad \rightarrow \quad \ell^4 - 7{,}5\,\ell^2 - 4 = 0$$

No problema acima, temos uma equação biquadrada na incógnita ℓ.

> Chama-se **equação biquadrada na incógnita x** toda equação que pode ser colocada na forma:
> $$ax^4 + bx^2 + c = 0$$
> em que a, b e c são números reais e $a \neq 0$.

Para resolver esse tipo de equação, precisamos fazer uma mudança de variável.

Em nosso exemplo, fazemos $\ell^2 = y$; portanto, $\ell^4 = (\ell^2)^2 = y^2$. A equação fica:

$$y^2 - 7{,}5y - 4 = 0$$

Recaímos, assim, em uma equação do 2º grau. Vamos resolvê-la:

E como resolvemos uma equação biquadrada?

$$\Delta = (-7{,}5)^2 - 4 \cdot 1 \cdot (-4) = 56{,}25 + 16 = 72{,}25$$

$$y = \frac{7{,}5 \pm \sqrt{72{,}25}}{2 \cdot 1} = \frac{7{,}5 \pm 8{,}5}{2}$$

$$y_1 = \frac{16}{2} = 8$$

$$y_2 = \frac{-1}{2} = -0{,}5$$

Como $\ell^2 = y$, então: $\ell^2 = 8 \Rightarrow \ell = \pm\sqrt{8} = \pm 2\sqrt{2}$ ou $\ell^2 = -0{,}5$ (que é impossível)

Por ser ℓ a medida do lado, deve ser um número positivo. Logo, a solução é $\ell = 2\sqrt{2}$ cm.

ATIVIDADES

1. Calcule ℓ, sabendo que a área colorida é de 12,5 cm².

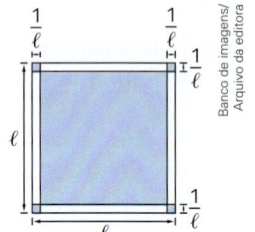

2. A área colorida na figura abaixo é de 3,25 cm². Calcule ℓ.

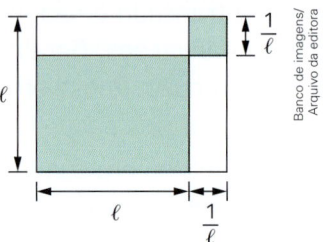

3. A medida, em centímetros, da base do retângulo abaixo é a soma de um número real com seu inverso. A medida da altura é a diferença entre o mesmo número e seu inverso. Qual é esse número se a área do retângulo é de 4,8 cm²?

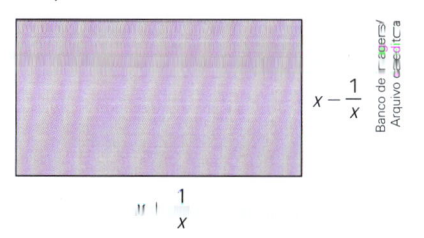

$$x - \frac{1}{x}$$

$$x + \frac{1}{x}$$

4. Resolva as seguintes equações:

a) $9x^4 - 13x^2 + 4 = 0$

b) $x^4 - 18x^2 + 32 = 0$

c) $m^4 = m^2 + 12$

d) $(t^2 + 2t)(t^2 - 2t) = 45$

5. Responda sem fazer as contas: Por que a equação biquadrada $x^4 + 10x^2 + 9 = 0$ não tem raízes reais?

6. Forme uma equação biquadrada cujas raízes sejam 1, −1, 5 e −5.

7. As duas figuras abaixo têm área colorida de 8,5 cm². Na primeira, $\ell > \frac{1}{\ell}$. Na segunda, $\ell < \frac{1}{\ell}$. Calcule ℓ em cada uma delas.

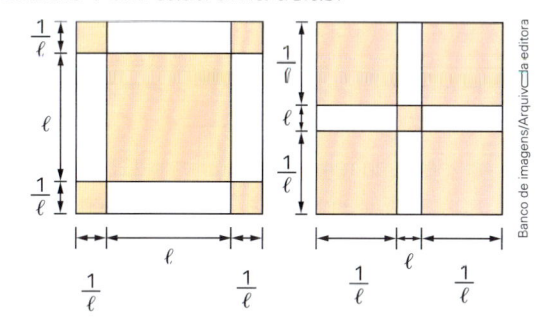

Problemas de trabalho conjunto

O problema das duas torneiras

Para encher um tanque de água há duas torneiras, uma preta e uma amarela. Estando o tanque vazio:

- abrindo totalmente apenas a torneira preta, o tanque estará cheio após 10 minutos;
- abrindo totalmente apenas a torneira amarela, o tanque estará cheio após 15 minutos.

a) Que fração do tanque a torneira preta enche em 1 minuto?

b) Que fração do tanque a torneira amarela enche em 1 minuto?

c) Se ambas as torneiras forem totalmente abertas, que fração do tanque encherão em 1 minuto?

d) Estando o tanque vazio e abrindo totalmente as duas torneiras ao mesmo tempo, em quantos minutos o tanque estará cheio?

8. Uma gráfica dispõe de duas impressoras para imprimir uma grande quantidade de páginas. Sozinha, uma delas imprime todas as páginas em 60 minutos. Funcionando sozinha, para imprimir todas as páginas, a outra impressora gastaria 90 minutos. Funcionando simultaneamente, em quantos minutos elas terminam o trabalho?

9. Fábio e Nei, trabalhando juntos, montaram os armários de uma cozinha em 12 horas. Fábio, sozinho, teria feito o serviço em 20 horas. Quantas horas levaria Nei para fazer o serviço sozinho?

10. Edite e Floriana são duas digitadoras que trabalham em um escritório de advocacia. Trabalhando juntas, terminaram um processo em 144 minutos. Edite, mais rápida, teria feito o trabalho sozinha gastando $\frac{2}{3}$ do tempo que Floriana levaria para fazer tudo sozinha. Em quanto tempo Floriana teria feito a digitação do processo sozinha?

11. Dois guindastes, operando juntos, descarregam um navio em 6 horas. Sabendo que um deles pode levar 5 horas a menos que o outro para descarregar o navio, quantas horas levaria cada um trabalhando separadamente?

Guindaste descarregando produtos de um navio.

12. Elabore um problema sobre trabalho conjunto que possa ser resolvido pela equação:

$$\frac{1}{t} + \frac{1}{t+1} = \frac{1}{1,2}$$ (t em horas) e resolva-o.

⠿ Sistemas de equações

As medidas do logotipo

Na figura ao lado, desenhamos o logotipo de uma empresa, formado por três quadrados, sendo dois do mesmo tamanho. Se o perímetro total é de 12 cm e a área total é de 3,375 cm², quais são as medidas dos lados dos quadrados?

Para resolver esse problema, temos que considerar duas incógnitas:

x = medida do lado dos quadrados menores (em cm)

y = medida do lado do quadrado maior (em cm)

Vamos montar as equações a que x e y devem satisfazer:

- perímetro = 12 cm $\longrightarrow$ $8x + 4y = 12 \xrightarrow{(:4)} 2x + y = 3$

- área = 3,375 cm² $\longrightarrow$ $2x^2 + y^2 = 3,375$

Temos, então, o sistema de equações:

$$\begin{cases} 2x + y = 3 \\ 2x^2 + y^2 = 3,375 \end{cases}$$ (a chave substitui o conectivo **e**)

Para resolvê-lo, usamos o **método da substituição**: isolamos uma incógnita na primeira equação e a substituímos na segunda equação.

1ª equação: $2x + y = 3 \Rightarrow y = 3 - 2x$

2ª equação: $2x^2 + y^2 = 3{,}375 \Rightarrow 2x^2 + (3 - 2x)^2 = 3{,}375$

$$2x^2 + 9 - 12x + 4x^2 - 3{,}375 = 0$$

$$6x^2 - 12x + 5{,}625 = 0$$

$$\Delta = (-12)^2 - 4 \cdot 6 \cdot 5{,}625 = 144 - 135 = 9$$

$$x = \frac{12 + \sqrt{9}}{2 \cdot 6} = \frac{12 \pm 3}{12} \begin{cases} x_1 = 1{,}25 \\ x_2 = 0{,}75 \end{cases}$$

Agora calculamos y na primeira equação, para cada valor de x.

Para $x = 1{,}25$, temos $y = 3 - 2x = 3 - 2 \cdot 1{,}25 = 3 - 2{,}5 = 0{,}5$. Essa resposta não convém, pois y deve ser maior que x.

Para $x = 0{,}75$, temos $y = 3 - 2x = 3 - 2 \cdot 0{,}75 = 3 - 1{,}5 = 1{,}5$.

Portanto, o lado dos quadrados menores mede 0,75 cm, e o lado do quadrado maior mede 1,5 cm.

ATIVIDADES

13. Na figura abaixo, os dois quadrados maiores têm áreas iguais. O perímetro total é 16 cm e a área total é 5,5 cm².

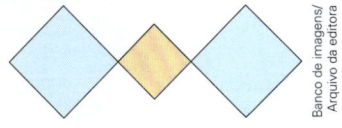

Banco de imagens/Arquivo da editora

Quanto medem os lados dos três quadrados?

14. Franca é uma cidade do interior do estado de São Paulo famosa pela indústria de calçados. De Franca até a cidade de Guarujá, no litoral paulista, são 504 km. Caminhando x quilômetros por dia, um andarilho percorreu esses 504 km em n dias. Na volta, caminhou 8 quilômetros a menos por dia e levou 4 dias a mais do que na ida.

Reprodução. IBGE - Instituto Brasileiro de Geografia e Estatística

Fonte: IBGE. *Atlas geográfico escolar.*
Rio de Janeiro: IBGE, 2009. p. 174.

a) Em quantos dias ele fez o percurso de ida e volta?

b) Quantos quilômetros por dia ele caminhou na ida? E na volta?

c) Em média, na viagem toda, quantos quilômetros o andarilho caminhou por dia?

15. O polígono ao lado, em forma de "L", pode ser decomposto em dois quadrados, cujas áreas somam 169 cm, e um retângulo de área 60 cm².

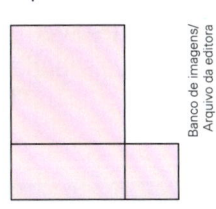

Banco de imagens/Arquivo da editora

Calcule o perímetro total do polígono.

16. No polígono representado ao lado, quaisquer dos lados consecutivos são perpendiculares.

O perímetro (externo) desse polígono é 28 cm e a área é 24 cm². Determine o valor de x e y.

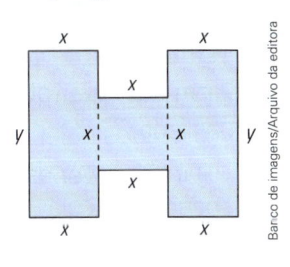

Banco de imagens/Arquivo da editora

17. Na figura abaixo, temos um triângulo retângulo de catetos x e y, e hipotenusa 10. Calcule x e y sabendo que $x^2 + y^2 = 10^2$ e $x - y = 2$.

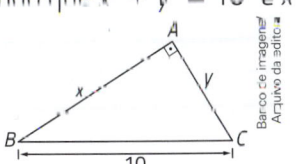

Banco de imagens/Arquivo da editora

18. Os n condôminos de um prédio deveriam pagar p reais cada um para cobrir uma despesa de R$ 15 000,00. Como 10 condôminos não concordaram em pagar, cada um dos outros acabou dando R$ 50,00 a mais para cobrir toda a despesa.

    a) Quantos condôminos tem o prédio? Quanto cada um teria pagado se todos tivessem concordado em pagar?

    b) Quantos condôminos pagaram? Quanto pagou cada um deles?

19. A fim de passar para a próxima fase de um desafio matemático do qual está participando, Gustavo precisa encontrar a solução do sistema a seguir:

$$\begin{cases} x^2 + y^2 = 5 \\ x^2 - y^2 = 1 \end{cases}$$

Determine a solução do sistema e ajude Gustavo a passar para a próxima fase do desafio.

20. Elisa e João são irmãos. Sabe-se que a idade de Elisa elevada ao quadrado mais a idade de João também elevada ao quadrado resultam em 13. Além disto, o produto de suas idades é igual a 6. Construa um sistema que permita resolver este problema e encontre as possíveis idades dos irmãos.

21. Papai Noel gastou R$ 400,00 na compra de bolas para distribuir no dia de Natal. Com um desconto de R$ 4,00 em cada uma, teria comprado 5 bolas a mais, gastando os mesmos R$ 400,00. Quantas bolas ele comprou?

Resolva esse problema de dois modos:

1º) Monte uma equação em que a incógnita é a quantidade de bolas que Papai Noel comprou. Resolva-a.

2º) Monte um sistema de duas equações, cujas incógnitas sejam x = quantidade de bolas compradas e y = preço de cada bola. Em seguida, determine o valor de x.

Hélio Senatore/Arquivo da editora

NA OLIMPÍADA

Que objeto "pesa" mais?

(Obmep) Dentro de três sacolas idênticas foram colocados objetos de pesos a, b e c, como na figura. Com isso, o peso da sacola 1 ficou menor que o peso da sacola 2, que por sua vez ficou menor que o peso da sacola 3. Qual das desigualdades abaixo é verdadeira?

sacola 1   sacola 2   sacola 3

Reprodução/Obmep, 2017.

a) $a < b < c$ **b)** $a < c < b$ **c)** $b < a < c$ **d)** $b < c < a$ **e)** $c < a < b$

Uma festa virtual

(Obmep) Em uma festa havia somente 3 mulheres, e 99% dos convidados eram homens. Quantos homens devem deixar a festa para que a porcentagem de homens passe a ser igual a 98% do total de participantes?

a) 3   **b)** 30   **c)** 100   **d)** 150   **e)** 297

Quantos caminhões de alimentos são desperdiçados por dia?

Paulo Beraldo, *O Estado de S. Paulo*

18 de março de 2021

O planeta desperdiça ■ mil caminhões com 40 toneladas de alimentos todos os dias, indicou uma recente pesquisa da Organização das Nações Unidas (ONU). O relatório que engloba 54 países mostrou que, em 2019, foram para o lixo 931 milhões de toneladas de alimentos nas residências, no varejo, nos restaurantes e em outros serviços de alimentação. Os dados não levaram em conta etapas como produção no campo, armazenagem e distribuição.

"Essa quantidade seria suficiente para oferecer três refeições por dia para as 690 milhões de pessoas em insegurança alimentar do planeta. Nós temos alimentos suficientes, esse não é o problema", afirmou Daniel Balaban, representante do Brasil do Programa Mundial de Alimentos (*World Food Programme*, na sigla em inglês), a maior organização humanitária do mundo.

"Precisamos trabalhar os sistemas alimentares, produzir e fortalecer políticas públicas para que os alimentos cheguem a todos que necessitam", diz o especialista do PMA, braço humanitário da ONU com atuação em 88 países que recebeu o Nobel da Paz em 2020.

Ben Nelms/Reuters/Fotoarena

O Índice de Desperdício de Alimentos 2021, produzido pelo Programa das Nações Unidas para o Meio Ambiente (PNUMA) e pela ONG britânica WRAP, integra os esforços das agências da ONU para reduzir pela metade o desperdício de alimentos até 2030.

A pesquisa mostrou que, em nível global, 121 quilos de alimentos *per capita*, em média, são desperdiçados por consumidores por ano nas etapas de varejo e consumo de alimentos, sendo 74 quilos em casa. [...]

[...]

Conscientização é chave, diz oficial da ONU Meio Ambiente

Clementine O'Connor, oficial de programas de Sistemas Alimentares Sustentáveis do PNUMA, diz que governos investiram em campanhas de conscientização e mudança de comportamento – ajudando os consumidores a reforçar hábitos de gestão de alimentos eficientes, como aproveitar melhor sobras alimentos, medir o tamanho das porções de arroz e massas, usar produtos mais velhos primeiro e congelar os excedentes.

O'Connor afirmou que essas medidas fizeram países como Reino Unido e Holanda reduzirem o desperdício total de alimentos nas famílias em 24% em uma década. [...]

Disponível em: https://internacional.estadao.com.br/noticias/geral,mundo-desperdica-63-mil-caminhoes-de-alimentos-a-cada-24-horas,70003651079.
Acesso em: 20 abr. 2021.

1. Em 2019, foram para o lixo 931 milhões de toneladas de alimentos. Calcule quantos caminhões com 40 t de alimentos são desperdiçados por dia nos países pesquisados e descubra o número inteiro que estava escrito na lacuna ▪.

Ilustra Cartoon/Arquivo da editora

2. Se forem transportados 300 kg/m³, quantas toneladas de alimentos irão num baú em forma de bloco retangular com medidas internas de 14,94 m de comprimento, 2,48 m de largura e 2,73 m de altura? Use uma calculadora.

3. Uma carreta transporta alimentos num baú em forma de bloco retangular de capacidade 108 m³. O comprimento do baú é de 15 m e a altura tem 60 cm a mais que a largura. Qual é a altura desse baú?

4. "A pesquisa mostrou que, em nível global, 121 quilos de alimentos *per capita*, em média, são desperdiçados por consumidores por ano nas etapas de varejo e consumo de alimentos, sendo 74 quilos em casa." Levando em conta que a população mundial em 2019 era 7,75 bilhões de pessoas, quantos milhões de toneladas de alimento foram desperdiçadas em casa em 2019? Quanto por cento do total do desperdício?

5. Cite alguns hábitos que podem contribuir para diminuir a quantidade de alimentos desperdiçados em casa.

8 Inequações

Nikolay Antonov/Shutterstock

NA REAL

Quantos carrinhos cabem?

O carrinho de supermercado foi inventado em 1937 pelo americano Sylvan Goldman. Ele era um dono de supermercado e buscava uma solução para incentivar o consumo, fazendo com que seus clientes transportassem mais compras. A princípio a invenção não foi bem aceita, mas sabemos que hoje em dia esse é um recurso quase indispensável. O modelo que tem a parte traseira móvel e pode ser encaixado um no outro foi desenvolvido por Orla Watson só em 1946, permitindo que os carrinhos ocupassem menos espaços nos supermercados.

Suponha que um carrinho tenha um comprimento de 90 centímetros e que quando está encaixado em outro o espaço entre as barras de empurrar é de 20 centímetros. Escreva uma expressão algébrica que represente o comprimento c da fila de carrinhos em função da quantidade x de carrinhos.

Quantos carrinhos no máximo poderiam ser encaixados em um estacionamento para carrinhos com comprimento de 4 metros?

⠿ Desigualdades

A balança de pratos

Com uma balança de pratos podemos exemplificar sentenças matemáticas. Veja:

Quando a balança está em equilíbrio, significa que as massas sobre os dois pratos são iguais. Isso pode ser associado a uma equação. Por exemplo:

$$2 \cdot x = 1\ 000\ g$$
$$x = 500\ g$$

Quando a balança não está equilibrada, isso significa que não há igualdade entre as massas. Nesse caso, também podemos associar esse fato a uma sentença matemática:

$$2 \cdot x < 1\ 000\ g$$

Vamos aprender a resolver sentenças com os sinais < (menor que), > (maior que), ⩽ (menor que ou igual a) ou ⩾ (maior que ou igual a).

Quando comparamos dois números reais a e b, somente uma das três afirmações é verdadeira:

ou $a = b$ ou $a > b$ ou $a < b$

Nesse caso, existe uma **igualdade** entre a e b.

Nesses casos, existe uma **desigualdade** entre a e b.

Observe algumas desigualdades verdadeiras:

- $0 < \dfrac{3}{5}$
- $2 > 1,7$

- $3 > -1$
- $-\dfrac{5}{3} < \dfrac{3}{5}$

PARTICIPE

I. Certo ou errado? Por quê?

a) $2 - 1 + 4 > 3$

b) $2(-1) - 3 > -4$

c) $2\left(-\dfrac{1}{2}\right) + 3 > 0$

d) $\dfrac{1}{3} - \dfrac{1}{2} < -\dfrac{1}{7}$

e) $-7 \geqslant -1$

f) $\dfrac{1}{2} \geqslant 0,5$

g) $0,2 \geqslant 0,10$

h) $-1,1 \leqslant 0$

II. O sinal < (ou >) separa os dois membros da desigualdade:

$$\underbrace{20}_{1^{\circ}\ membro} < \underbrace{30}_{2^{\circ}\ membro}$$

$20 < 30$ é uma desigualdade verdadeira.

a) Adicionando 10 aos dois membros e conservando o sinal <, que desigualdade obtemos? É verdadeira ou falsa?

b) Ainda partindo de 20 < 30, subtraindo 10 dos dois membros, como fica? A nova desigualdade é verdadeira ou falsa?

c) E adicionando −50 aos dois membros?

d) E multiplicando os dois membros por 4?

e) E multiplicando os dois membros por 4?

III. Agora vamos partir de 10 > −20.

a) Essa desigualdade é verdadeira ou falsa?

b) Como fica adicionando 5 aos dois membros? Essa nova desigualdade é verdadeira ou falsa?

c) E adicionando −15?

d) E multiplicando os dois membros por 10?

e) E multiplicando por −1?

IV. Escreva uma desigualdade verdadeira em que ambos os membros sejam negativos. Partindo dessa desigualdade:

a) Adicione o mesmo número positivo a ambos os membros. A desigualdade obtida é verdadeira ou falsa?

b) Agora, adicione um número negativo. Fica verdadeira ou falsa?

c) Agora, multiplique os dois membros por um número positivo. Fica verdadeira ou falsa?

d) Agora, multiplique por um número negativo. Fica verdadeira ou falsa?

V. Considerando as operações realizadas, responda:

a) Quais itens indicaram desigualdades falsas? O que esses itens apresentam em comum?

b) No caso de multiplicar os dois membros de uma desigualdade verdadeira por um número negativo, o que precisa ser feito para obter outra desigualdade verdadeira?

Propriedades das desigualdades

A seguir, apresentamos algumas propriedades das desigualdades.

Adição de um mesmo número aos dois membros

A desigualdade 3 < 7 é verdadeira.

Adicionando 5 aos dois membros e conservando o sinal <, obtemos:

$$3 + 5 < 7 + 5$$
$$8 < 12$$
$$\text{(verdadeira)}$$

Adicionando −10 (ou subtraindo 10) aos dois membros, obtemos:

$$3 - 10 < 7 - 10$$
$$-7 < -3$$
$$\text{(verdadeira)}$$

> Adicionando um mesmo número aos dois membros de uma desigualdade verdadeira, e conservando o sinal dela, obtemos outra desigualdade verdadeira.

Multiplicação dos dois membros por um mesmo número

A desigualdade $2 < 6$ é verdadeira. Multiplicando os dois membros por 5, obtemos:

$$2 \cdot 5 < 6 \cdot 5$$
$$10 < 30$$
$$\text{(verdadeira)}$$

Multiplicando os dois membros por -10, obtemos:

$$2(-10) < 6(-10)$$
$$-20 < -60$$
$$\text{(falsa)}$$

Quando multiplicamos os dois membros por um número negativo, para obter outra desigualdade verdadeira, devemos inverter o sinal ($<$ deve ser substituído por $>$; $>$ deve ser substituído por $<$). Veja:

$$2 < 6 \text{ (verdadeira)}$$

Multiplicando por -10 e invertendo o sinal da desigualdade:

$$2(-10) > 6(-10)$$
$$-20 > -60$$
$$\text{(verdadeira)}$$

Observe outro exemplo:

$$5 > -3 \text{ (verdadeira)}$$

Multiplicando por -2 e invertendo o sinal da desigualdade:

$$5(-2) < -3(-2)$$
$$-10 < 6$$
$$\text{(verdadeira)}$$

> Multiplicando por um número positivo os dois membros de uma desigualdade verdadeira, e conservando o sinal dela, obtemos outra desigualdade verdadeira. Multiplicando os dois membros de uma desigualdade verdadeira por um número negativo e invertendo o sinal dela (trocando $<$ por $>$, ou $>$ por $<$), obtemos outra desigualdade verdadeira.

ATIVIDADES

1. Partindo da desigualdade verdadeira $5 < 10$, forme desigualdades também verdadeiras:
   a) adicionando 8 aos dois membros;
   b) adicionando -8 aos dois membros;
   c) multiplicando por 8 os dois membros;
   d) multiplicando por -8 os dois membros.

2. Partindo da desigualdade verdadeira $20 > 10$, forme desigualdades também verdadeiras:
   a) adicionando 50 aos dois membros;
   b) adicionando -50 aos dois membros;
   c) multiplicando por $\dfrac{1}{2}$ os dois membros;
   d) multiplicando por $-\dfrac{1}{2}$ os dois membros.

3. Copie e complete o quadro formando desigualdades verdadeiras a partir das desigualdades dadas.

Desigualdade	Adicionando 5	Adicionando −5	Multiplicando por 2	Multiplicando por −2
$3 > 1$				
$0 < 2$				
$-4 > -8$				
$-1 < 5$				
$-3 < -2$				

⠿ Inequações

Sentenças como "O triplo de um número é menor que 12" ou "A soma de dois números é maior que 100" são representadas por desigualdades que contêm incógnitas. Por exemplo:

- $3x < 12$
- $x + y > 100$

Elas são exemplos de **inequações**.

> **Inequação** é uma sentença matemática expressa por uma desigualdade que contém uma ou mais incógnitas.

Vamos estudar inequações com uma incógnita.

Solução de uma inequação

Quando substituímos a incógnita de uma inequação por um número, obtemos uma desigualdade numérica. Se essa desigualdade for verdadeira, dizemos que o número é uma **solução** da inequação.

Considere, por exemplo, a inequação $3x < 12$. Veja como a professora Márcia verificou quais números a seguir podem ser soluções para a inequação: $-2, 1, 5, \dfrac{3}{5}$ e $\dfrac{7}{5}$.

- para $x = -2$, temos: $3 \cdot (-2) < 12$ (verdadeira)
- para $x = 1$, temos: $3 \cdot 1 < 12$ (verdadeira)
- para $x = 5$, temos: $3 \cdot 5 < 12$ (falsa)
- para $x = \dfrac{3}{5}$, temos: $3 \cdot \dfrac{3}{5} < 12$ (verdadeira)
- para $x = \dfrac{7}{5}$, temos: $3 \cdot \dfrac{7}{5} < 12$ (verdadeira)

Ilustra Cartoon/Arquivo da editora

Concluímos que $-2, 1, \dfrac{3}{5}$ e $\dfrac{7}{5}$ são soluções e 5 não é solução da inequação $3x < 12$.

4. Verifique se o número -5 é solução das seguintes inequações:

a) $2x < 10$

c) $\dfrac{x}{3} \geqslant 0$

b) $1 - 2x < 2$

d) $x > -2$

5. Descreva com palavras quais são as soluções para as inequações.

$x > 10$ $\qquad x < -2$

6. Verifique se o número $\dfrac{1}{2}$ é solução das inequações:

a) $2x + 1 > 3$

b) $x^2 < \dfrac{1}{2}$

c) $\dfrac{x}{2} < \dfrac{1}{3}$

7. Certo ou errado?

a) Se $x < 7$, então $7 < x$.

b) Se $x - 1 > 8$, então $8 < x - 1$.

c) Se $-3 < x + 7$, então $x + 7 > -3$.

8. O número -1 é solução da inequação $5(x + 1) - 3(x - 1) < 4(1 - x) - 2$?

9. Algum dos elementos do conjunto $\{1, 2, 3, 4, 5\}$ é solução da inequação $2x - 1 \geqslant 7$?

10. Certo ou errado?

a) Se $a < b$, então $2a < 2b$.

b) Se $x < 5$, então $-3x > -15$.

c) Se $-x > 3$, então $x > -3$.

d) Se $-2 \leqslant -x$, então $x \leqslant 2$.

Como se resolve uma inequação?

Resolver uma inequação significa encontrar as suas soluções. Veja alguns métodos de resolução a seguir.

Desfazendo a adição

Vamos resolver a inequação $x + 4{,}25 > 5$.

Para "desfazer" a adição realizada com x, subtraímos $4{,}25$ (ou adicionamos $-4{,}25$) dos dois membros:

$$x + 4{,}25 - 4{,}25 > 5 - 4{,}25$$

$$x > 0{,}75$$

Logo, todos os números maiores que $0{,}75$ são soluções dessa inequação.

Desfazendo a subtração

Subtraindo 675 de um número, obtemos uma diferença maior que 150. Qual é esse número? Representando o número desconhecido por x, montamos a inequação:

$$x - 675 > 150$$

Para "desfazer" a subtração realizada com x, adicionamos 675 aos dois membros da desigualdade:

$$x - 675 + 675 > 150 + 675$$

$$x > 825$$

Então, o número procurado pode ser qualquer número maior que 825.

Desfazendo a multiplicação

Em determinada escola, $\dfrac{2}{3}$ dos estudantes são meninas. A diretoria dessa escola vai distribuir 120 camisetas para as meninas formarem times de basquete uniformizados. Quantos estudantes, no máximo, pode ter essa escola para que não faltem camisetas para as meninas?

Ilustra Cartoon/Arquivo da editora

Representando por x o número de estudantes, como o número de meninas deve ser no máximo 120, isto é, menor que ou igual a 120, montamos a inequação:

$$\frac{2}{3} \cdot x \leqslant 120$$

Para "desfazer" a operação realizada com x, vamos multiplicar os dois membros da inequação por $\frac{3}{2}$:

$$\frac{3}{2} \cdot \frac{2}{3} \cdot x \leqslant \frac{3}{2} \cdot 120$$

$$x \leqslant 180$$

Assim, essa escola pode ter no máximo 180 estudantes.

Operações elementares sobre inequação

Nos exemplos anteriores, para encontrar as soluções, adicionamos ou multiplicamos um mesmo número aos dois membros da inequação. Ao fazer isso, realizamos uma operação conhecida como **operação elementar sobre a inequação**.

Resumindo, há dois tipos de operações elementares que podemos realizar com uma inequação:

- Adicionar um mesmo número aos dois membros da inequação.

- Multiplicar por um mesmo número, diferente de zero, os dois membros da inequação. Porém, se multiplicarmos cada membro por um número negativo, deveremos inverter o sinal da desigualdade ($>$ deve ser trocado por $<$; ou $<$ deve ser trocado por $>$).

Inequação com coeficiente negativo

Vamos resolver a inequação $-3x < \frac{9}{2}$.

Nesse caso, como o termo em x tem coeficiente negativo, vamos começar multiplicando por -1 os dois membros da inequação. Quando multiplicamos os dois termos por um número negativo, invertemos o sinal da desigualdade:

$$-3 < \frac{9}{2}$$

$$(-1) \cdot (-3x) > (-1) \cdot \frac{9}{2}$$

$$3x > -\frac{9}{2}$$

Agora dividimos os dois membros por 3 $\left(\text{ou multiplicamos por } \frac{1}{3}\right)$:

$$\frac{1}{3} \cdot 3x > \frac{1}{3} \cdot \left(-\frac{9}{2}\right)$$

$$x > -\frac{3}{2}$$

As soluções da inequação são todos os números maiores que $-\frac{3}{2}$.

Veja outra resolução:

$$-3x < \frac{9}{2}$$

Multiplicando por $-\frac{1}{3}$:

$$-\frac{1}{3}(-3x) > -\frac{1}{3} \cdot \frac{9}{2}$$

$$x > -\frac{3}{2}$$

11. Subtraindo 256 de um número, a diferença será menor que -100. Que número é esse?

12. Resolva as seguintes inequações:

a) $x + 3 < 3$

c) $x - \dfrac{1}{2} \leqslant 2$

b) $x - 2 < 1$

d) $x + 1 > -1$

13. João, de 12 anos, perguntou à sua professora qual era a idade dela. Ouviu como resposta: "Três quintos da minha idade superam cinco quartos da sua". A que conclusão João pode chegar sobre a idade da professora?

14. Resolva as seguintes inequações:

a) $5x < 25$

c) $\dfrac{x}{2} \leqslant 7$

b) $3x > 18$

d) $\dfrac{3x}{5} \geqslant -2$

15. Que número devemos adicionar a $\dfrac{3}{4}$ para ficar com soma menor que $-\dfrac{1}{4}$?

16. Certo ou errado?

a) Se $-2x > 4$, então $x < -2$.

b) Se $-2x > 8$, então $x > -4$.

c) Se $4a > 4b$, então $a > b$.

d) Se $-6 < -x$, então $6 > x$.

Isolando a incógnita

Nas próximas atividades vamos desenvolver a técnica de resolução de inequações. É muito parecida com a de resolução de equações.

Acompanhe as resoluções destas inequações:

- $3x - 1 \leqslant 11$

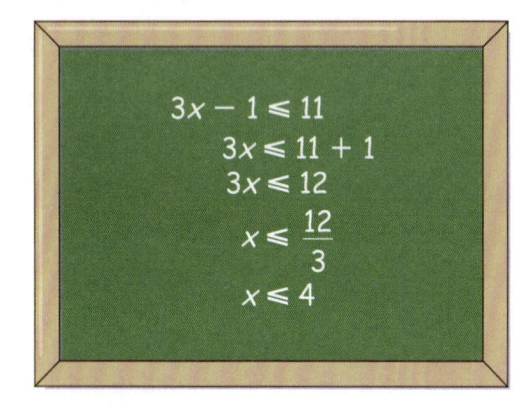

$$3x - 1 \leqslant 11$$
$$3x \leqslant 11 + 1$$
$$3x \leqslant 12$$
$$x \leqslant \frac{12}{3}$$
$$x \leqslant 4$$

- $2x - 7 < 5x + 8$

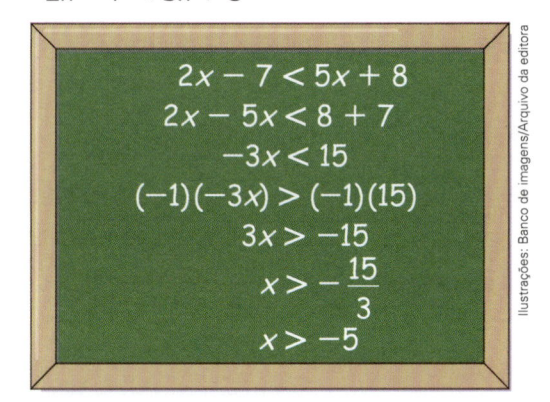

$$2x - 7 < 5x + 8$$
$$2x - 5x < 8 + 7$$
$$-3x < 15$$
$$(-1)(-3x) > (-1)(15)$$
$$3x > -15$$
$$x > -\frac{15}{3}$$
$$x > -5$$

Ilustrações: Banco de imagens/Arquivo da editora

Resposta: As soluções são todos os números menores que 4, incluindo o número 4.

Resposta: As soluções são os números maiores que -5.

17. Resolva as inequações:

a) $2x - 1 \leqslant 5$

b) $3x + 1 > 7$

18. O suplemento de um ângulo mede mais do que $165°$. Quanto mede o ângulo?

19. Resolva as inequações:

a) $x - 3 \geqslant 1 - x$

b) $2x + 1 \leqslant x - 2$

c) $2x + 7 < x + 3$

d) $3x + 5 > 2x - 3$

20. Deseja-se que a média aritmética de três números inteiros seja maior que 50. Dois desses números são conhecidos: 32 e 44. Qual deve ser, no mínimo, o terceiro número?

21. Em um retângulo, um lado mede 4 cm a mais do que o outro. Para que o perímetro seja maior que 40 cm, quanto deve medir o menor lado?

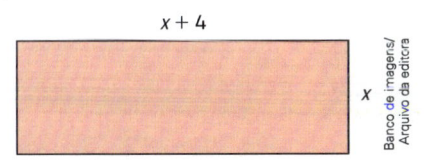

x + 4

x

22. No Colégio MGO, a média final de cada disciplina é a média ponderada das notas dos três trimestres do ano, o primeiro com peso 2, o segundo com peso 3 e o terceiro, 5. Em Matemática, Juliana tem nota 7,0 no primeiro trimestre e nota 5,5 no segundo. Quanto ela precisa tirar no terceiro trimestre para ser aprovada com média final maior que ou igual a 6,0?

23. Descubra quantas figurinhas já coloquei em meu álbum. Vou dar duas dicas:

- adicionando 20 ao triplo do número de figurinhas, vai dar mais do que o número de figurinhas adicionado a 120;
- é o menor número primo nessa condição!

Quantas figurinhas já colei no álbum?

Eliminando os denominadores

- Vamos resolver a inequação $-\dfrac{x}{2} \leqslant -\dfrac{1}{4} + \dfrac{x}{3}$.

O primeiro passo é eliminar os denominadores, multiplicando os dois membros por um múltiplo comum deles. Para o exemplo a seguir, temos que um múltiplo comum de 2, 4 e 3 é 12.

$$12 \cdot \left(-\dfrac{x}{2}\right) \leqslant 12 \cdot \left(-\dfrac{1}{4}\right) + 12 \cdot \dfrac{x}{3}$$

$$-6x \leqslant -3 + 4x$$

$$-6x - 4x \leqslant -3$$

$$-10x \leqslant -3$$

$$x \geqslant \dfrac{3}{10}$$

As soluções são os números maiores que $\dfrac{3}{10}$, incluindo o número $\dfrac{3}{10}$.

ATIVIDADES

24. Para quais valores de x o perímetro do quadrilátero abaixo supera 50 cm? As medidas indicadas estão em centímetros.

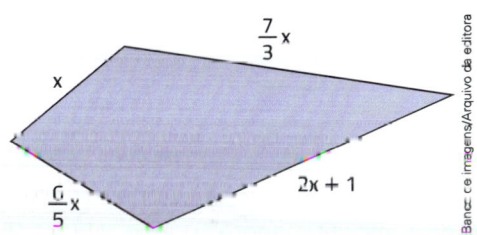

$\dfrac{7}{3}x$

x

$\dfrac{6}{5}x$

$2x + 1$

25. A sexta parte da medida de um ângulo obtuso é maior que a quarta parte do suplemento desse ângulo. Quanto mede esse ângulo?

26. Resolva as inequações:

a) $\dfrac{x}{2} + \dfrac{x}{3} > -\dfrac{x}{6}$

b) $\dfrac{x-4}{2} + \dfrac{-3-2x}{3} \geqslant \dfrac{1-5x}{6}$

:::: Representação na reta

Inequação do 1º grau

Leia o problema proposto ao lado.

Para responder, vamos seguir as mesmas etapas da resolução de equações.

Sendo x o número desconhecido, montamos a inequação:

$$2 + 3x > 100 + x$$

que pode ser transformada, aplicando as operações elementares, em:

$$2x > 98$$

Por recair nessa forma, dizemos que a inequação é do 1º grau.

> Uma inequação com uma incógnita x é denominada **inequação do 1º grau** se puder ser reduzida, por meio de operações elementares, a uma das formas $ax < b$, $ax > b$, $ax \leq b$, $ax \geq b$, em que a e b são números reais e $a \neq 0$.

Adicionando 2 ao triplo de um número, obtenho resultado maior que se tivesse adicionado 100 ao número. Qual é esse número?

Representação geométrica das soluções

Continuando a resolução do problema anterior:

$$2x > 98 \rightarrow x > 49$$

Assim, o número desconhecido pode ser qualquer número real maior que 49. Então, a inequação tem uma infinidade de soluções. Elas podem ser representadas em uma reta da seguinte maneira:

49

Na reta numérica, as soluções dessa inequação são todos os números que estão à direita do 49. A bolinha vazia (∘) no 49 indica que 49 não é solução.

Veja agora a resolução da inequação $\dfrac{3}{4} - \dfrac{x-1}{2} \geq 1$.

- multiplicamos por 4:

$$4 \cdot \frac{3}{4} - 4 \cdot \frac{x-1}{2} \geq 4 \cdot 1$$
$$3 - 2(x-1) \geq 4$$
$$3 - 2x + 2 \geq 4$$
$$-2x \geq 4 - 3 - 2$$
$$-2x \geq -1$$

- multiplicando por (-1), $\geq$ é trocado por $\leq$:

$$(-1)(-2x) \leq (-1)(-1)$$
$$2x \leq 1$$
$$x \leq \frac{1}{2}$$

As soluções são $\dfrac{1}{2}$ e todos os números menores que $\dfrac{1}{2}$. Na reta, representamos assim:

$\dfrac{1}{2}$

Na reta numérica, as soluções dessa inequação ficam à esquerda de $\dfrac{1}{2}$. A bolinha cheia (•) no $\dfrac{1}{2}$ indica que $\dfrac{1}{2}$ é uma solução.

27. Que números estão representados em cada reta? Responda associando cada figura a uma das inequações de I a V.

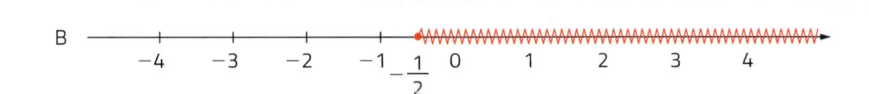

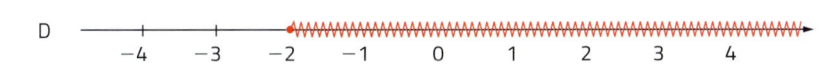

I. $x \leqslant -\dfrac{1}{2}$ **II.** $x > 2$ **III.** $x < 0$ **IV.** $x \geqslant -2$ **V.** $x \geqslant -\dfrac{1}{2}$

28. Represente na reta os seguintes conjuntos:

a) $A = \left\{ x \in \mathbb{R} \mid x > 3 \right\}$

b) $B = \left\{ x \in \mathbb{R} \mid x < 2 \right\}$

c) $C = \left\{ x \in \mathbb{R} \mid x \geqslant -1 \right\}$

d) $D = \left\{ x \in \mathbb{R} \mid x \leqslant 3 \right\}$

e) $E = \left\{ x \in \mathbb{R} \mid -2 < x < 3 \right\}$

f) $F = \left\{ x \in \mathbb{R} \mid -1 \leqslant x \leqslant 4 \right\}$

29. Observe os exemplos e, então, descreva o conjunto numérico representado em cada item:

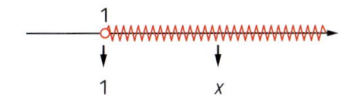

$\left\{ x \in \mathbb{R} \mid x > 1 \right\}$

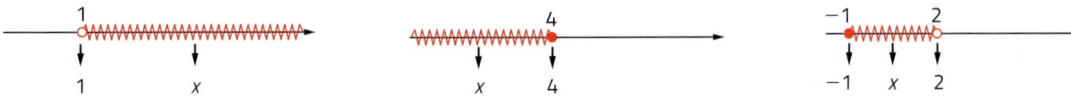

$\left\{ x \in \mathbb{R} \mid x \leqslant 4 \right\}$

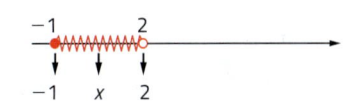

$\left\{ x \in \mathbb{R} \mid -1 \leqslant x < 2 \right\}$

a) ———○——— -2

b) ○———○ -3 ... 5

c) ●———● -1 ... 2

d) 0 ●———

e) $-\dfrac{1}{2}$ ... $\dfrac{1}{2}$

f) -8 ●———● 8

g) -2 ———●

h) -7 ○———

i) $-\dfrac{1}{2}$ ... 5

j) $\dfrac{3}{2}$ ... 6

30. Represente na reta as soluções de cada inequação:

a) $\dfrac{x}{4} - \dfrac{2x}{3} + \dfrac{x}{2} > 5$

b) $\dfrac{x}{2} + 1 \leqslant \dfrac{x}{5} - 2$

Ilustrações: Banco de imagens/Arquivo da editora

⠿ Sistemas de inequações

Osvaldo é um vendedor que ganha, por mês, um valor fixo de R$ 1 200,00 mais uma comissão de 4% do valor total de suas vendas. Para a empresa obter lucro, o salário de Osvaldo não pode superar 10% de suas vendas. Como Osvaldo tem uma despesa mensal de R$ 2 400,00, para não ficar com dívidas, precisa ganhar pelo menos essa quantia mensalmente.

a) O salário de Osvaldo consta de duas partes, uma fixa e outra variável. Como podemos representar a parte variável?

b) Como fica representado o salário?

c) Como se representa a condição para a empresa obter lucro?

d) Como se representa a condição para que Osvaldo não fique com dívidas?

e) Quanto ele precisa vender mensalmente para a empresa obter lucro?

f) Quanto ele precisa vender mensalmente para não ficar com dívidas?

g) Quanto ele precisa vender mensalmente para satisfazer às duas condições propostas?

Na questão sobre o salário de Osvaldo temos duas inequações simultâneas, que podemos representar desta forma:

$$\begin{cases} 1\,200 + 0,04x \leqslant 0,10x \quad ① \\ 1\,200 + 0,04x \geqslant 2\,400 \quad ② \end{cases}$$

(A chave substitui o conectivo **e**.)

Elas formam um **sistema de inequações**.

Resolução do sistema de inequações

As **soluções** de um sistema de inequações são os números que satisfazem simultaneamente a todas as inequações do sistema. Para determiná-los, resolvemos cada inequação isoladamente e, depois, marcando na reta as soluções de cada uma, verificamos quais são os números comuns a todas as inequações.

Em nosso exemplo, obtemos, após resolver cada inequação:

$$① : x \geqslant 20\,000$$
$$② : x \geqslant 30\,000$$

Representação na reta:

As soluções comuns são os números x que verificam $x \geqslant 30\,000$.

Dessa forma, para a empresa obter lucro e Osvaldo não ficar com dívidas, ele precisa vender, no mínimo, R$ 30 000,00 por mês. Observe que:

- Ao representar as soluções nas retas, devemos tomar o cuidado de anotar os números na ordem crescente, da esquerda para a direita. Números iguais devem ficar alinhados na mesma vertical.

- As soluções da primeira inequação formam um conjunto numérico A, denominado **conjunto solução** da inequação: $A = \{x \in \mathbb{R} \mid x \geq 20\,000\}$. O conjunto solução da segunda inequação é $B = \{x \in \mathbb{R} \mid x \geq 30\,000\}$. As soluções comuns formam a interseção dos conjuntos A e B (que representamos por $A \cap B$):

$$A \cap B = \{x \in \mathbb{R} \mid x \geq 30\,000\}$$

$A \cap B$ é o conjunto solução do sistema de inequações proposto.

O conjunto solução é também chamado **conjunto verdade** e o indicaremos por S ou por V.

Como exemplo, vamos resolver o sistema: $\begin{cases} \dfrac{x}{2} + 1 > \dfrac{x+1}{3} \\ \dfrac{x}{2} + \dfrac{x}{3} < 5 \end{cases}$

$\dfrac{x}{2} + 1 > \dfrac{x+1}{3}$

$6 \cdot \dfrac{x}{2} + 6 \cdot 1 > 6 \cdot \dfrac{x+1}{3}$

$3x + 6 > 2(x+1)$

$3x + 6 > 2x + 2$

$3x - 2x > 2 - 6$

$x > -4$

$\dfrac{x}{2} + \dfrac{x}{3} < 5$

$6 \cdot \dfrac{x}{2} + 6 \cdot \dfrac{x}{3} < 6 \cdot 5$

$3x + 2x < 30$

$5x < 30$

$x < \dfrac{30}{5}$

$x < 6$

Na reta:

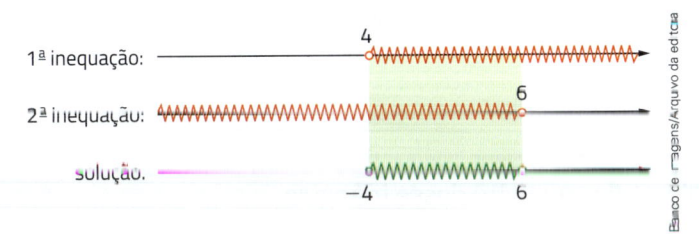

O conjunto solução do sistema é: $S = \{x \in \mathbb{R} \mid -4 < x < 6\}$.

Você também pode responder que as soluções do sistema são os números compreendidos entre -4 e 6 ou, apenas, $-4 < x < 6$.

31. Em 2017, uma corrida de táxi em Belo Horizonte (MG) custava (4,70 + 2,94x) reais, para x quilômetros rodados. Quantos quilômetros tem uma corrida que custa mais que R$ 12,00 e menos que R$ 25,00?

32. Manuel é taxista em Curitiba (PR). Todas as corridas que ele fez num dia das férias de julho de 2017 custaram de R$ 12,42, a menor delas, até R$ 31,86, a maior. Se uma corrida custava (5,40 + 2,70x) reais para x quilômetros rodados, quantos quilômetros teve cada corrida?

33. O custo de produção de x peças é (500 + 2x) reais, e o valor arrecadado na venda é 5x reais. Desejando-se que as vendas sejam de R$ 10 000,00, no mínimo, e que o custo não supere R$ 5 000,00, quais podem ser os valores de x (quantidade de peças)?

34. As medidas do triângulo abaixo devem ser consideradas em centímetros.

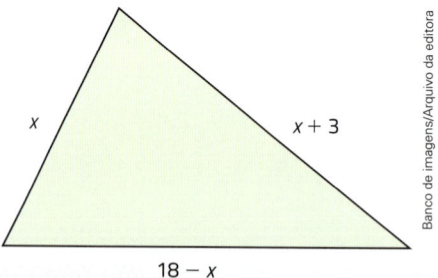

Como em todo triângulo cada lado é menor que a soma dos outros dois, determine:

a) os possíveis valores de x;

b) os possíveis valores do perímetro desse triângulo.

35. Resolva as inequações simultâneas:

$2x - 1 < x + 1 < 2$

Dica: Esta é a forma compacta de escrever o sistema: $\begin{cases} 2x - 1 < x + 1 \\ x + 1 < 2 \end{cases}$

UNIDADE 4

Proporcionalidade e Matemática financeira

NESTA UNIDADE VOCÊ VAI

- Resolver e elaborar problemas que envolvam a razão de grandezas de mesma espécie e de espécies diferentes.
- Identificar grandezas diretamente proporcionais e inversamente proporcionais.
- Resolver e elaborar problemas que envolvam proporção e regra de três composta.
- Compreender e realizar cálculos de juros simples e sua relação com a economia (compras, gastos, vendas a prazo, entre outros).
- Resolver e elaborar problemas que contenham porcentagens sucessivas aplicadas na economia.

CAPÍTULOS

Mikhail Leonov/Shutterstock

NA REAL

Como posicionar os ponteiros?

Como o ser humano começou a marcar a passagem do tempo? Você já parou para pensar em como surgiram os relógios? Ou ainda quem ajustou o horário do primeiro relógio inventado? Hoje em dia utilizamos os relógios sem pensar em toda essa problemática, mas foram necessários anos de estudo para chegarmos aos relógios que usamos.

Qualquer relógio é uma máquina ligada a um dispositivo contador que define o tempo em horas, minutos e segundos. No caso dos relógios analógicos essa contagem é registrada por meio do movimento dos ponteiros. A cada volta completa do ponteiro dos segundos o ponteiro dos minutos se desloca 6°. A cada volta completa do ponteiro dos minutos o ponteiro das horas se desloca 30°.

Em outras palavras, a cada minuto o ponteiro dos minutos se desloca 6° e, a cada hora, o ponteiro das horas se desloca 30°.

Sabendo dessas informações, qual é o menor ângulo formado pelos ponteiros das horas e dos minutos quando um relógio marca 5 horas e 42 minutos? Faça o desenho de um relógio marcando esse horário e use um transferidor para construir esse ângulo corretamente.

Na BNCC
EF09MA07
EF09MA08

:::: Razão e proporção

O álbum de figurinhas

O ano de 2018 foi marcado por ter sido ano de Copa de Mundo, da qual a seleção da França se sagrou campeã. Popularmente, em anos de Copa do Mundo uma das febres que atinge jovens e adultos é colecionar figurinhas dos jogadores.

Ado é um desses colecionadores e, por ocasião da última Copa, procurou completar seu álbum, com um total de 682 figurinhas. Algumas semanas antes de começar a Copa, ele tinha 244 figurinhas coladas. Sobre isso, qual é a fração de figurinhas coladas em relação ao total? Qual é a fração de figurinhas faltantes em relação ao total?

Razão entre grandezas de mesma espécie

Como já estudamos nos livros anteriores, grandeza é tudo aquilo que pode ser medido, utilizando números e unidades de medida, e a razão entre dois números positivos, a e b, é o quociente da divisão do primeiro pelo segundo, indicado pela fração $\frac{a}{b}$.

A razão entre grandezas de mesma espécie é o mesmo que a razão entre os números que expressam suas medidas em uma mesma unidade de medida.

- Voltando ao problema de Ado, a fração representada pela quantidade de figurinhas coladas em relação ao total de figurinhas é $\frac{244}{682}$. Em outras palavras, a razão entre o número de figurinhas coladas e o número total de figurinhas é $\frac{244}{682}$.

- Como $682 - 244 = 438$, faltam 438 figurinhas para Ado completar seu álbum. A razão entre o número de figurinhas que faltam e o total é dada pela fração $\frac{438}{682}$.

A razão entre grandezas de mesma espécie é um número puro (não possui unidade de medida).

Razão entre grandezas de espécies diferentes

A estimativa da população de Piracicaba

Observe a estimativa da população da cidade de Piracicaba, localizada no interior do estado de São Paulo, e sua área, em 1º de julho de 2020, de acordo com o Instituto Brasileiro de Geografia e Estatística (IBGE).

Área territorial	1 378,069 km²
População estimada	407 252 habitantes

Fonte: https://www.ibge.gov.br/cidades-e-estados/sp/piracicaba.html. Acesso em: 7 jul. 2021.

Com esses dados, um estudante do 9º ano pretende determinar a densidade demográfica da cidade de Piracicaba. A densidade demográfica é uma medida que expressa a razão entre a população e a superfície do território.

Sendo DD = densidade demográfica, P = população total (em habitantes) e A = área da regiao (em km²), a densidade demográfica é dada por:

$$DD = \frac{P}{A}$$

Para a cidade de Piracicaba, temos:

P = 407 252 habitantes

A = 1 378,069 km²

$$DD = \frac{407\,252 \text{ habitantes}}{1\,378,069 \text{ km}^2} = 295,52 \text{ hab./km}^2$$

Como interpretar esse valor? Ele nos indica que para cada km² de área existem cerca de 296 habitantes.

> A razão entre grandezas de espécies diferentes é a razão entre os números que expressam suas medidas acompanhados das respectivas unidades.

Proporção

As razões $\frac{5}{2}$ e $\frac{25}{10}$ são ambas iguais a 2,5 e, portanto, são iguais entre si.

Recordemos que duas razões iguais formam uma proporção.

Por ser verdadeira a igualdade $\frac{5}{2} = \frac{25}{10}$, também dizemos que os números 5 e 25 são diretamente proporcionais aos números 2 e 10, nessa ordem.

Em $\frac{5}{2} = \frac{25}{10}$ o fator de proporcionalidade é 2,5.

Recorde também que há outra forma de comprovar a igualdade $\frac{5}{2} = \frac{25}{10}$ fazendo as multiplicações cruzadas: $5 \cdot 10 = 50$ e $2 \cdot 25 = 50$.

> A proporção $\frac{a}{a'} = \frac{b}{b'}$, com a' e b' não nulos, é verdadeira quando $a \cdot b' = a' \cdot b$.

> a': lê-se a linha; b': lê-se b linha.

Esta igualdade é chamada de **propriedade fundamental da proporção**.

ATIVIDADES

1. Observe os dados a seguir, fornecidos pelo Instituto Brasileiro de Geografia e Estatística (IBGE), relativos a 1º de julho de 2020:

Cidade	Área territorial	População estimada
Carneirinho – MG	2 063,462 km²	10 066 pessoas
Ribeirão Preto – SP	650,916 km²	711 825 pessoas
Curitiba – PR	434,892 km²	1 948 626 pessoas
Manaus – AM	11 401,092 km²	2 219 580 pessoas

Fonte: https://www.ibge.gov.br/cidades-e-estados. Acesso em: 7 jul. 2021.

a) Determine a densidade demográfica em Carneirinho (MG).

b) Determine a densidade demográfica em Ribeirão Preto (SP).

c) Determine a densidade demográfica em Curitiba (PR).

d) Determine a densidade demográfica em Manaus (AM).

e) Em qual cidade a quantidade de habitantes por km² é maior? Justifique.

2. Em Física, define-se velocidade média como sendo a razão entre duas grandezas: deslocamento e tempo. Observe a figura a seguir.

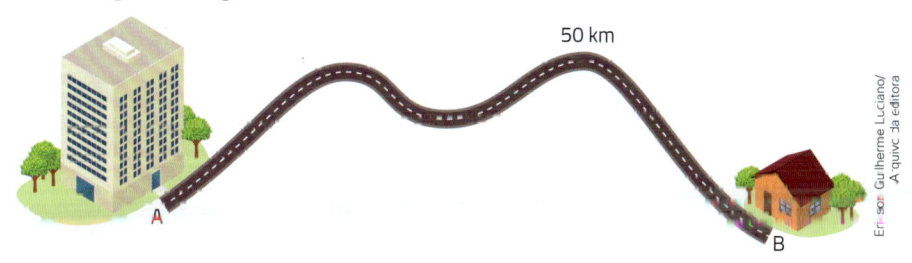

50 km

Sabendo que uma família leva cerca de 30 minutos (ou 0,5 hora) para fazer uma viagem completa da cidade A até a cidade vizinha B, determine a velocidade média nesse percurso.

3. Em uma cafeteria, para preparar um *cappuccino*, são necessários 10 litros de uma mistura de cafés nobres para cada 7,5 litros de leite. Sabendo que em certo dia um funcionário preparou os *cappuccinos* do dia utilizando 4 litros de uma mistura de cafés nobres para 3,5 litros de leite, pode-se afirmar que a proporção entre os ingredientes foi mantida? Justifique sua resposta.

4. Em um supermercado de atacado, um consumidor pode comprar arroz em três diferentes embalagens.

	Quantidade	Preço
Embalagem 1	1 kg	R$ 3,50
Embalagem 2	3 kg	R$ 9,90
Embalagem 3	10 kg	R$ 31,50

Se o cliente deseja pagar o valor mais barato do arroz a cada quilograma, qual embalagem acaba sendo a mais econômica?

5. A escala de um mapa é a razão entre as distâncias no mapa e as distâncias reais correspondentes dos referenciais considerados. Em um atlas, há um mapa do Brasil em que um segmento de 2 cm representa uma distância real de 1250 km. Determine a escala desse mapa.

Adaptado de: IBGE. *Atlas geográfico escolar*. 8. ed. Rio de Janeiro: IBGE, 2018. p. 94.

6. Sobre o mapa da questão anterior, se a distância real entre Porto Alegre (RS) e Salvador (BA) é de 2 300 km, quanto Porto Alegre dista de Salvador em centímetros no mapa?

7. O quilate do ouro de uma peça é a razão entre a massa de ouro presente e a massa total da peça multiplicada por 24. Responda:

a) Uma peça feita da mistura de 6 gramas de ouro e 2 gramas de outro metal é uma peça de ouro de quantos quilates?

b) Em um anel de ouro de 18 quilates, qual é a razão entre a massa de ouro e a massa total do anel?

c) Quantos por cento de ouro há em um anel de ouro de 18 quilates?

d) Um anel de ouro puro é um anel de quantos quilates?

Divisão proporcional

Um problema prático frequente é dividir um todo em partes proporcionais a números conhecidos. Comecemos recordando que:

> Os números da sucessão $a, b, c, d, e, ...$ são **diretamente proporcionais** aos números da sucessão $a', b', c', d', e', ...$; todos não nulos, quando:
>
> $$\frac{a}{a'} = \frac{b}{b'} = \frac{c}{c'} = \frac{d}{d'} = \frac{e}{e'} = ...$$
>
> O valor desses quocientes é chamado de **fator de proporcionalidade**.

Exemplo

Érika compartilha seu *tablet* com os filhos Nuno e Nicole. Todos os dias eles podem usar o aparelho para jogar *videogames* durante 2 horas, tempo que é dividido entre eles em partes diretamente proporcionais às suas idades. Nuno tem 11 anos e Nicole, 13. Quantos minutos por dia Nuno pode ficar com o *tablet*? E Nicole?

Para responder, precisamos dividir o tempo de 2 h, portanto 120 min, em duas partes, a e b, proporcionais a 11 e 13. Desse modo:

$$\begin{cases} a + b = 120 \\ \dfrac{a}{11} = \dfrac{b}{13} \end{cases}$$

Sendo k o fator de proporcionalidade, de $\dfrac{a}{11} = \dfrac{b}{13} = k$ decorre $a = 11k$ e $b = 13k$. Então:

$$a + b = 120 \rightarrow 11k + 13k = 120 \rightarrow 24k = 120 \rightarrow k = \frac{120}{24} \rightarrow k = 5$$

Logo, $\begin{cases} a = 11 \cdot 5 = 55 \\ b = 13 \cdot 5 = 65 \end{cases}$

Nuno fica 55 minutos com o *tablet* e Nicole, 65 minutos.

ATIVIDADES

8. Pedro e Paulo compraram um terreno de 720 m² e pretendem dividi-lo em dois lotes, um para cada um deles, de áreas proporcionais ao que cada um contribuiu para o pagamento. Se Pedro contribuiu com R$ 5 000,00 e Paulo com R$ 3 000,00, qual deve ser a área de cada lote?

9. Mônica, Renato e Roberto montaram uma empresa de assistência técnica de eletrônicos, investindo cada um R$ 2 000,00, R$ 3 000,00 e R$ 4 000,00, respectivamente. Após um ano de trabalho, a empresa apresentou um lucro de R$ 37 800,00 a ser dividido entre os três em partes proporcionais ao investimento de cada um. Quanto cada um vai receber?

10. Elabore um problema que possa ser resolvido pelo sistema a seguir e resolva-o.

$$\begin{cases} a + b + c = 6\,460 \\ \dfrac{a}{5} = \dfrac{b}{6} = \dfrac{c}{8} \end{cases}$$

11. Lara e Marco montaram um quebra-cabeça de 400 peças. O número de peças que cada um colocou é inversamente proporcional aos números 11 e 9, respectivamente. Quantas peças cada um colocou?

> Lembre-se de que os números a e b são inversamente proporcionais aos números p e q, nessa ordem, se o produto $a \cdot p$ for igual ao produto $b \cdot q$.

Grandezas proporcionais

Receita de bolo

A confeitaria Doce Sabor é especializada em bolos de aniversário e casamentos. Luana, a confeiteira-chefe, desenvolveu uma receita para a massa e a compartilhou com os demais funcionários. Com essa receita, para um bolo de 20 fatias são necessários 4 ovos além dos outros ingredientes.

Para atender a uma encomenda de bolo de 250 fatias, quantos ovos serão necessários?

No problema dado temos duas situações:

1ª) para um bolo de 20 fatias, gastam-se 4 ovos;

2ª) para um bolo de 250 fatias, x ovos.

Queremos determinar o valor de x.

Dobrando o número de fatias de bolo, vai dobrar a quantidade de ovos necessários. Triplicando as fatias, vai triplicar o número de ovos. Então, conforme estudamos em anos anteriores, a quantidade de ovos é uma grandeza diretamente proporcional ao número de fatias de bolo. Assim, a razão $\dfrac{\text{número de ovos}}{\text{número de fatias}}$ é constante.

$$\frac{x}{250} = \frac{4}{20} \rightarrow x = \frac{250 \cdot 4}{20} \rightarrow x = 50$$

Serão necessários 50 ovos.

> Duas grandezas variáveis são chamadas de **grandezas diretamente proporcionais** quando a razão entre os valores da primeira grandeza e os valores correspondentes da segunda é sempre a mesma.

Quando duas grandezas são diretamente proporcionais, se para um valor positivo x de uma delas corresponde o valor y na outra, a razão $\dfrac{y}{x}$ é sempre a mesma para todo valor de x. A razão $\dfrac{y}{x}$ é uma constante k. De $\dfrac{y}{x} = k$ decorre a relação algébrica:

$$y = k \cdot x$$

que é a relação característica entre as medidas de duas grandezas diretamente proporcionais.

No problema dado, sendo x o número de fatias e y o de ovos, temos: $\dfrac{y}{x} = \dfrac{4}{20}$, logo $y = \dfrac{1}{5} \cdot x$.

A tabela a seguir apresenta valores correspondentes das duas grandezas.

Número de fatias (x)	Número de ovos (y)
0	0
20	4
40	8
60	12
80	16
100	20

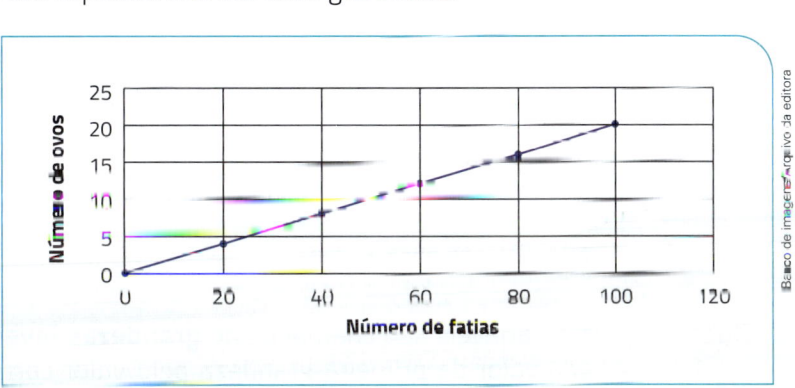

A representação gráfica apresenta pontos de uma reta começando pela origem (0, 0).

12. Um arquiteto está planejando a construção de uma casa. A escala que ele escolheu para a representação da planta baixa é 1 : 300. A que grandezas se refere essa escala? São grandezas diretamente proporcionais? Explique.

13. Um pintor de paredes gasta 3,6 litros de tinta para pintar 20 m² com duas demãos.

Quantos litros de tinta são necessários para pintar, com duas demãos, uma parede retangular de um galpão que mede 8 m de altura por 15 m de comprimento?

14. Em um galão cabem 3,6 litros de tinta. Utilize a informação dada anteriormente e copie e complete a tabela seguinte sobre a área pintada com duas demãos e o número de galões utilizados na pintura. Explicite a relação algébrica entre a área pintada y e o número x de galões utilizados. Represente essa relação em um gráfico.

Número de galões de tinta	0	1	2	3	4	5
Área pintada (m²)	//////	//////	//////	//////	//////	//////

15. Elabore um problema que possa ser resolvido com as seguintes operações:

$$\frac{x}{20} = \frac{30}{6} \rightarrow x = \frac{20 \cdot 30}{6} \rightarrow x = 100$$

Resposta: 100

:::::: Grandezas inversamente proporcionais

Claudete alimenta 8 gatos e tinha ração suficiente para 15 dias. Porém, mais 2 gatos apareceram em sua rua e ela os adotou. Para quantos dias vai dar a ração para alimentar os 10 gatos?

Nesse problema temos as situações:

1ª) para 8 gatos, a ração é suficiente para 15 dias;

2ª) para 10 gatos, x dias.

Queremos determinar o valor de x.

Aumentando o número de gatos, a ração vai dar para menos dias. Se dobrasse o número de gatos, a razão daria para a metade do número de dias. Triplicando o número de gatos, a ração vai dar para um terço dos dias. Então, a quantidade de dias é uma grandeza inversamente proporcional ao número de gatos. Assim, o produto (número de gatos) · (número de dias) é constante.

$$10 \cdot x = 8 \cdot 15 \rightarrow x = \frac{120}{10} \rightarrow x = 12$$

A ração vai ser suficiente para 12 dias.

> Duas grandezas variáveis são chamadas de **grandezas inversamente proporcionais** quando o produto de cada valor da primeira grandeza pelo valor correspondente da segunda é sempre o mesmo.

Quando duas grandezas são inversamente proporcionais, se para um valor positivo x de uma delas corresponde o valor y na outra, o produto xy é sempre o mesmo para todo valor de x. O produto xy é uma constante k. De $x \cdot y = k$ decorre a relação algébrica:

$$y = \frac{k}{x}$$

que é a relação característica entre as medidas de duas grandezas inversamente proporcionais.

Note que essa relação pode ser escrita como $y = k \cdot \frac{1}{x}$, ou seja, y é diretamente proporcional ao inverso de x.

No problema dos gatos da Claudete, sendo x o número de gatos e y o número de dias, temos:

$$x \cdot y = 8 \cdot 15, \text{ logo } y = \frac{120}{x}$$

A tabela a seguir apresenta valores correspondentes das duas grandezas:

Número de gatos (x)	Número de dias (y)
2	60
4	30
6	20
8	15
10	12
12	10

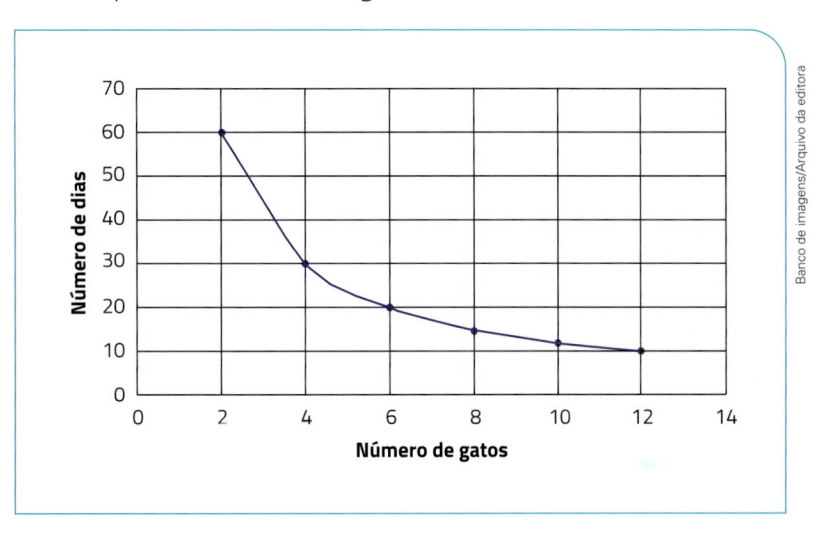

A representação gráfica apresenta pontos de uma curva denominada **hipérbole**.

Grandezas não proporcionais

Na tabela a seguir registramos as idades, em anos, de Juninho e da mãe dele, Maria, em determinadas ocasiões em que ocorreram fatos importantes na vida deles.

Ocorrências: quando Juninho...	Idade de Juninho	Idade de Maria
... ingressou no Ensino Fundamental	6	34
... ingressou no Ensino Fundamental II	11	39
... ingressou no Ensino Médio	15	43
... ingressou na faculdade	18	46
... formou-se em Direito	22	50
... casou-se com Gabriela	30	58

É claro que, se a idade de Juninho vai aumentando, a de Maria também aumenta. A idade de Maria é proporcional à de Juninho?

Quando Juninho tinha 11 anos, Maria tinha 39. Quando Juninho tinha 22 anos, Maria tinha 50. Note que a idade de Juninho dobrou de 11 para 22, mas a de Maria não dobrou, passou de 39 para 50. Quando a idade de Juninho triplicou de 6 para 18 anos, a de Maria não triplicou, ela foi de 34 para 46. Dessa forma, a idade de Maria **não é proporcional** à de Juninho.

Essa conclusão também pode ser justificada através das razões: $\dfrac{34}{6} \neq \dfrac{39}{11}$.

Qual é a relação algébrica entre a idade de Maria, y, e a idade, x, de Juninho?

A cada ano que passa, adicionamos 1 a ambas as idades. Desse modo, a diferença entre as duas idades é sempre a mesma. Veja:

$$34 - 6 = 28 \qquad\qquad 39 - 11 = 28 \qquad\qquad 43 - 15 = 28$$

E assim por diante. Então, a relação algébrica entre as idades y e x é:

$$y - x = 28 \rightarrow y = x + 28$$

A idade de Maria é igual à idade de Juninho adicionada a 28.

Essa relação algébrica não é a forma característica de uma relação entre grandezas proporcionais $(y = k \cdot x)$ nem inversamente proporcionais $\left(y = k \cdot \dfrac{1}{x}\right)$.

x	y
0	28
6	34
12	40
18	46
24	52
30	58

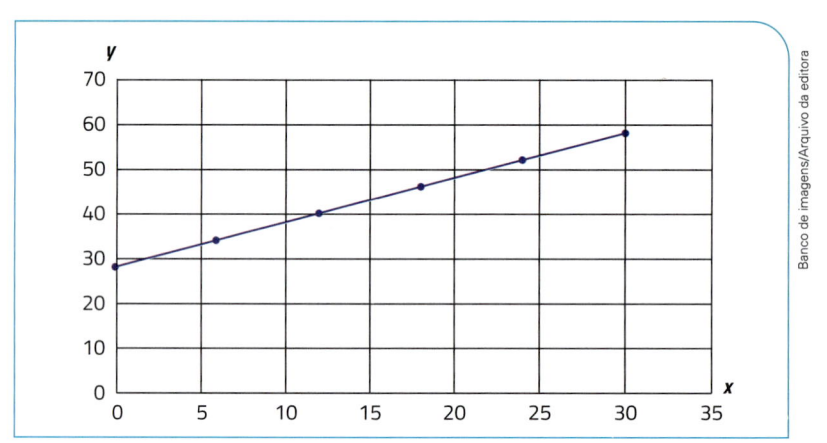

Banco de imagens/Arquivo da editora

A representação gráfica são pontos de uma reta que **não** passa na origem (0, 0).

ATIVIDADES

16. Uma empresa fixou o preço de uma excursão dos alunos do 9º ano contando com a participação de 60 a 75 alunos. Se 60 alunos participarem da excursão, o custo para cada um será de R$ 80,00. Quanto gastará cada um se forem 75 alunos?

17. Para ir de sua casa ao escritório, a caminhada de Natanael é de 480 passos de 75 cm. Quando está mais apressado, seus passos são de 90 cm. Nesse caso, quantos passos ele dá?

18. Descubra a relação algébrica entre o número y de passos e o comprimento x em centímetros de cada passo na atividade 17. Depois, represente-a em um gráfico.

19. Rosana trabalha no setor de televendas de uma empresa. Na tabela a seguir estão os salários que ela recebe conforme os valores mensais de suas vendas.

Vendas (R$)	Salário (R$)
10 000	1 600
20 000	2 000
30 000	2 400
40 000	2 800
50 000	3 200
60 000	3 600

a) Os salários são proporcionais aos valores das vendas? Explique.

b) Represente os dados em um gráfico.

c) Qual é o salário dela em um mês em que suas vendas somam R$ 45 000,00?

20. Seis operários, trabalhando 8 horas por dia, completaram uma obra em 30 dias.

a) Se os 6 operários tivessem trabalhado 10 horas por dia, em quantos dias completariam a obra?

b) Se fossem 9 operários trabalhando 8 horas por dia, em quantos dias completariam a obra?

c) Se fossem 9 operários trabalhando 10 horas por dia, em quantos dias completariam a obra?

Comparando mais de duas grandezas

Acompanhe as situações apresentadas a seguir.

A velocidade do ônibus

Situação I: Um ônibus, à velocidade constante de 80 km/h, percorre 12 quilômetros em 9 minutos.

Situação II: Qual distância esse ônibus percorreria à velocidade constante de 100 km/h durante 9 minutos?

Como o tempo do percurso (9 minutos) foi mantido, a distância percorrida é diretamente proporcional à velocidade do ônibus. Aplicando a regra de três, temos:

	Velocidade (km/h)	Distância (km)
Situação I	80	12
Situação II	100	x

Como as grandezas são diretamente proporcionais:

$$\frac{80}{12} = \frac{100}{x} \rightarrow 80 \cdot x = 12 \cdot 100$$

$$\rightarrow x = \frac{12 \cdot 100}{80} = 15$$

Andrey Armyagov/Shutterstock

Logo, com velocidade constante de 100 km/h, o ônibus percorreria 15 km em 9 minutos.

Situação III: E qual distância esse ônibus percorreria à velocidade constante de 100 km/h durante 21 minutos?

Como a velocidade (100 km/h) é a mesma da situação anterior, a distância percorrida é diretamente proporcional ao número de minutos do percurso.

Utilizando a regra de três, temos:

	Tempo (min)	Distância (km)
Situação II	9 —————————	15
Situação III	21 —————————	y

Como as grandezas são diretamente proporcionais:

$$\frac{9}{15} = \frac{21}{y} \rightarrow 9 \cdot y = 15 \cdot 21 \rightarrow y = \frac{15 \cdot 21}{9} = 35$$

Logo, com velocidade constante de 100 km/h, em 21 minutos o ônibus percorreria 35 km.

Agora, vamos comparar as três grandezas — velocidade, tempo de percurso e distância percorrida — nas situações I e III:

	Velocidade (km/h)	Tempo (min)	Distância (km)
Situação I	80 —————————	9 —————————	12
Situação III	100 —————————	21 —————————	35

- A distância percorrida é diretamente proporcional à velocidade?

Precisamos verificar se as razões $\frac{12}{80}$ e $\frac{35}{100}$ são iguais.

Como $12 \cdot 100 \neq 80 \cdot 35$, temos $\frac{12}{80} \neq \frac{35}{100}$.

Então, a distância percorrida não é diretamente proporcional à velocidade.

- A distância percorrida é diretamente proporcional ao tempo de percurso?

Devemos verificar se as razões $\frac{12}{9}$ e $\frac{35}{21}$ são iguais.

Como $12 \cdot 21 \neq 9 \cdot 35$, temos $\frac{12}{9} \neq \frac{35}{21}$.

Então, a distância percorrida não é diretamente proporcional ao tempo de percurso.

- A distância percorrida é diretamente proporcional ao produto da velocidade pelo tempo de percurso?

Vamos verificar se as razões $\frac{12}{80 \cdot 9}$ e $\frac{35}{100 \cdot 21}$ são iguais.

Como $\frac{12}{80 \cdot 9} = \frac{1}{60}$ e $\frac{35}{100 \cdot 21} = \frac{1}{60}$, temos $\frac{12}{80 \cdot 9} = \frac{35}{100 \cdot 21}$.

Então, a distância percorrida é diretamente proporcional ao produto da velocidade pelo tempo de percurso.

Agora, acompanhe com atenção as situações apresentadas a seguir.

Para revestir a parede

Situação I: Para revestir uma parede de 4 m de comprimento por 2,5 m de altura são necessários 300 azulejos.

Situação II: Para revestir uma parede de 5 m de comprimento por 2,5 m de altura, quantos desses azulejos são necessários?

Como a altura de 2,5 m foi mantida, a quantidade de azulejos é diretamente proporcional ao comprimento da parede.

Aplicando a regra de três, temos:

	Comprimento (m)	Quantidade de azulejos
Situação I	4	300
Situação II	5	x

Logo, $\frac{4}{300} = \frac{5}{x}$, ou seja, $x = \frac{5 \cdot 300}{4} = 375$.

Logo, são necessários 375 azulejos.

Situação III: E, para revestir uma parede de 5 m de comprimento por 3 m de altura, quantos desses azulejos são necessários?

Como o comprimento de 5 m foi mantido, a quantidade de azulejos é diretamente proporcional à altura da parede.

Aplicando a regra de três, temos:

	Altura (m)	Quantidade de azulejos
Situação II	2,5	375
Situação III	3	y

Logo: $\frac{2,5}{375} = \frac{3}{y}$, ou seja, $y = \frac{375 \cdot 3}{2,5} = 450$.

Agora, vamos comparar as três grandezas – comprimento, altura e quantidade de azulejos – nas situações I e III:

	Comprimento (m)	Altura (m)	Quantidade de azulejos
Situação I	4	2,5	300
Situação III	5	3	450

A quantidade de azulejos:

- não é proporcional ao comprimento, pois $\frac{300}{4} \neq \frac{450}{5}$;

- não é proporcional à altura, pois $\frac{300}{2,5} \neq \frac{450}{3}$;

- é diretamente proporcional ao produto do comprimento pela altura, pois $\frac{300}{4 \cdot 2,5} = 30$ e $\frac{450}{5 \cdot 3} = 30$;

logo, $\frac{300}{4 \cdot 2,5} = \frac{450}{5 \cdot 3}$.

Confira mentalmente.

Ilustra Cartoon/Arquivo da editora

Se uma grandeza A depende de duas outras grandezas, B e C, e se, fixando C, A é diretamente proporcional a B; e se, fixando B, A é diretamente proporcional a C, então A é diretamente proporcional ao produto $B \cdot C$.

Representando por a, b e c as medidas correspondentes das grandezas A, B e C, respectivamente, temos nesse caso:

$$a = k \cdot b \cdot c \text{ (sendo } k \text{ uma constante)}$$

⠶ Regra de três composta

No dia a dia, inúmeras vezes deparamos com situações que envolvem mais de duas grandezas proporcionais, como vimos nos exemplos anteriores. Um dos métodos para resolver situações como essas é chamado de **regra de três composta**. Veja alguns exemplos.

A confecção de tecidos

Para confeccionar 1 600 metros de tecido com largura de 1,80 m, a Tecelagem Nortefabril S.A. consome 320 kg de fio. Qual é a quantidade de fio necessária para produzir 2 100 metros do mesmo tecido com largura de 1,50 m?

FUN FUN PHOTO/Shutterstock

Esse problema envolve três grandezas: a quantidade de fio, o comprimento do tecido e a largura do tecido.

Vamos utilizar a regra de três composta para resolver a situação.

Sendo x a quantidade de quilogramas de fio a calcular, temos a seguinte correspondência:

A Quantidade de fio (kg)	B Comprimento do tecido (m)	C Largura do tecido (m)
320	1 600	1,80
x	2 100	1,50

Precisamos calcular a grandeza A (quantidade de fio), que depende das grandezas B (comprimento do tecido) e C (largura do tecido).

Fixando C: para uma mesma largura, aumentando o comprimento, aumenta proporcionalmente a quantidade de fio. Então, A é diretamente proporcional a B.

Fixando B: para um mesmo comprimento, aumentando a largura, aumenta proporcionalmente a quantidade de fio. Então, A é diretamente proporcional a C.

Logo, A é diretamente proporcional ao produto $B \cdot C$:

$$\begin{array}{c} A \longrightarrow \\ B \cdot C \longrightarrow \end{array} \frac{320}{1600 \cdot 1,80} = \frac{x}{2100 \cdot 1,50}$$

$$\frac{320}{2880} = \frac{x}{3150}$$

$$x = \frac{3150 \cdot 320}{2880} = 350$$

Resposta: São necessários 350 kg de fio.

Acompanhe outra resolução desse problema.

Após concluir que a grandeza A é diretamente proporcional ao produto $B \cdot C$, escrevemos:

$a = k \cdot b \cdot c$

Para $a = 320$, temos $b = 1\,600$ e $c = 1,80$. Então:

$320 = k \cdot 1\,600 \cdot 1,80$

$k = \dfrac{320}{1\,600 \cdot 1,80} = \dfrac{1}{9}$

Para $a = x$, temos $b = 2\,100$ e $c = 1,50$. Então:

$x = \dfrac{1}{9} \cdot 2\,100 \cdot 1,50 = 350$

Resposta: São necessários 350 kg de fio.

Alimentando os animais

Para alimentar 12 porcos durante 20 dias são necessários 400 kg de farelo. Quantos porcos podem ser alimentados com 600 kg de farelo durante 24 dias?

Zvigo17/Shutterstock

Sendo x a quantidade de porcos a calcular, temos:

A	B	C
Quantidade de porcos	Quantidade de farelo (kg)	Quantidade de dias
12	400	20
x	600	24

Vamos calcular a grandeza A, que depende das grandezas B e C.

Fixando C, A é diretamente proporcional a B. (Confira!)

Fixando B, A é inversamente proporcional a C. (Confira!)

Nesse caso, A é diretamente proporcional ao inverso de C. Por isso, podemos construir o seguinte esquema, tomando os inversos dos valores de C:

A	B	C
Quantidade de porcos	Quantidade de farelo (kg)	Quantidade de dias
12	400	$\dfrac{1}{20}$
x	600	$\dfrac{1}{24}$

Então, como A é diretamente proporcional ao produto $B \cdot \dfrac{1}{C}$:

$$\begin{array}{c} A \longrightarrow 12 \\ B \cdot \dfrac{1}{C} \longrightarrow 400 \cdot \dfrac{1}{20} \end{array} \quad \dfrac{12}{400 \cdot \dfrac{1}{20}} = \dfrac{x}{600 \cdot \dfrac{1}{24}}$$

$$\dfrac{12}{20} = \dfrac{x}{25}$$

$$x = \dfrac{12 \cdot 25}{20} = 15$$

Resposta: Podem ser alimentados 15 porcos.

Acompanhe outra resolução desse problema.

Após concluir que a grandeza A é diretamente proporcional ao produto $B \cdot \dfrac{1}{C}$, escrevemos:

$$a = k \cdot b \cdot \dfrac{1}{c}$$

Para $a = 12$, temos $b = 400$ e $c = 20$. Então:

$$12 = k \cdot 400 \cdot \dfrac{1}{20}$$

$$k = \dfrac{12 \cdot 20}{400} = \dfrac{12}{20} = \dfrac{3}{5}$$

Para $a = x$, temos $b = 600$ e $c = 24$. Então:

$$x = \dfrac{3}{5} \cdot 600 \cdot \dfrac{1}{24} = 15$$

Resposta: Podem ser alimentados 15 porcos.

Observe que novamente obtivemos as mesmas respostas em ambos os métodos.

ATIVIDADES

21. Um ônibus, à velocidade de 80 km/h, percorre 1 quilômetro em 45 segundos. Qual é a distância que o ônibus percorrerá, à velocidade constante de 100 km/h, em 72 segundos?

22. Para revestir uma parede de 3 m de comprimento por 2,25 m de altura são necessários 300 azulejos. Quantos azulejos seriam necessários se a parede medisse 4,5 m por 2 m?

23. Uma loja dispõe de 20 balconistas que trabalham 8 horas por dia. Os salários mensais desses balconistas perfazem o total de R$ 39 200,00. Quanto a loja gastará com salários por mês se passar a ter 30 balconistas trabalhando 5 horas por dia?

24. Para alimentar 50 coelhos durante 15 dias são necessários 90 quilogramas de ração. Quantos coelhos é possível alimentar em 20 dias com 117 quilogramas de ração?

25. Uma montadora de automóveis demora 8 dias para produzir 200 veículos trabalhando 9 horas por dia. Quantos veículos montará em 15 dias funcionando 12 horas por dia?

26. Para produzir 1 000 livros de 240 páginas uma gráfica consome 360 kg de papel. Quantos livros de 320 páginas é possível imprimir com 720 kg de papel?

Os operários e o muro

Se 4 operários, trabalhando 8 horas por dia, levantam um muro de 30 metros de comprimento em 10 dias, em quantos dias 6 operários, trabalhando 9 horas por dia, erguerão um muro de mesmo padrão, mas de comprimento de 81 metros?

Sendo x a quantidade de dias, temos a correspondência:

	A Quantidade de dias		B Quantidade de operários		C Quantidade de horas por dia		D Comprimento do muro (m)
Situação I	10		4		8		30
Situação II	x		6		9		81

Vamos calcular a grandeza A, que depende das grandezas B, C e D.

Fixando C e D, A é inversamente proporcional a B.

Fixando B e D, A é inversamente proporcional a C.

Fixando B e C, A é diretamente proporcional a D.

Então, A é proporcional ao produto $\dfrac{1}{B} \cdot \dfrac{1}{C} \cdot D$.

Temos: $a = k \cdot \dfrac{1}{b} \cdot \dfrac{1}{c} \cdot d$

Na situação I, temos: $10 = k \cdot \dfrac{1}{4} \cdot \dfrac{1}{8} \cdot 30$

$k = \dfrac{4 \cdot 8 \cdot 10}{30} = \dfrac{32}{3}$

Na situação II, temos: $x = \dfrac{32}{3} \cdot \dfrac{1}{6} \cdot \dfrac{1}{9} \cdot 81 = 16$

Resposta: Portanto, o muro ficará pronto em 16 dias.

ATIVIDADES

27. Para abrir uma valeta de 50 m de comprimento e 2 m de profundidade, 10 operários levam 6 dias. Quantos dias serão necessários para abrir 80 m de valeta com 3 m de profundidade dispondo de 16 operários?

28. Se 5 pessoas podem arar um campo de 10 hectares em 9 dias, trabalhando 8 horas por dia, quantas pessoas serão necessárias para arar 20 hectares em 10 dias, trabalhando 9 horas por dia?

29. Em uma obra, 12 operários, trabalhando 10 horas diárias, levantaram um muro de 20 metros de comprimento em 6 dias. Em outra, com 3 operários a mais, trabalhando 8 horas por dia, em 9 dias levantaram um muro com a mesma altura e largura do anterior. Quantos metros tinha o muro da segunda obra?

30. Elabore um problema que envolva uma grandeza proporcional a outras duas grandezas e resolva-o.

31. Elabore um problema que possa ter a resolução a seguir:

$$y = k \cdot x \cdot \dfrac{1}{n}$$

Situação I: $6 = k \cdot 600 \cdot \dfrac{1}{4} \Rightarrow k = \dfrac{1}{25}$

Situação II: $y = \dfrac{1}{25} \cdot 1000 \cdot \dfrac{1}{8} = 5$

Resposta: 5

10 Juros simples

Andrey_Popov/Shutterstock

NA REAL

Empréstimo para compra de veículos é um bom negócio?

O processo de financiamento de veículos tem sido facilitado pelos bancos. Geralmente, os empréstimos para veículos envolvem a cobrança de juros. O valor da entrada e o tempo de financiamento, portanto, interferem no valor das parcelas. Observe a seguir a simulação de três situações de financiamento.

Situação 1	**Situação 2**	**Situação 3**
Valor do carro:	Valor do carro:	Valor do carro:
R$ 80 000,00	R$ 80 000,00	R$ 80 000,00
Valor da entrada:	Valor da entrada:	Valor da entrada:
R$ 8 000,00	R$ 20 000,00	R$ 20 000,00
Parcelas: 60 × R$ 2 013,26	Parcelas: 60 × R$ 1 677,72	Parcelas: 30 × R$ 2 636,26

Analisando o valor final pago em cada caso, responda: Quanto terá sido pago de juros em cada uma das situações?

 Juro

Leia as chamadas de algumas notícias sobre Economia.

Juros sobem com cautela no cenário político, na contramão da queda do dólar

Disponível em: https://www.istoedinheiro.com.br/juros-sobem-com-cautela-no-cenario-politico-na-contramao-da-queda-do-dolar/. Acesso em: 8 jul. 2021.

Juros anuais do cartão de crédito chegam a até 875%

Disponível em: https://agenciabrasil.ebc.com.br/economia/noticia/2021-03/juros-anuais-do-cartao-de-credito-chegam-ate-875. Acesso em: 8 jul. 2021.

Copom deve aumentar a taxa básica de juros para 3,5% ao ano

Disponível em: https://www.correiobraziliense.com.br/economia/2021/05/4921558-copom-deve-aumentar-a-taxa-basica-de-juros-para-35--ao-ano.html. Acesso em: 8 jul. 2021.

Nessas notícias, podemos notar um termo comum a todas: juro(s). Veja outro exemplo de situação em que o juro é utilizado.

O boleto de pagamento

Renato está reformando a casa. Ele fez uma compra de R$ 1 387,40 em uma loja de materiais de construção que será paga por meio do boleto a seguir.

Local de Pagamento PAGÁVEL EM QUALQUER BANCO ATÉ O VENCIMENTO						Vencimento 04/10/2021
Beneficiário COMERCIAL LTDA. CNPJ 00.000.000/0001-00						Agência/Código Beneficiário 0001/00000-9
Endereço Beneficiário / Sacador Avalista P CELESTINO 880						
Data do documento 12/09/2021	Núm. Documento 9999		Espécie doc. DM	Aceite N	Data Processamento 12/09/2021	Nosso Número 111/99999999-9
Uso do Banco	Carteira 157	Espécie R$	Quantidade		Valor	(=) Valor do Documento 1.387,40
Instruções de responsabilidade do BENEFICIÁRIO. Qualquer dúvida sobre este boleto contate o beneficiário. APÓS O VENCIMENTO COBRAR JURO DE R$ 2,31 POR DIA DE ATRASO + MULTA DE R$ 69,37						(–) Desconto/Abatimento
						(+) Mora/Multa
						(=) Valor Cobrado

Banco de imagens/Arquivo da editora

Nessa situação observamos, novamente, a utilização do conceito de juro.

Para entender melhor o exposto pelas notícias e pelo boleto, vamos estudar alguns conceitos básicos de Matemática financeira.

PARTICIPE

I. Se Renato atrasar o pagamento do boleto pagará multa de R$ 69,37 e juro de R$ 2,31 por dia de atraso.

a) Qual é o valor percentual da multa sobre o valor da compra?

b) Se atrasar esse pagamento um mês (30 dias), quanto ele pagará de juro?

c) Qual é a taxa percentual mensal do juro sobre o valor da compra?

II. Renato também quer comprar uma geladeira que custa R$ 2 724,00 para pagamento à vista. A gerente da loja apresentou a ele outra opção de pagamento: 6 parcelas iguais de R$ 522,10.

a) Se Renato optar pelo parcelamento, qual será o valor total da geladeira?

b) Dividindo o preço à vista da geladeira por 6, qual valor obtemos?

c) Compare esse valor com o das parcelas oferecido pela gerente. Qual é o maior?

d) Qual é a diferença entre esses valores?

e) O que representa essa diferença?

Se uma pessoa quer comprar uma casa e não dispõe de dinheiro suficiente, ela pode fazer um empréstimo em um banco. Esse dinheiro que ela pega emprestado é chamado de **capital**.

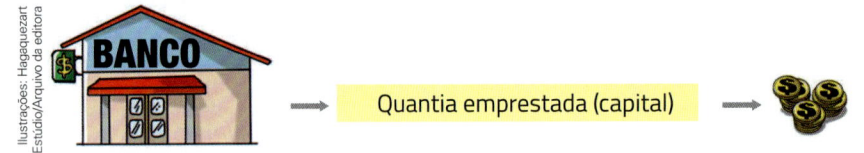

Por esse empréstimo, a pessoa terá de pagar ao banco a quantia que pegou emprestada mais certa importância correspondente a uma espécie de "aluguel" do dinheiro.

Essa quantia **a mais** é chamada de **juro**.

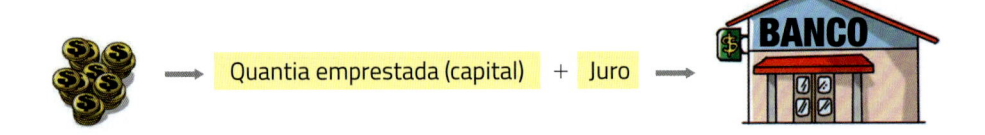

Juro é a remuneração recebida por quem dispõe de um capital (dinheiro) e o empresta durante certo tempo a alguém.

No caso de pagamentos de boletos de compras, mensalidades escolares, condomínio, contas de água e luz, etc., o atraso no pagamento pode ser considerado um empréstimo temporário. Assim, ao pagar o boleto com atraso é cobrado o valor dele mais o juro (além de multa, na maioria das vezes).

Já no caso das cadernetas de poupança ou de outras aplicações financeiras, é o poupador quem empresta o dinheiro ao banco.

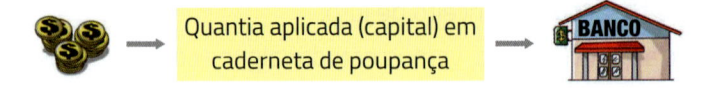

Por esse motivo, dizemos que essas aplicações "rendem" juro.

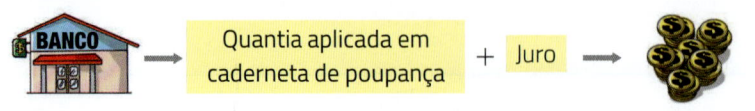

Neste capítulo, vamos estudar o **juro simples**: quando um capital c é emprestado durante certo período t; no fim desse período, o capital é devolvido em uma parcela, acrescido de juro j.

:::: Taxa

Quando o dono de um capital (investidor) vai emprestar dinheiro a quem necessita (tomador), eles devem combinar como será calculado o valor do aluguel do dinheiro. Geralmente esse valor é calculado fixando uma porcentagem chamada **taxa**, que depende do período de empréstimo do dinheiro. Por exemplo:

Se a taxa de um empréstimo é de 20% ao ano, isso significa que, no prazo de 1 ano, para cada R$ 100,00 emprestados serão pagos R$ 20,00 de juro. Veja outro exemplo:

Quanto é o juro?

Cláudio vai emprestar R$ 2 000,00 a Ricardo, por 2 anos, à taxa de 12% ao ano. Quanto Ricardo vai pagar de juro?

Acompanhe o raciocínio da resolução desse problema. Como a taxa é 12% ao ano, em 1 ano Ricardo pagará 12% de R$ 2 000,00:

$$\frac{2\,000 \cdot 12}{100} = 240$$

Em 1 ano, o juro é de R$ 240,00.

Logo, em 2 anos, Ricardo pagará R$ 480,00 de juro.

Cálculo do juro

Vamos calcular o juro j, gerado por um capital c, durante determinado período t (em anos), à taxa (anual) de $i\%$.

> Por que se representa a taxa pela letra i? Leia na seção "Na História" das páginas 129 e 130 a expressão latina que deu origem às palavras *interés* (em espanhol), *intérêt* (em francês) e *interest* (em inglês), que significam "juro".
>
> É provável que venha daí o hábito de representar a taxa pela letra i.

Em 1 ano, o juro é $i\%$ de c; logo, $j = c \cdot \dfrac{i}{100}$. Em t anos, o juro é $c \cdot \dfrac{i}{100} \cdot t$.

Assim:

$$j = \frac{c \cdot i \cdot t}{100}$$

Veja alguns exemplos de cálculo do juro.

Exemplo 1

Quanto rende de juro um capital de R$ 13 000,00 aplicado à taxa de 11% ao ano durante 4 anos?

Em 1 ano, o rendimento é de:

$$(11\% \text{ de } 13\,000) = \frac{11}{100} \cdot 13\,000 = 1\,430$$

Em 4 anos, o rendimento será $4 \cdot 1\,430 = 5\,720$, logo de: R$ 5 720,00.

Agora, vamos resolver utilizando a fórmula do cálculo do juro.

Temos.

$$c = 13\,000,\ i = 11 \text{ e } t = 4$$

Então.

$$j = \frac{c \cdot i \cdot t}{100} = \frac{13\,000 \cdot 11 \cdot 4}{100} = 5\,720$$

Logo, em 4 anos o rendimento será de R$ 5 720,00.

Exemplo 2

Quanto rende de juro um capital de R$ 7 200,00 quando é aplicado à taxa de 8% ao ano durante 10 meses?

Temos:

$$c = 7\,200 \text{ e } i = 8$$

A taxa é dada ao ano, então, devemos expressar t em anos:

$$t = 10 \text{ meses} = \frac{10}{12} \text{ ano}$$

Então:

$$j = \frac{c \cdot i \cdot t}{100} = \frac{7\,200 \cdot 8 \cdot \frac{10}{12}}{100} = \frac{7\,200 \cdot 8 \cdot 10}{100 \cdot 12} = 480$$

Portanto, em 10 meses o rendimento será de R$ 480,00.

Montante

Ao final de um empréstimo, ou de uma aplicação financeira, o total a ser pago pelo tomador (ou recebido pelo investidor) é chamado de **montante** da operação.

O montante (M) é a soma do capital emprestado (ou aplicado) com o juro.

$$M = c + j$$

Exemplo

Qual será o montante ao final da aplicação de um capital de R$ 3 960,00 durante 300 dias à taxa de 15% ao ano?

Primeiro, vamos calcular o juro. Sabemos que:

$$c = 3\,960 \text{ e } i = 15$$

Como a taxa é dada ao ano, devemos expressar t em anos:

$$t = 300 \text{ dias} = \frac{300}{360} \text{ ano}$$

> ano comercial = 360 dias
>
> mês comercial = 30 dias

Assim:

$$j = \frac{c \cdot i \cdot t}{100} = \frac{3\,960 \cdot 15 \cdot \frac{300}{360}}{100} = \frac{3\,960 \cdot 15 \cdot 300}{100 \cdot 360} = 495$$

Calculando o montante:

$$M = c + j = 3\,960 + 495 = 4\,455$$

Logo, o montante será R$ 4 455,00.

ATIVIDADES

1. Quanto rende de juro um capital de R$ 8 920,00 empregado à taxa de 13% ao ano durante 3 anos?

2. Qual é o juro que deve ser pago no financiamento de R$ 76 125,00 à taxa de 12% ao ano durante 5 meses?

3. Na seção "Na História", há um texto sobre juro com um pouco de história da Matemática comercial.

   Na Roma antiga, a Lei das Doze Tábuas limitou a taxa anual a $8\frac{1}{3}$ % do capital para cidadãos romanos.

   Um cidadão romano que tomasse 600 moedas emprestadas a essa taxa anual pagaria que montante ao final de 6 meses de empréstimo?

4. Júlio aplicou R$ 4 800,00 a juro simples, à taxa de 1% ao mês, durante 3 anos e 4 meses. No fim desse período que montante Júlio receberá?

   Sugestão: Como a taxa é dada ao mês, expresse t em meses.

5. Roberto comprou um imóvel por R$ 90 000,00 e pagará da seguinte forma: $\frac{1}{3}$ de entrada, $\frac{1}{3}$ no prazo de 1 ano e $\frac{1}{3}$ no prazo de 2 anos, sendo as parcelas com juro de 12% ao ano. Quanto Roberto vai pagar de juro?

Dima Sidelnikov/Shutterstock

6. Um banco emprestou R$ 3 280,00 a um cliente pelo prazo de 93 dias à taxa anual de 18%. Qual foi o juro cobrado pelo banco? Qual valor o cliente pagará ao banco no fim do prazo?

7. Fernando precisou fazer um empréstimo de R$ 19 200,00 em um banco pelo prazo fixo de 7 meses à taxa de 10,25% ao ano. Quanto Fernando vai pagar de juro? Que montante ele pagará ao banco no fim do prazo?

8. Qual é o juro que rende um capital de R$ 13 000,00, aplicado à taxa de 9% ao ano, durante 5 meses e 15 dias?

9. Eduardo atrasou 3 meses o pagamento de uma prestação de R$ 720,00 e terá de pagar juro pelo atraso. A taxa cobrada pelo banco é de 24% ao ano.
   a) Qual é o valor do juro?
   b) Quanto Eduardo vai ter de pagar no total?

10. Vera aplicou R$ 13 200,00 pelo prazo de 10 meses à taxa de 9,5% ao ano. Quando ela for resgatar o dinheiro aplicado, o valor será suficiente para comprar um terreno que custa R$ 14 200,00?

Leia com atenção os seguintes exemplos de cálculo de capital, taxa ou período.

Exemplo 1

Qual é o capital que rende R$ 3 014,40 de juro quando aplicado durante 2 anos à taxa de 12% ao ano?

Sabemos que: $j = 3\,014{,}40$, $i = 12$ e $t = 2$

Como $j = \dfrac{c \cdot i \cdot t}{100}$, então:

$3\,014{,}40 = \dfrac{c \cdot 12 \cdot 2}{100}$

$3\,014{,}40 \cdot 100 = 24 \cdot c$

$c = \dfrac{301\,440}{24} = 12\,560$

Logo, o capital é de R$ 12 560,00.

Exemplo 2

A que taxa anual Marli deve aplicar um capital de R$ 2 700,00, durante 2 anos, para render R$ 702,00 de juro?

Sabemos que: $c = 2\,700$, $j = 702$ e $t = 2$

Como $j = \dfrac{c \cdot i \cdot t}{100}$, então:

$702 = \dfrac{2\,700 \cdot i \cdot 2}{100}$

$702 \cdot 100 = 5\,400 \cdot i$

$i = \dfrac{70\,200}{5\,400} = 13$

Logo, a taxa deve ser de 13% ao ano.

Syda Productions/Shutterstock

Exemplo 3

Olívia aplicou um capital de R$ 3 600,00 à taxa de 12% ao ano e obteve um juro de R$ 288,00. Por quanto tempo o capital de Olívia ficou aplicado?

Sabemos que: $c = 3\,600$, $i = 12$ e $j = 288$

Como $j = \dfrac{c \cdot i \cdot t}{100}$, então:

$288 = \dfrac{3\,600 \cdot 12 \cdot t}{100}$

$t = \dfrac{288}{36 \cdot 12} = \dfrac{8}{12}$

Como a taxa é ao ano, calculamos t em anos. Vamos convertê-la para meses:

$t = \dfrac{8}{12}$ ano $= \dfrac{8}{12} \cdot 12$ meses $= 8$ meses

Logo, o capital de Olívia ficou aplicado por 8 meses.

ATIVIDADES

11. Veja os dados do boleto de uma mensalidade.

Local de Pagamento PAGÁVEL EM QUALQUER BANCO ATÉ O VENCIMENTO						Vencimento 04/10/2022
Beneficiário COMERCIAL LTDA.			CNPJ 00.000.000/0001-00			Agência/Código Beneficiário 0001/00000-9
Endereço Beneficiário / Sacador Avalista P CELESTINO 880						
Data do documento 12/09/2022	N. do documento 9999		Espécie doc. DM	Aceite N	Data Processamento 12/09/2022	Nosso Número 111/99999999-9
Uso do Banco	Carteira 157	Espécie R$	Quantidade		Valor	(=) Valor do Documento 450,00
Instruções de responsabilidade do BENEFICIÁRIO. Qualquer dúvida sobre este boleto contate o beneficiário. APÓS O VENCIMENTO COBRAR JUROS DE ....R$ 0,30 AO DIA						(−) Desconto/Abatimento
						(+) Mora/Multa
						(=) Valor Cobrado

Banco de imagens/Arquivo da editora

a) Qual é a taxa mensal do juro cobrado nesse boleto?

b) Qual é a taxa anual?

12. Raul aplicou certo capital pelo prazo fixo de 2 anos, à taxa de 0,75% ao mês, e obteve de juro R$ 2 250,00. Qual foi o capital aplicado?

13. Há 2 anos, Sérgio fez um empréstimo em um banco, à taxa de 14% ao ano. Hoje, ele paga ao banco R$ 7 552,00, que correspondem à quantia obtida no empréstimo mais o juro cobrado. De quanto foi o empréstimo?

14. A que taxa anual deve ser aplicado um capital de R$ 5 400,00, durante 5 meses, para render juro de R$ 229,50?

15. Calcule o tempo de aplicação do capital de R$ 10 800,00, à taxa de 13% ao ano, para render juro de R$ 1 872,00.

16. Roberta fez um empréstimo de R$ 6 000,00 em um banco. Na data de liquidação do empréstimo ela pagou ao banco R$ 6 630,00. Se a taxa desse empréstimo foi de 18% ao ano, qual o prazo oferecido a Roberta pelo banco?

17. Calcule o capital que se deve aplicar à taxa de 8% ao ano, durante 7 meses, para obter juro de R$ 840,00.

18. Qual é o capital que, acrescido do juro gerado em 1 ano e 2 meses, à taxa de 12% ao ano, resulta no montante de R$ 10 260,00?

19. Qual é o capital que, aplicado à taxa de 18% ao ano, rende R$ 7,00 por dia?

20. A cantina de uma escola cobra mensalmente o gasto de um aluno. É enviado um boleto aos pais cobrando juro de R$ 0,25 por dia de atraso do pagamento.

Se a cantina cobrou de juro por atraso uma taxa de 5% ao mês em um boleto, qual é o valor da mensalidade a ser pago nesse boleto?

21. Cristina depositou R$ 3 000,00 na caderneta de poupança durante 1 ano e 4 meses. No final desse período, a poupança apresentava saldo de R$ 3 260,00. A qual taxa anual a poupança rendeu?

22. Fernando tem uma poupança de R$ 85 000,00, mas ele gostaria de comprar uma casa que custa R$ 110 000,00. Se a poupança render 7,5% ao ano, daqui a quanto tempo Fernando terá dinheiro para comprar essa casa?

Considere que o preço do imóvel não sofrerá alterações.

23. Quem aplicou dinheiro com a maior taxa anual: Lourdes, que investiu R$ 1 440,00 a prazo fixo de 155 dias e resgatou R$ 1 508,20, ou Cássio, que aplicou R$ 4 200,00 pelo prazo de 4 meses e resgatou R$ 4 452,00?

24. Em quanto tempo certo capital, aplicado à taxa de 8% ao ano, rende juro igual a $\frac{3}{4}$ do seu valor?

25. Romário quer comprar um carro e leu essa propaganda de uma loja:

a) O que significa "taxa 0%" nesse anúncio?

b) Pelo plano do anúncio, quanto Romário deve pagar de entrada na compra do automóvel? Quanto ele pagará por parcela?

c) Quando foi à loja, Romário soube que, para pagamento à vista, teria desconto de 12% sobre o valor total anunciado. Qual seria o valor do automóvel nesse caso?

d) Converse com os colegas: Afinal, há ou não há cobrança de juro no plano a prazo?

EDUCAÇÃO FINANCEIRA

Poupar ou comprar a prazo?

Na sua opinião, é mais vantajoso comprar a prazo ou poupar para comprar à vista? As próximas atividades ajudarão você a entender as vantagens e as desvantagens dessas opções, bem como as consequências de atrasar o pagamento das contas.

per73/Shutterstock

I. Supondo que uma caderneta de poupança ofereça rendimento de 0,6% ao mês, calcule o saldo de uma aplicação de R$ 100,00 nos seguintes prazos:

a) 1 mês;

b) 2 meses, sabendo que o juro do segundo mês é calculado sobre o montante do primeiro;

c) 3 meses, sabendo que o juro do terceiro mês é calculado sobre o montante do segundo.

II. Calcule o saldo de uma aplicação de R$ 1000,00 em um fundo de investimento que rende 1% ao mês ao final de:

a) 1 mês;

b) 2 meses;

c) 3 meses;

d) 5 meses.

Assim como na caderneta de poupança, o rendimento de cada mês é calculado sobre o montante do mês anterior. Quando é usado esse procedimento no cálculo do juro, dizemos que a aplicação foi feita a **juros compostos**. Hoje em dia, nas aplicações financeiras, geralmente são utilizados os juros compostos. Forme um grupo com mais 3 colegas e respondam:

1. Qual é o saldo de uma aplicação de R$ 100,00, à taxa de juro simples de 0,6% ao mês, pelo prazo de 3 meses?

2. O resultado da questão anterior é igual ao resultado obtido no item **I.c**? Por quê?

3. Francisca tem R$ 1000,00 aplicados em uma caderneta de poupança que rende 0,6% ao mês e quer comprar uma geladeira que custa R$ 1000,00 à vista, mas pode ser paga em 4 parcelas mensais de R$ 275,00. Qual das formas de pagamento é mais vantajosa para ela?

4. Paulo tem um salário mensal de R$ 1000,00 e quer comprar a mesma geladeira do item anterior. A quantos dias de trabalho de Paulo corresponde o preço da geladeira pago à vista? A quantos dias de trabalho de Paulo corresponde o preço da geladeira pago em 4 parcelas mensais de R$ 275,00?

NA HISTÓRIA

Juro

A palavra **juro**, tão presente no mundo moderno, significa "preço do aluguel de um capital ou valor". No entanto, essa palavra provém do advérbio latino *jure*, que significa "de direito". Mas, afinal, o que tem a ver uma coisa com a outra? Um pouco da história da Matemática comercial ajuda a esclarecer essa relação.

A cobrança de juro é uma prática muito antiga na história da humanidade, anterior à invenção da moeda, quando os valores eram representados por metais preciosos ou outros produtos. Na Suméria, por exemplo, por volta do ano 2000 a.C., a taxa de juro podia variar de 20% a 30%, dependendo da forma de pagamento; entre os babilônios, a taxa variava de 5,5% a 20% para pagamento em metais preciosos e de 20% a 33,5% para pagamento em produtos. É bom frisar, porém, que as taxas de juros não eram expressas em porcentagens como hoje.

Na Grécia, oscilavam entre 12% e 18%, sendo os juros pagos mensalmente. No tempo de Demóstenes (384 a.C.-322 a.C.), por exemplo, uma taxa de 12% era considerada baixa.

Reprodução/Museu do Louvre, Paris, França.

O agiota e sua esposa (1514), de Quentin Matsys. Óleo sobre tela.

Na Roma antiga, inicialmente, não havia nenhuma limitação à taxa de juros cobrada. Mas a Lei das Doze Tábuas (c. 445 a.C.) limitou-a a $8\frac{1}{3}\%$ do capital para cidadãos romanos. Somente no ano 100 a.C. essa taxa foi estendida aos estrangeiros. No período final do Império Romano foi adotada a prática de juros mensais. Inicialmente a taxa era de 1%, mas o imperador Justiniano (482-565) fixou-a em 0,5% ao mês, derivando daí a taxa de 6% ao ano.

Na Idade Média, havia distinção entre empréstimo para a produção — para o qual era admitida certa remuneração — e empréstimo para o consumo — sobre o qual o juro era considerado, pela Igreja, contrário ao interesse público. Em virtude dessa restrição, o Direito Romano estabeleceu uma regra interessante para a remuneração de empréstimos: o devedor não pagava juro se quitasse o empréstimo em dia, mas, se atrasasse, tinha de compensar o credor com **aquilo que está entre** (em latim, *id quod interest*) o que ele teria — se o principal lhe tivesse sido devolvido na data do vencimento do empréstimo — e o que efetivamente tinha nessa data. É provável que, no século XIII, essa regra tenha sido disciplinada com a fixação de certa porcentagem acordada preliminarmente. É dessa expressão latina que derivam as palavras *interés* (espanhol), *intérêt* (francês) e *interest* (inglês), que significam "juro".

Moedas de bronze do século IV no Museu Nacional Romano, em Roma, na Itália.

Durante a Renascença, a cobrança de juro continuou oscilando entre a proibição e a necessidade de regulamentação legal. Na Alemanha, a oposição à cobrança de juros era grande. Na Inglaterra, em 1545, o Parlamento aprovou uma lei fixando em 10% o limite máximo da taxa de juro. Os protestos foram tantos que a lei foi revogada, sendo, porém, reeditada em 1571. No entanto, foi na Renascença, com o desenvolvimento do comércio, que o juro passou a ser visto como um prêmio pelo risco envolvido no uso que o tomador faria do empréstimo e como um direito.

E quando o sinal de porcentagem (%) passou a ser adotado? Em algumas aritméticas especializadas do século XV encontram-se, por exemplo, expressões como "*X p* 100", para indicar 10%. O *p* que aparece nessa expressão é a primeira letra de *per* ("por"). Encontram-se também as seguintes formas de *per cento: per c°* e *p c°*, autoexplicativas. No início do século XVII, essas formas transformaram-se em *per ⸗*. Mais tarde, o *per* foi abandonado, restando apenas ⸗. Esse símbolo é o antepassado mais próximo do símbolo atual: %.

1. Na Grécia cobravam-se juros (simples) de até 18% ao ano, com pagamentos mensais. Que fração deveria pagar por mês o tomador do empréstimo a essa taxa?

2. Como você viu, as palavras que designam o preço do aluguel de um capital ou valor têm a mesma origem nas línguas espanhola, francesa e inglesa. Mas na língua portuguesa a origem é outra. O que poderia explicar a opção feita pela língua portuguesa?

3. Como você explica a notação *p c°*, usada para exprimir porcentagem?

4. Em um tablete de argila encontrado em Nínive, e que remonta no máximo ao século VII a.C., há o seguinte registro: "O juro sobre dez dracmas é duas dracmas". Qual é a taxa de juros aplicada?

5. Pesquise: O que são juros de mora? No texto há alguma informação associada à cobrança de juros de mora? Qual? Por quê?

11 Porcentuais sucessivos

Antonio Guillem/Shutterstock

NA REAL

Quanto está a dívida do cartão?

Os cartões de crédito são utilizados por algumas pessoas para postergar dívidas. No entanto, talvez essa não seja a melhor forma de lidar com problemas financeiros. O adiamento do pagamento integral da fatura de cartões leva à multiplicação da dívida e pode sair do controle do consumidor. Esse é o meio de pagamento que cobra a maior taxa de juros do país e é a causa do endividamento de muitos brasileiros.

Michele ficou devendo R$ 500,00 da fatura de seu cartão de crédito que venceu em janeiro. Ela leu em uma informação de rodapé que os juros cobrados seriam de 10% ao mês e decidiu adiar o pagamento dessa dívida. Em julho, Michele decidiu pagar a dívida e foi calcular o valor devido. Observe ao lado o cálculo feito por ela.

Quando ela acessou o aplicativo do cartão de crédito no celular a dívida acumulada estava em R$ 885,78. Explique por que o cálculo realizado por Michele não resultou no valor cobrado pela administradora do cartão.

R$ 500,00 · 10% = 50,00

R$ 50,00 · 6 = 300,00

Valor total da dívida.

R$ 500,00 + R$ 300,00 = R$ 800,00

Banco de imagens/Arquivo da editora

Considerando o valor dado pelo aplicativo, quantos por cento do valor original da dívida a administradora do cartão de crédito vai receber de juros?

Na BNCC
EF09MA05

131

⠿ Cálculo com porcentuais sucessivos

Analise as questões propostas a seguir. Para resolvê-las você pode utilizar uma calculadora.

Questão 1 – O aumento do preço do gás de cozinha

A partir de junho de 2017, a Petrobras passou a reajustar o preço do gás de cozinha mensalmente de acordo com o custo dos derivados de petróleo no mercado internacional e a taxa de câmbio. Cada revendedora é livre na prática de preços, uma vez que o preço ao consumidor inclui, além do custo da Petrobras, outros custos como impostos, fretes, distribuição e revenda.

Uma revendedora que estava vendendo o botijão de gás por R$ 50,00 em agosto aplicou um reajuste de 4% em setembro e, em outubro, um novo reajuste de 10%. Responda às perguntas a seguir.

a) Quanto custava o botijão em outubro?

b) Qual foi a taxa porcentual do aumento do preço do botijão de agosto para outubro?

Questão 2 – O preço da geladeira

Uma geladeira que custava R$ 1 200,00 entrou em liquidação em uma loja que oferece 20% de desconto para pagamento em 2 prestações. Se o pagamento for à vista, a loja dá 5% de desconto sobre o valor a pagar. Responda às perguntas.

a) Na liquidação, por quanto será vendida a geladeira se o pagamento for à vista?

b) Na liquidação, de quantos por cento é o desconto sobre o preço inicial para pagamento à vista?

Questão 3 – A variação da produção

No ciclo anual encerrado em 2016, a produção de grãos no Brasil caiu 11% em relação ao ano de 2015 graças a uma estiagem prolongada e a altas temperaturas durante o ciclo. Já em 2017, houve um crescimento de 28% em relação a 2016.

Pense e responda: Em relação ao ciclo encerrado em 2015, a produção de grãos no ciclo encerrado em 2017 foi maior ou menor? De quantos por cento?

O fator multiplicador no aumento ou no desconto

Você já estudou que 100% representa o todo.

Então, se temos uma quantia Q, 100% de Q é Q. Se essa quantia tem um acréscimo de 20%, seu valor final é:

$$(100\% \text{ de } Q) + (20\% \text{ de } Q), \text{ ou, equivalentemente, } (100\% + 20\%) \text{ de } Q$$

Portanto, 120% de Q.

Como $120\% = \dfrac{120}{100} = 1{,}20$, após o acréscimo ficamos com $1{,}20 \cdot Q$.

Logo, com aumento de 20%, a quantia final é igual à quantia inicial multiplicada pelo fator 1,20.

A esse fator chamamos **fator multiplicador** e o representamos por f.

Então, nesse caso, $f = 1{,}20$.

> O valor final de uma quantia Q, após um aumento de p%, é dado por:
>
> $$Q \cdot f$$
>
> sendo o fator multiplicador dado por $f = (100 + p)\%$.

Por exemplo, se em determinado ano uma loja vendeu 500 fogões e no ano seguinte vendeu **20%** a mais, a nova quantia corresponde a 500 · 1,20 fogões, ou seja, 600 fogões.

Por outro lado, se a quantia Q sofre um decréscimo de 20%, temos:

$$(100\% \text{ de } Q) - (20\% \text{ de } Q) \text{ ou, equivalentemente, } (100\% - 20\%) \text{ de } Q$$

Portanto, 80% de Q.

Como 80% é igual a 0,80, após o decréscimo obtemos 0,80 · Q. Logo, com o desconto de 20%, a quantia final é igual a Q multiplicada pelo fator 0,80.

Então, nesse caso, o fator multiplicador é $f = 0,80$.

Acompanhe outro exemplo: Um carro valia R$ 40 000,00 e sofreu uma desvalorização de 20%, passando a custar, em reais, 40 000 · 0,80, ou seja, R$ 32 000,00.

> O valor final de uma quantia Q, com desconto de $p\%$, é dado por:
>
> $$Q \cdot f$$
>
> sendo o fator multiplicador dado por $f = (100 - p)\%$.

ATIVIDADES

1. Suponha que o preço do litro da gasolina aumentou em 10%.
   a) Qual é o fator multiplicador relativo ao aumento do preço do litro da gasolina?
   b) Se o litro custava R$ 4,00 antes do aumento, quanto passou a custar?

2. O aluguel de uma residência sofreu um acréscimo de 5%.
   a) Qual é o fator multiplicador referente ao aumento do aluguel?
   b) Se antes do aumento o aluguel era R$ 900,00, qual será o valor após o aumento?

3. Uma camisa está sendo vendida com 10% de desconto.
   a) Qual é o fator multiplicador referente ao desconto no preço da camisa?
   b) Se o preço da camisa é R$ 120,00, por quanto está sendo vendida?

4. Para liquidar uma dívida com a prefeitura, um cidadão recebeu uma proposta para pagá-la com 30% de desconto.
   a) Qual é o fator multiplicador relativo ao desconto no valor total da dívida?
   b) Se a dívida era de R$ 3 600,00, com o desconto, quanto o devedor vai pagar por ela?

5. A mensalidade de uma escola aumentou de R$ 800,00 para R$ 840,00.
   a) Qual foi o fator multiplicador relativo ao aumento da mensalidade?
   b) De quantos por cento foi o aumento da mensalidade?

6. Uma empresa faturou R$ 2 500 000,00 em 2018 e R$ 2 150 000,00 em 2019.
   a) Qual foi o fator multiplicador do faturamento de 2018 para o de 2019?
   b) Em quantos por cento o faturamento reduziu em 2019 relativamente a 2018?

Aumentos ou descontos sucessivos

Vamos resolver as questões propostas na página 132.

Questão 1 – O aumento do preço do gás de cozinha

a) Um botijão de gás era vendido por R$ 50,00 em agosto, aumentou 4% em setembro e, em outubro, teve um novo aumento de 10%.

O preço desse botijão de gás em agosto foi multiplicado pelo fator:

$$f_1 = (100 + 4)\% = \frac{104}{100} = 1,04,\text{ para resultar no valor do botijão de gás em setembro.}$$

Depois, para compor o preço do botijão de gás em outubro, o preço de setembro, que era $(50 \cdot 1,04)$ reais, foi multiplicado pelo fator:

$$f_2 = (100 + 10)\% = \frac{110}{100} = 1,10$$

Assim, o preço do botijão de gás em outubro foi igual a: $(R\$ 50,00 \cdot 1,04) \cdot 1,10$
que é o mesmo que: $R\$ 50,00 \cdot 1,04 \cdot 1,10$
Calculando esse valor, descobrimos que o preço do botijão de gás em outubro era R$ 57,20.

b) Agora, vamos descobrir de quanto foi o aumento no preço do botijão de gás de agosto para outubro.

Uma maneira de calcular é a seguinte:

$$\text{aumento porcentual} = \frac{\left(\text{valor novo} - \text{valor antigo}\right)}{\text{valor antigo}} \times 100\% = \frac{\left(57,20 - 50,00\right)}{50,00} \times 100\% = 14,4\%$$

Outra maneira de resolver é calcular o fator multiplicador do preço de agosto para outubro:
$$1,04 \cdot 1,10 = 1,144$$

Temos $1,144 = \dfrac{114,4}{100} = 114,4\% = 100\% + 14,4\%$. O aumento foi de 14,4%. (Resposta do item **b**.)

> O valor final de uma quantia Q, com aumentos ou descontos sucessivos, é dado por: $Q \cdot f_1 \cdot f_2 \cdot...\cdot f_n$
> em que $f_1, f_2, ..., f_n$ são os fatores multiplicadores correspondentes aos aumentos ou descontos.

Questão 2 – O preço da geladeira

a) $1\,200,00 \cdot \left(100\% - 20\%\right) \cdot \left(100\% - 5\%\right) = 1\,200,00 \cdot 80\% \cdot 95\% = 1\,200,00 \cdot 0,8 \cdot 0,95 = 912,00$
Na liquidação, a geladeira sai, à vista, por R$ 912,00.

b) Para pagamento à vista o fator multiplicador é: $0,8 \cdot 0,95 = 0,76 = 76\% = 100\% - 24\%$
Logo, o desconto é de 24%.

Questão 3 – A variação da produção

Sendo Q a produção em 2015, a produção de 2017 é dada por:
$$Q \cdot \left(100\% - 11\%\right) \cdot \left(100\% + 28\%\right) = Q \cdot 89\% \cdot 128\% = Q \cdot 0,89 \cdot 1,28 = Q \cdot 1,1392$$

Como $1,1392 = 113,92\% = 100\% + 13,92\%$, relativamente ao ciclo encerrado em 2015, a produção de 2017 foi maior; teve um aumento de 13,92%.

7. A cidade de Fortaleza (CE) tinha, em 2012, uma população de aproximadamente 2 500 000 habitantes. Em 2016, já eram, aproximadamente, 2 610 000, com um crescimento de 4,4%.
Se for mantida essa taxa de crescimento, 4,4% a cada 4 anos, qual será a população em 2024? Aproxime o valor para milhares de habitantes.

Praia de Iracema, Fortaleza (CE).

8. Uma fábrica de automóveis produziu 84 000 veículos em 2019. Em 2020, a produção foi 20% menor que a de 2019, e, em 2021, 10% menor que a de 2020.

a) Quantos veículos foram produzidos por essa fábrica em 2021?

b) Em relação à produção de 2019, em quantos por cento caiu a produção em 2021?

9. O preço de uma casa era estimado em R$ 40 000,00 em 2017, teve uma queda de 20% em 2018 e uma valorização de 10% em 2019 relativamente ao preço de 2018.

a) Em quanto estava estimado o valor da casa em 2019?

b) Em 2018, crescendo 12% relativamente ao preço do imóvel em 2019, o valor da casa ficou acima ou abaixo do valor em 2017? Em quantos por cento?

10. Um trabalhador recebe seu salário com desconto de 8%, que é destinado a uma contribuição relativa à previdência social, e, do que recebe, guarda 5% em uma caderneta de poupança. Que porcentagem do salário esse trabalhador dispõe para cobrir suas despesas mensais?

11. Dois aumentos sucessivos de 10% equivalem a um único aumento de quantos por cento?

12. Um carro que valia R$ 60 000,00 quando foi comprado teve uma desvalorização por dois anos seguidos de uma mesma taxa porcentual a cada ano, passando a valer R$ 48 600,00. De quantos por cento foi a desvalorização anual desse carro?

13. Mário aplicou R$ 4 200,00 em um fundo de investimentos que rendeu 12% no primeiro ano, 20% no segundo e, no terceiro, devido à pandemia do coronavírus, rendeu 25%.
Quanto Mário resgatou ao fim desses três anos?

14. Elabore um problema que possa ter a seguinte resolução:

$$250,00 \cdot 1,10 \cdot 1,06 \cdot 0,90 = 262,35$$

Resposta: R$ 262,35.

15. Na seção "Na Real" deste capítulo, Michele não pagou em dia a fatura do seu cartão de crédito e, por isso, a dívida foi aumentando 10% a cada mês. Qual foi o fator multiplicador da dívida após 6 meses? Em quantos por cento aumentou a dívida?

Uso de internet no Brasil

Em 2019, a Internet era utilizada em 82,7% dos domicílios brasileiros. A maior parte desses domicílios fica concentrada nas áreas urbanas das Grandes Regiões do país, conforme mostra o gráfico a seguir.

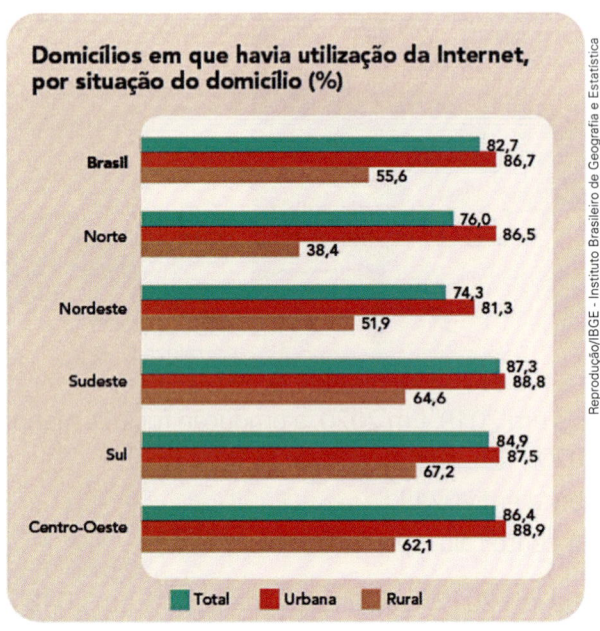

Domicílios em que havia utilização da Internet, por situação do domicílio (%)

Reprodução/IBGE - Instituto Brasileiro de Geografia e Estatística

Fonte: IBGE, Diretoria de Pesquisas, Coordenação de Trabalho e Rendimento, Pesquisa Nacional por Amostra de Domicílios Contínua 2019.

Nas residências em que não havia utilização da internet, os motivos que mais se destacaram para a não utilização foram:

• falta de interesse em acessar a internet (32,9%);

• o serviço de acesso à internet era caro (26,2%); e

• nenhum morador sabia usar a internet (25,7%).

Dentre os domicílios localizados em área rural, um dos principais motivos da não utilização da internet continua sendo a indisponibilidade do serviço (19,2%).

Entre os brasileiros com 10 anos ou mais de idade, a utilização da internet subiu de 74,7%, em 2018, para 78,3%, em 2019, segundo dados coletados no período de referência da pesquisa. Como nos anos anteriores, os menores percentuais de pessoas que utilizaram a internet foram observados na Região Nordeste (68,6%) e na Região Norte (69,2%).

O infográfico a seguir mostra as diferenças encontradas entre as Regiões e também por grupos de idade:

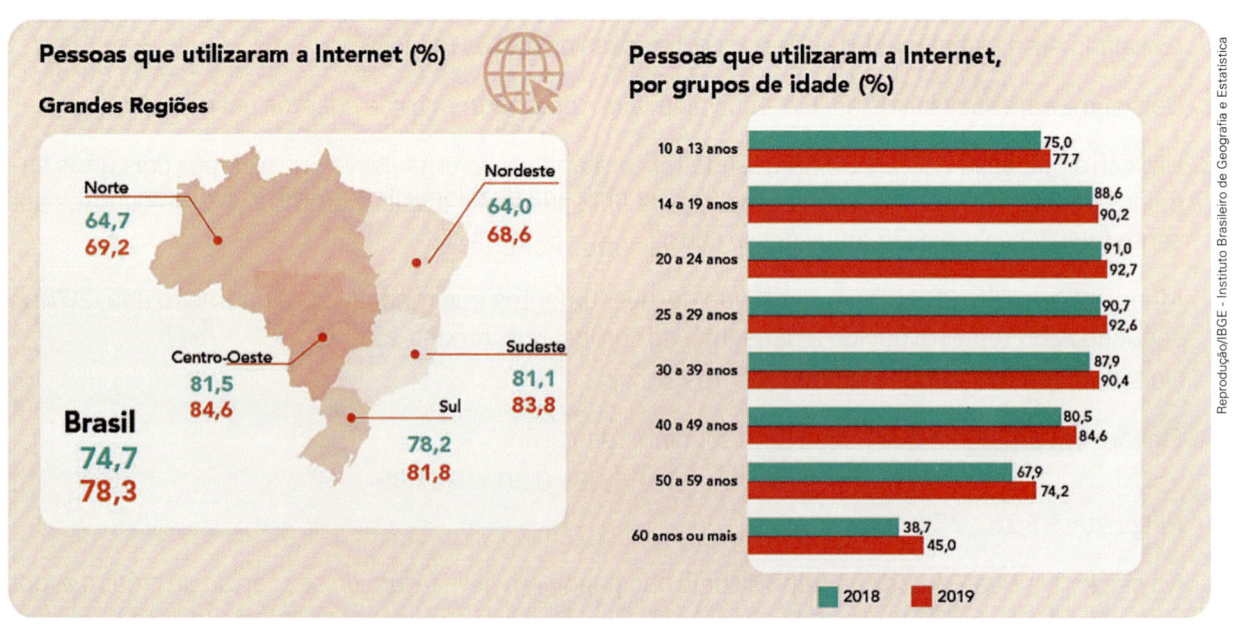

Pessoas que utilizaram a Internet (%) — Grandes Regiões

Pessoas que utilizaram a Internet, por grupos de idade (%)

Reprodução/IBGE - Instituto Brasileiro de Geografia e Estatística

Fonte: IBGE, Diretoria de Pesquisas, Coordenação de Trabalho e Rendimento, Pesquisa Nacional por Amostra de Domicílios Contínua 2018-2019.

Equipamento usado para o acesso à internet

O quadro abaixo demonstra que a porcentagem das pessoas com 10 anos ou mais de idade que acessam a internet por meio de celular e de televisão é ///////////, enquanto a porcentagem das que acessam a internet por meio de microcomputador ou *tablet* é ///////////:

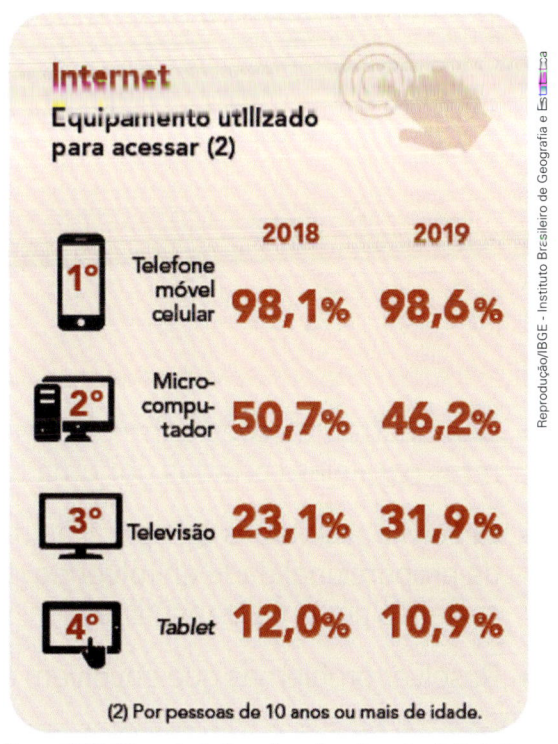

Internet
Equipamento utilizado para acessar (2)

		2018	2019
1°	Telefone móvel celular	98,1%	98,6%
2°	Micro-computador	50,7%	46,2%
3°	Televisão	23,1%	31,9%
4°	*Tablet*	12,0%	10,9%

(2) Por pessoas de 10 anos ou mais de idade.

Fonte: IBGE, Diretoria de Pesquisas, Coordenação de Trabalho e Rendimento, Pesquisa Nacional por Amostra de Domicílios Contínua 2018/2019.

[...]

Disponível em: https://educa.ibge.gov.br/criancas/brasil/2697-ie-ibge-educa/jovens/materias-especiais/20787-uso-de-internet-televisao-e-celular-no-brasil.html. Acesso em: 8 jul. 2021.

1. Considere a seguinte manchete sobre os dados acima:

"Internet chega a /////////// em cada dez domicílios do país"

Que palavra (numeral) deve completar a manchete? Por quê?

2. Na Região Norte, que porcentagem dos domicílios das áreas urbanas acessaram a internet? E da área rural?

3. Em 2019, em que região do país havia, relativamente ao total de habitantes, mais pessoas utilizando a internet?

4. Em qual das faixas etárias ocorreu, de 2010 para 2019, o maior aumento porcentual de pessoas acessando a internet?

5. Qual é o equipamento mais usado para o acesso à internet?

6. Que palavras completam a frase sobre os equipamentos usados para acesso à internet?

NESTA UNIDADE VOCÊ VAI

- Demonstrar relações entre os ângulos formados por retas paralelas cortadas por uma transversal.

- Resolver problemas de aplicação das relações de proporcionalidade envolvendo retas paralelas cortadas por uma transversal.

- Resolver problemas que envolvem o teorema de Tales.

- Reconhecer as condições necessárias e suficientes para que dois triângulos sejam semelhantes.

- Resolver problemas que envolvem os diferentes casos de semelhança de triângulos.

Pirâmides de Gizé, no Egito, 2015.

Merydolla/Shutterstock

NA REAL

Quem é Tales e o que ele tem a ver com as pirâmides do Egito?

Tales de Mileto foi um filósofo, matemático, engenheiro, homem de negócios e astrônomo da Grécia antiga. Mileto é o nome da antiga colônia grega onde ele nasceu. Sua curiosidade lhe rendeu algumas descobertas e hoje seu nome é dado a um importante teorema de Geometria.

Em seus estudos, ele observou que os raios solares que chegavam à Terra incidiam de forma inclinada e eram paralelos. Assim, concluiu que havia uma proporcionalidade entre as medidas da sombra e da altura dos objetos. O esquema ao lado representa o experimento realizado pelo matemático cerca de 600 anos antes da Era Comum.

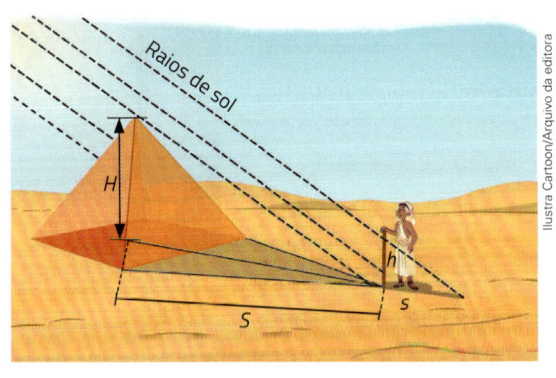

Ilustra Cartoon/Arquivo da editora

A altura da Pirâmide de Quéops encontrada por ele foi de 158,8 metros. No entanto, hoje se sabe que essa não é a altura correta da pirâmide. Use o esquema e a propriedade enunciada por ele para descobrir o real tamanho da Pirâmide de Quéops.

Dados: $h = 1$ m; $s = 1,25$ m; $S = 173,75$ m.

Na BNCC

EF09MA10

EF09MA14

::::: Comparação de grandezas

Com o crescimento da frota de automóveis e consequentes problemas no trânsito das grandes cidades, as bicicletas estão ganhando espaço nas malhas viárias urbanas do país.

Malha cicloviária das capitais cresce 133% em 4 anos e já passa de 3 mil quilômetros

São 3.291 km de vias destinadas aos ciclistas; em 2014, eram 1.414 km. Ainda assim, elas correspondem a apenas 3,1% da malha viária total das cidades.

As capitais do país já contam com 3.291 km de vias destinadas a bicicletas, o que representa um aumento de 133% em quatro anos. É o que mostra levantamento feito pelo G1 e pela GloboNews junto às prefeituras das 26 cidades e ao governo do Distrito Federal. Os dados são referentes ao mês de julho [de 2018].

[...]

A cidade de Rio Branco continua com a maior proporção de vias destinadas a bicicletas em relação à malha viária total (13,4%) e ao número de habitantes (3.570 por km de via), assim como no primeiro e no último levantamentos do G1.

Mas outras capitais também merecem destaque. No último ano, a malha cicloviária de Brasília, por exemplo, ultrapassou a do Rio de Janeiro. Hoje, ela fica atrás somente de São Paulo. Mas a meta do governo é ainda em 2018 alcançar o topo do ranking, com 600 km de pistas para bicicletas.

Disponível em: https://g1.globo.com/economia/noticia/2018/08/28/malha-cicloviaria-das-capitais-cresce-133-em-4-anos-e-ja-passa-de-3-mil-quilometros.ghtml. Acesso em: 25 maio 2021.

De acordo com essa pesquisa, a cidade de Rio Branco, no Acre, tinha 107,4 km de ciclovias, que representavam 13,4% de sua malha viária – a maior proporção no país –, e apenas 3 570 habitantes por km de malha cicloviária.

Ciclovia em Rio Branco (AC), 2021.

Já em Manaus, por exemplo, os 37,4 km de ciclovias representavam 0,85% da malha viária, com 56 901 habitantes por km de malha cicloviária. Assim, comparando os números das duas capitais, a população de Rio Branco tem mais acesso à ciclovia do que a população de Manaus.

No texto anterior sobre malha cicloviária, as taxas porcentuais citadas expressam a comparação entre a extensão das ciclovias e a da malha viária de cada cidade.

Uma maneira de comparar duas grandezas, como o comprimento de dois segmentos, é calcular o quociente entre suas medidas.

Por exemplo, consideremos os segmentos $\overline{AB}$, de 3 cm, e $\overline{CD}$, de 4 cm:

É certo que $\overline{AB}$ é menor que $\overline{CD}$, mas podemos obter uma informação mais detalhada se calcularmos o quociente $\dfrac{AB}{CD}$. Vamos verificar:

$$\frac{AB}{CD} = \frac{3\ cm}{4\ cm} = \frac{3}{4} = 0{,}75$$

Assim, $\overline{AB}$ é $\dfrac{3}{4}$ de $\overline{CD}$, ou seja, $\overline{AB}$ é 75% de $\overline{CD}$.

::::: Razão de segmentos

Considerando o exemplo anterior, dizemos que a razão entre os segmentos $\overline{AB}$ e $\overline{CD}$ é $\dfrac{3}{4}$.

Vejamos outros exemplos.

Consideremos os segmentos $\overline{EF}$, de 6u, e $\overline{FG}$, de 4u, sendo u uma unidade qualquer de comprimento (cm, dm, m, etc.):

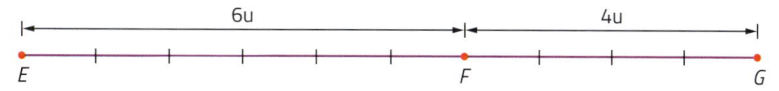

Vamos estabelecer a razão entre os segmentos $\overline{EF}$ e $\overline{FG}$:

$$\frac{EF}{FG} = \frac{6u}{4u} = \frac{6}{4} = \frac{3}{2} = 1{,}5$$

Portanto, $\overline{EF}$ é $\dfrac{3}{2}$ de $\overline{FG}$, ou seja, uma vez e meia $\overline{FG}$.

Dizemos que a razão entre os segmentos $\overline{EF}$ e $\overline{FG}$ é $\dfrac{3}{2}$ ou que $\overline{EF}$ está para $\overline{FG}$ na razão de 3 para 2.

Vamos agora determinar a razão entre os segmentos $\overline{MN}$, de 0,2 m, e $\overline{PQ}$, de 50 cm. Inicialmente, devemos transformar as medidas dos segmentos em uma mesma unidade:

$$MN = 0{,}2\ m = 20\ cm$$

Em seguida, estabelecemos a razão:

$$\frac{MN}{PQ} = \frac{20\ cm}{50\ cm} = \frac{20}{50} = \frac{2}{5} = 0{,}4$$

A razão entre os segmentos $\overline{MN}$ e $\overline{PQ}$ é $\dfrac{2}{5}$.

Podemos, então, definir o que é razão entre segmentos:

> Quando falamos em **razão entre dois segmentos**, na verdade estamos falando da razão de suas medidas, tomadas na mesma unidade. Dados dois segmentos, $\overline{AB}$ e $\overline{CD}$, a razão entre eles é $\dfrac{AB}{CD}$.

Segmentos proporcionais

Consideremos os segmentos de medidas $AB = 8$ cm, $CD = 20$ cm, $MN = 10$ cm e $PQ = 25$ cm.

Vamos obter as razões $\dfrac{AB}{CD}$ e $\dfrac{MN}{PQ}$:

$$\frac{AB}{CD} = \frac{8\ cm}{20\ cm} = \frac{8}{20} = \frac{2}{5}$$

$$\frac{MN}{PQ} = \frac{10\ cm}{25\ cm} = \frac{10}{25} = \frac{2}{5}$$

As razões $\dfrac{AB}{CD}$ e $\dfrac{MN}{PQ}$ são iguais a $\dfrac{2}{5}$. Logo, elas são iguais entre si.

Temos, então, a igualdade de duas razões:

$$\frac{AB}{CD} = \frac{MN}{PQ}$$

que é uma **proporção**. De modo geral, podemos afirmar que:

> Se quatro segmentos, $\overline{AB}$, $\overline{CD}$, $\overline{MN}$ e $\overline{PQ}$, formam a proporção:
> $$\frac{AB}{CD} = \frac{MN}{PQ}$$
> dizemos que $\overline{AB}$ e $\overline{CD}$ são proporcionais a $\overline{MN}$ e $\overline{PQ}$.

ATIVIDADES

1. Qual é a razão entre os segmentos $\overline{AB}$ e $\overline{CD}$ da figura?

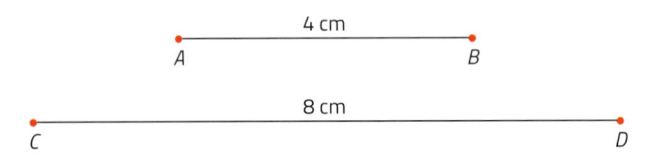

2. Sabendo que $AB = 10$ cm, $RS = 16$ cm e $PQ = 30$ cm, determine as razões:

a) $\dfrac{AB}{RS}$ b) $\dfrac{RS}{AB}$ c) $\dfrac{RS}{PQ}$ d) $\dfrac{PQ}{AB}$

3. Na figura, os segmentos $\overline{AB}$, $\overline{BC}$, $\overline{CD}$ e $\overline{DE}$ são congruentes.

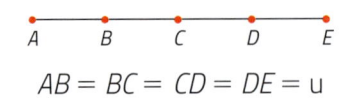

$$AB = BC = CD = DE = u$$

Estabeleça as razões:

a) $\dfrac{AB}{BC}$ b) $\dfrac{AB}{BE}$ c) $\dfrac{AC}{CE}$ d) $\dfrac{AD}{AB}$ e) $\dfrac{BC}{AE}$

4. Os segmentos $\overline{AB}$ e $\overline{CD}$ são proporcionais aos segmentos $\overline{CD}$ e $\overline{EF}$, respectivamente. Se $AB = 2$ cm e $EF = 8$ cm, determine a medida de $\overline{CD}$.

5. Determine a medida dos segmentos $\overline{AB}$ e $\overline{BC}$ da figura, sabendo que $\dfrac{AB}{BC} = \dfrac{2}{3}$ e $AC = 35$ cm.

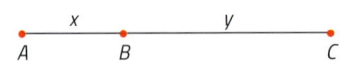

6. Na figura ao lado, $\dfrac{AB}{AC} = \dfrac{3}{7}$ e $BC = 16$ cm.

Determine os valores de x e y.

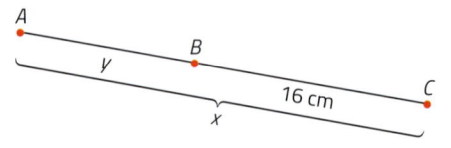

7. Os segmentos $\overline{AB}$, $\overline{CD}$, $\overline{MN}$ e $\overline{PQ}$ formam, nessa ordem, uma proporção. Se $MN = 2$ cm, $PQ = 5$ cm e $AB + CD = 28$ cm, determine AB e CD.

8. A razão entre a base e a altura de um retângulo é $\dfrac{5}{2}$. Se a base mede 15 m, determine o perímetro do retângulo.

9. A razão entre dois lados de um paralelogramo é $\frac{2}{3}$. Se o perímetro do paralelogramo é 150 m, determine as medidas dos lados.

10. Se M é o ponto médio de um segmento $\overline{AB}$, determine a razão $\frac{AM}{MB}$.

⣿ Feixe de retas paralelas

Um conjunto de retas de um plano, todas paralelas entre si, é chamado de **feixe** de retas paralelas.

Ilustrações:
Banco de imagens/
Arquivo da editora

Transversal do feixe

Uma reta que concorre com todas as retas de um feixe é chamada **transversal** desse feixe.

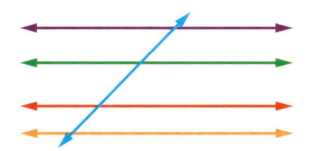

Retas paralelas igualmente espaçadas

Sobre uma reta s estão marcados os pontos A, B, C, D, E, ... de modo que: $AB = BC = CD = DE = ... = h$.

Vamos traçar, passando por um a um desses pontos, retas perpendiculares a s.

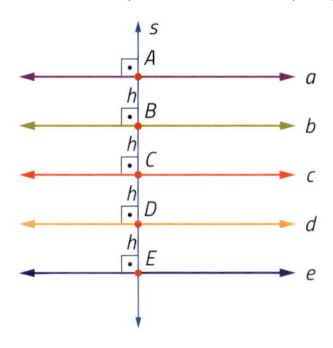

Percebemos que as retas a, b, c, d, e, ... são paralelas entre si. Dizemos, então, que elas são **retas paralelas igualmente espaçadas**.

Quando consideramos um feixe de paralelas igualmente espaçadas e uma transversal t qualquer, a reta t intersecta as retas do feixe em A', B', C', D', E', etc.

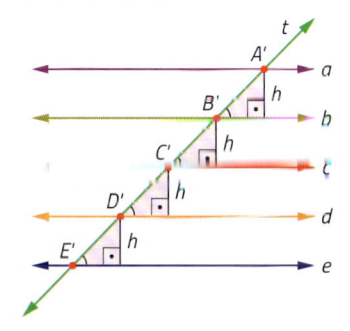

O que podemos afirmar sobre $A'B'$, $B'C'$, $C'D'$, $D'E'$, etc.? Essas medidas são iguais, porque os triângulos destacados na figura são todos congruentes entre si.

Consequentemente, quando temos um feixe de paralelas igualmente espaçadas e duas transversais s e t quaisquer, o feixe determina em s segmentos todos congruentes entre si (com medida x) e também determina em t segmentos todos congruentes entre si (com medida y).

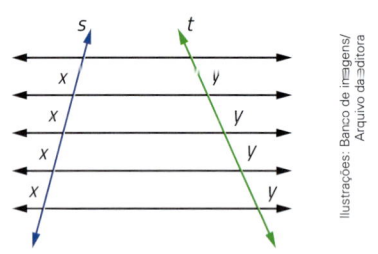

Ilustrações: Banco de imagens/ Arquivo da editora

Também é verdade que, se considerarmos uma transversal t, nela marcarmos os pontos A, B, C, D, E, etc., de modo que $AB = BC = CD = DE = ... = x$, e traçarmos por esses pontos um feixe de paralelas, as retas do feixe (a, b, c, d, e, ...) serão igualmente espaçadas (o que pode ser provado usando congruência de triângulos).

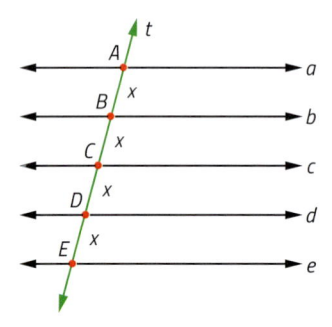

Podemos, então, enunciar:

> Se um feixe de retas paralelas determina segmentos congruentes sobre uma transversal, então determina segmentos congruentes sobre qualquer outra transversal.

⋮⋮⋮ Teorema de Tales

A figura abaixo mostra um feixe de retas paralelas com duas transversais. Dizemos que são **correspondentes**:

• os pontos: A e A', B e B', C e C', D e D';

• os segmentos: $\overline{AB}$ e $\overline{A'B'}$, $\overline{CD}$ e $\overline{C'D'}$, $\overline{AC}$ e $\overline{A'C'}$, etc.

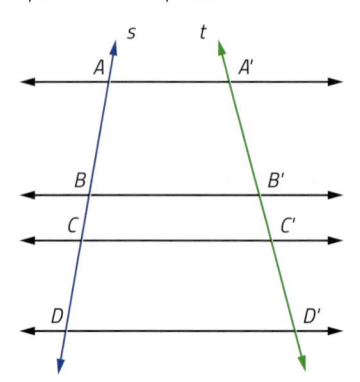

Vamos supor que exista um segmento de medida x que "cabe" p vezes em $\overline{AB}$ e q vezes em $\overline{CD}$, e que p e q sejam números inteiros. Na figura, $p = 5$ e $q = 4$.

Temos, então:

$$AB = p \cdot x \text{ e } CD = q \cdot x$$

Estabelecendo a razão $\dfrac{AB}{CD}$, temos:

$$\frac{AB}{CD} = \frac{p \cdot x}{q \cdot x} \Rightarrow \frac{AB}{CD} = \frac{p}{q} \quad ①$$

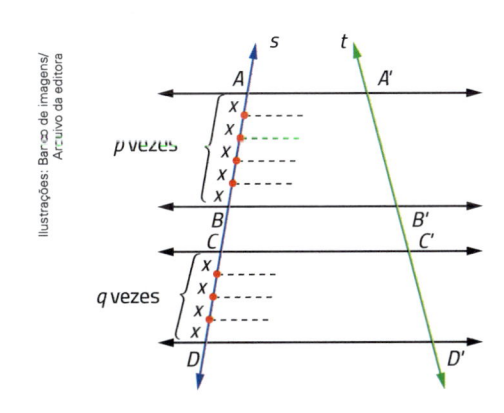

$$p = 5 \text{ e } q = 4$$
$$\frac{AB}{CD} = \frac{5}{4}$$

Conduzindo retas do feixe pelos pontos de divisão de $\overline{AB}$ e de $\overline{CD}$ (veja as linhas tracejadas na figura), observamos que:

- o segmento $\overline{A'B'}$ fica dividido em p partes congruentes (de medida x')

- o segmento $\overline{C'D'}$ fica dividido em q partes congruentes (também de medida x'):

$$A'B' = p \cdot x' \text{ e } C'D' = q \cdot x'$$

- ao estabelecermos a razão $\dfrac{A'B'}{C'D'}$, temos:

$$\frac{A'B'}{C'D'} = \frac{p \cdot x'}{q \cdot x'} \Rightarrow \frac{A'B'}{C'D'} = \frac{p}{q} \quad ②$$

- comparando as igualdades ① e ②, obtemos:

$$\frac{AB}{CD} = \frac{A'B'}{C'D'}$$

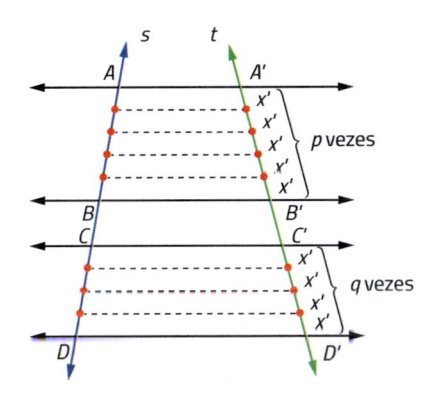

$$\frac{A'B'}{C'D'} = \frac{5}{4}$$

Assim, podemos concluir que:

Um feixe de retas paralelas determina sobre duas transversais segmentos proporcionais.

Essa conclusão provou-se verdadeira. É conhecida como **teorema de Tales** e pode ser enunciada de forma mais detalhada:

Se duas retas são transversais de um feixe de retas paralelas, então a razão entre dois segmentos quaisquer de uma delas é igual à razão entre os segmentos correspondentes da outra.

Observe que se trata da razão entre dois segmentos quaisquer de uma transversal e seus correspondentes da outra.

Assim, na figura abaixo, sendo $r /\!/ s /\!/ t$, temos:

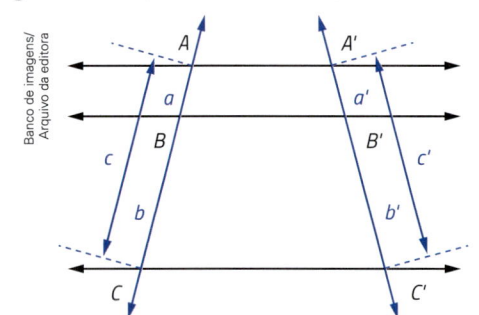

$$\frac{AB}{CD} = \frac{A'B'}{C'D'} \text{ ou } \frac{a}{b} = \frac{a'}{b'}$$

$$\frac{AB}{AC} = \frac{A'B'}{A'C'} \text{ ou } \frac{a}{c} = \frac{a'}{c'}$$

$$\frac{BC}{AC} = \frac{B'C'}{A'C'} \text{ ou } \frac{b}{c} = \frac{b'}{c'}$$

Como consequência, as razões entre segmentos correspondentes são iguais:

$$\frac{a}{a'} = \frac{b}{b'} = \frac{c}{c'}$$

ATIVIDADES

Nesta sequência de atividades, e nas próximas, as figuras podem estar fora de escala. Resolva-as considerando as medidas indicadas.

11. Nas figuras, $a /\!/ b /\!/ c$. Calcule x:

a)
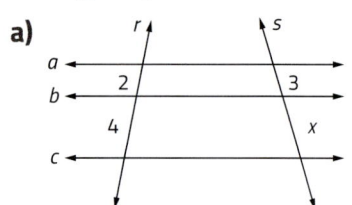

c)
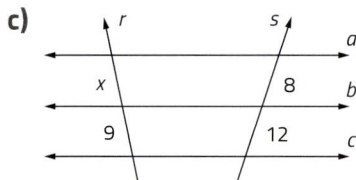

b)
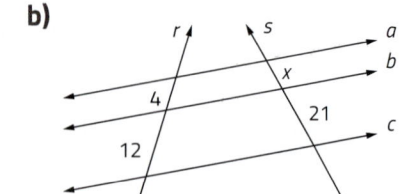

d)
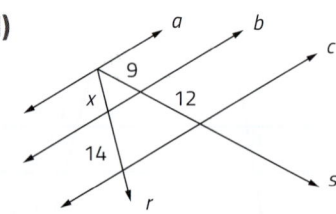

12. Na figura abaixo, r e s são transversais de um feixe de paralelas. Calcule x e y.

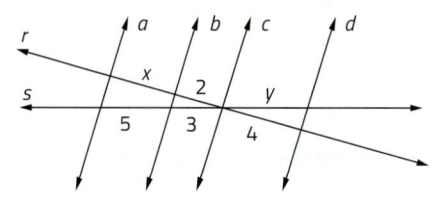

13. Sendo $a \parallel b \parallel c \parallel d$, determine x, y e z:

a)

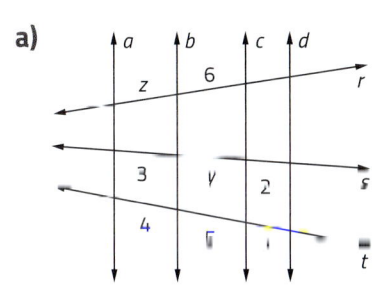

b)

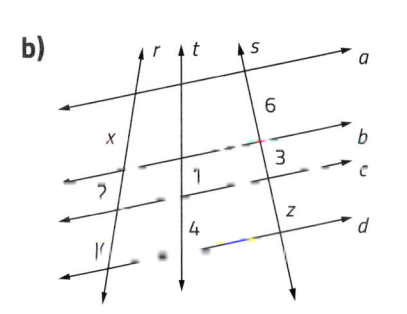

14. Sendo $a \parallel b \parallel c$, determine x e y:

a)

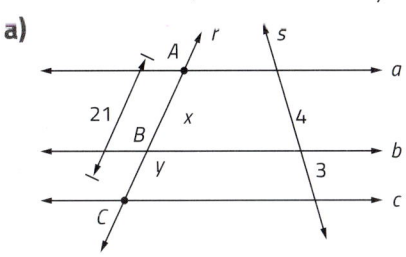

b)

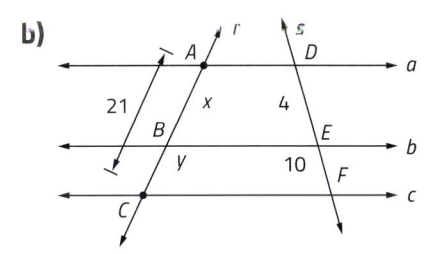

15. Esboce uma figura e resolva o seguinte problema: Um feixe de 3 paralelas determina, numa transversal, os pontos A, B e C e, em uma outra transversal, os pontos correspondentes A', B' e C'. Se $AB = 4$ cm, $BC = 7$ cm e $A'B' = 12$ cm, determine $B'C'$.

16. Sabendo que $DE \parallel BC$, determine x:

a)

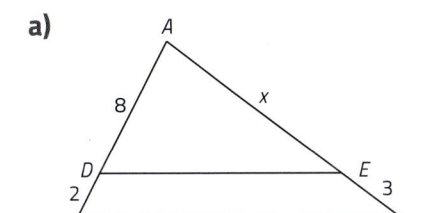

b)

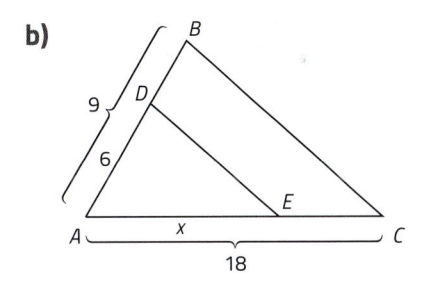

Divisão de segmento em partes congruentes

Dado um segmento $\overline{AB}$, vamos dividi-lo em três partes congruentes. Para tanto, você vai precisar de régua, compasso e esquadro.

1) Traçamos por A uma semirreta $\overrightarrow{Ar}$ que seja oblíqua a $\overline{AB}$.

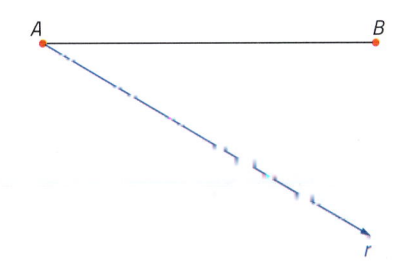

2) Tomando o compasso com abertura a qualquer, marcamos em $\overrightarrow{Ar}$ os pontos X, Y e Z, tais que $AX = XY = YZ = a$.

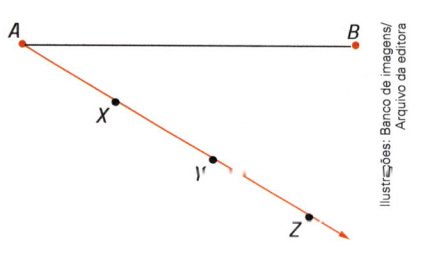

3) Traçamos a reta $\overleftrightarrow{ZB}$.

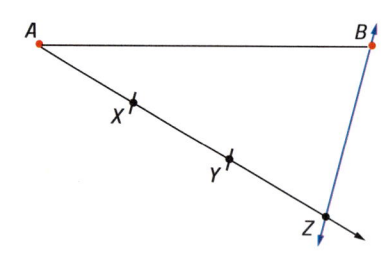

4) Usando régua e esquadro, traçamos as retas $\overrightarrow{YD} \parallel \overleftrightarrow{ZB}$ (com D em $\overline{AB}$) e $\overleftrightarrow{XC} \parallel \overleftrightarrow{ZB}$ (com C em $\overline{AB}$). Pelo teorema de Tales, os pontos C e D dividem $\overline{AB}$ em três partes congruentes.

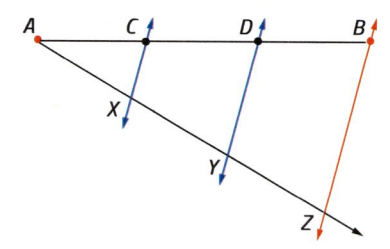

Divisão de segmento em uma razão dada

Dado um segmento $\overline{AB}$, vamos dividi-lo em duas partes que estejam na razão $\dfrac{2}{3}$, usando régua, compasso e esquadro.

1) Traçamos por A uma semirreta $\overrightarrow{Ar}$ que seja oblíqua a $\overline{AB}$.

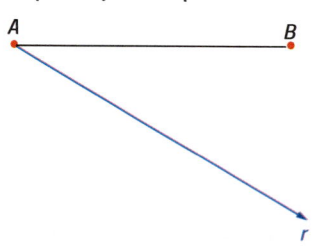

2) Como $2 + 3 = 5$, tomando o compasso com abertura a qualquer, marcamos em $\overrightarrow{Ar}$ cinco pontos, X, Y, Z, T e U, tais que $AX = XY = YZ = ZT = TU = a$.

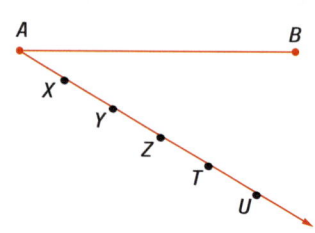

3) Traçamos a reta $\overleftrightarrow{UB}$.

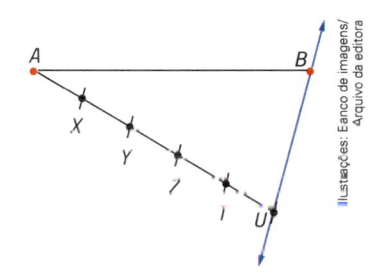

4) Usando régua e esquadro, traçamos por Y a reta $\overleftrightarrow{YC}$ // $\overleftrightarrow{UB}$, com C em $\overline{AB}$. O ponto C divide $\overline{AB}$ na razão $\dfrac{AC}{AB} = \dfrac{AY}{YU} = \dfrac{2}{3}$. Justificado pelo teorema de Tales.

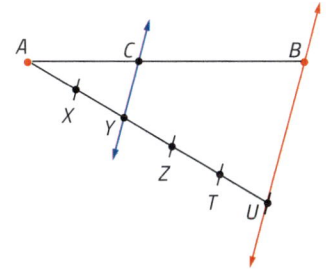

ATIVIDADES

Nas atividades **17** a **20** você vai usar régua, esquadro e compasso.

17. Construa um segmento $\overline{AB}$ de 5,8 cm. Em seguida, divida $\overline{AB}$ em quatro partes congruentes.

18. Construa um segmento $\overline{CD}$ de 4,3 cm e, em seguida, divida $\overline{CD}$ em cinco partes congruentes.

19. Desenhe um segmento de 7 cm. Depois, divida-o em duas partes que estejam na razão $\dfrac{1}{2}$.

20. Desenhe um segmento de 6 cm e divida-o em dois segmentos que estejam na razão $\dfrac{2}{5}$.

21. Determine x e y, sendo r, s e t retas paralelas.

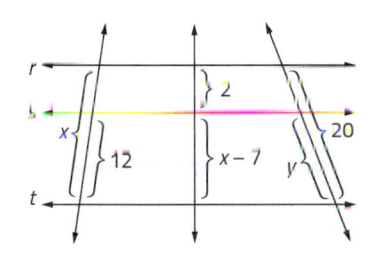

22. Uma reta paralela ao lado $\overline{BC}$ de um triângulo ABC determina o ponto D em $\overline{AB}$ e E em $\overline{AC}$. Sabendo que $AD = x$, $BD = x + 6$, $AE = 3$ e $EC = 4$, determine a medida do lado $\overline{AB}$ do triângulo.

23. A figura abaixo indica três lotes de terreno com frentes para a rua A e para a rua B. As divisas dos lotes são perpendiculares à rua A. As frentes dos lotes 1, 2 e 3 para a rua A medem, respectivamente, 15 m, 20 m e 25 m. A frente do lote 2 para a rua B mede 28 m. Qual é a medida da frente para a rua B dos lotes 1 e 3?

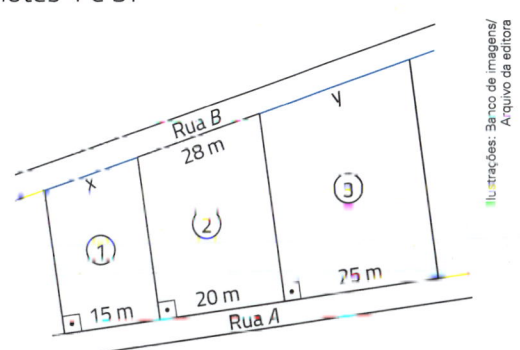

Ângulos formados por duas retas paralelas e uma transversal

Consideremos duas retas paralelas *a* e *b*, que são cortadas por uma reta transversal *t*. Então temos:

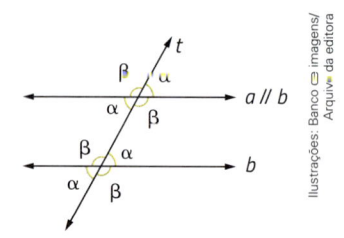

Os ângulos formados pela reta *a* com a transversal *t* são dois a dois congruentes por serem ângulos opostos pelo vértice (OPV).

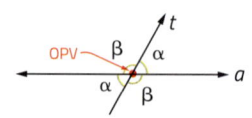

Como as retas *a* e *b* são paralelas, os ângulos formados pela reta *b* com a transversal *t* são respectivamente congruentes aos que a reta *a* formou com *t* por serem ângulos correspondentes.

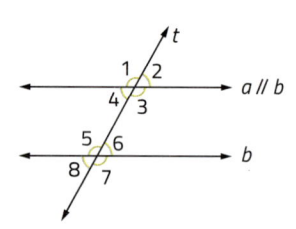

- Os ângulos 3 e 6; 4 e 5 são chamados de **colaterais internos**.
- Os ângulos 1 e 8; 2 e 7 são chamados de **colaterais externos**.
- Os ângulos 3 e 5; 4 e 6 são chamados de **alternos internos**.
- Os ângulos 1 e 7; 2 e 8 são chamados de **alternos externos**.
- Os ângulos 1 e 5; 2 e 6; 4 e 8; 3 e 7 são chamados de **ângulos correspondentes**.

PARTICIPE

Determine a medida de *x*, sabendo que as retas *a* e *b* são paralelas e *t* é uma reta transversal.

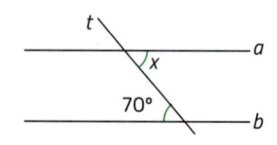

Cidades mais sustentáveis do Brasil

Separadas por mais de 2 700 km, as cidades de Morungaba, em São Paulo, e Moju, no Pará, são, respectivamente, a mais e a menos sustentável do Brasil, de acordo com o Índice de Desenvolvimento Sustentável das Cidades, lançado nesta terça-feira, 23 [de março de 2021], pelo Programa Cidades Sustentáveis, em parceria com a Rede de Soluções de Desenvolvimento Sustentável (SDSN, da sigla em inglês), vinculada à Organização das Nações Unidas (ONU).

Daniel Teixeira/Estadão Conteúdo

Painel de energia solar instalado em residências; ranking analisou 770 cidades brasileiras em relação ao cumprimento de 17 Objetivos de Desenvolvimento Sustentável formulados pela ONU. Foto: Daniel Teixeira/Estadão

O ranking analisou 770 cidades brasileiras em relação ao cumprimento dos 17 Objetivos de Desenvolvimento Sustentável (ODS) formulados pela ONU, que incluem questões como a erradicação da pobreza e a promoção da agricultura sustentável. Os objetivos fazem parte de uma agenda mundial que definiu quais temas humanitários devem ser prioridade nas políticas públicas até 2030. [...] Das 100 cidades com melhor desempenho, 80 estão situadas no Estado de São Paulo. As demais 20 dessa centena estão localizadas nas regiões Sul e Sudeste. Além disso, os 23 primeiros municípios do ranking são paulistas.

A líder Morungaba tem cerca de 14 mil habitantes e obteve pontuação geral de 73,4 (sendo 100 o máximo) em relação ao cumprimento dos objetivos fixados. Ao todo, quatro dos 17 objetivos foram atingidos integralmente pelo município. São eles: garantia de acesso à energia limpa; consumo e produção responsáveis; proteção da vida marinha; e proteção da vida terrestre. Entre os principais desafios que Morungaba ainda precisa enfrentar estão reduzir as desigualdades e garantir educação inclusiva, equitativa e de qualidade.

Com o escore mais baixo, Moju (PA) somou 32,18 pontos, o que significa que percorreu apenas um terço da distância para atingir os ODS. Com pouco mais de 83 mil habitantes, a cidade não alcançou nenhum objetivo por completo. [...] Entre as 100 cidades que estão na lanterna, apenas 14 não estão localizadas nas Regiões Norte e Nordeste.

Os 17 'ODS's

Os 17 Objetivos de Desenvolvimento Sustentável foram estabelecidos pela ONU em 2015 e compõem uma agenda mundial para a construção e implementação de políticas públicas que visam guiar a humanidade até 2030. São eles: erradicação da pobreza, segurança alimentar e agricultura, saúde, educação, igualdade de gênero, redução das desigualdades, energia, água e saneamento, padrões sustentáveis de produção e de consumo, mudança do clima, cidades sustentáveis, proteção e uso sustentável dos oceanos e dos ecossistemas terrestres, crescimento econômico inclusivo, infraestrutura e industrialização, governança, e meios de implementação.

Em 2015, Estados-membros da ONU se comprometeram com a Agenda 2030, que definiu os 17 Objetivos de Desenvolvimento Sustentável. Foto: Paulo Beraldo/Estadão

Disponível em: https://politica.estadao.com.br/noticias/geral,sp-concentra-cidades-sustentaveis-do-pais-tema-foi-ignorado-por-metade-dos-prefeitos-eleitos,70003658019.
Acesso em: 25 maio 2021.

Responda às perguntas e resolva os problemas abaixo.

1. Em um mapa do Brasil, a distância entre Morungaba (SP) e Moju (PA) é de 54 cm. Considerando 2 700 km a distância real entre essas cidades, em que escala foi feito o mapa?

2. O prédio da ONU tem 155 m de altura. Quanto ele deve ter de altura em uma maquete construída na escala 1 : 250?

3. Redija uma manchete sobre a distribuição territorial das cidades mais sustentáveis do Brasil.

13 Semelhança de triângulos

Rio Amazonas, 2019.

worldclassphoto/Shutterstock

NA REAL

Quantos metros deve ter a área de preservação?

A fim de preservar os recursos hídricos, a paisagem, a biodiversidade e proteger o solo, a legislação ambiental brasileira estabelece algumas normativas que definem quais são as Áreas de Preservação Permanente (APP) do país. Essas áreas podem estar localizadas na zona rural ou urbana e ser cobertas ou não por vegetação nativa. Nos cursos de água naturais a área de preservação a partir da margem varia de acordo com a largura do rio, seguindo o que está estabelecido na imagem ao lado.

Reprodução/http://www.ciflorestas.com.br

Eustáquio comprou uma fazenda e por ela passa um rio. Para delimitar a APP, ele fez um esquema das medidas que conhece, conforme ilustração ao lado, e precisa descobrir a medida x da largura do rio.

Quantos metros a partir da margem deverá ter a APP desse rio?

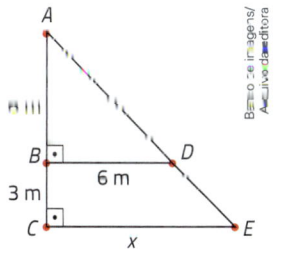

Banco de imagens/
Arquivo da editora

Na BNCC

EF09MA12

Semelhança

O jogo de bocha

A bocha é um esporte com origem no Império Romano. Com a expansão do Império, foi sendo difundida entre os demais povos europeus e se tornou popular, bem como tradicional, em países como a Itália, a França, a Espanha, a Inglaterra e Portugal. [...]

O objetivo da bocha consiste na marcação de pontos, através do lançamento das bolas [bochas], a fim de que elas se aproximem de um ponto, determinado aleatoriamente pelo lançamento de um objeto, o bolim. [O adversário tenta fazer o mesmo, às vezes empurrando suas bochas para longe ou bloqueando a passagem para que você não empurre as dele.]

Disponível em: http://regrasdoesporte.com.br/bocha-como-jogar-bocha-conheca-as-regras.html. Acesso em: 25 maio 2021.

Torneio russo de bocha, 2017.

Evgeny Eremeev/Alamy/Fotoarena

PARTICIPE

Observe a figura ao lado.

a) O que os objetos da imagem têm em comum?

b) Em que eles se diferenciam?

c) Suponha que a bocha vermelha está a meio metro do bolim, e a cinza, a 42 cm. Qual delas está pontuando no jogo de bocha? Por quê?

d) Procure no dicionário o significado de "semelhança" e responda:

Podemos afirmar que, exceto pela cor, todos os objetos da fotografia são exatamente iguais? Justifique.

As duas bolas maiores são chamadas de bocha, e a menor, de bolim.

thodonal88/Shutterstock

Quando olhamos para cópias de uma fotografia com tamanhos diferentes, a figura maior é uma ampliação da menor. A figura menor é uma redução da maior.

Figura 1.

Figura 2: redução da figura 1.

Às vezes, encontramos figuras de formas parecidas. Será que devemos considerá-las semelhantes? Em Matemática, a transformação de uma figura geométrica por ampliação ou redução, conservando a forma original, produz uma figura **semelhante** à figura original.

Por exemplo:

- O quadrado $A'B'C'D'$ é uma ampliação do quadrado $ABCD$.
  Eles têm lados correspondentes proporcionais:

$$\frac{A'B'}{AB} = \frac{B'C'}{BC} = \frac{C'D'}{CD} = \frac{D'A'}{DA} = \frac{3}{2}$$

E os ângulos correspondentes são congruentes:

$$\hat{A}' \equiv \hat{A}, \hat{B}' \equiv \hat{B} \equiv \hat{C}' \equiv \hat{C} \text{ e } \hat{D}' \equiv \hat{D}$$

Portanto, estes quadrados são figuras semelhantes.

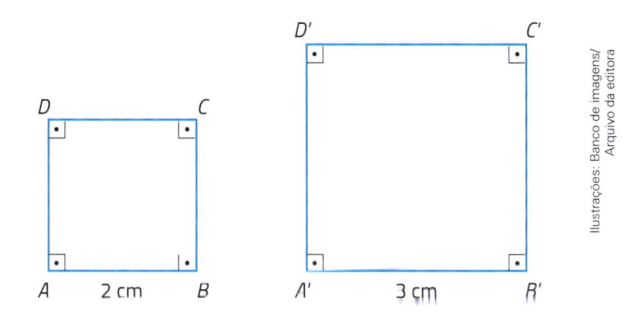

- O retângulo $A'B'C'D'$ é uma redução do retângulo $ABCD$.
  Eles têm lados correspondentes proporcionais:

$$\frac{A'B'}{AB} = \frac{B'C'}{BC} = \frac{C'D'}{CD} = \frac{D'A'}{DA} = \frac{1}{2}$$

E os ângulos correspondentes são congruentes:

$$\hat{A}' \equiv \hat{A}, \hat{B}' \equiv \hat{B} \equiv \hat{C}' \equiv \hat{C} \text{ e } \hat{D}' \equiv \hat{D}$$

Portanto, estes retângulos são figuras semelhantes.

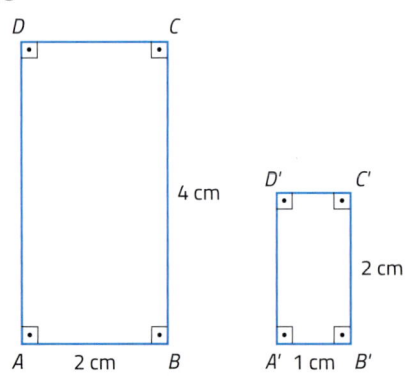

- Os retângulos *EFGH* e *E'F'G'H'* não têm a mesma forma.

Embora os ângulos correspondentes sejam congruentes, os lados correspondentes não são proporcionais, pois:

$$\frac{E'F'}{EF} = \frac{4}{3} \text{ e } \frac{F'G'}{FG} = \frac{3}{1}$$

Logo, $\dfrac{E'F'}{EF} \neq \dfrac{F'G'}{FG}$.

Estes retângulos não são semelhantes.

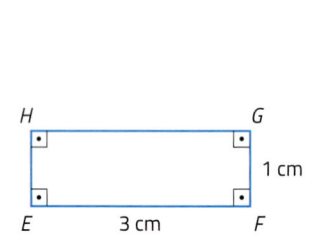
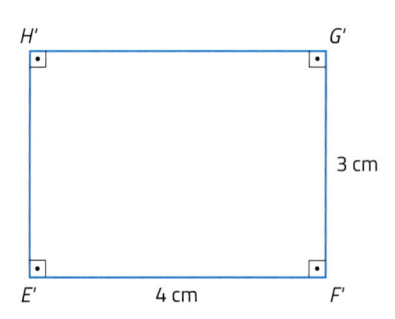

- Os losangos *AEOU* e *A'E'O'U'* não têm a mesma forma.

Embora os lados correspondentes sejam proporcionais, os ângulos correspondentes não são congruentes.

Estes losangos não são semelhantes.

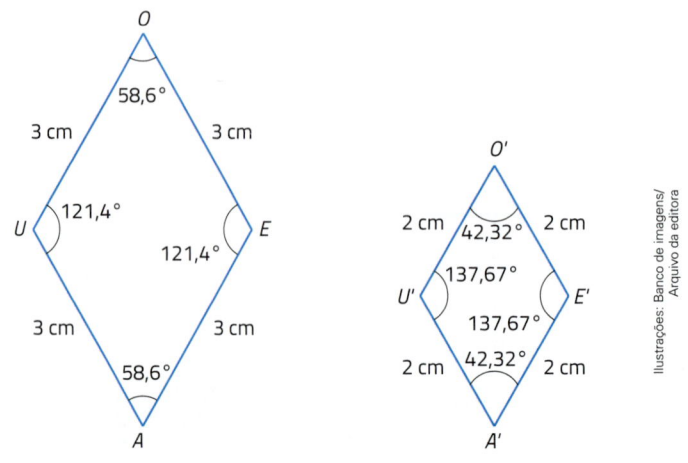

Observe agora as caixas da foto ao lado. Elas têm o formato parecido com o de blocos retangulares.

Existem blocos retangulares que são figuras semelhantes: um deles é uma ampliação ou redução do outro, ou tem exatamente as mesmas dimensões.

Veja abaixo um exemplo de blocos retangulares semelhantes: a direita está uma ampliação do apresentado a esquerda. A razão entre cada uma das três dimensões de um bloco retangular e a correspondente dimensão do outro é sempre a mesma.

É comum as embalagens de produtos terem o formato parecido com o de blocos retangulares.

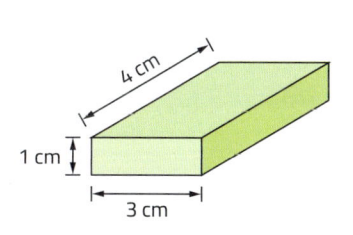
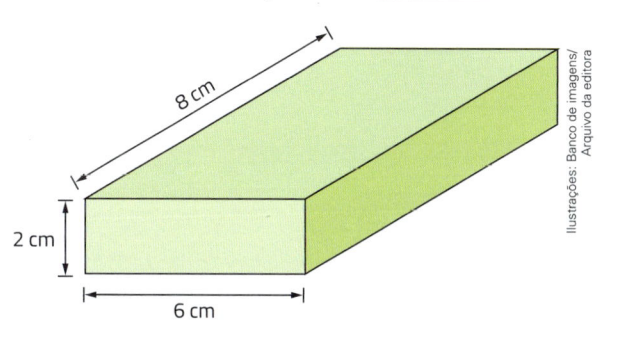

$$\frac{2}{1} = \frac{6}{3} = \frac{8}{4}$$

Veja ao lado um exemplo de cilindros retos semelhantes: à direita está uma redução do apresentado à esquerda. A razão entre os diâmetros das bases é igual à razão entre as alturas dos cilindros.

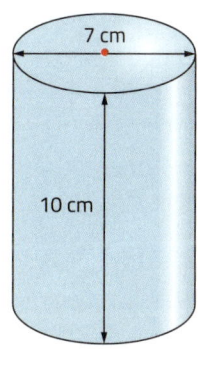
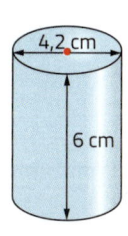

$$\frac{6}{10} = \frac{4,2}{7}$$

Escala

A maquete de um edifício é uma representação reduzida do edifício: ela é perfeita quando de fato é semelhante a ele. A maquete é feita em uma escala. A escala 1 : 100, por exemplo, significa que as dimensões reais do edifício foram divididas por 100 na construção da maquete, ou, de maneira equivalente, uma medida de comprimento 1 na maquete vai medir 100 no edifício (na mesma unidade). Por exemplo, 1 cm na maquete corresponde a 100 cm (1 m) no edifício.

As escalas também são utilizadas em mapas.

Maquete de um condomínio de prédios.

1. Observe (e meça, se necessário) as figuras abaixo. Qual(is) delas, na sua opinião, é(são) semelhante(s):

a) ao quadrado 7?

b) à circunferência 6?

c) ao retângulo 8?

d) ao triângulo 1?

e) ao triângulo 2?

f) ao triângulo 3?

Ilustrações: Banco de imagens/Arquivo da editora

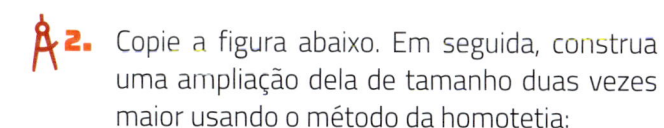

2. Copie a figura abaixo. Em seguida, construa uma ampliação dela de tamanho duas vezes maior usando o método da homotetia:

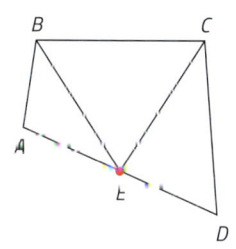

- tome um ponto O qualquer, próximo à figura;
- trace as semirretas $\overrightarrow{OA}$, $\overrightarrow{OB}$, $\overrightarrow{OC}$, $\overrightarrow{OD}$, $\overrightarrow{OE}$;
- coloque a ponta-seca do compasso em A, abra até O e marque A' na semirreta $\overrightarrow{OA}$, de modo que A seja o ponto médio de $\overrightarrow{OA'}$;
- analogamente, construa B' em $\overrightarrow{OB}$, C' em $\overrightarrow{OC}$, D' em $\overrightarrow{OD}$ e E' em $\overrightarrow{OE}$;
- ligue A', B', C', D' e E'.

3. Copie a figura abaixo. Em seguida, construa uma figura semelhante, três vezes maior, usando o método da homotetia.

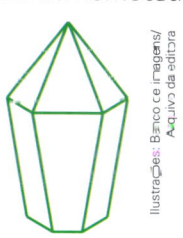

4. A maquete de um automóvel foi feita na escala 1 : 18. Se o comprimento do automóvel é 4 590 mm, qual é o comprimento dele na maquete?

5. Em um mapa na escala 1 : 1 000 000, a distância entre duas cidades é de 4,8 cm. Qual é a distância entre essas cidades em quilômetros?

Semelhança de triângulos

Comparando triângulos

Se desenharmos dois triângulos ao acaso, provavelmente obteremos triângulos não semelhantes. Observe as coleções de triângulos abaixo, organizadas por formas iguais.

Coleção 1: Triângulos equiláteros

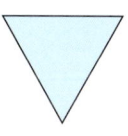
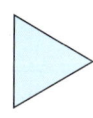
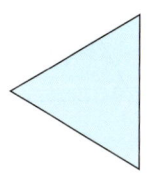

Coleção 2: Triângulos retângulos e isósceles

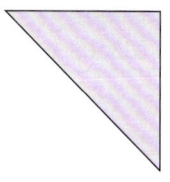
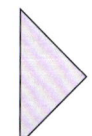
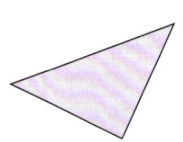

Coleção 3: Triângulos isósceles com ângulo obtuso de 120°

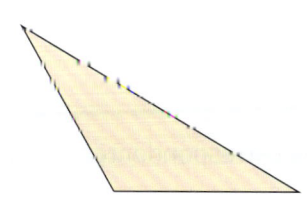
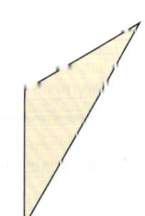
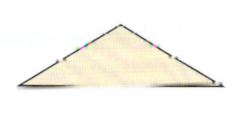

Observando as três coleções de triângulos, podemos concluir que os triângulos de uma mesma coleção possuem a mesma forma, entretanto, seus tamanhos são diferentes e não estão nas mesmas posições. Assim, ao tomarmos dois triângulos de uma mesma coleção, eles serão semelhantes, e, ao tomarmos dois triângulos de coleções diferentes, eles **não** serão semelhantes.

Mas como devemos comparar os ângulos e os lados de dois triângulos para descobrir se eles realmente são semelhantes?

Vamos estudar com mais profundidade a semelhança dos triângulos.

Observe os triângulos *ABC* e *DEF*, construídos de modo a terem a mesma forma.

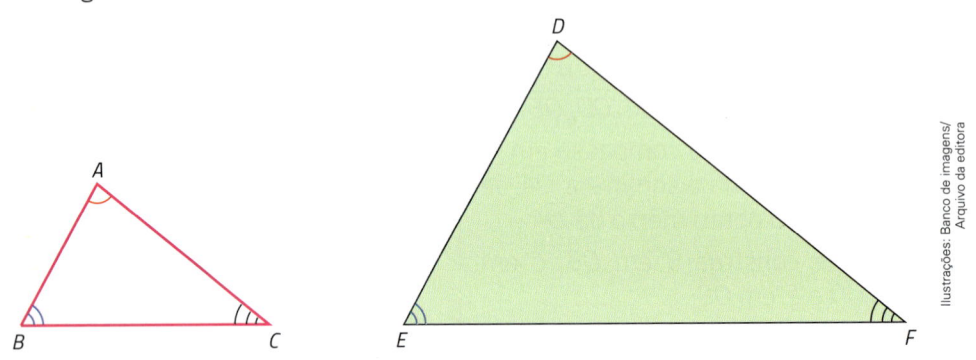

Ilustrações: Banco de imagens/Arquivo da editora

Como eles têm a mesma forma, é possível colocar o triângulo menor (*ABC*) dentro do maior (*DEF*), de maneira que seus lados fiquem respectivamente paralelos.

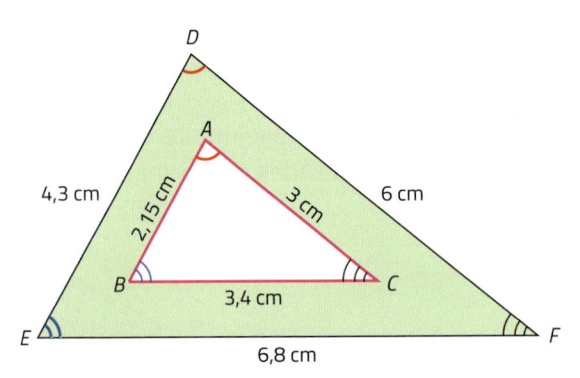

Podemos, então, notar que dois triângulos que têm formas iguais têm necessariamente ângulos correspondentes congruentes:

$$\hat{A} \equiv \hat{D} \qquad \hat{B} \equiv \hat{E} \qquad \hat{C} \equiv \hat{F}$$

Se medirmos os lados dos dois triângulos e calcularmos as razões entre os lados correspondentes, teremos:

$$\frac{AB}{DE} = \frac{2,15 \text{ cm}}{4,3 \text{ cm}} = \frac{1}{2} \qquad \frac{AC}{DF} = \frac{3 \text{ cm}}{6 \text{ cm}} = \frac{1}{2} \qquad \frac{BC}{EF} = \frac{3,4 \text{ cm}}{6,8 \text{ cm}} = \frac{1}{2}$$

Logo, as razões são todas iguais, ou seja, os lados correspondentes (homólogos) são proporcionais:

$$\frac{AB}{DE} = \frac{AC}{DF} = \frac{BC}{EF}$$

Vamos, então, estabelecer o seguinte conceito:

Dois triângulos são semelhantes quando têm os ângulos correspondentes congruentes e os lados homólogos proporcionais.

Usando símbolos matemáticos podemos escrever:

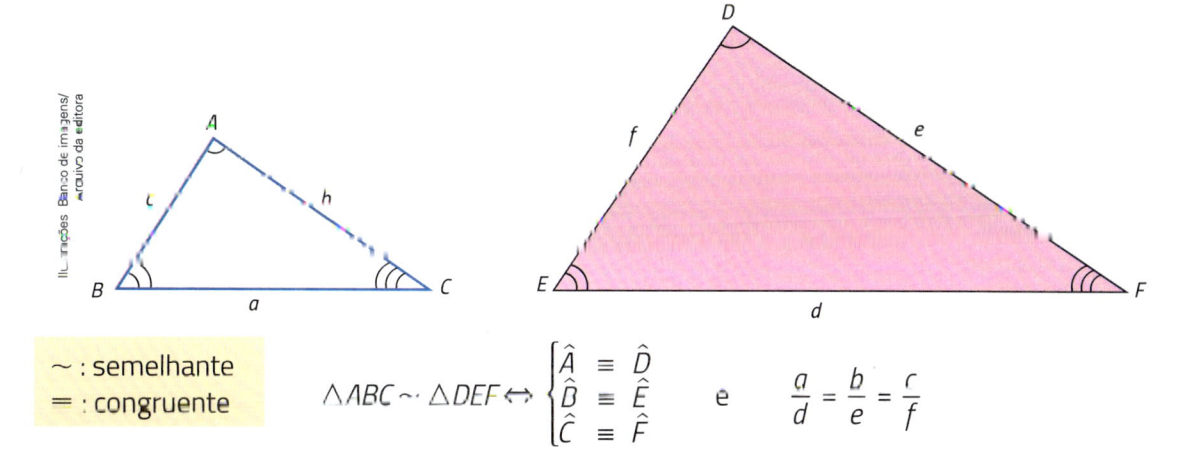

~ : semelhante
= : congruente

$$\triangle ABC \sim \triangle DEF \Leftrightarrow \begin{cases} \hat{A} \equiv \hat{D} \\ \hat{B} \equiv \hat{E} \\ \hat{C} \equiv \hat{F} \end{cases} \quad e \quad \frac{a}{d} = \frac{b}{e} = \frac{c}{f}$$

Razão de semelhança

Quando dois triângulos são semelhantes, a razão entre dois lados correspondentes é chamada de **razão de semelhança**:

$$\frac{a}{d} = \frac{b}{e} = \frac{c}{f} = k, \text{ em que } k \text{ é a razão de semelhança.}$$

Se a razão de semelhança de dois triângulos é igual a 1, então:

$$\frac{a}{d} = \frac{b}{e} = \frac{c}{f} = 1; \text{ consequentemente, } a = d; b = e; c = f.$$

Portanto, os triângulos são congruentes.

Propriedades da semelhança

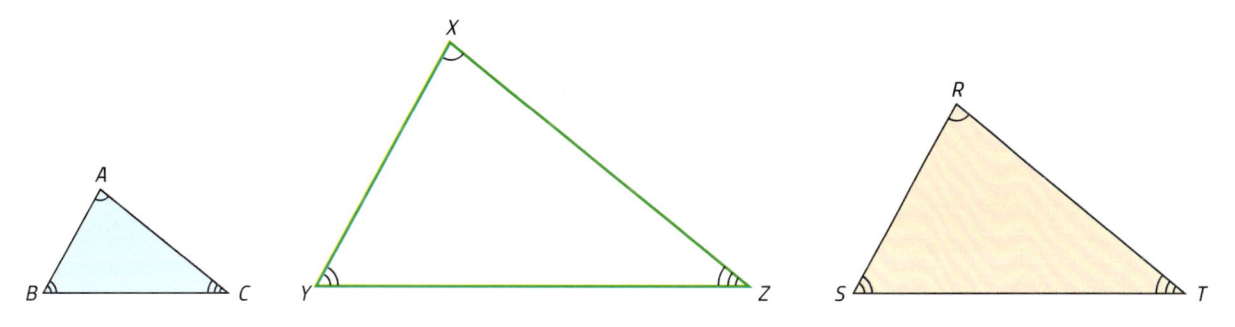

Propriedade reflexiva

Todo triângulo é semelhante a si mesmo.

$$\triangle ABC \sim \triangle ABC$$

Propriedade simétrica

Se um triângulo é semelhante a outro, então esse outro é semelhante ao primeiro.

$$\triangle ABC \sim \triangle XYZ \Rightarrow \triangle XYZ \sim \triangle ABC$$

Propriedade transitiva

Se um triângulo é semelhante a outro e esse outro é semelhante a um terceiro triângulo, então o primeiro é semelhante ao terceiro.

$$\left(\triangle ABC \sim \triangle XYZ \text{ e } \triangle XYZ \sim \triangle RST\right) \Rightarrow \triangle ABC \sim \triangle RST$$

6. Observe os triângulos e meça seus lados. Além dele mesmo, indique quais triângulos são semelhantes a:

a) 1   **b)** 4   **c)** 5   **d)** 8   **e)** 11

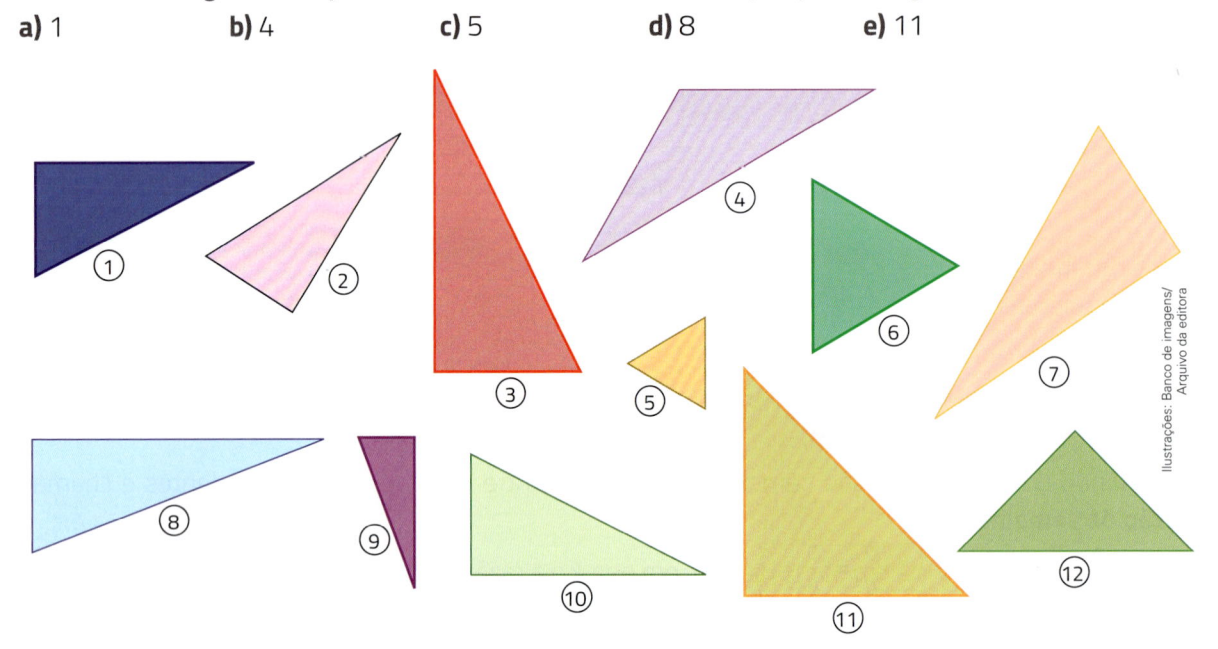

Ilustrações: Banco de imagens/Arquivo da editora

7. Todos os triângulos abaixo são semelhantes ao modelo. Assinale em cada um os lados homólogos aos do modelo.

Observação: Lados homólogos são indicados com a mesma quantidade de tracinhos.

Modelo:

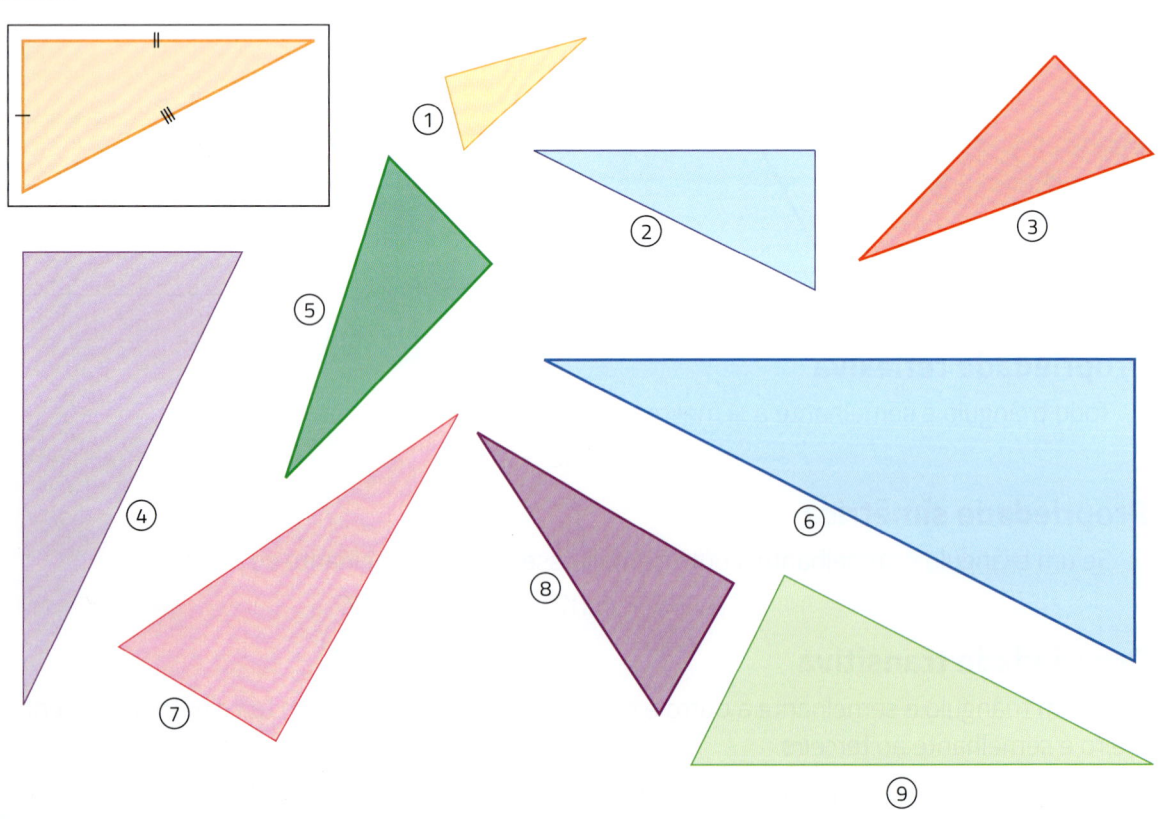

8. Em cada item, os triângulos ABC e $A'B'C'$ são semelhantes. Determine as medidas dos elementos indicados por letras:

a)

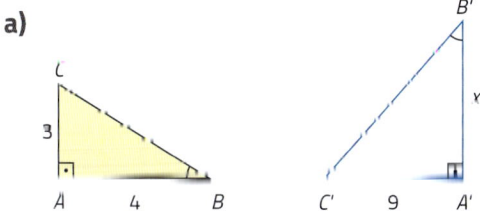

b)

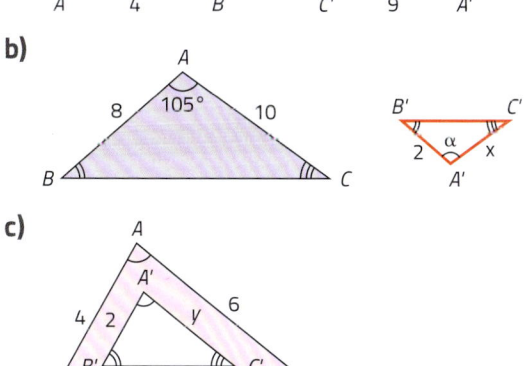

c)

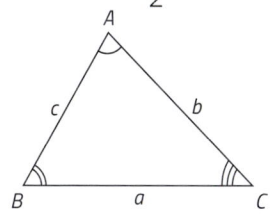

9. Os lados de um triângulo medem 7 cm, 5 cm e 4 cm. Determine os lados de um triângulo semelhante, sabendo que a razão de semelhança do primeiro para o segundo é $\frac{1}{3}$.

10. Os triângulos ABC e $A'B'C'$ da figura são semelhantes ($\triangle ABC \sim \triangle A'B'C'$). Se a razão de semelhança do primeiro triângulo para o segundo é $\frac{3}{2}$, determine:

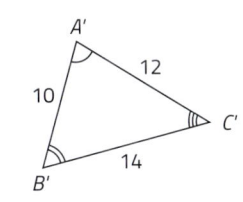

a) a, b e c;

b) a razão entre os seus perímetros.

11. Mostre que, se a razão de semelhança entre dois triângulos é k, a razão entre seus perímetros também é k.

12. Os lados de um triângulo medem 8 cm, 10 cm e 16 cm. Um triângulo semelhante a esse tem 63 cm de perímetro. Determine as medidas dos lados do segundo triângulo.

13. Em cada item, os triângulos ABC e $A'B'C'$ são semelhantes. Calcule a razão de semelhança e as medidas dos elementos indicados por x e y.

a)

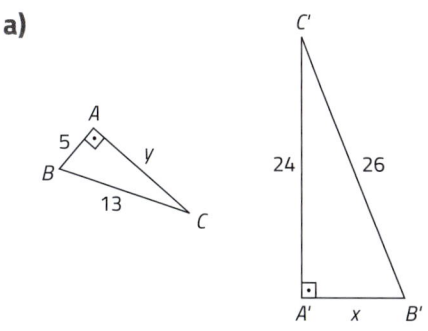

b)

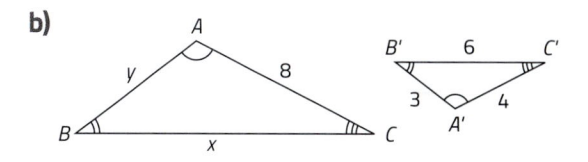

14. Os três lados de um triângulo ABC medem 9 cm, 18 cm e 21 cm. Determine as medidas dos lados de um triângulo $A'B'C'$ semelhante a ABC, sabendo que $\frac{AB}{A'B'} = 3$.

Teorema da semelhança de triângulos I

Vamos agora conhecer o teorema fundamental da semelhança de triângulos. Veja como chegamos a ele.

A figura ao lado mostra um triângulo ABC, um ponto D em $\overline{AB}$, um ponto E em $\overline{AC}$, e $\overline{DE}$ é um segmento paralelo ao lado $\overline{BC}$.

Observemos os ângulos dos triângulos ADE e ABC.

Do paralelismo de $\overline{DE}$ e $\overline{BC}$, temos:

$$\hat{D} \equiv \hat{B} \text{ e } \hat{E} \equiv \hat{C}$$

Então, os triângulos *ADE* e *ABC* têm os ângulos ordenadamente congruentes:

$$\hat{D} \equiv \hat{B}, \hat{E} \equiv \hat{C} \text{ e } \hat{A} \text{ é comum } ①$$

Sendo $\overleftrightarrow{DE} \mathbin{/\!/} \overleftrightarrow{BC}$ e aplicando o teorema de Tales nas transversais $\overleftrightarrow{AB}$ e $\overleftrightarrow{AC}$, temos:

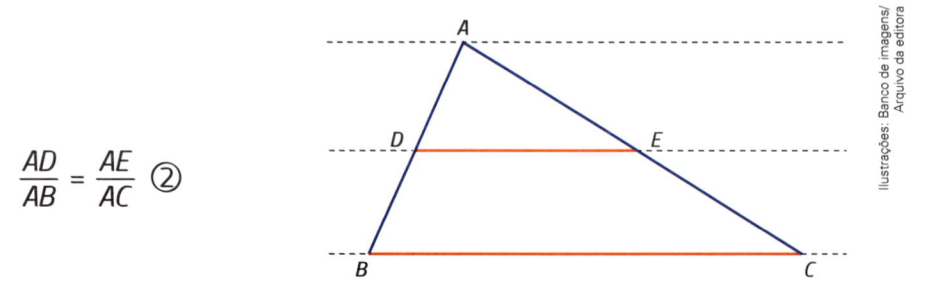

$$\frac{AD}{AB} = \frac{AE}{AC} \; ②$$

Pelo ponto *E*, vamos conduzir $\overleftrightarrow{EF}$, paralela a $\overleftrightarrow{AB}$:

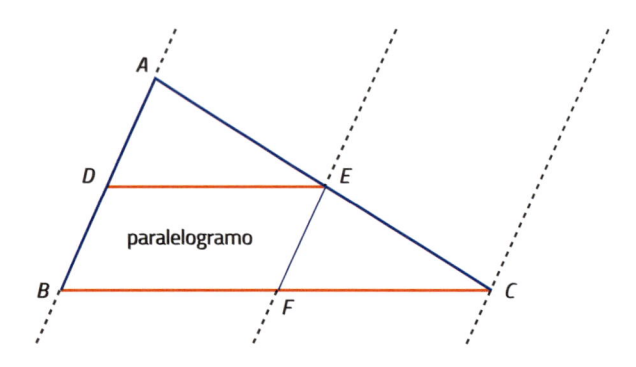

paralelogramo

Sendo $\overleftrightarrow{EF} \mathbin{/\!/} \overleftrightarrow{AB}$ e aplicando o teorema de Tales, temos:

$$\frac{AE}{AC} = \frac{BF}{BC}$$

Mas $\overline{BF} \equiv \overline{DE}$, pois *BDEF* é um paralelogramo.

Substituindo *BF* por *DE* na última igualdade, obtemos:

$$\frac{AE}{AC} = \frac{DE}{BC} \; ③$$

Comparando ② e ③, temos:

$$\frac{AD}{AB} = \frac{AE}{AC} = \frac{DE}{BC} \; ④$$

Voltando aos triângulos *ADE* e *ABC*, concluímos que eles têm ângulos **congruentes** (por ①) e **lados proporcionais** (por ④). Logo, eles são semelhantes.

$$\triangle ADE \equiv \triangle ABC$$

> Toda paralela a um lado de um triângulo, que intersecta os outros dois lados em pontos distintos, determina um novo triângulo semelhante ao primeiro.

Uma reta r intersecta os lados $\overline{AB}$ e $\overline{AC}$ de um triângulo ABC nos pontos distintos P e Q, respectivamente. Ela determina os segmentos correspondentes $\overline{AQ}$ e $\overline{AP}$, $\overline{QC}$ e $\overline{PB}$, nos lados $\overline{AC}$ e $\overline{AB}$, respectivamente. Vamos supor ainda que:

$$\frac{AB}{AP} = \frac{AC}{AQ} \; ①$$

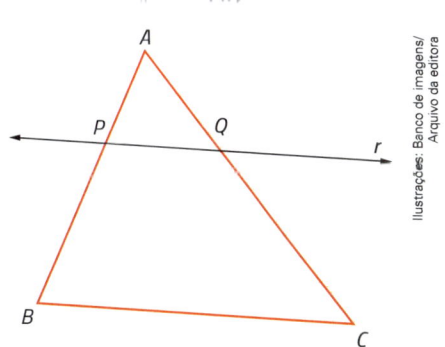

Ilustrações: Banco de imagens/ Arquivo da editora

Dessa igualdade, decorre:

$$\frac{AB}{AP} - 1 = \frac{AC}{AQ} - 1 \Rightarrow \frac{AB - AP}{AP} = \frac{AC - AQ}{AQ} \Rightarrow \frac{PB}{AP} = \frac{QC}{AQ} \; ②$$

De ① e ② segue que:

$$\frac{AQ}{AP} = \frac{QC}{PB} = \frac{AC}{AB}$$

Os segmentos correspondentes são proporcionais. Dizemos, então, que a reta r **divide proporcionalmente** os lados $\overline{AB}$ e $\overline{AC}$.

Agora vamos traçar a reta s que passa por P e é paralela à reta $\overleftrightarrow{BC}$, e vamos supor que ela intersecta o lado $\overline{AC}$ num ponto R, distinto de Q. Pelo teorema da semelhança de triângulos I, o triângulo APR é semelhante ao triângulo ABC, logo:

$$\frac{AB}{AP} = \frac{AC}{AR} \; ③$$

Decorre de ① e ③ que: $\dfrac{AC}{AQ} = \dfrac{AC}{AR}$ e, daí, vem $AR = AQ$.

Como os pontos R e Q pertencem ao lado $\overline{AC}$, e $AR = AQ$, R e Q não podem ser pontos distintos; eles são pontos coincidentes.

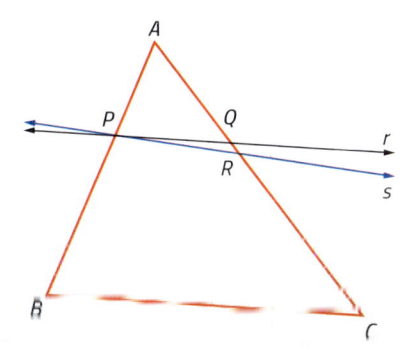

Assim, as retas $r(\overleftrightarrow{PQ})$ e $s(\overleftrightarrow{PR})$ são coincidentes. Como a reta r é paralela ao lado $\overline{BC}$, concluímos que a reta s é paralela ao lado $\overline{BC}$.

Resumindo: a reta r, que intersecta os lados $\overline{AB}$ e $\overline{AC}$ em pontos distintos P e Q, respectivamente, tais que $\dfrac{AB}{AP} = \dfrac{AC}{AQ}$, é paralela ao lado $\overline{BC}$.

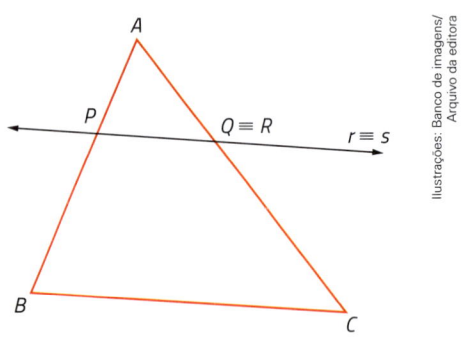

Demonstramos, assim, o seguinte teorema, que chamaremos de teorema da semelhança de triângulos II:

Toda reta que intersecta dois lados de um triângulo em pontos distintos, dividindo-os proporcionalmente, é paralela ao outro lado do triângulo.

ATIVIDADES

15. Sabendo que $BE \ /\!/ \ CD$, $AD = 20$ cm, $AC = 12$ cm, $CD = 16$ cm e $AE = 5$ cm, determine $AB = x$ e $BE = y$.

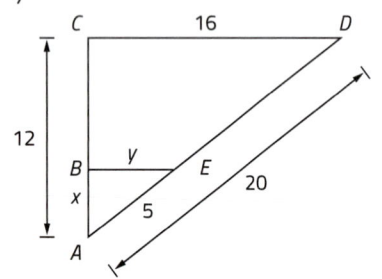

16. Na figura, os ângulos $\hat{R}$ e $\hat{C}$ são congruentes, $AS = 6$ cm, $SB = 12$ cm e $BC = 30$ cm. Determine $RS = x$.

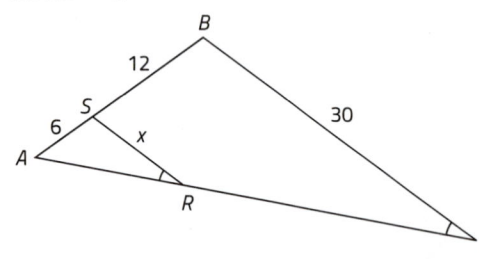

17. Na figura a seguir, $\overline{MN} \ /\!/ \ \overline{BC}$, $MN = x - 2$, $BC = x$, $AN = 2$ e $AC = 3$, sendo todas as medidas na mesma unidade. Determine x.

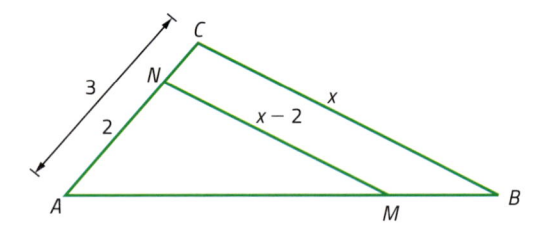

18. Sendo r e s retas paralelas, determine o valor de x nos casos a seguir.

a)

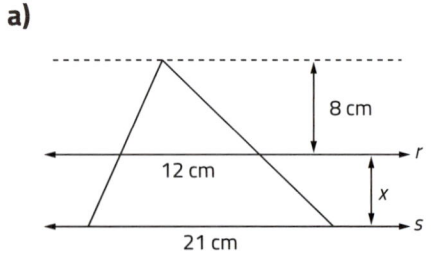

b)

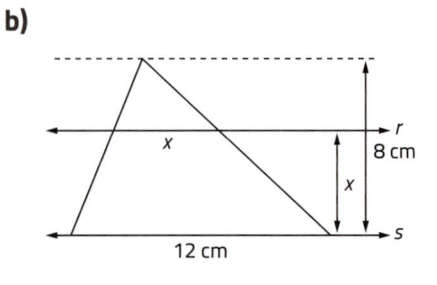

19. De um triângulo ABC sabemos que $AB = 20$ m, $BC = 30$ m e $AC = 25$ m. Se D está em $\overline{AB}$, E em $\overline{AC}$, $\overline{DE}$ é paralelo a $\overline{BC}$ e $DE = 18$ m, determine $x = DB$ e $y = EC$.

20. As bases de um trapézio medem 12 m e 18 m, e os lados oblíquos às bases medem 5 m e 7 m. Determine as medidas dos lados do menor triângulo que obtemos ao prolongar os lados oblíquos às bases.

21. Calcule o perímetro do triângulo ABC da figura abaixo, sabendo que $AM = 12$ m; $AN = 14$ m; $MN = 16$ m; $BM = 6$ m e $MN \parallel BC$.

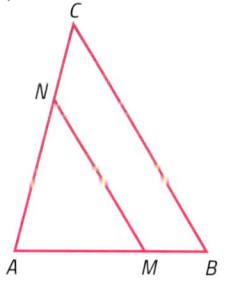

PARTICIPE

Na figura ao lado, pintamos dois triângulos retângulos e isósceles.

a) Em sua opinião, esses triângulos são semelhantes ou não? Por quê?

b) Quanto medem os ângulos de cada triângulo?

c) Os ângulos correspondentes são congruentes?

d) Agora, sem medir os lados para verificar se são proporcionais, dá para garantir que são triângulos semelhantes?

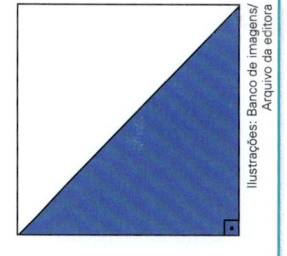

Ilustrações: Banco de imagens/Arquivo da editora

⠿ Casos de semelhança

O conceito de triângulos semelhantes fixou as seguintes condições para um triângulo ABC ser semelhante a outro, $A'B'C'$:

$$\underbrace{\hat{A} \equiv \hat{A}'; \hat{B} \equiv \hat{B}'; \hat{C} \equiv \hat{C}'}_{\substack{\text{três congruências} \\ \text{de ângulos}}} \quad \text{e} \quad \underbrace{\frac{AB}{A'B'} = \frac{AC}{A'C'} = \frac{BC}{B'C'}}_{\substack{\text{proporcionalidade} \\ \text{dos três lados}}}$$

Entretanto, essas exigências podem ser reduzidas. Os casos de semelhança (ou critérios de semelhança) que vamos ver em seguida mostram quais são as condições mínimas para dois triângulos serem semelhantes.

1º caso: AA (ângulo-ângulo)

Observe dois triângulos, ABC e $A'B'C'$, com dois ângulos respectivamente congruentes:

$$\hat{A} \equiv \hat{A}' \text{ e } \hat{B} \equiv \hat{B}'$$

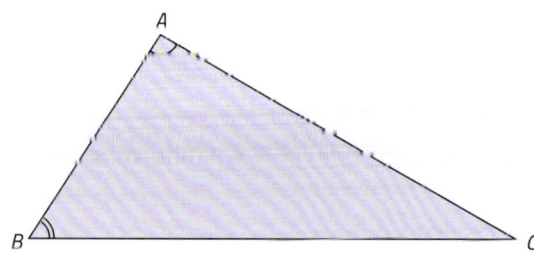
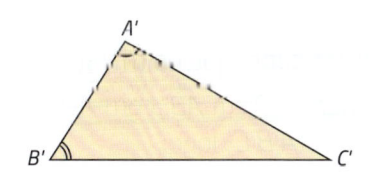

Se $AB \equiv A'B'$, então $\triangle ABC \equiv \triangle A'B'C'$ e, daí, $\triangle ABC \sim \triangle A'B'C'$.

Vamos supor que os triângulos não sejam congruentes e que $AB > A'B'$.

Tomemos D em $\overline{AB}$, de modo que $\overline{AD} \equiv \overline{A'B'}$, e por D vamos traçar $\overline{DE} \ /\!/ \ \overline{BC}$.

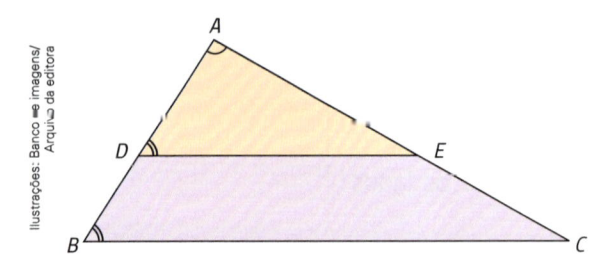

Pelo caso de congruência ALA, os triângulos ADE e $A'B'C'$ são congruentes; logo, são semelhantes (razão de semelhança $= 1$):

$$\triangle ADE \sim \triangle A'B'C'$$

Pelo teorema fundamental, os triângulos ADE e ABC são semelhantes:

$$\triangle ADE \sim \triangle ABC$$

Então, pela propriedade transitiva, os triângulos $A'B'C'$ e ABC também são semelhantes:

$$\triangle A'B'C' \sim \triangle ABC$$

> **Se dois triângulos possuem dois ângulos respectivamente congruentes, então os triângulos são semelhantes.**

É por isso que, por exemplo, podemos garantir que dois triângulos retângulos e isósceles são semelhantes.

2º caso: LAL (lado-ângulo-lado)

Se dois triângulos têm dois lados correspondentes proporcionais e os ângulos formados por eles são congruentes, então os triângulos são semelhantes.

Observe a demonstração considerando os dois triângulos abaixo.

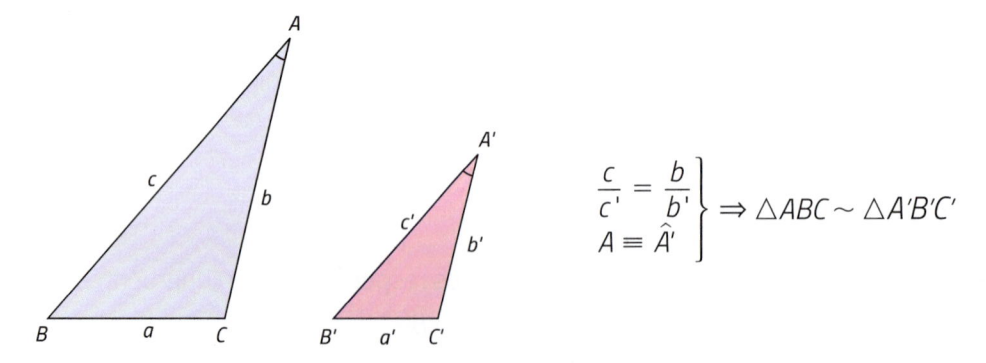

$$\left.\begin{array}{c} \dfrac{c}{c'} = \dfrac{b}{b'} \\ A \equiv \hat{A}' \end{array}\right\} \Rightarrow \triangle ABC \sim \triangle A'B'C'$$

Se $b = b'$, então $c = c'$ e, daí, pelo caso LAL, $\triangle ABC \equiv \triangle A'B'C'$; logo, $\triangle ABC \sim \triangle A'B'C'$.

Vamos supor que os triângulos não sejam congruentes e que $b > b'$; logo, $c > c'$.

Tomando D em $\overline{AB}$, com $AD = c'$, e E em $\overline{AC}$, com $AE = b'$, note que, pelo caso de congruência LAL, $\triangle ADE \sim \triangle A'B'C'$; logo:

$$\triangle ADE \sim \triangle A'B'C' \ \ \text{①}$$

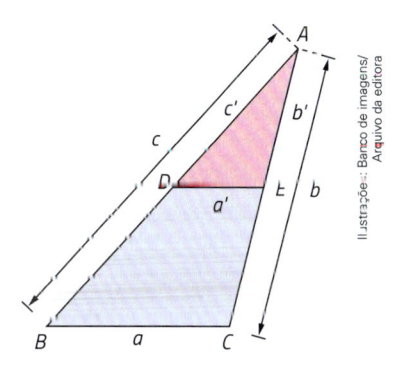

Ilustrações: Banco de imagens/
Arquivo da editora

Pelo teorema da semelhança de triângulos II, $\overline{DE} \ /\!/ \ \overline{BC}$ e, então, pelo teorema da semelhança de triângulos I:

$$\triangle ADE \sim \triangle ABC \ \textcircled{2}$$

Por ① e ②, $\triangle A'B'C' \sim \triangle ABC$.

Uma aplicação interessante desse caso está na seção "Na História" das páginas 174 e 175, em que explicamos como a semelhança de triângulos pode ser usada na construção de um túnel.

3º caso: LLL (lado-lado-lado)

Se dois triângulos têm os lados correspondentes proporcionais, então os triângulos são semelhantes.

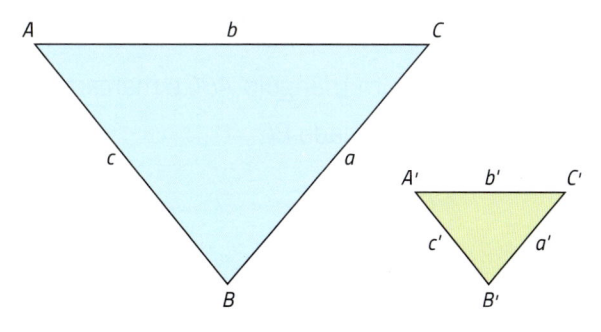

$$\frac{a}{a'} = \frac{b}{b'} = \frac{c}{c'} \Rightarrow \triangle ABC \sim \triangle A'B'C'$$

Caso $a = a'$, logo $b = b'$ e $c = c'$, pelo caso LLL, os triângulos são congruentes; logo, são semelhantes.

Vamos supor $a > a'$; logo, $b > b'$ e $c > c'$. Marquemos D em $\overline{AB}$ com $AD = c'$ e E em $\overline{AC}$ com $AE = b'$. Pelo teorema II, $\overline{DE} \ /\!/ \ \overline{BC}$ e, então, pelo teorema I:

$$\triangle ADE \sim \triangle ABC \ \textcircled{1}$$

Por ① e ②, $\triangle A'B'C' \sim \triangle ABC$

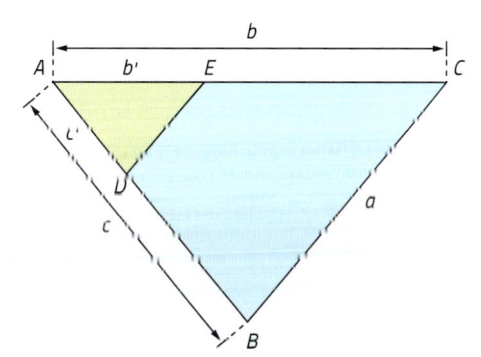

Consequência: base média de um triângulo

Observe um triângulo ABC, em que M e N são os pontos médios de $\overline{AB}$ e $\overline{AC}$.

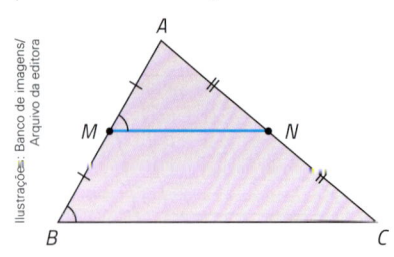

Ilustrações: Banco de imagens/Arquivo da editora

Chamamos $\overline{MN}$ de **base média** do triângulo ABC.

Observe os triângulos AMN e ABC. Eles têm $\hat{A}$ em comum e $\dfrac{AM}{AB} = \dfrac{AN}{AC} = \dfrac{1}{2}$.

De acordo com o 2º caso de semelhança, temos:

$$\triangle AMN \sim \triangle ABC$$

e, portanto, nesses triângulos, $\hat{M} \equiv \hat{B}$ e $\dfrac{MN}{BC} = \dfrac{1}{2}$.

Assim, podemos concluir que $\overline{MN} \parallel \overline{BC}$ e $MN = \dfrac{BC}{2}$.

Podemos resumir da seguinte forma:

> Se um segmento une os pontos médios de dois lados de um triângulo, então ele é paralelo ao terceiro lado e é metade do terceiro lado.

Agora observe a figura abaixo. Tomamos um triângulo ABC e marcamos M, ponto médio do lado $\overline{AB}$. Em seguida, traçamos por M a reta r, paralela ao lado $\overline{BC}$.

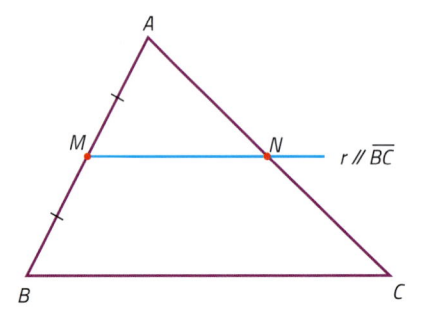

$r \parallel \overline{BC}$

Pelo teorema fundamental, temos $\triangle AMN \sim \triangle ABC$.

Como $\dfrac{AM}{AB} = \dfrac{1}{2}$, concluímos que $\dfrac{AN}{AC} = \dfrac{MN}{BC} = \dfrac{1}{2}$, ou seja, N é ponto médio de $\overline{AC}$ e MN é a metade de BC.

Resumindo:

> Se pelo ponto médio de um lado de um triângulo traçarmos uma reta paralela a outro lado, então ela encontra o terceiro lado em seu ponto médio.

Com base nos casos de semelhança, se a razão de semelhança de dois triângulos é k, então podemos ter os seguintes resultados:

- a razão entre lados homólogos é k;
- a razão entre os perímetros é k;

- a razão entre as alturas homólogas é k;

- a razão entre as medianas homólogas é k;

- a razão entre as bissetrizes internas homólogas é k;

- a razão entre os raios dos círculos inscritos é k;

- a razão entre os raios dos círculos circunscritos é k; etc.

   A razão entre dois elementos lineares homólogos é k, e os ângulos homólogos são congruentes.

ATIVIDADES

22. São dados 8 triângulos. Indique os pares de triângulos semelhantes e o caso de semelhança correspondente. Atenção! As medidas não obedecem escala.

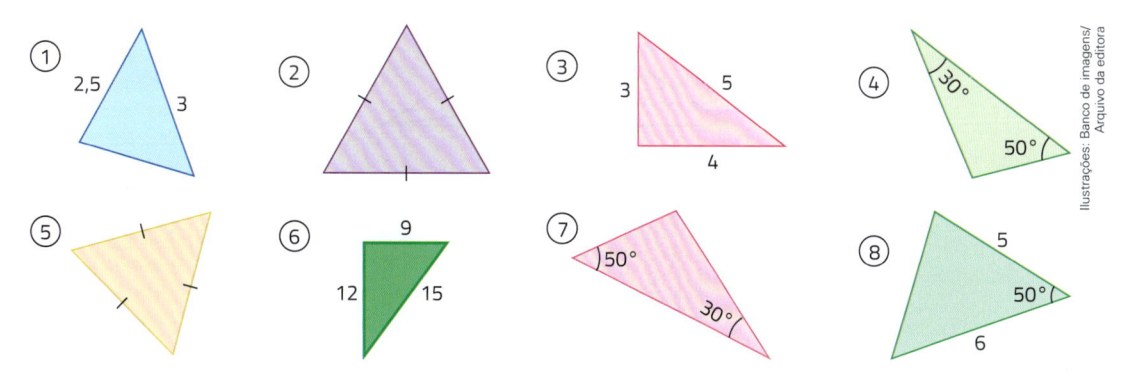

Ilustrações: Banco de imagens/Arquivo da editora

23. Determine x e y nas figuras:

a)

b)

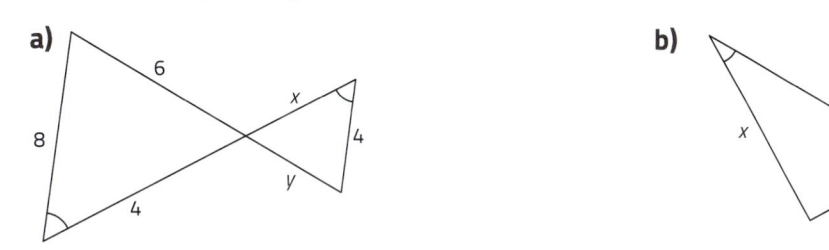

24. Determine a altura de um prédio cuja sombra tem 15 m no mesmo instante em que uma vara de 6 m fincada em posição vertical tem uma sombra de 2 m.

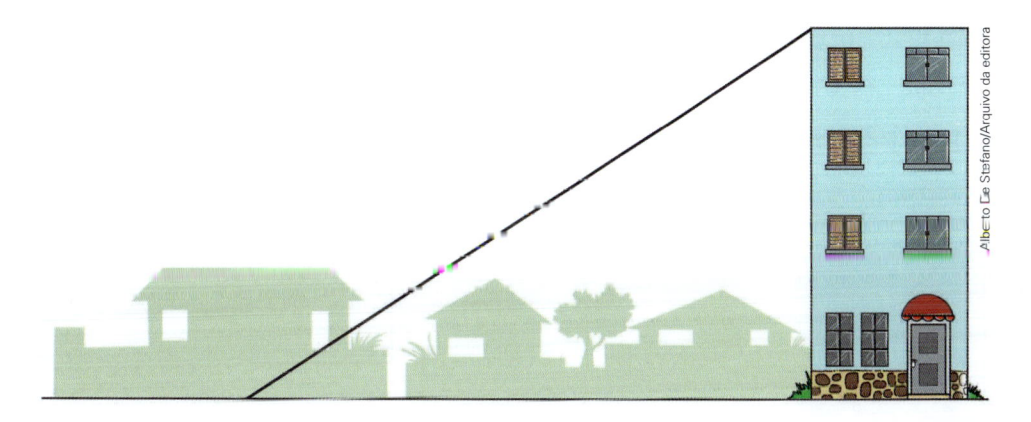

Alberto De Stefano/Arquivo da editora

25. Se α = β, determine *x* e *y* nos casos:

a)

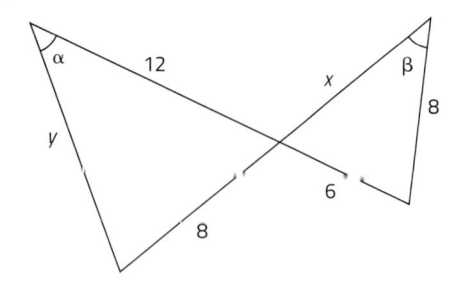

b)

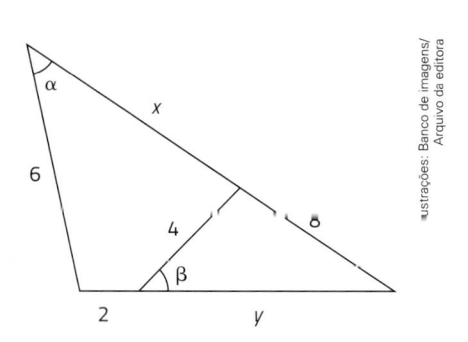

Ilustrações: Banco de imagens/ Arquivo da editora

26. Na figura, as medidas são $AB = 8$ cm, $BC = 3$ cm, $AE = 5$ cm. Calcule $DE = x$, sabendo que $A\hat{C}E \equiv A\hat{D}B$.

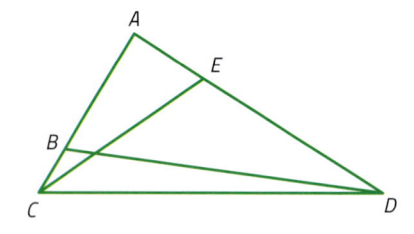

27. Dada a figura, determine o valor de *x* e o de *y*.

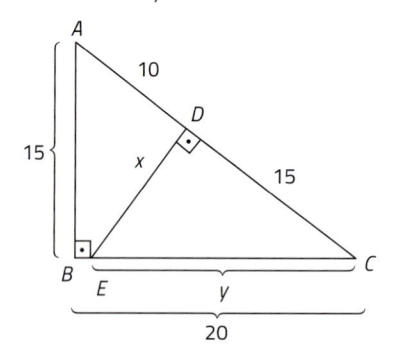

28. Na figura ao lado, temos:

- $\hat{S} \equiv \hat{B}$
- $AR = 7$ cm
- $AS = 5$ cm
- $SR = 4$ cm
- $AB = 10$ cm

Determine $AC = x$ e $BC = y$.

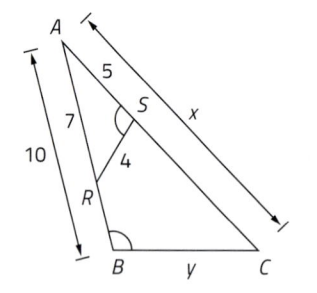

29. Determine *x* e *y*.

a)

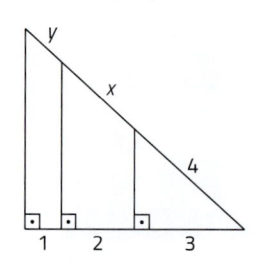

b)

30. Na figura abaixo, o quadrado *DEFG* está inscrito no triângulo retângulo *ABC*. Sendo *BD* = 8 cm e *CE* = 2 cm, calcule o perímetro do quadrado.

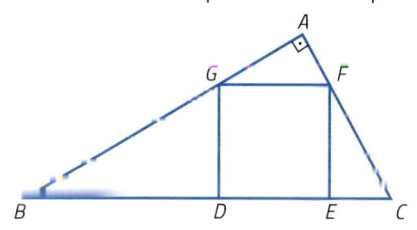

31. Determine *DE* = *x*, sabendo que o triângulo *ABC* é retângulo em *A*, o triângulo *DEC* é retângulo em *D*, *AB* = 8 cm, *AC* = 15 cm, *BC* = 17 cm e *CD* = 5 cm.

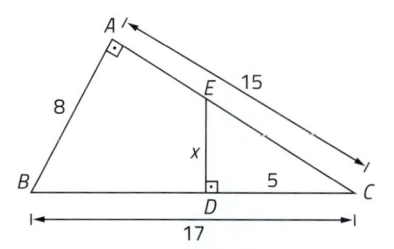

32. Determine *x* e *y* nos casos a seguir.

a)

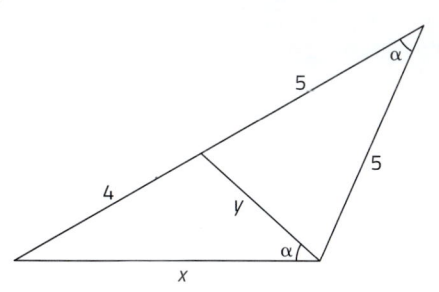

b)

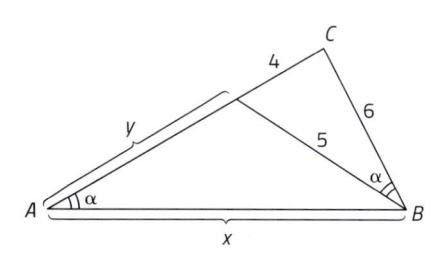

33. Determine a medida dos lados do quadrado da figura abaixo.

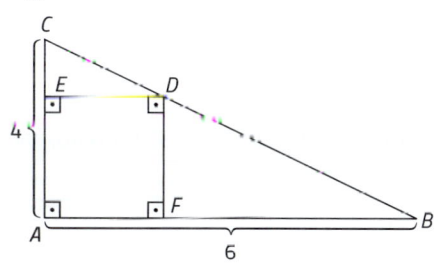

34. Dois círculos de raios 6 cm e 4 cm são tangentes exteriormente no ponto *A*. Sendo *C* e *D* os pontos de tangência de uma reta *t* externa, com os dois círculos, determine a altura do triângulo *ACD* relativa ao lado $\overline{CD}$.

35. Na figura, temos: *AB* = 8, *DC* = 15, *AC* = 17 e *EC* = 4. Determine *DE* = *x* e *CD* = *y*.

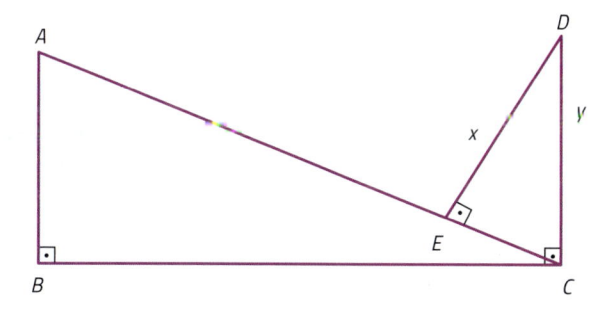

36. Calcule a razão $\dfrac{x}{y}$ na figura abaixo:

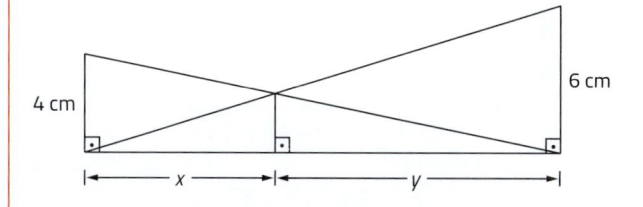

37. Prove a propriedade do baricentro de um triângulo:

"O baricentro divide a mediana em duas partes que medem $\dfrac{1}{3}$ e $\dfrac{2}{3}$ dela".

38. Em um triângulo *ABC*, $\hat{A} = 90°$, *AB* = 12 cm e *AC* = 9 cm, *M* é ponto médio de $\overline{AB}$, *N* é ponto médio de $\overline{BC}$, e $\overline{AN}$ e $\overline{CM}$ intersectam-se em *G*. Qual é a área do triângulo *ABG*?

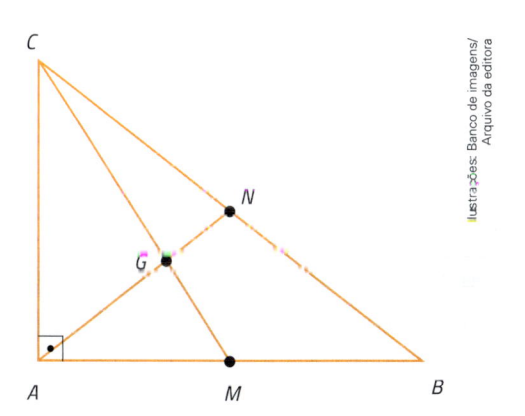

NA HISTÓRIA

A semelhança de triângulos na construção de um túnel

Trem saindo do Eurotúnel em Coquelles, na França. Foto de julho de 2006.

O Canal da Mancha é um braço de mar do oceano Atlântico que separa a Grã-Bretanha do norte da França. Muitos episódios históricos estão associados à travessia de suas águas. Como o dia D (6 de junho de 1944), da Segunda Guerra Mundial, em que mais de 100 000 soldados aliados o atravessaram, da Inglaterra para a Normandia (na França), em 5 000 barcos dos mais diversos. No mês de setembro seguinte cerca de 2 milhões de soldados tinham feito essa travessia. Essa operação determinou a derrocada das tropas de Hitler na Europa ocidental.

Por outro lado, a travessia do Canal da Mancha a nado é considerada a prova mais difícil de natação em águas abertas do mundo. O primeiro homem a conseguir essa proeza foi o inglês Matthew Webb, em 1875, que, com uma rota em zigue-zague, percorreu cerca de 63,5 km em 21 horas e 45 minutos. O primeiro brasileiro a fazer a travessia foi Abílio Couto, em 1958, em 12 horas e 45 minutos.

Mas hoje é possível ir de Londres a Paris em 35 minutos, pelo Eurotúnel, em um percurso de aproximadamente 55 km, que passa cerca de 40 m abaixo das águas do Canal. E o que nos interessa destacar aqui é que as obras do Eurotúnel foram conduzidas a partir das duas extremidades, o que é notável, apesar de toda a tecnologia moderna. O encontro das frentes de trabalho se deu em 1º de dezembro de 1990, mas o Eurotúnel só foi inaugurado em 5 de maio de 1994.

Curioso é que essa ideia já fora usada na ilha de Samos entre 550 a.C. e 530 a.C., para construir um aqueduto, o famoso túnel de Eupalino, e que a geometria de Euclides teve um grande papel nessa obra. Como?

Imaginemos uma cidade da Grécia antiga que, devido ao aumento de sua população, viu-se às voltas com o problema da falta de água. Mas a fonte de água mais próxima para abastecer a cidade ficava em um local separado dela por uma montanha. Como, então, canalizar a água para a cidade, com a pouca tecnologia da época, através da montanha?

Para evitar questões topográficas, imaginemos o problema de ir do ponto C ao ponto S, na mesma horizontal (figura 1), um de cada lado da montanha; o segundo na cidade, mas em linha reta, através da montanha, partindo simultaneamente dos dois pontos.

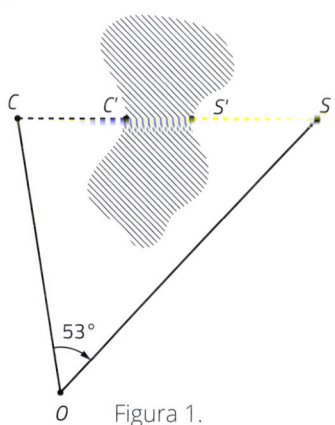

Figura 1.

Para isso, consideremos um terceiro ponto O, acessível aos pontos C e S (figura 1). Nessas condições é possível medir diretamente os segmentos $\overline{OC}$ e $\overline{OS}$ e o ângulo interno $\hat{O}$. Usando unidades de medidas modernas, vamos supor que $OC = 2$ km, $OS = 3$ km e med$(\hat{O}) = 53°$. Mas para ligar C a S, em linha reta, é preciso determinar os ângulos $\hat{C}$ e $\hat{S}$, os quais não podem ser medidos diretamente, uma vez que o segmento $\overline{CS}$ passa pelo interior da montanha. É a hora, então, de usarmos a geometria euclidiana.

Usando uma escala conveniente (1 : 1 000) podemos traçar o $\triangle O_1 C_1 S_1$ (ver figura 2) semelhante ao $\triangle OCS$ da seguinte maneira:

$\hat{O}_1 \equiv \hat{O}$, $O_1 C_1 = 2$ m e $O_1 S_1 = 3$ m.

Então:

- $\dfrac{OC}{O_1 C_1} = \dfrac{2\,000\text{ m}}{2\text{ m}} = 1\,000$

- $\dfrac{OS}{O_1 S_1} = \dfrac{3\,000\text{ m}}{3\text{ m}} = 1\,000$

Em que $\dfrac{OC}{O_1 C_1} = \dfrac{OS}{O_1 S_1}$ e $\hat{O} \equiv \hat{O}_1$.

Portanto, $\triangle OCS \equiv \triangle O_1 C_1 S_1$. Como $\hat{O} \equiv \hat{O}_1$, também são semelhantes os triângulos OSC e $O_1 S_1 C_1$ (segundo caso de semelhança). Em consequência, $\hat{C} \equiv \hat{C}_1$ e $\hat{S} \equiv \hat{S}_1$. Então, as aberturas de $\hat{C}_1$ e $\hat{S}_1$ podem ser "transportadas" para a figura 1, formando os ângulos $\hat{C}$ e $\hat{S}$ de que precisamos, indicando a trajetória a ser seguida a partir das duas extremidades.

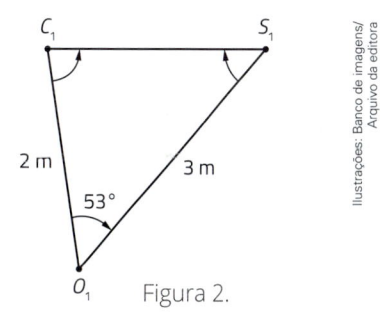

Figura 2.

1. A largura mínima do Canal da Mancha é de aproximadamente 33 km. Se um nadador conseguisse nadar em linha reta esse percurso em 10 horas e 20 minutos, qual seria sua velocidade média em metros por minuto?

2. Determine CS em função de $C_1 S_1$.

3. É possível determinar a "largura" $C'S'$ da montanha em função dos resultados obtidos? Como?

4. Alguns escritos babilônicos do período 2000 a.C. a 1600 a.C. mostram que os matemáticos da região sabiam a "receita" da área de um trapézio retângulo e que os lados correspondentes de dois triângulos semelhantes são proporcionais. Em um documento desse período há o seguinte problema: "Na figura ao lado, a área do trapézio retângulo de bases x e y e altura 20 é igual a 320 unidades de área. Determine x e y". Resolva-o.

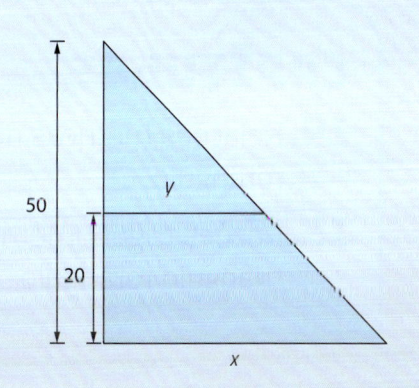

6

Relações métricas e trigonométricas no triângulo retângulo

14 Relações métricas no triângulo retângulo

thanakritphoto/Shutterstock

NA REAL

O pedreiro está certo?

Como você desenharia duas retas perpendiculares? E, se no lugar de retas, você tivesse que construir paredes formando um ângulo de 90°? Na linguagem da construção civil, construir duas paredes em esquadro é o mesmo que formar um ângulo reto perfeito entre elas. Vamos conhecer uma estratégia usada por pedreiros e pensar em sua eficiência.

Tiago é um pedreiro experiente e está ensinando aos colegas como fazer paredes em esquadro: "Marco no chão uma distância AB de 60 cm alinhada com a primeira parede. A seguir, com a ajuda de uma corda fixada em A, traço um arco de circunferência de raio 80 cm. Depois pego uma corda de comprimento 1 m fixada em B e marco o ponto C desse arco que fica exatamente na outra extremidade da corda. A segunda parede deve ser alinhada com A e C."

De acordo com a fala de Tiago, quais segmentos de reta da imagem representam paredes em esquadro? Os valores x e y são maiores ou menores do que 1 metro?

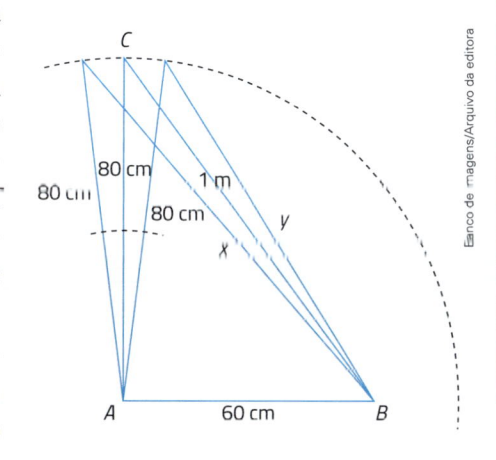

Banco de imagens/Arquivo da editora

Na BNCC

EF09MA13

EF09MA14

O triângulo retângulo

Quebrando a cabeça

Lara e Nícolas ganharam um quebra-cabeça de muitas peças. Ele tem o formato retangular, mas os dois querem montá-lo sobre uma mesa circular de diâmetro igual a 90 cm. Montado, o quebra-cabeça mede 54 cm por 72 cm. Será que vai caber na mesa?

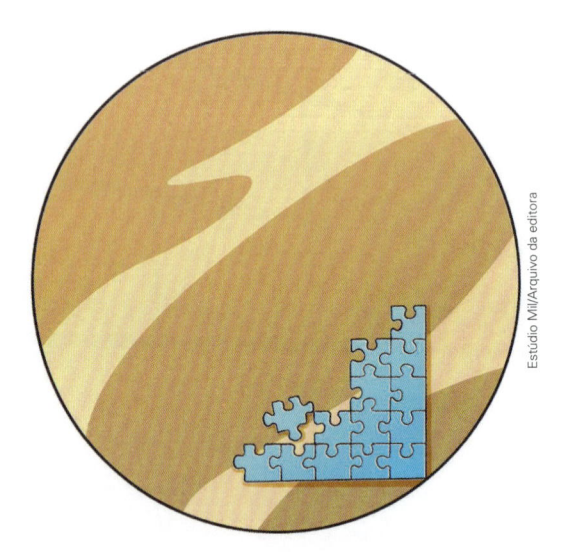

O quebra-cabeça foi inventado pelo inglês John Spilsbury, em 1763.

Com o que vamos estudar neste capítulo, você vai aprender a responder a essa pergunta e dizer se eles vão conseguir ou não montar o quebra-cabeça nessa mesa.

PARTICIPE

Em um plano, vamos tomar:

- uma reta r e um ponto P fora dela:

- uma reta r e um segmento $\overline{AB}$ não contido nela:

Traçando por P a reta perpendicular a r, ela intersecta r no ponto P', chamado **projeção ortogonal** (diremos apenas **projeção**) de P sobre r.

A projeção do segmento $\overline{AB}$ sobre r é o segmento $\overline{A'B'}$, sendo A' a projeção de A sobre r e B'a projeção de B sobre r.

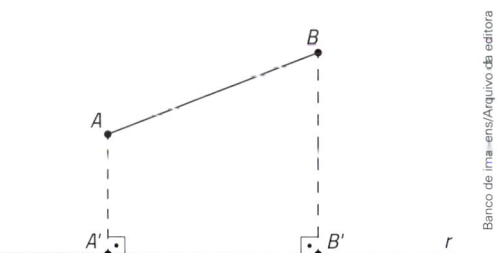

Agora responda:

a) Na figura acima, o quadrilátero $ABB'A'$ é um trapézio. Quais são as bases dele?

Construa:

b) uma reta r, um segmento $\overline{AB}$ não paralelo e não perpendicular a r e a projeção de AB sobre r.

c) uma reta r, um segmento $\overline{AB}$ paralelo a r e a projeção de $\overline{AB}$ sobre r.

d) uma reta r, um segmento $\overline{AB}$ contido em uma reta perpendicular a r e a projeção de $\overline{AB}$ sobre r.

e) uma reta r, um ponto A em r, um ponto B fora de r e a projeção de $\overline{AB}$ sobre r.
Compare as medidas das projeções $\overline{A'B'}$ com as dos segmentos $\overline{AB}$ desenhados nos itens **b**, **c** e **d** e responda:

f) A medida da projeção pode ser 0? Em que caso?

g) A medida da projeção $\overline{A'B'}$ pode ser igual à do segmento $\overline{AB}$? Em que caso?

h) A medida da projeção $\overline{A'B'}$ pode ser maior que a do segmento $\overline{AB}$? Em que caso?

i) O que você pode afirmar sobre a medida da projeção de um segmento $\overline{AB}$ sobre uma reta em comparação com a medida de $\overline{AB}$?

Os elementos de um triângulo retângulo recebem denominações especiais; assim, para um triângulo ABC retângulo em A, temos que:

- o lado a (ou de medida a), oposto ao ângulo $\hat{A}$, é a **hipotenusa**;

- os lados b e c (ou de medidas b e c), opostos, respectivamente, aos ângulos $\hat{B}$ e $\hat{C}$, são os **catetos**.

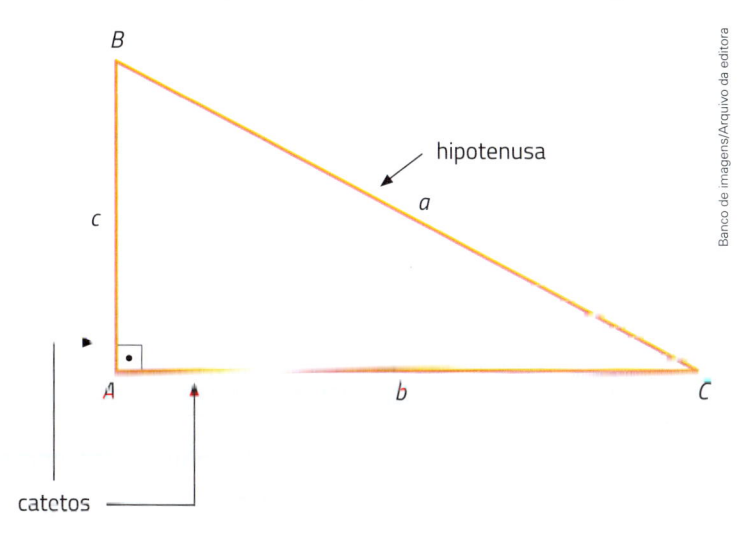

Vamos traçar a altura $\overline{AD}$ relativa à hipotenusa. Observe as figuras abaixo, com o triângulo *ABC* em duas posições diferentes.

Empregaremos as letras *m*, *n* e *h* para representar:

- *m* = projeção do cateto *b* sobre a hipotenusa;
- *n* = projeção do cateto *c* sobre a hipotenusa;
- *h* = altura relativa à hipotenusa.

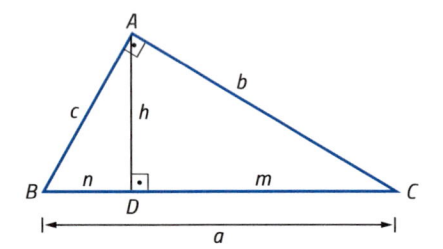 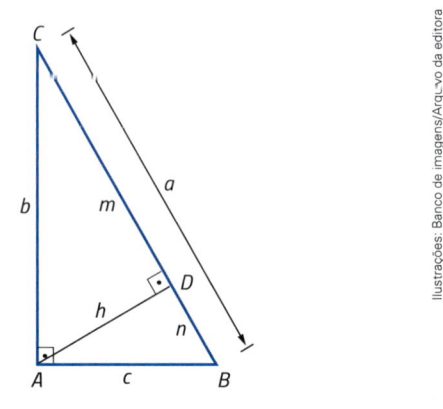

Ilustrações: Banco de imagens/Arquivo da editora

Semelhanças no triângulo retângulo

O triângulo *ABC*, representado ao lado, é retângulo em *A*.

No triângulo *ABC*, os ângulos $\hat{1}$ e $\hat{2}$ são complementares, ou seja, a soma de suas medidas é igual a 90°.

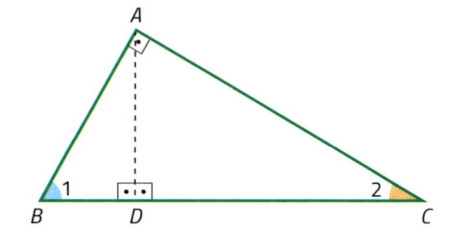

Destacando a altura $\overline{AD}$, relativa à hipotenusa do triângulo *ABC*, obtemos dois outros triângulos retângulos: $\triangle DBA$ e $\triangle DAC$.

O ângulo $\hat{3}$ do triângulo *DBA* abaixo é complemento do ângulo $\hat{1}$; então, é congruente ao ângulo $\hat{2}$ do triângulo *DAC* acima.

$$\hat{3} \equiv \hat{2}$$

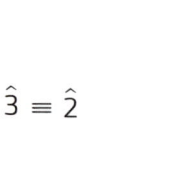

O ângulo $\hat{4}$ do triângulo *DAC* abaixo é complemento do ângulo $\hat{2}$; então, é congruente ao ângulo $\hat{1}$ do triângulo *DBA* acima.

$$\hat{4} \equiv \hat{1}$$

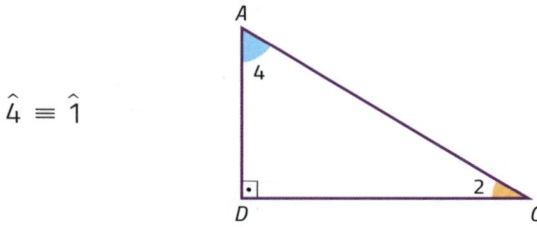

Os triângulos *ABC*, *DBA* e *DAC* têm os ângulos respectivamente congruentes; portanto, são semelhantes.

$$\triangle ABC \sim \triangle DBA \sim \triangle DAC$$

Relações métricas no triângulo retângulo

Observe, abaixo, o triângulo ABC, retângulo em A, de altura $\overline{AD}$.

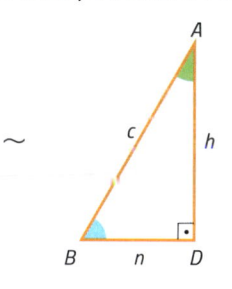 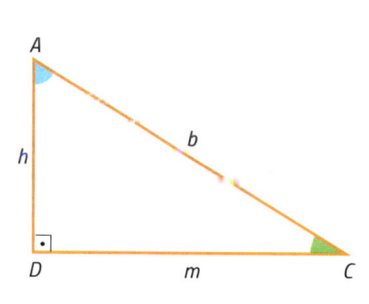

Vamos explorar a semelhança dos triângulos ABC, DBA e DAC:

$$\triangle ABC \sim \triangle DBA \Rightarrow \frac{BC}{AB} = \frac{AB}{BD} \Rightarrow \frac{a}{c} = \frac{c}{n} \Rightarrow c^2 = a \cdot n \;①$$

$$\triangle ABC \sim \triangle DAC \Rightarrow \frac{BC}{AC} = \frac{AC}{DC} \Rightarrow \frac{a}{b} = \frac{b}{m} \Rightarrow b^2 = a \cdot m \;②$$

$$\triangle DBA \sim \triangle DAC \Rightarrow \frac{AD}{DC} = \frac{BD}{AD} \Rightarrow \frac{h}{m} = \frac{n}{h} \Rightarrow h^2 = m \cdot n \;③$$

As relações ①, ② e ③ são as principais relações métricas no triângulo retângulo.

> Em qualquer triângulo retângulo:
>
> - cada cateto é média proporcional (ou média geométrica) entre sua projeção sobre a hipotenusa e a hipotenusa:
> $$b^2 = a \cdot m \text{ e } c^2 = a \cdot n$$
>
> - a altura relativa à hipotenusa é média geométrica (ou média proporcional) entre os segmentos que determinam na hipotenusa:
> $$h^2 = m \cdot n$$

Dessas três relações, decorrem outras. Vamos destacar duas:

- Multiplicando membro a membro as relações ① e ② e, em seguida, usando a ③, obtemos:

$$\left.\begin{array}{l} b^2 = a \cdot m \\ c^2 = a \cdot n \end{array}\right\} \Rightarrow b^2 \cdot c^2 = a^2 \cdot \underbrace{m \cdot n}_{③} \Rightarrow b^2 \cdot c^2 = a^2 \cdot h^2 \Rightarrow b \cdot c = a \cdot h$$

> Em qualquer triângulo retângulo, o produto dos catetos é igual ao produto da hipotenusa pela altura relativa a ela:
> $$b \cdot c = a \cdot h$$

- Adicionando membro a membro as relações ① e ② e observando que $m + n = a$, obtemos:

$$\left.\begin{array}{l} b^2 = a \cdot m \\ c^2 = a \cdot n \end{array}\right\} \Rightarrow b^2 \cdot c^2 = a \cdot m + a \cdot n \Rightarrow b^2 + c^2 = a \cdot \underbrace{\left(m + n\right)}_{a} \Rightarrow b^2 + c^2 = a^2$$

> Em qualquer triângulo retângulo, a soma dos quadrados dos catetos é igual ao quadrado da hipotenusa:
> $$b^2 + c^2 = a^2$$

Essa última relação é conhecida como **teorema de Pitágoras**.

Há muitas maneiras de demonstrar a validade do teorema de Pitágoras. Algumas delas, históricas, estão apresentadas no texto da seção "Na História" deste capítulo.

Podemos resumir as relações métricas em um triângulo retângulo da seguinte maneira:

Pitágoras, filósofo e matemático, nasceu na ilha de Samos, na Grécia, por volta de 572 a.C. e faleceu em 497 a.C.

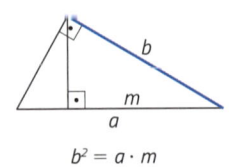 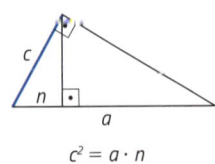 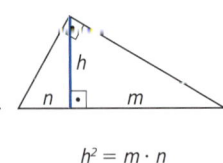 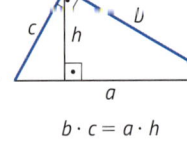 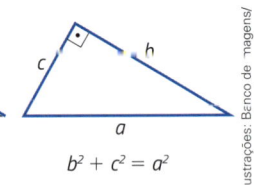

$b^2 = a \cdot m$ $\qquad$ $c^2 = a \cdot n$ $\qquad$ $h^2 = m \cdot n$ $\qquad$ $b \cdot c = a \cdot h$ $\qquad$ $b^2 + c^2 = a^2$

ATIVIDADES

1. Para cada item, use as relações métricas no triângulo retângulo e complete as sentenças substituindo os ///// pelos elementos corretos:

a)

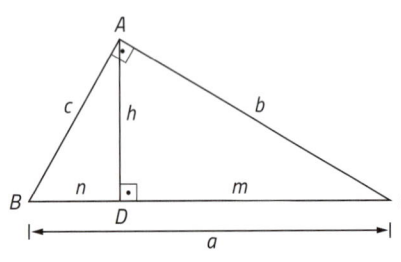

- $b^2 = a \cdot \text{/////}$
- $c^2 = \text{/////} \cdot n$
- $h^2 = \text{/////} \cdot \text{/////}$

- $b \cdot c = \text{/////} \cdot \text{/////}$
- $b^2 + c^2 = \text{/////}$

b)

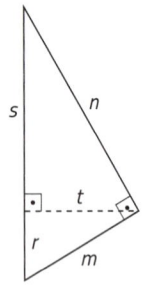

- $c \cdot h = \text{/////}$
- $b \cdot h = \text{/////}$
- $b \cdot c = \text{/////}$
- $m^2 + n^2 = \text{/////}$

- $h \cdot a = \text{/////}$
- $a^2 + c^2 = \text{/////}$
- $a^2 + b^2 = \text{/////}$

c)

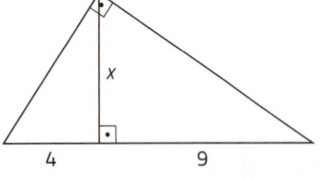

- $r \cdot s = \text{/////}$
- $(r + s) \cdot s = \text{/////}$
- $m \cdot n = \text{/////}$
- $(r + s) \cdot r = \text{/////}$

- $t^2 + r^2 = \text{/////}$
- $t^2 + s^2 = \text{/////}$
- $m^2 + n^2 = \text{/////}$

2. Determine o valor de x em cada item.

a)

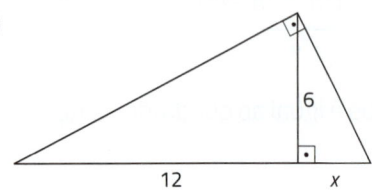

c)

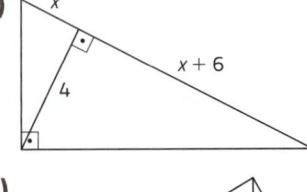

b)

d)

3. Calcule o valor de x em cada item.

a)
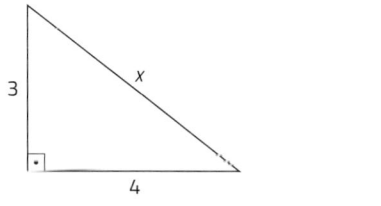

c)
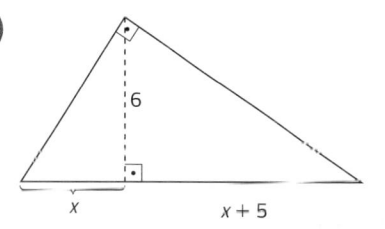

b)
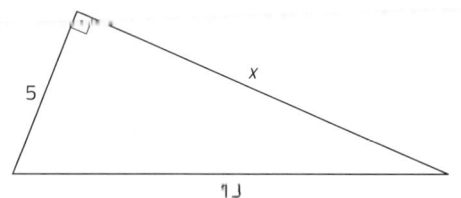

d)
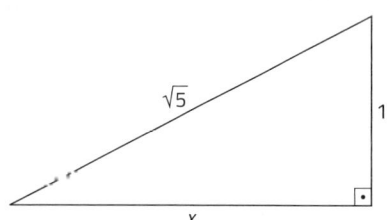

Ilustrações: Banco de imagens/Arquivo da editora

4. Uma escada de 2,5 m de altura está apoiada em uma parede, da qual o pé da escada dista 1,5 m. Determine a altura em que a escada atinge a parede.

5. Determine o valor de x em cada caso:

a)
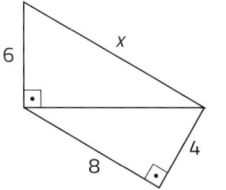

c)
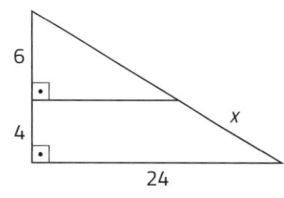

b)
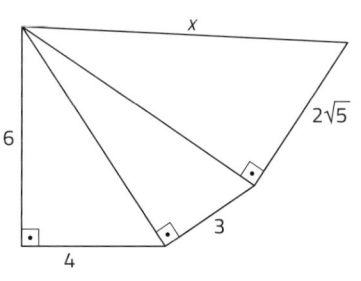

d)
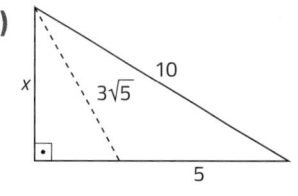

6. Num triângulo retângulo, os catetos medem 8 cm e 15 cm. Determine a hipotenusa, as projeções dos catetos sobre a hipotenusa e a altura relativa à hipotenusa.

7. A altura relativa à hipotenusa de um triângulo retângulo mede 12 m, e a hipotenusa mede 25 m. Calcule as medidas dos catetos.

8. Em um triângulo retângulo, os catetos medem 5 cm e 12 cm. Determine:
a) a medida da hipotenusa;
b) as projeções dos catetos sobre a hipotenusa;
c) a altura relativa à hipotenusa.

9. Calcule a medida da hipotenusa de um triângulo retângulo em que a altura relativa a ela mede 6 cm e nela determinam-se dois segmentos cuja diferença é 5 cm.

10. A altura relativa à hipotenusa de um triângulo retângulo é de 2,4 cm, e a hipotenusa mede 5 cm. Determine as medidas dos catetos.

11. Num triângulo retângulo, um cateto mede 10 cm, e a altura relativa à hipotenusa mede 6 cm. Determine o outro cateto e as projeções dos catetos sobre a hipotenusa.

12. Releia o problema "Quebrando a cabeça", do início deste capítulo. A figura abaixo mostra a situação-limite em que o retângulo cabe no círculo.

Então, Lara e Nícolas vão conseguir montar o quebra-cabeça na mesa de diâmetro 90 cm?

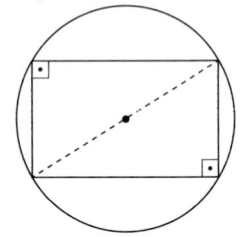

13. Recordemos: se uma reta t é tangente a uma circunferência de centro O, e T é o ponto de tangência, então t é perpendicular ao raio $\overline{OT}$.

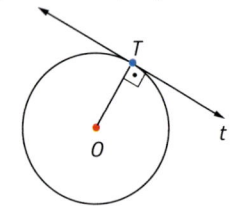

Agora, observe a figura e calcule PT, sabendo que $OT = 2$ cm e $OP = 4$ cm.

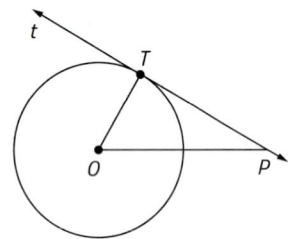

14. Sabendo que $\overline{PA}$ e $\overline{PB}$ são tangentes à circunferência de centro O e raio 6 cm, calcule o perímetro do quadrilátero $OAPB$ cuja diagonal $\overline{OP}$ mede 10 cm.

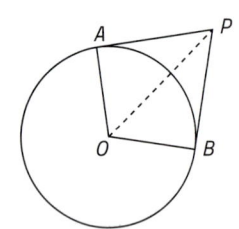

15. Neste problema, vamos utilizar um conceito que você estudou no 8º ano.

Quando tomamos uma circunferência de centro O e marcamos um diâmetro $\overline{BC}$ e duas cordas $\overline{AB}$ e $\overline{AC}$, o triângulo ABC é retângulo em A, porque $B\hat{A}C$ está inscrito numa semicircunferência.

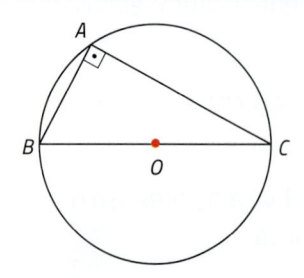

Assim, determine o valor de x em cada caso.

a)

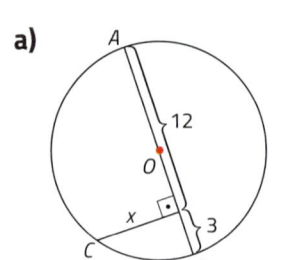

b)

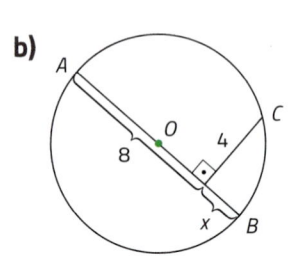

16. Determine o valor de x, y, z e t nas figuras abaixo, sabendo que O é o centro da circunferência.

a)

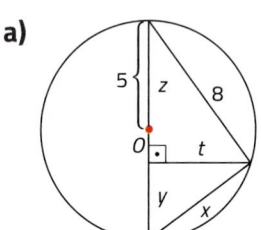

b)

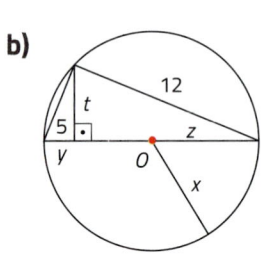

17. Calcule o valor de x em cada figura.

a)

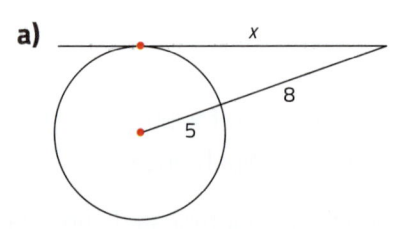

b)

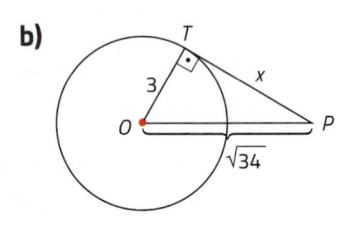

18. De um ponto P externo a uma circunferência de $\sqrt{6}$ cm de raio traçamos o segmento $\overline{PT}$ tangente a ela, que mede $10\sqrt{3}$ cm. Determine a distância de P ao centro O da circunferência.

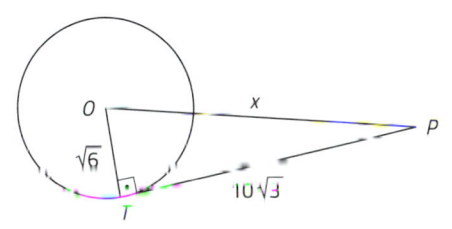

19. Uma corda $\overline{AB}$ de um círculo mede 6 cm, e a distância dessa corda ao centro do círculo é de 3 cm. Quanto mede o raio do círculo, em centímetros?

20. Na figura abaixo, $\overline{PT}$ é tangente à circunferência de centro O e raio r, e PA é a distância de P à circunferência. Dado **r** e sabendo que $\overline{PT} = 2r$, determine PA.

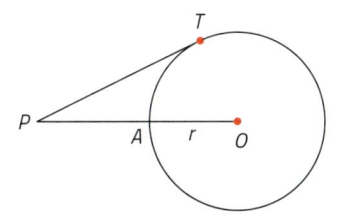

21. Um ponto P dista 2 cm de uma circunferência de raio r, e a tangente $\overline{PT}$ à circunferência traçada desse ponto é congruente ao raio dela. Calcule a medida do raio.

22. Um ponto P dista $PA = 12$ cm de uma circunferência de centro O e 3 cm de raio. $\overline{PT}$ é tangente à circunferência em T, e $\overline{TB}$ é perpendicular a $\overline{OP}$ em B. Determine a medida do segmento $\overline{AB}$.

23. Seja P um ponto externo a uma circunferência. A menor distância desse ponto à circunferência mede 6 cm, e a maior, 24 cm. Determine o comprimento do segmento tangente à circunferência nesse ponto.

24. Dois círculos de raios 12 cm e 20 cm são tangentes externamente. Determine o comprimento do segmento $\overline{PQ}$, tangente comum aos dois círculos, sendo P e Q pontos de tangência.

25. Determine o valor de x em cada caso a seguir.

a) $\overline{AB}$ é diâmetro, $\overline{CD} \perp \overline{AB}$;

b) $\overline{AB}$ é diâmetro, $BD = 15$ e $\overline{CD} \perp \overline{AB}$.

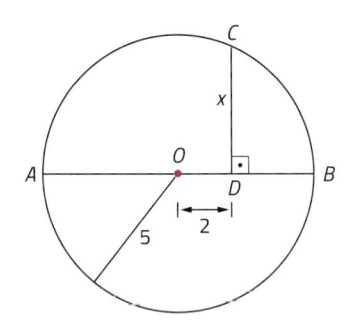

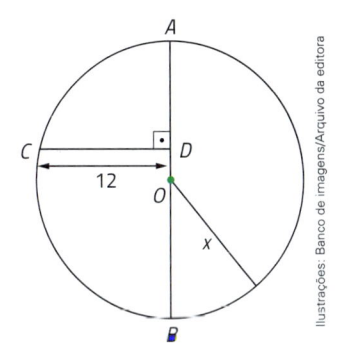

26. Em uma circunferência de 5 cm de raio, uma corda perpendicular a um diâmetro separa-o em duas partes, uma das quais mede 1 cm. Calcule o comprimento da corda.

27. Uma circunferência tem 5 cm de raio. Uma corda traçada da extremidade de um diâmetro mede $4\sqrt{5}$ cm. Determine a medida da projeção dessa corda sobre o diâmetro.

::::: Aplicações notáveis do teorema de Pitágoras

O teorema de Pitágoras permite obter expressões que nos ajudam a efetuar alguns cálculos de modo rápido. Vejamos como calcular a diagonal de um quadrado e a altura de um triângulo equilátero.

Diagonal do quadrado

Na figura, $ABCD$ é um quadrado cujo lado mede ℓ.

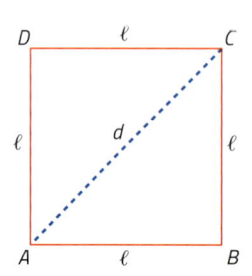

Vamos calcular a diagonal d do quadrado em função do lado ℓ.

O problema pode ser formulado também assim: dado o lado de um quadrado, calcule sua diagonal d.

Aplicando o teorema de Pitágoras no triângulo ABC, temos:

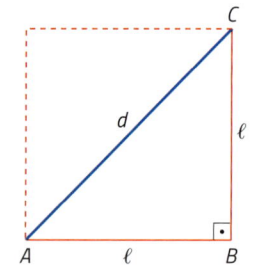

$$d^2 = \ell^2 + \ell^2 \Rightarrow d^2 = 2\ell^2$$

Daí:

$$d = \ell\sqrt{2} \qquad \left(\sqrt{2} \cong 1{,}4142\right)$$

Por exemplo, vamos calcular a diagonal de um quadrado de 6 cm de lado:

$$d = \ell\sqrt{2} \Rightarrow d = 6\sqrt{2}$$

A diagonal de um quadrado de 6 cm de lado mede $6\sqrt{2}$ cm (aproximadamente 8,485 cm).

Altura do triângulo equilátero

Na figura, ABC é um triângulo equilátero de lado ℓ.

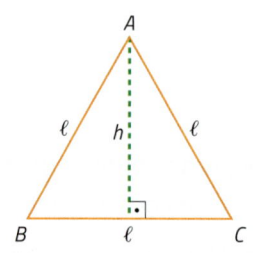

Vamos calcular a altura h do triângulo em função de ℓ.

Aplicando o teorema de Pitágoras no triângulo AMC, temos:

$$h^2 + \left(\frac{\ell}{2}\right)^2 = \ell^2 \Rightarrow h^2 = \ell^2 - \left(\frac{\ell}{2}\right)^2 \Rightarrow$$

$$\Rightarrow h^2 = \ell^2 - \frac{\ell^2}{4} = \frac{3\ell^2}{4}$$

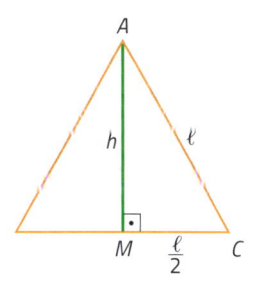

Daí:

$$h = \frac{\ell\sqrt{3}}{2}$$

$$\left(\sqrt{3} \cong 1{,}4142\right)$$

Vamos calcular, por exemplo, a altura de um triângulo equilátero de 6 cm de lado.

$$h = \frac{\ell\sqrt{3}}{2} \Rightarrow h = \frac{6\sqrt{3}}{2} = 3\sqrt{3}$$

A altura do triângulo mede $3\sqrt{3}$ cm (aproximadamente 5,196 cm).

ATIVIDADES

28. Determine o valor de x nos casos a seguir.

a) retângulo

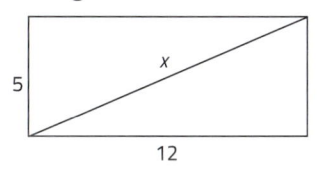

b) quadrado

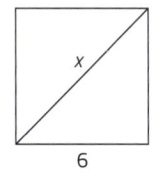

c) quadrado

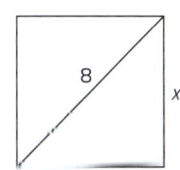

29. A diagonal de um quadrado mede $5\sqrt{2}$ cm. Determine o perímetro desse quadrado.

30. O perímetro de um retângulo é 34 cm. Um dos lados mede 5 cm. Determine a medida da diagonal.

31. Determine o valor de x nos casos abaixo.

a) triângulo equilátero

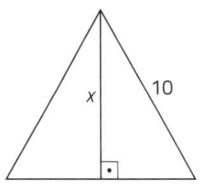

b) triângulo equilátero

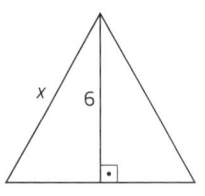

32. O perímetro de um triângulo equilátero é 18 cm. Calcule a altura desse triângulo.

33. Calcule o perímetro do triângulo isósceles de 16 cm de base e 6 cm de altura.

34. Calcule, com aproximação até centésimo de milímetro, a medida da altura de um triângulo cujos três lados medem 12 mm.

35. Determine a altura não relativa à base de um triângulo isósceles de lados 10 m, 10 m e 12 m.

36. O perímetro de um triângulo isósceles é de 18 m, e a altura relativa à base mede 3 m. Determine a medida da base.

37. Num triângulo isósceles de altura 8, inscreve-se uma circunferência de raio 3. Calcule a medida da base do triângulo.

38. Determine a menor altura de um triângulo cujos lados medem 4 m, 5 m e 6 m.

39. Determine o valor de x nos paralelogramos a seguir.

a)

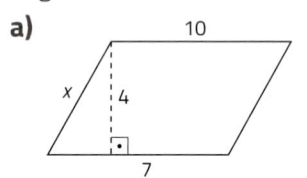

b)

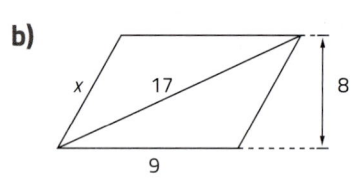

40. As diagonais de um losango medem 10 cm e 24 cm. Determine o perímetro do losango.

41. As diagonais de um losango medem 90 cm e 120 cm, respectivamente. Determine a medida do lado e a distância entre dois lados paralelos.

42. Um trapézio retângulo de 15 cm de altura tem as bases medindo 10 cm e 18 cm. Determine a medida do lado oblíquo às bases.

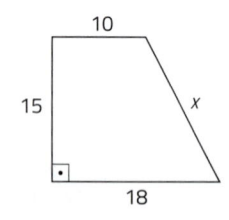

43. Determine a altura do trapézio da figura abaixo.

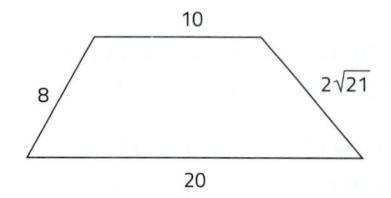

44. Determine a medida da diagonal $\overline{AC}$ do trapézio retângulo da figura abaixo sabendo que as bases medem, respectivamente, 4 cm e 9 cm e que $BC = \sqrt{34}$ cm.

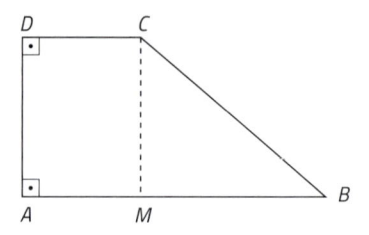

45. As bases de um trapézio isósceles medem 17 cm e 5 cm, e os outros lados medem 10 cm cada um. Determine a altura do trapézio.

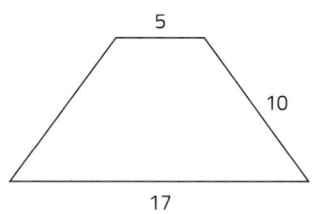

46. Na figura a seguir, calcule a altura do trapézio retângulo $ABCD$.

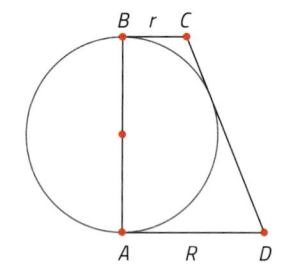

47. Na figura ao lado, determine o raio da circunferência, sabendo que AC e AD tangenciam a circunferência nos pontos C e D, respectivamente, e que $BE = 12$ cm e $AE = 54$ cm.

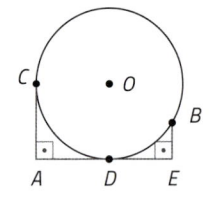

48. Calcule o raio da circunferência inscrita num trapézio retângulo de bases 10 m e 15 m.

49. As bases de um trapézio isósceles medem 7 cm e 19 cm; e os lados não paralelos, 10 cm. Calcule a altura desse trapézio.

50. Calcule o raio da circunferência inscrita num triângulo retângulo de catetos que medem 6 m e 8 m.

Construção de segmentos com medidas conhecidas (I)

Partindo de um segmento de 3 cm de comprimento, vamos construir um segmento de medida $3\sqrt{2}$ cm. Para isso precisaremos de régua e compasso.

1)

2)

3)

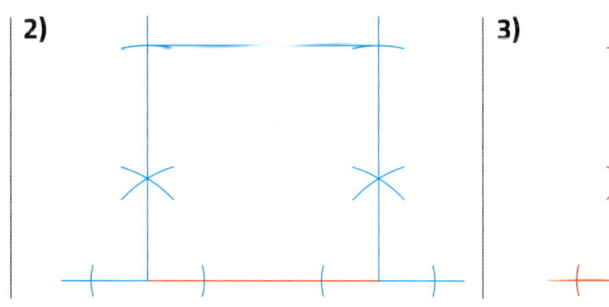

1) Desenhamos um segmento de 3 cm.

2) Construímos um quadrado de lado 3 cm.

3) Traçamos uma das diagonais desse quadrado, cuja medida é $3\sqrt{2}$ cm.

Construção de segmentos com medidas conhecidas (II)

Partindo de um segmento de 3 cm de comprimento, vamos construir um segmento de medida $3\sqrt{3}$ cm. Usaremos régua e compasso.

1)

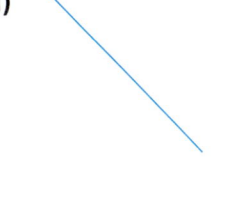

3)

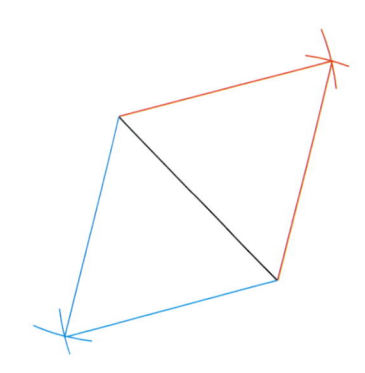

2)

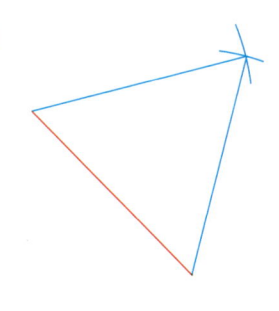

4)

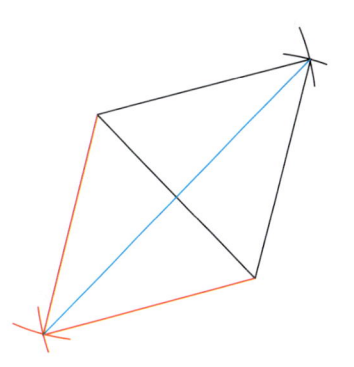

1) Desenhamos um segmento de 3 cm.

2) Construímos um triângulo equilátero de lado 3 cm.

3) Com base num dos lados do triângulo formado, construímos outro triângulo equilátero de lado 3 cm.

4) Temos um losango. Traçamos a diagonal que falta. Essa diagonal mede $3\sqrt{3}$ cm, porque é o dobro da altura do triângulo equilátero $\left(\text{a altura é } \dfrac{3\sqrt{3}}{2} \text{ cm e } 2 \cdot \dfrac{3\sqrt{3}}{2} \text{ cm} = 3\sqrt{3} \text{ cm}\right)$,

Construção de segmentos com medidas conhecidas (III)

Dado um segmento $\overline{AB}$ de 3 cm, vamos construir segmentos de medidas $3\sqrt{2}$ cm, $3\sqrt{3}$ cm, $3\sqrt{5}$ cm, etc. Vamos obter esses segmentos a partir da hipotenusa de triângulos retângulos em que um dos catetos mede 3 cm. Precisaremos de régua, esquadro e compasso.

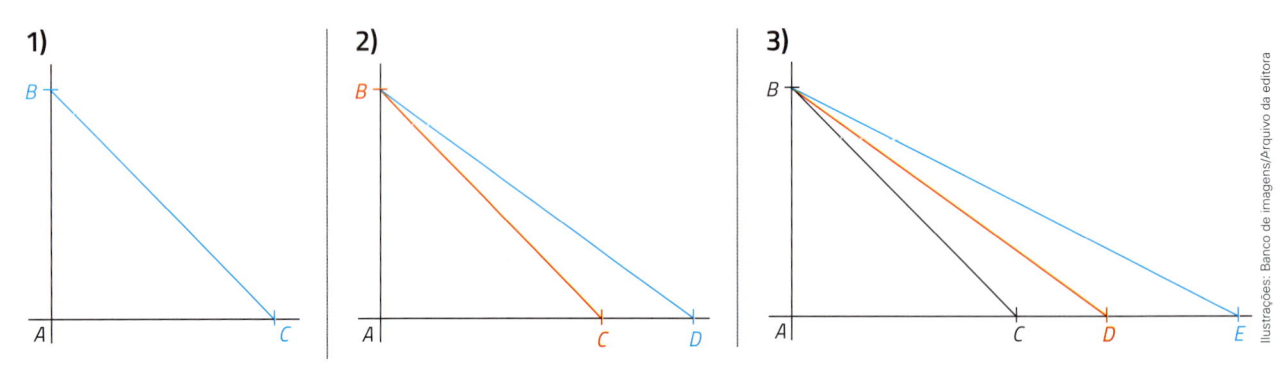

1) Construímos um ângulo reto de vértice A com o esquadro e marcamos nos lados desse ângulo $\overline{AB}$ e $\overline{AC}$ de 3 cm. Pelo teorema de Pitágoras, temos que a hipotenusa $\overline{BC}$ do triângulo ABC mede $3\sqrt{2}$ cm.

2) Aproveitando as construções feitas, fixamos a ponta-seca do compasso em A e, com abertura $3\sqrt{2}$ cm, marcamos o ponto D na reta $\overleftrightarrow{AC}$. Assim, obtemos um novo triângulo retângulo de catetos 3 e $3\sqrt{2}$. A hipotenusa $\overline{BD}$ do triângulo ABD mede $3\sqrt{3}$ cm.

3) Aproveitando as construções feitas, fixamos a ponta-seca do compasso em A e, com abertura 6 cm, marcamos o ponto E na reta $\overleftrightarrow{AC}$. A hipotenusa $\overline{BE}$ do triângulo ABE mede $3\sqrt{5}$ cm.

Construção da média geométrica

Dados dois segmentos de reta $\overline{AB}$ e $\overline{CD}$ $\left(AB = 1,25 \text{ cm e } CD = 4 \text{ cm}\right)$, vamos obter um segmento $\overline{PQ}$ tal que $PQ = \sqrt{(AB) \cdot (CD)}$, ou seja, vamos construir um segmento $\overline{PQ}$ cuja medida é a média geométrica (ou média proporcional) das medidas de dois segmentos dados. Para isso, usamos régua e compasso.

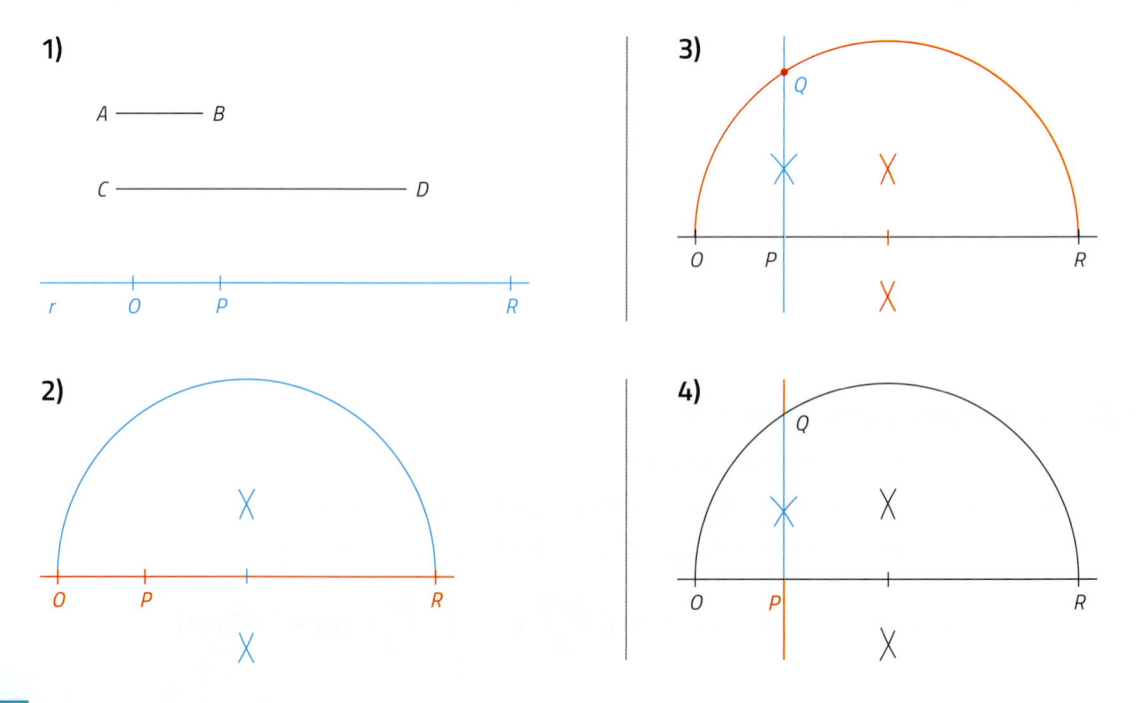

1) Traçamos uma reta r e sobre ela construímos $\overline{OP} \equiv \overline{AB}$ e $\overline{PR} \equiv \overline{CD}$.

2) Construímos uma semicircunferência de diâmetro $\overline{OR}$.

3) Traçamos por P a perpendicular à reta r e chamamos de Q o ponto em que ela corta a semicircunferência.

4) O segmento $\overline{PQ}$ é tal que $(PQ)^2 = (OP) \cdot (PR) = (AB) \cdot (CD)$.

Observação:

Nessa última construção, chamando de M o centro da semicircunferência, temos:

$$MR = \frac{OP + PR}{2} = \frac{AB + CD}{2}$$

Logo, MR é a média aritmética de AB e CD.

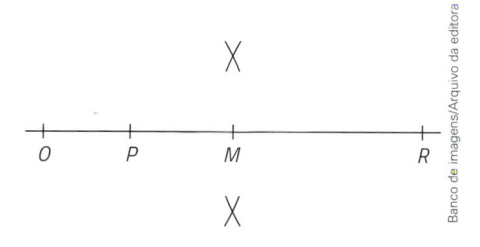

Banco de imagens/Arquivo da editora

ATIVIDADES

Nas atividades **51** a **58**, use régua e compasso.

51. Desenhe um segmento de medida 4 cm. Em seguida, construa um segmento de medida $4\sqrt{2}$ cm.

52. Desenhe um segmento de medida 6 cm. Em seguida, construa um segmento de medida $6\sqrt{2}$ cm.

53. Construa um segmento de medida $4\sqrt{3}$ cm.

54. Construa um segmento de medida $6\sqrt{5}$ cm.

55. Desenhe um segmento com 1 dm de comprimento. Em seguida, construa um segmento com $\sqrt{2}$ dm de comprimento.

56. Desenhe um segmento de 5 cm. Em seguida, construa um segmento que meça $5\sqrt{2}$ cm.

57. Construa segmentos de comprimentos $\sqrt{3}$ cm, $\sqrt{5}$ cm e $\sqrt{6}$ cm.

58. Construa um segmento cuja medida seja a média geométrica entre 2,5 cm e 4,5 cm.

NA OLIMPÍADA

Formiga esperta

(Obmep) Uma formiga esperta, que passeia sobre a superfície do cubo abaixo, faz sempre o menor caminho possível entre dois pontos. O cubo tem arestas de tamanho 1 cm.

Qual distância a formiga esperta percorrerá se ela for:

a) Do vértice A ao vértice B?

b) Do vértice M ao vértice N?

c) Do vértice A ao vértice D?

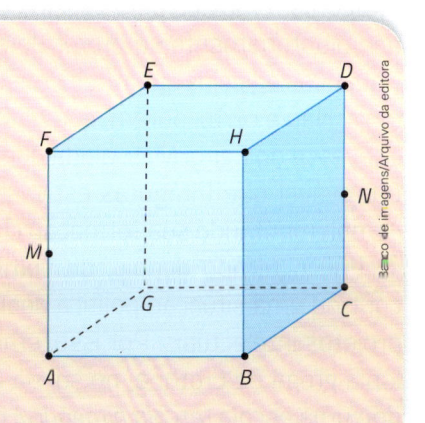

Banco de imagens/Arquivo da editora

NA HISTÓRIA

Teorema de Pitágoras

Em uma plaqueta de argila babilônica – provavelmente do período entre 1900 a.C. e 1600 a.C. – encontrada em Susa, no Irã atual, pode estar registrado o mais antigo exemplo conhecido do uso do **teorema de Pitágoras**. Como isso pode ser explicado, se Pitágoras viveu cerca de um milênio depois dessa época?

Pitágoras, como ilustrado na enciclopédia *Os ensinamentos secretos de todos os tempos*, edição inglesa de 1928, que se encontra no Museu Condé, França.

Reprodução/Museu Condé, Chantilly, França

De fato, Pitágoras nasceu por volta de 572 a.C., na ilha de Samos, no mar Egeu. Samos era uma rica cidade-estado grega governada por uma classe mercantil mais preocupada em expandir seu poder do que em fomentar o conhecimento – justamente o que mais interessava ao jovem Pitágoras. Por isso, aos 18 anos de idade, ele se mudou para a ilha de Lesbos, onde estudou Filosofia por dois anos.

Depois, possivelmente visitou Tales, já idoso, em Mileto, para usufruir seu saber. A seguir, talvez orientado por Tales, foi para o Egito, onde permaneceu vários anos. Segundo um relato, quando o Egito foi conquistado pelos persas, em 525 a.C., Pitágoras – movido pelo desejo de aprender – teria voluntariamente se oferecido para seguir com os cativos egípcios que foram levados para a Babilônia. Não é certo, porém, que nesse ano ele ainda estivesse no Egito. Mas, ainda que por outras vias, é provável que Pitágoras estivesse na Babilônia, complementando sua formação científica.

Pouco tempo depois, de volta a Samos, encontrou uma situação política desfavorável a seus projetos intelectuais. Por isso, emigrou para a colônia grega de Crotona, no sul da Itália, onde fundou uma escola (*escola pitagórica*) que teria grande influência no desenvolvimento da Filosofia e da Ciência, em especial da Matemática. Uma das características da escola era a tradição oral: os ensinamentos eram passados apenas oralmente. Além disso, as realizações da escola costumavam ser atribuídas ao fundador.

Por volta do ano 500 a.C., em seu auge, a escola foi fechada, sob a acusação de apoiar a aristocracia, contrária ao governo. Pitágoras refugiou-se na cidade de Metaponto, outra colônia grega no sul da Itália, onde ficou até sua morte, em 497 a.C. A escola, porém, sobreviveu por cerca de dois séculos, com seus membros dispersos pelo mundo grego.

Para a escola pitagórica, o saber por excelência era o saber matemático. Seus membros acreditavam que "o conhecimento é a maior das purificações". Assim, não é de estranhar que nessa escola tenha começado o cultivo da Matemática pela própria Matemática, ou seja, seu estudo sem visar aplicações práticas. Além disso, os pitagóricos iniciaram a organização da Matemática – em particular da Geometria – por meio de teoremas e suas justificativas. A julgar por alguns relatos históricos, deve-se a Pitágoras (ou talvez a algum membro de sua escola) a primeira demonstração do *teorema de Pitágoras* (daí o nome), hoje comumente enunciado assim:

O quadrado da hipotenusa de um triângulo retângulo é igual à *soma dos quadrados dos catetos.*

A suposta demonstração de Pitágoras é desconhecida, mas acredita-se que tenha sido feita por comparação de áreas, como a que apresentamos a seguir, nas figuras 1 e 2.

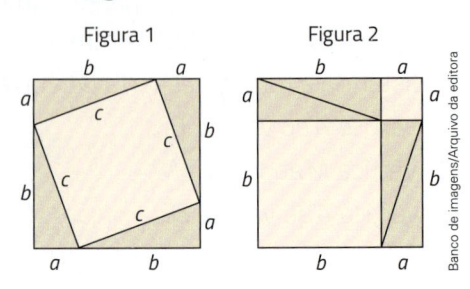

Banco de imagens/Arquivo da editora

Do quadrado maior (de lado $a + b$) da figura 1, retiramos os quatro triângulos retângulos congruentes de catetos a e b. O que resta é um quadrado de lado c. Do quadrado da figura 2, retiramos, também, os quatro triângulos retângulos de catetos a e b. Restam dois quadrados de áreas a^2 e b^2. Como as figuras resultantes das retiradas dos triângulos têm mesma área, então:

$$c^2 = a^2 + b^2$$

Centenas de demonstrações diferentes desse importante teorema já foram feitas depois de Pitágoras. O livro *The Pythagorean Proposition* (*O teorema de Pitágoras*), de E. S. Loomis (1852--1940), em edição de 1940, traz cerca de 360 dessas demonstrações. Certamente, nenhuma delas usa menos palavras do que a do matemático hindu Bhaskara (século XII), que se limitou a desenhar a figura 3 e a escrever junto a ela: "Veja!". Um pouco de álgebra explica o que Bhaskara via tão facilmente.

Tomam-se quatro triângulos retângulos com hipotenusa c e catetos a e b, como na figura 3. A área do quadrado maior, c^2, é igual à soma da área do quadrado menor, $(b - a)^2$, com a soma das áreas dos quatro triângulos retângulos, cada um com área $\left(\dfrac{ab}{2}\right)$. Ou seja:

Figura 3

$$c^2 = (b - a)^2 + 4 \cdot \left(\dfrac{ab}{2}\right) = b^2 + a^2$$

Outra interessante demonstração é creditada a um ex-presidente estadunidense, James A. Garfield (1831-1881), que desde seus tempos de estudante gostava de Matemática. Uma curiosidade: ele morreu assassinado três meses depois de tomar posse. Garfield teve a ideia dessa demonstração quando ainda era membro do Congresso dos Estados Unidos, em uma conversa sobre Matemática com alguns colegas. A demonstração baseia-se no fato de que, na figura 4, a área do trapézio é igual à soma das áreas dos três triângulos em que está decomposto.

Figura 4

$$\dfrac{a + b}{2}(a + b) = \dfrac{ab}{2} + \dfrac{ab}{2} + \dfrac{c^2}{2}$$

$$\therefore (a + b)^2 = 2ab + c^2$$
$$\therefore a^2 + 2ab + b^2 = 2ab + c^2$$
$$\therefore a^2 + b^2 = c^2$$

($\therefore$ lê-se: "portanto")

Assim, cabe a pergunta: é possível descobrir outras demonstrações do teorema de Pitágoras, diferentes das do livro de Loomis? Pode parecer surpreendente, mas o próprio autor afirma que sim. Certamente, muitas já foram descobertas de 1940 para cá.

1. Sabe-se que, se a, b e c são três números reais positivos tais que $a^2 + b^2 = c^2$, então um triângulo cujos lados medem a, b e c é retângulo, sendo c sua hipotenusa. Trata-se do **recíproco** do teorema de Pitágoras, o qual é verdadeiro. Com essa informação, verifique se são retângulos os triângulos de lados:

   a) 32, 65, 97.   **b)** 90, 56, 106.   **c)** 10, 13, 19.   **d)** 7, 24, 25.

2. Na plaqueta de argila referida no início do texto, é calculado o raio de um círculo circunscrito a um triângulo isósceles de lados 50, 50 e 60. O valor $31\dfrac{15}{60}$, encontrado pelo escriba para o raio, é correto? Por quê?

3. Justifique matematicamente o fato de o triângulo não sombreado da figura 4 ser retângulo.

4. Sabe-se que os arquitetos do Egito antigo usavam um triângulo cujos lados mediam 3, 4 e 5 unidades para levantar a vertical num ponto. De fato, nesse caso o ângulo formado pelos lados que medem 3 unidades e 4 unidades é reto. Esse fato, por si só, é garantia de que eles conheciam o teorema de Pitágoras? Por quê?

5. Se as medidas dos catetos de um triângulo retângulo são números pares, a medida da hipotenusa pode ser um número ímpar? Por quê?

15 Razões trigonométricas no triângulo retângulo

Aphelleon/Shutterstock

NA REAL

Como Aristarco estimou a distância entre a Terra e o Sol?

O ilustre astrônomo Aristarco de Samos viveu aproximadamente entre 310 e 230 a.C. Entre seus estudos estão importantes estimativas, como o tamanho da Lua e do Sol e a distância entre a Terra e esses corpos celestes. Imaginando um triângulo retângulo formado no espaço, ele encontrou um modo simples de medir essas distâncias.

Quando a Lua está em sua fase crescente ou minguante (metade escura e metade iluminada), é possível considerar o triângulo representado na imagem. Nesse caso, a distância entre a Terra e o Sol é dada por a.

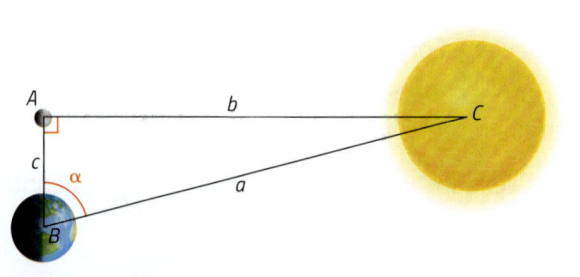

Alberto De Stefano/Arquivo da editora

Aristarco achou um valor próximo de 87° para α. Assim, foi possível construir um triângulo semelhante ao ABC num pedaço de pergaminho, de papiro ou mesmo na areia e descobrir que a distância da Terra ao Sol é aproximadamente 120 vezes a distância da Terra à Lua.

Escreva a razão entre a distância da Terra à Lua e a distância da Terra ao Sol. Como essa razão se relaciona com o ângulo de 87°?

Relações em triângulos retângulos semelhantes

A escada, o pedreiro e sua sombra

Um pedreiro colocou uma escada apoiada no topo de um muro, como mostra a figura ao lado.

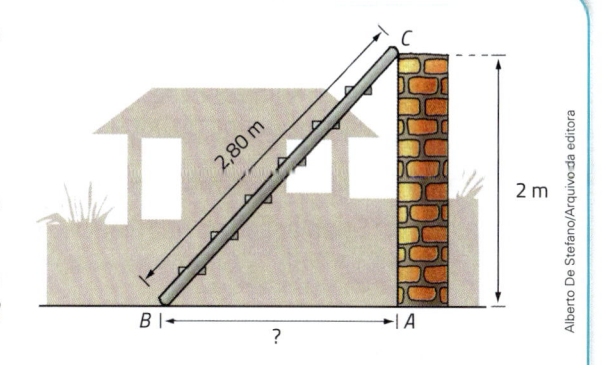

a) Qual é o comprimento da escada?

b) Qual é a altura do muro?

c) Observe os pontos A, B e C. Qual é a figura formada por esses pontos?

d) Considerando que o ângulo $\hat{A}$ seja reto, que tipo de triângulo é formado pelos pontos A, B e C?

e) Nomeie os segmentos abaixo:

- $\overline{AB}$
- $\overline{AC}$
- $\overline{BC}$

f) Calcule, aplicando o teorema de Pitágoras, a distância da base da escada (B) até a base do muro (A).

Indique a resposta com duas casas decimais. Você pode usar uma calculadora.

Ao meio-dia, com o sol a pino, o pedreiro sobe a escada, degrau por degrau.

A sombra de seu pé no chão também vai mudar de posição.

Vamos ver como esse exemplo nos permite tirar conclusões importantes em Matemática.

A figura ao lado mostra a situação acima de maneira simplificada:

- posições do pé do pedreiro: C_1, C_2, C_3, C_4, C_5 e C_6;

- posições da sombra do pé no chão: A_1, A_2, A_3, A_4, A_5 e A_6.

Os triângulos BA_1C_1, BA_2C_2, BA_3C_3, etc. são todos semelhantes entre si. Então:

$$\frac{A_1C_1}{A_2C_2} = \frac{BC_1}{BC_2} \Rightarrow \frac{A_1C_1}{BC_1} = \frac{A_2C_2}{BC_2}$$

$$\frac{A_1C_1}{A_3C_3} = \frac{BC_1}{BC_3} \Rightarrow \frac{A_1C_1}{BC_1} = \frac{A_3C_3}{BC_3}$$

e assim por diante.

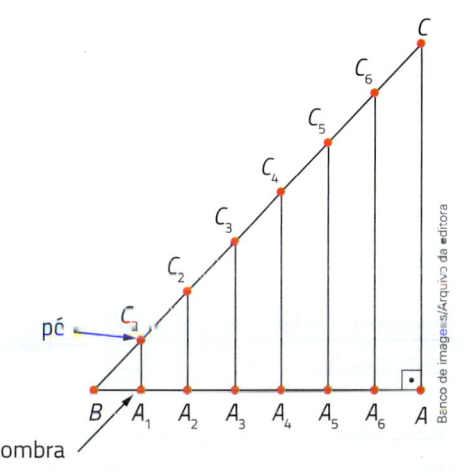

sombra

Portanto, temos:

altura do pé

$$\frac{A_1C_1}{BC_1} = \frac{A_2C_2}{BC_2} = \frac{A_3C_3}{BC_3} = \ldots = \frac{AC}{BC} = \frac{2,00}{2,80} \cong 0,71429$$

distância percorrida

Podemos observar que a altura do pé do pedreiro em relação ao chão é **diretamente proporcional** à distância que ele percorreu na escada.

Considerando que a distância de B à base do muro, A, é aproximadamente 1,96 m, temos também a razão:

distância da sombra à base da escada ⟶
distância percorrida ⟶
$$\frac{BA_1}{BC_1} = \frac{BA_2}{BC_2} = \frac{BA_3}{BC_3} = \ldots = \frac{BA}{BC} \cong \frac{1,96}{2,80} = 0,70000$$

Portanto, a distância da sombra do pé do pedreiro à base da escada é **diretamente proporcional** à distância que ele percorreu na escada.

Temos, ainda:

altura do pé ⟶
distância da sombra à base da escada ⟶
$$\frac{A_1C_1}{BA_1} = \frac{A_2C_2}{BA_2} = \frac{A_3C_3}{BA_3} = \ldots = \frac{AC}{BA} \cong \frac{2,00}{1,96} \cong 1,02041$$

A altura do pé do pedreiro em relação ao chão é diretamente proporcional à distância da sombra do seu pé à base da escada.

Acabamos de ver que, fixado o ângulo $\left(\hat{B}\right)$ que a escada faz com o chão, as razões:

$$\frac{\text{cateto oposto a } \hat{B}}{\text{hipotenusa}}, \frac{\text{cateto adjacente a } \hat{B}}{\text{hipotenusa}}, \frac{\text{cateto oposto a } \hat{B}}{\text{cateto adjacente a } \hat{B}}$$

não dependem do tamanho do triângulo considerado. Em qualquer dos triângulos BA_1C_1, BA_2C_2, BA_3C_3, etc., essas razões valem, respectivamente: 0,71429; 0,70000; 1,02041.

Esses números estão diretamente ligados à medida do ângulo $\hat{B}$.

Se colocarmos a escada em outra posição, como mostra a figura abaixo, formando com o chão outro ângulo, $\hat{B}'$, encontraremos as seguintes razões:

$$\frac{\text{cateto oposto a } \widehat{B}'}{\text{hipotenusa}} = \frac{2,00}{2,50} = 0,80000$$

$$\frac{\text{cateto adjacente a } \widehat{B}'}{\text{hipotenusa}} = \frac{1,50}{2,50} = 0,60000$$

$$\frac{\text{cateto oposto a } \widehat{B}'}{\text{cateto adjacente a } \widehat{B}'} = \frac{2,00}{1,50} \cong 1,33333$$

Alberto De Stefano/Arquivo da editora

Para cada ângulo agudo $\hat{B}$, essas três razões, que só dependem da medida do ângulo $\hat{B}$, possuem nomes específicos. Veja o próximo tópico.

⠿ Razões trigonométricas

Dado um ângulo agudo $\hat{B}$, vamos construir um triângulo ABC retângulo em A e que tenha $\hat{B}$ como um de seus ângulos.

- Chama-se **seno** de um ângulo agudo a razão entre o cateto oposto ao ângulo e a hipotenusa:

$$\operatorname{sen} \hat{B} = \frac{b}{a}$$ (sen $\hat{B}$ lê-se: "seno de $\hat{B}$")

- Chama-se **cosseno** de um ângulo agudo a razão entre o cateto adjacente ao ângulo e a hipotenusa:

$$\cos \hat{B} = \frac{c}{a}$$ (cos $\hat{B}$ lê-se: "cosseno de $\hat{B}$")

- Chama-se **tangente** de um ângulo agudo a razão entre o cateto oposto ao ângulo e o cateto adjacente ao ângulo:

$$\operatorname{tg} \hat{B} = \frac{b}{c}$$ (tg $\hat{B}$ lê-se: "tangente de $\hat{B}$")

O seno, o cosseno e a tangente de um ângulo são chamados **razões trigonométricas** desse ângulo. Veja alguns exemplos:

- Considerando o exemplo inicial com o triângulo formado pela escada, pelo muro e pelo chão, temos (em valores aproximados):

$$\operatorname{sen} \hat{B} = \frac{b}{a} = \frac{2{,}00}{2{,}80} = 0{,}71429$$

$$\cos \hat{B} = \frac{c}{a} = \frac{1{,}96}{2{,}80} = 0{,}70000$$

$$\operatorname{tg} \hat{B} = \frac{b}{c} = \frac{2{,}00}{1{,}96} = 1{,}02041$$

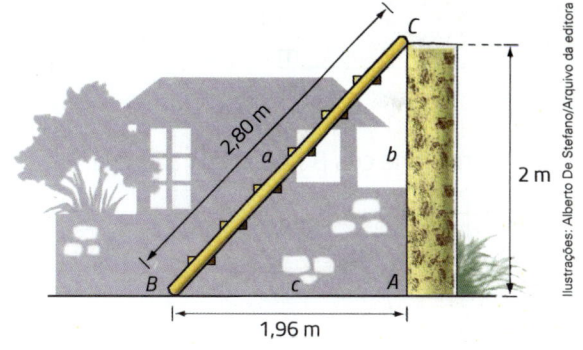

Ilustrações: Alberto De Stefano/Arquivo da editora

- Agora vamos considerar a escada apoiada no muro, conforme a segunda posição apresentada:

$$\operatorname{sen} \hat{B} = \frac{b}{a} = \frac{2{,}00}{2{,}50} = 0{,}80000$$

$$\cos \hat{B} = \frac{c}{a} = \frac{1{,}50}{2{,}50} = 0{,}60000$$

$$\operatorname{tg} \hat{B} = \frac{b}{c} = \frac{2{,}00}{1{,}50} \cong 1{,}33333$$

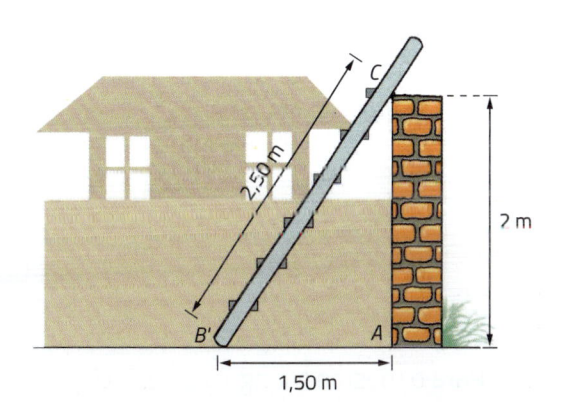

- No triângulo ao lado, temos:

$$\text{sen } \hat{Q} = \frac{\text{cateto oposto a } \hat{Q}}{\text{hipotenusa}} = \frac{OP}{PQ} = \frac{14}{50} = 0,28$$

$$\cos \hat{Q} = \frac{\text{cateto adjacente a } \hat{Q}}{\text{hipotenusa}} = \frac{OQ}{PQ} = \frac{48}{50} = 0,96$$

$$\text{tg } \hat{Q} = \frac{\text{cateto oposto}}{\text{cateto adjacente}} = \frac{OP}{OQ} = \frac{14}{48} \cong 0,29$$

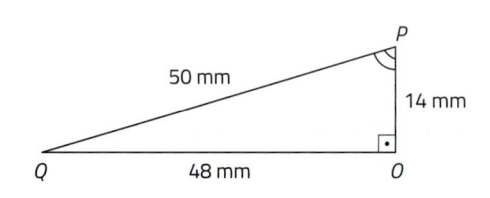

- No exemplo anterior, o ângulo $\hat{P}$ também é agudo. Calculemos as razões trigonométricas de $\hat{P}$.

$$\text{sen } \hat{P} = \frac{OQ}{PQ} = \frac{48}{50} = 0,96$$

$$\cos \hat{P} = \frac{OP}{PQ} = \frac{14}{50} = 0,28$$

$$\text{tg } \hat{P} = \frac{OQ}{OP} = \frac{48}{14} \cong 3,43$$

ATIVIDADES

1. Determine sen α nos casos a seguir.

a)

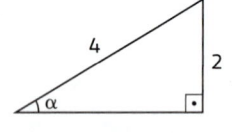

b)

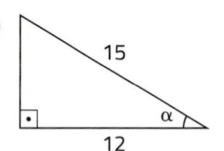

c)

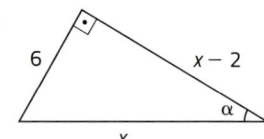

2. Determine cos β nos casos a seguir.

a)

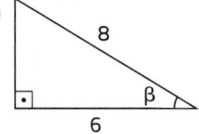

b)

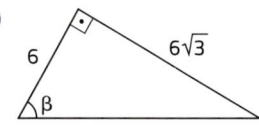

c)

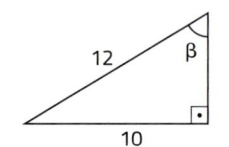

3. Obtenha tg γ nos casos a seguir.

a)

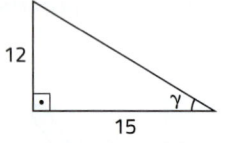

b)

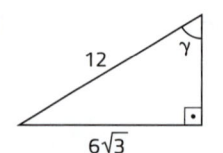

c)

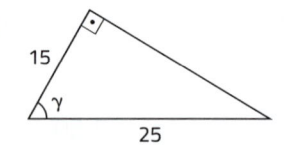

4. Calcule sen $\hat{B}$, cos $\hat{B}$ e tg $\hat{B}$ para o triângulo a seguir.

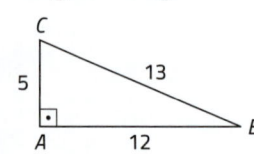

5. Para o mesmo triângulo do exercício anterior, calcule: sen $\hat{C}$, cos $\hat{C}$ e tg $\hat{C}$.

6. Calcule a medida da hipotenusa $\overline{RS}$ do triângulo retângulo da figura abaixo. Em seguida, determine sen $\hat{R}$, cos $\hat{R}$ e tg $\hat{S}$.

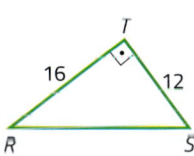

7. Na figura abaixo, determine x e, em seguida, calcule sen $\hat{B}$, tg $\hat{B}$ e sen $\hat{C}$.

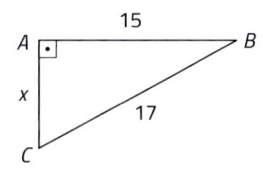

8. Num triângulo ABC, retângulo em A, de hipotenusa 15 cm, sabe-se que sen $\hat{B} = \dfrac{4}{5}$. Determine:

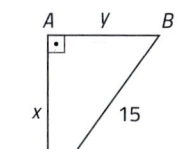

a) o cateto AC;

b) o outro cateto;

c) cos $\hat{B}$ e tg $\hat{B}$;

d) sen $\hat{C}$, cos $\hat{C}$ e tg $\hat{C}$.

9. Num triângulo ABC, retângulo em A, de hipotenusa 25 cm, sabe-se que sen $\hat{C} = \dfrac{3}{5}$. Determine:

a) o cateto AB;

b) o outro cateto;

c) cos $\hat{C}$ e tg $\hat{C}$;

d) sen $\hat{B}$, cos $\hat{B}$ e tg $\hat{B}$.

Aplicações das razões trigonométricas

O cabo de segurança

Por segurança, foi necessário ligar a ponta de um poste de 12 m de altura a um gancho no chão. Quando esticado, o cabo fez um ângulo de 45° com o chão.

Qual é o comprimento do cabo? A que distância do poste está o gancho?

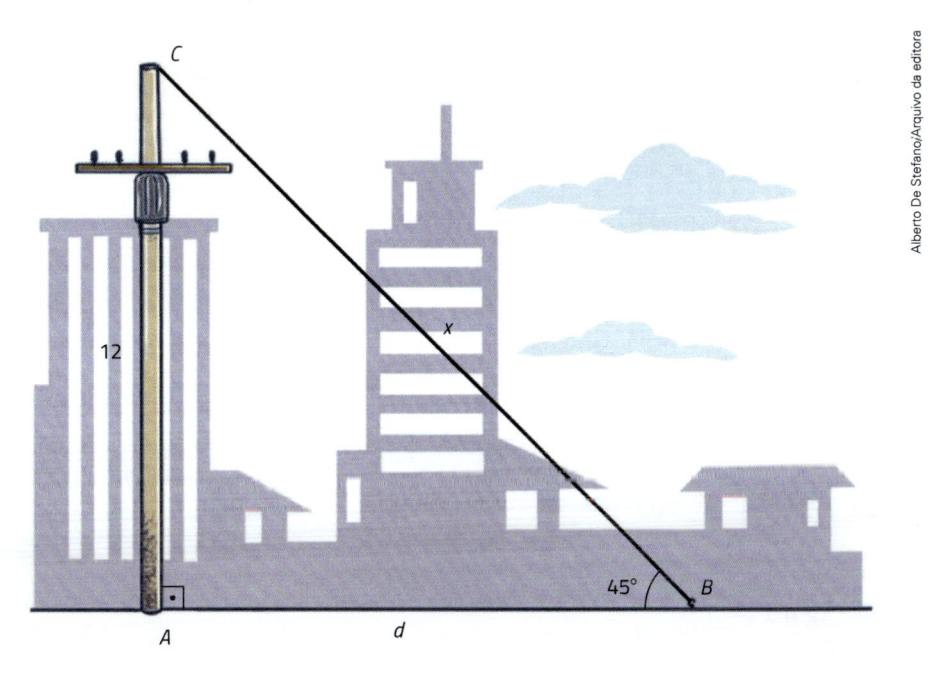

A altura da pipa

Jorge estava empinando pipa. Quando ele soltou os 50 m de linha, o vento estava tão forte que a linha ficou inclinada 60° em relação ao chão.

Nesse momento, qual era a altura da pipa em relação à mão de Jorge?

A pipa também é chamada de papagaio, pandorga ou raia.

O comprimento da sombra

Qual é o comprimento da sombra de uma árvore de 5 m de altura quando o Sol está 30° acima do horizonte?

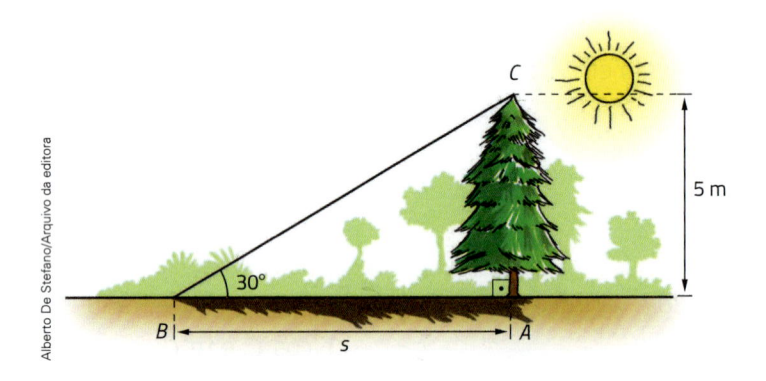

Conhecendo os valores do seno, do cosseno e da tangente de um ângulo agudo, podemos efetuar vários cálculos em Geometria, muitos deles envolvendo situações do cotidiano.

Vamos conhecer, então, alguns valores notáveis das razões trigonométricas e, em seguida, aplicá-los em situações práticas, como as dos problemas anteriores, que resolveremos a seguir.

Seno, cosseno e tangente de 45°

Na figura abaixo, à esquerda, temos um quadrado de lado ℓ. Ao traçarmos sua diagonal (que mede $\ell\sqrt{2}$), indicamos um triângulo retângulo, como mostra a figura à direita. Observe que os ângulos agudos medem 45°.

$$\operatorname{sen} 45° = \frac{\ell}{\ell\sqrt{2}} \Rightarrow \operatorname{sen} 45° = \frac{1}{\sqrt{2}} \Rightarrow \boxed{\operatorname{sen} 45° = \frac{\sqrt{2}}{2}} \quad \text{ou} \operatorname{sen} 45° \cong 0,707$$

$$\cos 45° = \frac{\ell}{\ell\sqrt{2}} \Rightarrow \cos 45° = \frac{1}{\sqrt{2}} \Rightarrow \boxed{\cos 45° = \frac{\sqrt{2}}{2}} \quad \text{ou} \cos 45° \cong 0,707$$

$$\operatorname{tg} 45° = \frac{\ell}{\ell} \Rightarrow \boxed{\operatorname{tg} 45° = 1}$$

Vamos resolver o problema "O cabo de segurança", da página 199.
Temos:

$$\text{sen } \hat{B} = \frac{AC}{BC} = \frac{12}{x} \text{ e tg } \hat{B} = \frac{AC}{AB} = \frac{12}{d}$$

Como $\hat{B} = 45°$, sen $45° = \frac{\sqrt{2}}{2}$ e tg $45° = 1$, vem:

$$\frac{\sqrt{2}}{2} = \frac{12}{x} \text{ e, então, } x = \frac{2 \cdot 12}{\sqrt{2}} = 12\sqrt{2} \Rightarrow 12 \cdot (1{,}414) \Rightarrow x \cong 16{,}97$$

$$1 = \frac{12}{d} \text{ e, então, } d = 12$$

O comprimento do cabo é, aproximadamente, 16,97 m, e a distância do gancho ao poste é 12 m.

Seno, cosseno e tangente de 30° e de 60°

Na figura abaixo, à esquerda, temos um triângulo equilátero de lado ℓ, cujos três ângulos são iguais a 60°. Ao traçarmos sua altura $\left(\text{que mede } \frac{\ell\sqrt{3}}{2}\right)$, indicamos um triângulo retângulo, como mostra a figura à direita.

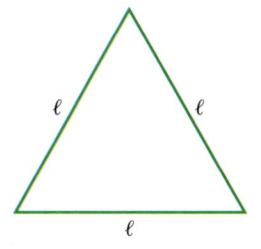 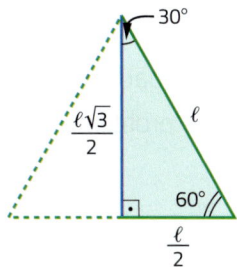

Para o ângulo de 30°, temos:

$$\text{sen } 30° = \frac{\frac{\ell}{2}}{\ell} \Rightarrow \boxed{\text{sen } 30° = \frac{1}{2}} \text{ ou sen } 30° = 0{,}5$$

$$\cos 30° = \frac{\frac{\ell\sqrt{3}}{2}}{\ell} \Rightarrow \boxed{\cos 30° = \frac{\sqrt{3}}{2}} \text{ ou } \cos 30° \cong 0{,}866$$

$$\text{tg } 30° = \frac{\frac{\ell}{2}}{\frac{\ell\sqrt{3}}{2}} = \frac{1}{\sqrt{3}} \Rightarrow \boxed{\text{tg } 30° = \frac{\sqrt{3}}{3}} \text{ ou tg } 30° \cong 0{,}577$$

Para o ângulo de 60°, temos:

$$\text{sen } 60° = \frac{\frac{\ell\sqrt{3}}{2}}{\ell} \Rightarrow \boxed{\text{sen } 60° = \frac{\sqrt{3}}{2}} \text{ ou sen } 60° \cong 0{,}866$$

$$\cos 60° = \frac{\frac{\ell}{2}}{\ell} \Rightarrow \boxed{\cos 60° = \frac{1}{2}} \text{ ou } \cos 60° = 0{,}5$$

$$\text{tg } 60° = \frac{\frac{\ell\sqrt{3}}{2}}{\frac{\ell}{2}} \Rightarrow \boxed{\text{tg } 60° = \sqrt{3}} \text{ ou tg } 60° \cong 1{,}732$$

Vamos resolver o problema "A altura da pipa", da página 200.

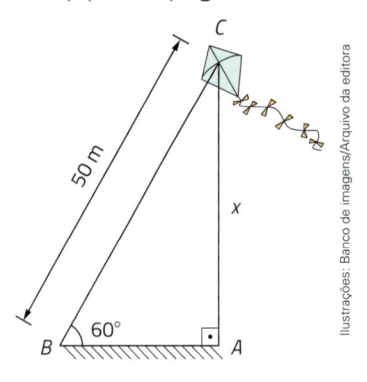

Ilustrações: Banco de imagens/Arquivo da editora

Temos:

$$\text{sen } \hat{B} = \frac{AC}{BC} = \frac{x}{50}$$

Como $\hat{B} = 60°$ e sen $60° = \dfrac{\sqrt{3}}{2}$, vem:

$\dfrac{\sqrt{3}}{2} = \dfrac{x}{50}$. Então: $x = \dfrac{50\sqrt{3}}{2} = 25\sqrt{3} \cong 25 \cdot (1{,}732) \Rightarrow x \cong 43{,}30$.

A altura da pipa em relação à mão de Jorge era, aproximadamente, 43,30 m.

Por último, vamos resolver o problema "O comprimento da sombra", da página 200.

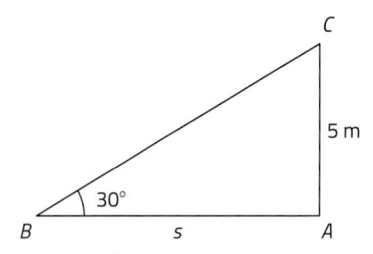

Temos:

$$\text{tg } \hat{B} = \frac{AC}{BC} = \frac{5}{s}$$

Como $\hat{B} = 30°$ e tg $30° = \dfrac{\sqrt{3}}{3}$, então:

$$\frac{\sqrt{3}}{3} = \frac{5}{s} \text{ e, daí, } s = \frac{15}{\sqrt{3}} = 5\sqrt{3} \cong 5 \cdot (1{,}732) \Rightarrow s \cong 8{,}66$$

O comprimento da sombra é, aproximadamente, 8,66 m.

Resumindo, vamos construir uma tabela com o seno, o cosseno e a tangente de alguns dos ângulos mais utilizados:

	30°	45°	60°
seno	$\dfrac{1}{2}$	$\dfrac{\sqrt{2}}{2}$	$\dfrac{\sqrt{3}}{2}$
cosseno	$\dfrac{\sqrt{3}}{2}$	$\dfrac{\sqrt{2}}{2}$	$\dfrac{1}{2}$
tangente	$\dfrac{\sqrt{3}}{3}$	1	$\sqrt{3}$

10. Calcule o valor de x em cada item.

a)

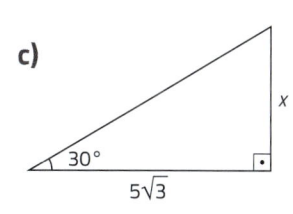

b)

c)

d)

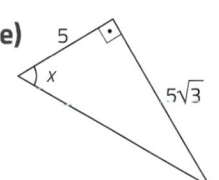

e)

f)

g)

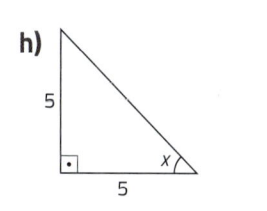

h)

i)

11. Para determinar a largura de um rio, marcou-se a distância entre dois pontos A e B numa margem tal que $AB = 100$ m. Numa perpendicular às margens pelo ponto A avistou-se um ponto C na margem oposta e se obteve o ângulo $A\hat{B}C = 30°$. Calcule a largura do rio.

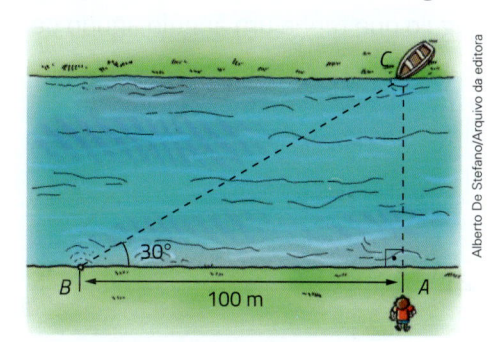

12. Uma pipa é presa a um fio esticado que forma um ângulo de 45° com o solo. O comprimento do fio é 80 m. Determine a altura da pipa em relação ao solo.

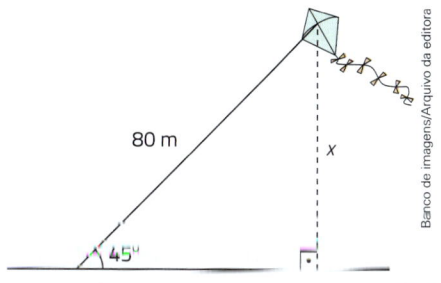

13. Uma escada está encostada na parte superior de um prédio de 54 m de altura e forma com o solo um ângulo de 60°. Determine o comprimento da escada.

14. A base maior de um trapézio isósceles mede 100 cm, e a base menor, 60 cm. Sendo 60° a medida de cada um de seus ângulos agudos, determine a altura e o perímetro do trapézio.

15. Determine a medida da base de um triângulo isósceles cujos lados iguais medem 6 cm e formam um ângulo de 120°.

16. Um ponto de um lado de um ângulo de 60° dista 16 m do vértice do ângulo. Quanto ele dista do outro lado do ângulo?

Seno, cosseno e tangente de outros ângulos

Quando queremos obter uma das razões trigonométricas de um ângulo não especial, por exemplo 37°, como fazemos? Teoricamente, podemos fazer assim:

- com a ajuda de um transferidor, construímos um ângulo de 37°:

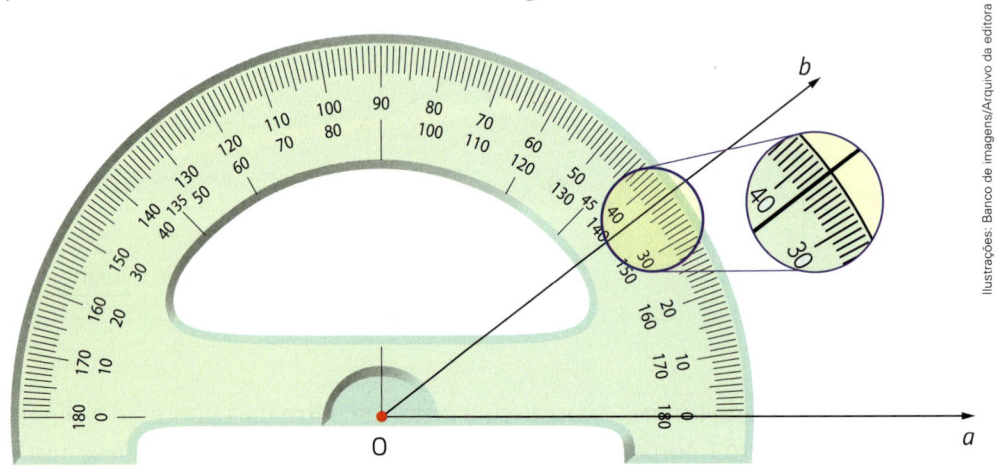

- construímos um triângulo retângulo que tenha um ângulo agudo de 37°:

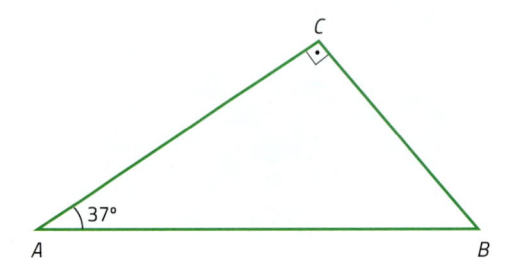

- medimos os lados desse triângulo:

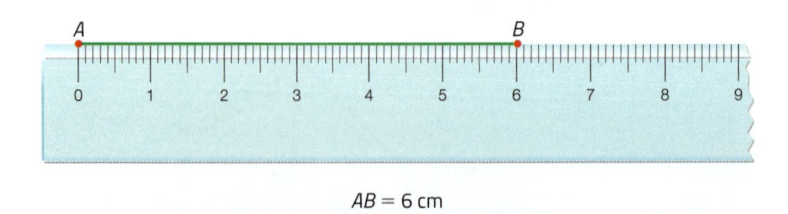

$AB = 6$ cm

- calculamos a razão trigonométrica que queremos. O resultado a que chegamos é um valor aproximado devido ao processo de medição e ao número de casas decimais adotado.

Na prática, consultamos tabelas já existentes e que dão as razões trigonométricas dos ângulos de 0° a 90°, de grau em grau, como a da página 383. Ou, então, utilizamos calculadoras que fornecem razões trigonométricas.

17. Construa um triângulo retângulo que tenha um ângulo de 40° e hipotenusa de 10 cm. Depois, meça os catetos e calcule as razões trigonométricas de 40° e compare suas respostas com os valores dados na tabela da página 383.

Nas atividades seguintes, se necessário, utilize a calculadora ou consulte a tabela da página 383.

18. Uma escada de bombeiro pode ser estendida até um comprimento máximo de 25 m, formando um ângulo de 70° com a base, que está apoiada sobre um caminhão, a 2 m do solo. Qual é a altura máxima que a escada atinge?

19. Um avião está a 7 000 m de altura e inicia a aterrissagem, em um aeroporto ao nível do mar. O ângulo de descida é 6°. Qual é a distância que o avião vai percorrer até tocar a pista?

20. Determine o valor de x nos casos a seguir.

a)

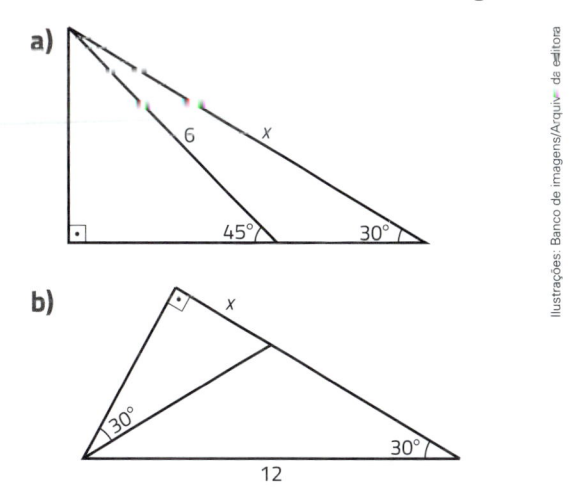

b)

21. Um observador vê um edifício construído em terreno plano sob um ângulo de 60°. Se ele se afastar do edifício mais 30 m, passará a vê-lo sob um ângulo de 45°. Calcule a altura do edifício.

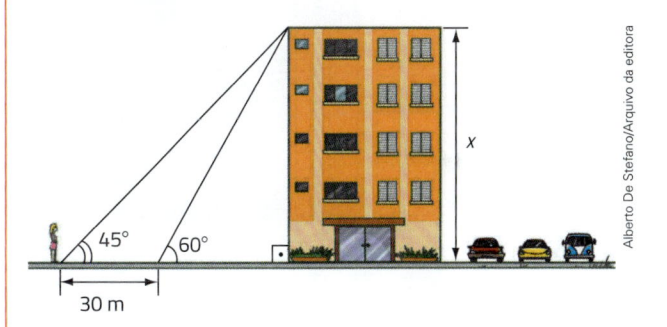

22. Um eucalipto quebrou com uma ventania e sua ponta ficou a 4,80 m da base, formando um ângulo de 26° com o chão. Qual era a altura do eucalipto antes de quebrar?

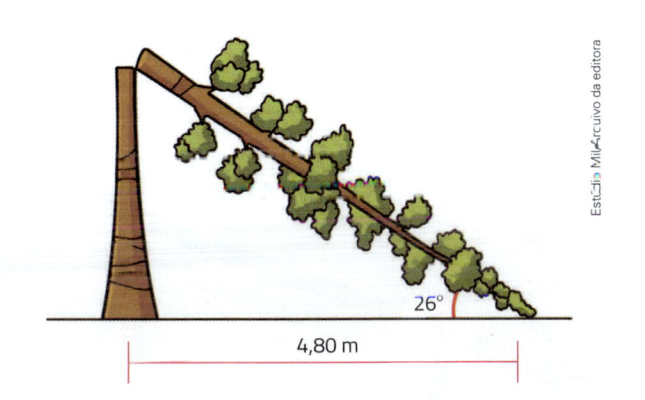

Como projetar corretamente uma rampa

As rampas são soluções excelentes e definitivas, ao pensarmos em edificações acessíveis, tanto por cadeirantes quanto por pessoas com mobilidade reduzida. Mobilidade reduzida significa, além de cadeirantes, pessoas com fraturas, idosos, gestantes e até pessoas com carrinhos de bebê. O acesso, garantido por lei, deveria ser universal, ou seja, além destes, os deficientes visuais e auditivos precisam ser contemplados.

Para projetarmos corretamente uma rampa, precisamos seguir a seguinte fórmula:

$i = \dfrac{h}{c} \cdot 100\%$

Em que:

i é a inclinação, em porcentagem;

h é a altura do desnível;

c é o comprimento da projeção horizontal.

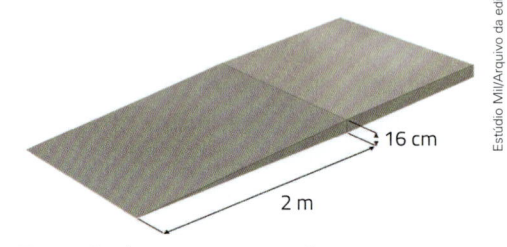

16 cm

2 m

Exemplo de rampa projetada corretamente.

Nem sempre as rampas são projetadas de forma correta, dificultando o acesso de cadeirantes.

[...]

Dessa forma, se pararmos pra pensar, veremos que 0% é o piso plano, e 100% é uma rampa com inclinação onde a altura é igual ao comprimento (por exemplo, 1 m de comprimento com 1 m de altura). Obviamente uma rampa de inclinação 100% é inviável para a subida de um cadeirante, já que ela equivale a uma inclinação de ////////. [...]

Um exemplo ao se projetar uma rampa para uma escada existente, de forma correta, é o que corresponde ao modelo da figura a seguir.

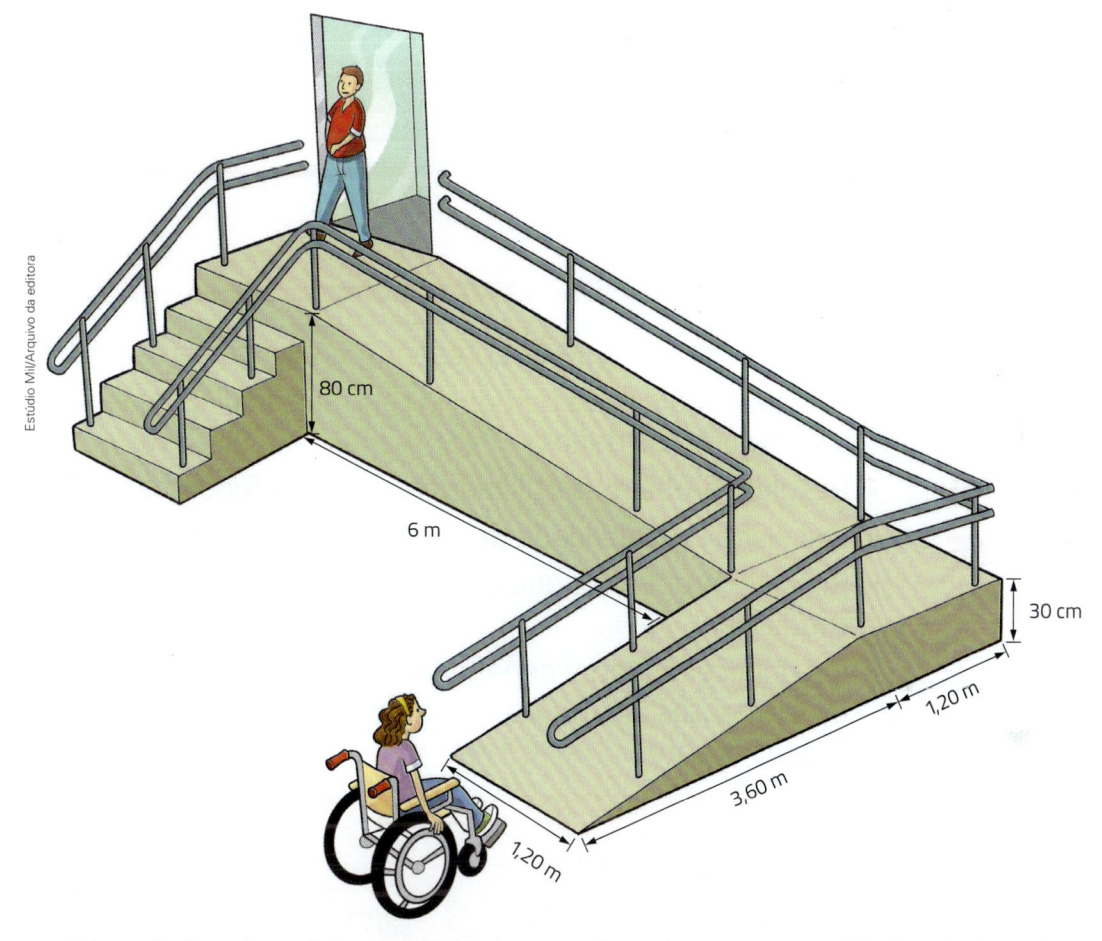

80 cm

6 m

30 cm

1,20 m

3,60 m

1,20 m

Disponível em: http://ew7.com.br/projeto-arquitetonico-com-autocad/index.php/tutoriais-e-dicas/130-como-projetar-corretamente-uma-rampa.html. Acesso em: 26 maio 2021.

Responda consultando a tabela trigonométrica, se necessário:

a) No texto, foi omitida a medida em graus da inclinação de 100%. Quanto é essa medida?

b) Qual é a razão trigonométrica que dá a inclinação da rampa?

c) Pelas normas oficiais, a inclinação máxima permitida é 8,33%. De quantos graus, aproximadamente, é essa inclinação?

d) Na rampa em que o desnível de 16 cm é vencido com uma rampa com projeção horizontal de 2 m de comprimento, de quantos por cento é a inclinação?

e) No projeto da rampa ilustrado acima, calcule as inclinações de cada segmento da rampa, em porcentagem. Esse projeto respeita a norma sobre a inclinação de rampas?

f) Na entrada de uma loja há um degrau de 20 cm de altura. Que comprimento deve ter a projeção horizontal de uma rampa para vencer esse desnível, respeitando a norma sobre a inclinação?

UNIDADE 7

Estatística e probabilidade

NESTA UNIDADE VOCÊ VAI

- Construir gráficos para representar um conjunto de dados.
- Calcular medidas de tendência central e de dispersão para analisar um conjunto de dados.
- Resolver problemas utilizando o princípio fundamental da contagem.
- Calcular a probabilidade de eventos em experimentos aleatórios.
- Resolver problemas que envolvem o cálculo de probabilidade condicional.
- Reconhecer eventos dependentes e independentes em experimentos aleatórios e calcular a probabilidade de ocorrência desses eventos.

CAPÍTULOS

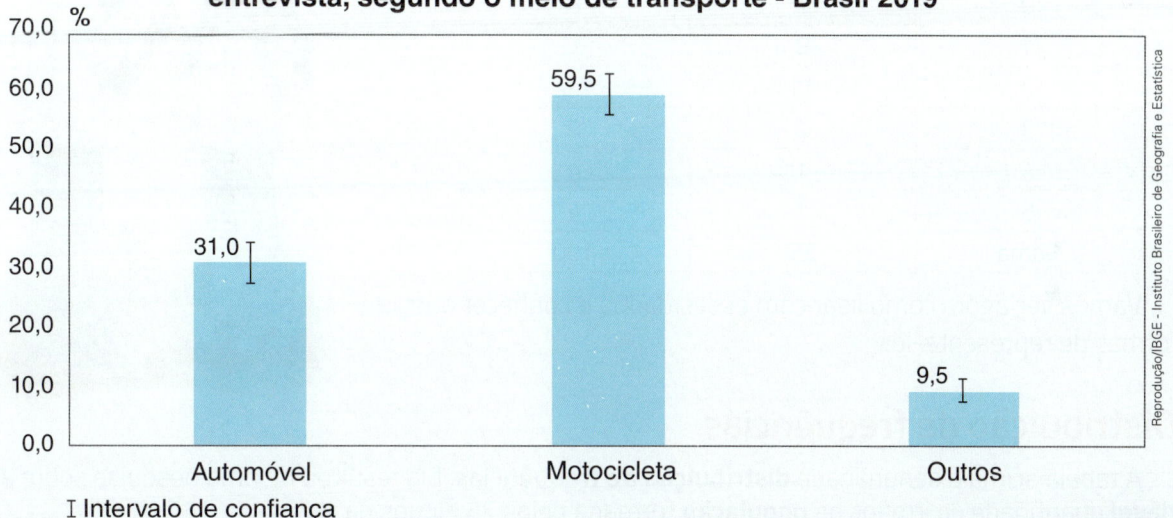

Gráfico 10 - Distribuição percentual de pessoas de 18 anos ou mais de idade que sofreram acidentes de trânsito com lesões corporais nos 12 meses anteriores à entrevista, segundo o meio de transporte - Brasil 2019

I Intervalo de confiança

Fonte: IBGE, Diretoria de Pesquisas, Coordenação de Trabalho e Rendimento, Pesquisa Nacional de Saúde 2019.
Nota: O intervalo de confiança de 95% é indicado pela barra de erros.

Reprodução/IBGE - Instituto Brasileiro de Geografia e Estatística

NA REAL

robbin lee/Shutterstock

Qual é o meio de transporte mais seguro?

Você já ouviu falar que o meio de transporte mais seguro do mundo é o avião? Para algumas pessoas é difícil acreditar nessa informação, mas esse é um dado estatístico. Entre os transportes terrestres, os que mais se envolvem em acidentes de trânsito com lesões corporais são automóveis e motocicletas.

Observe o gráfico acima. Ele foi construído a partir dos dados obtidos em uma pesquisa amostral sobre acidentes de trânsito com lesões corporais. Podemos notar, por exemplo, que em 31% dos casos observados na amostra, o meio de transporte era automóvel. Será que se fosse feita uma pesquisa censitária, consultando todos os acidentados, o resultado seria o mesmo? O que você acha que é o intervalo de confiança representado pela barra de erros?

Na DNCC
EF09MA21
EF09MA22
EF09MA23

∷∷ Noções de Estatística

É importante conhecer alguns conceitos básicos de Estatística para trabalhar com análise de dados.

Os irmãos dos alunos

Foi feita uma pesquisa sobre a quantidade de irmãos de cada aluno, em uma classe de 25 alunos. O resultado foi o seguinte: há 2 alunos que não têm irmãos, 8 que têm 1 irmão cada um, 11 que têm 2 irmãos cada um, 2 que têm 3 irmãos cada um, 1 com 4 irmãos e 1 com 5 irmãos.

Vamos organizar esses dados em uma tabela:

Nº de irmãos	Frequência	Frequência relativa (%)
0	2	8
1	8	32
2	11	44
3	2	8
4	1	4
5	1	4
Soma	25	100

Ilustra Cartoon/Arquivo da editora

Vamos ver agora como lidar com esses dados e conhecer outras formas de representá-los.

Distribuição de frequências

A tabela acima é denominada **distribuição de frequências**. Ela resultou de uma pesquisa sobre a **variável** quantidade de irmãos na **população** formada pelos 25 alunos da classe.

Denominamos **frequência** de um valor da variável o número de vezes que esse valor é observado na população. Há também a chamada **frequência relativa**, que é obtida dividindo-se a frequência propriamente dita pela quantidade de elementos da população. A frequência relativa costuma ser apresentada na forma de taxa percentual.

No estudo da Estatística, aprendemos a organizar dados resumindo-os em tabelas e gráficos que facilitem a sua análise.

População e variável

O termo "população" refere-se ao conjunto dos elementos sobre os quais desejamos pesquisar alguma característica. Essa característica deve variar de elemento para elemento da população, sendo, portanto, a variável a ser estudada. Assim, por exemplo, não é interessante fazer estatística a respeito do número de aulas semanais dos alunos de uma turma do 9° ano se todos os alunos dessa turma tiverem o mesmo número de aulas semanais. Mas, nessa população determinada, podemos considerar muitas outras variáveis, como: quantidade de irmãos, altura, massa, nota de uma prova de Matemática, esporte preferido, mês do nascimento, tempo gasto em uma corrida de 100 metros, número de acertos em dez lances livres de basquete, etc.

∷∷ Variáveis discretas

Uma variável que associa a cada elemento da população um número resultante de contagem é exemplo de **variável discreta**. Nas variáveis discretas os possíveis valores podem ser dispostos sucessivamente, como x_1, x_2, x_3, x_4, ... São variáveis discretas, por exemplo, a quantidade de irmãos de cada aluno de uma classe, a quantidade de telefonemas recebidos por uma pessoa em cada dia de um mês, a quantidade de acidentes que ocorrem por mês em uma rodovia.

Representação gráfica

Podemos representar a distribuição de frequências do número de irmãos em um gráfico de barras ou de colunas ou de setores. Esse tipo de representação por meio de gráficos permite uma melhor visualização dos dados a serem avaliados.

No gráfico de colunas ou no de barras, desenhamos todas elas com a mesma largura e com o comprimento proporcional à frequência.

Gráfico de colunas

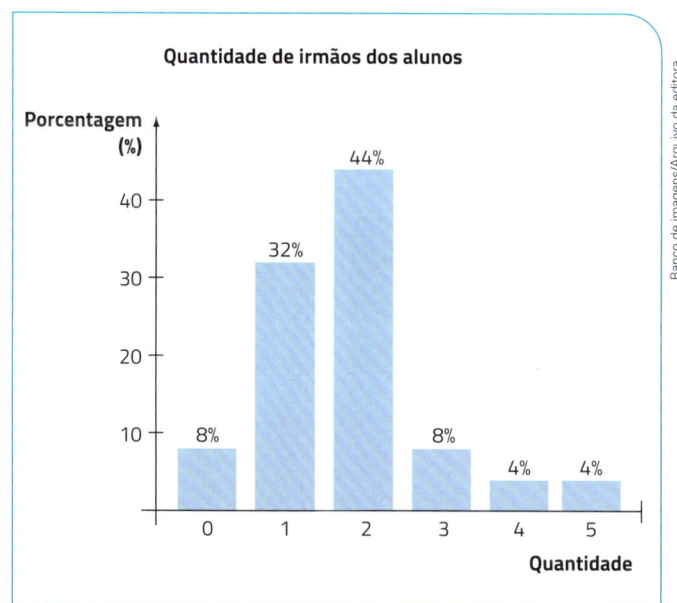

Dados elaborados pelo autor.

Gráfico de barras

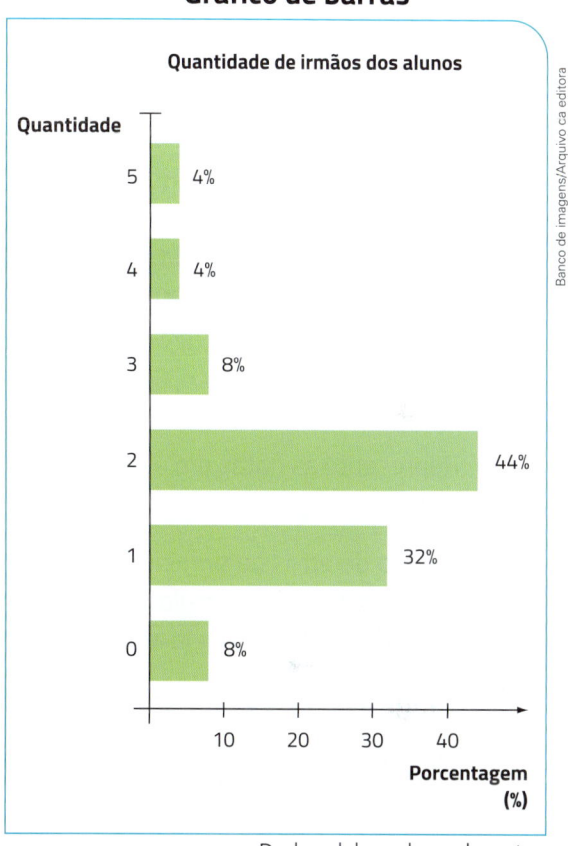

Dados elaborados pelo autor.

No caso do gráfico de setores, a área de cada setor é proporcional à frequência. Para determinar cada setor, calculamos o ângulo central aplicando a frequência relativa ao total de 360°.

Veja a tabela:

Quantidade de irmãos dos alunos

Quantidade de irmãos	Frequência relativa	Ângulo central
0	0,08	$0,08 \cdot 360° = 28,8°$
1	0,32	$0,32 \cdot 360° = 115,2°$
2	0,44	$0,44 \cdot 360° = 158,4°$
3	0,08	$0,08 \cdot 360° = 28,8°$
4	0,04	$0,04 \cdot 360° = 14,4°$
5	0,04	$0,04 \cdot 360° = 14,4°$

Dados elaborados pelo autor.

Gráfico de setores

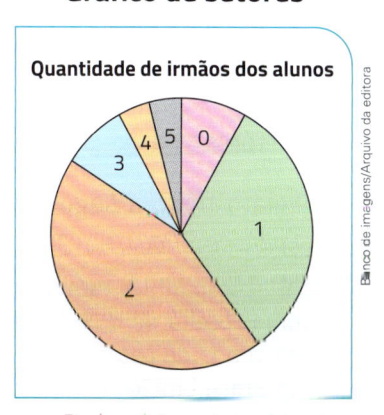

Dados elaborados pelo autor.

1. Nos 20 primeiros jogos de um campeonato brasileiro, o Flamengo marcou as seguintes quantidades de gols:

0, 1, 0, 4, 0, 0, 0, 1, 3, 2, 5, 3, 0, 3, 4, 5, 4, 0, 3, 0

a) Agrupe esses dados em uma tabela de frequência.

b) Faça o gráfico de barras.

c) Faça o gráfico de setores.

2. As notas dos 40 alunos de uma classe em uma prova de Matemática que valia 4 pontos são: 3, 2, 2, 1, 4, 1, 0, 4, 3, 2, 3, 3, 4, 1, 1, 2, 2, 2, 0, 4, 1, 2, 3, 3, 3, 3, 1, 4, 0, 2, 2, 4, 3, 0, 2, 2, 2, 3, 2, 2.

a) Faça a tabela de distribuição de frequências.

b) Represente as notas em um gráfico de colunas.

c) Represente as notas em um gráfico de setores.

3. O número de erros na primeira página de um jornal diário de grande circulação, em 200 dias pesquisados, está na tabela abaixo.

Número de erros na primeira página

Número de erros	Número de dias
0	170
1	18
2	10
3	2

Dados elaborados pelo autor.

a) Refaça a tabela acrescentando as frequências relativas.

b) Represente os dados em um gráfico de setores.

4. Leia o texto a seguir, publicado pelo jornal *Folha de S.Paulo* em 13/2/2015:

As companhias aéreas brasileiras atingiram uma receita de US$ 562 milhões (R$ 1,6 bilhão) na venda de passagens no exterior com destino ao Brasil em 2014 – alta de 81,4% em relação a 2013. [...]

Impulsionadas pela realização da Copa no país, as aéreas somaram, apenas entre maio e julho do ano passado, US$ 189 milhões (R$ 535 milhões) na venda de voos. [...]

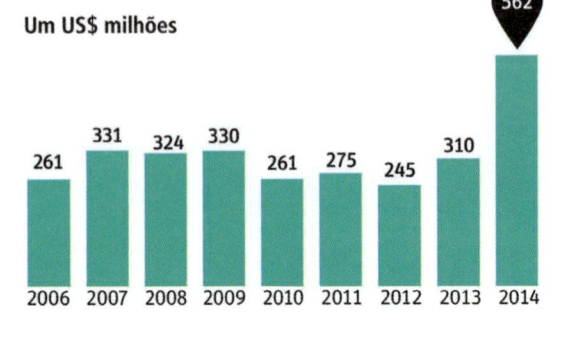

DESTINO BRASILEIRO
Receitas das companhias áreas brasileiras com passagens compradas no exterior tendo o Brasil como destino

Um US$ milhões

261, 331, 324, 330, 261, 275, 245, 310, 562

2006 2007 2008 2009 2010 2011 2012 2013 2014

Fonte: Embratur

Editoria de Arte/Folhapress

a) Que porcentagem da receita de 2014 corresponde às vendas entre maio e julho, de acordo com o texto?

b) Nos últimos três anos indicados no gráfico houve um crescimento nessa receita. Considerando apenas esses três últimos anos, represente esses dados em um gráfico de setores.

5. Na tabela a seguir estão os salários dos 25 funcionários de uma loja.

Salário dos funcionários

Salário (R$)	Frequência
1 000,00	3
1 300,00	10
1 700,00	5
2 200,00	4
4 000,00	2
7 000,00	1

Dados elaborados pelo autor.

a) Refaça a tabela acrescentando as frequências relativas.

b) Represente os salários em um gráfico de colunas.

6. Em certo ano, dois estados produziram os mesmos tipos de grãos. Os gráficos de setores ao lado ilustram a relação entre a produção de cada tipo de grão e a produção total desses estados.

a) Determine que porcentual da produção de grãos do estado II representa, nesse ano, as produções de soja e de trigo, juntas.

b) Pode-se dizer que, nesse ano, o estado I produziu uma quantidade total de milho maior que a do estado II? Por quê?

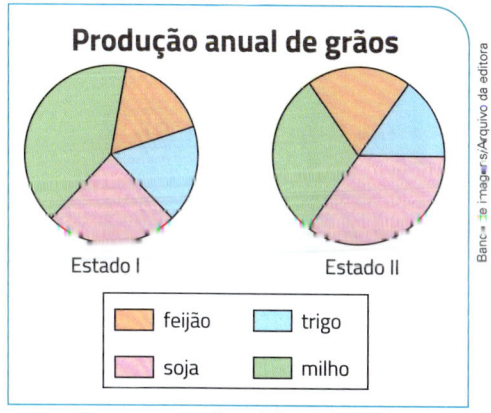

Dados elaborados pelo autor.

Variáveis contínuas

Uma variável que associa a cada elemento da população um número resultante de uma mensuração (medição) é, geralmente, uma **variável contínua**. Nas variáveis contínuas os possíveis valores são todos os números reais da reta numérica, de uma semirreta ou de um segmento dela.

São variáveis contínuas, por exemplo, a estatura, a massa, o tempo de cada participante em uma corrida de 100 metros.

Distribuição de frequências por classes

No caso das variáveis contínuas, as distribuições de frequências costumam ser apresentadas por classes (ou intervalos) de valores da variável. Vamos ver um exemplo.

A Maratona de Nova York, disputada no dia 3 de novembro de 2019, foi vencida pelo queniano Geoffrey Kamworor com 2h08m13s de prova, ele já havia vencido essa prova em 2017. Albert Korir, também do Quênia, ficou em segundo lugar com o tempo de 2h08m38s.

Informações disponíveis em: https://www.metropoles.com/esportes/quenianos-dominam-e-vencem-a-49a-edicao-da-maratona-de-nova-york. Acesso em: 13 jul. 2021.

Dessa prova participaram 53 520 atletas de todo o mundo, e os tempos dos 40 primeiros colocados foram:

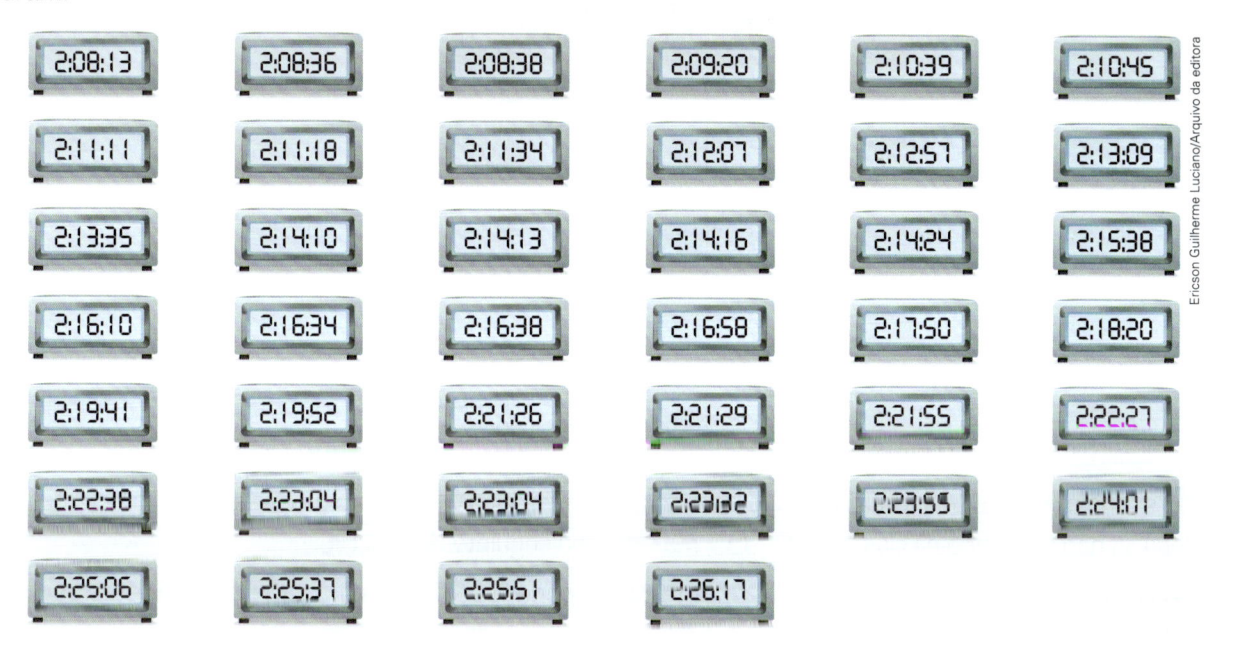

Para representar esses dados em um gráfico, vamos transformá-los em minutos aproximando por uma casa decimal (2 h são 120 min, e os segundos transformamos em minutos dividindo por 60):

128,2	128,6	128,6	129,3	130,7	130,8
131,2	131,3	131,6	132,1	133,0	133,2
133,6	134,2	134,2	134,3	134,4	135,6
136,2	136,6	136,6	137,0	137,8	138,3
139,7	139,9	141,4	141,5	141,9	142,5
142,6	143,1	143,1	143,5	143,9	144,0
145,1	145,6	145,9	146,3		

Ericson Guilherme Luciano/Arquivo da editora

Para agrupar esses dados em uma tabela, escolhemos a quantidade de intervalos e amplitude de cada um deles, já que não podemos perder muita informação nem apresentar uma tabela muito extensa. Em geral usam-se de 5 a 12 classes.

Nesse exemplo, podemos notar que:

- o menor valor observado é 128,2; e o maior, 146,3;

- a diferença $146,3 - 128,2 = 18,1$ representa a **amplitude** dos dados;

- escolhendo 7 classes de amplitude 3, cobriremos todos os dados, uma vez que $7 \cdot 3 = 21$.

Assim, formamos a tabela abaixo, contando o número de atletas em cada intervalo de medida de tempo.

Tempo (min)	Frequência (nº de atletas)	Frequência relativa (%)
127 ⊢ 130	4	10
130 ⊢ 133	6	15
133 ⊢ 136	8	20
136 ⊢ 139	6	15
139 ⊢ 142	5	12,5
142 ⊢ 145	7	17,5
145 ⊢ 148	4	10
Total	**40**	**100**

O símbolo ⊢ indica que o valor à esquerda é incluído nesse intervalo, mas o da direita não. Por exemplo, o valor 133 não é contado na classe 130 ⊢ 133, mas, sim, na seguinte, 133 ⊢ 136.

As distribuições de frequência por classes também podem ser feitas para variáveis discretas quando a lista de valores é grande.

Histograma

A representação gráfica de uma distribuição de frequência por classes é feita marcando-se em uma reta os intervalos considerados e tomando-se cada um como base de um retângulo cuja área seja proporcional à frequência (ou à frequência relativa). Caso sejam intervalos de mesmo tempo, basta tomar retângulos de alturas proporcionais às frequências. Esse gráfico é denominado histograma.

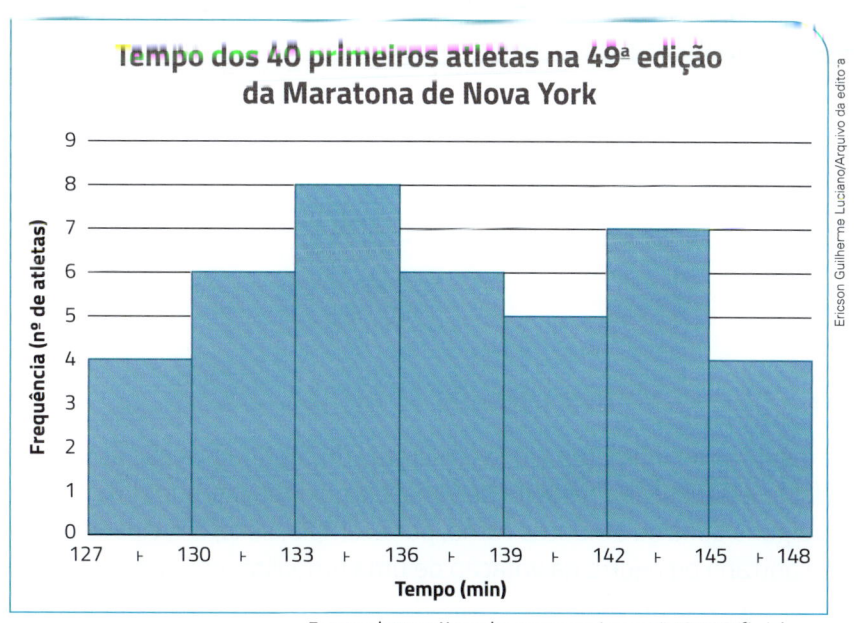

Fonte: https://results.nyrr.org/event/M2019/finishers. Acesso em: 30 jul. 2021.

ATIVIDADES

7. O professor de Cálculo de uma faculdade aplicou uma prova de 4 horas. Os 80 alunos presentes gastaram os tempos indicados na tabela abaixo.

Faça o histograma indicando as porcentagens de cada turma.

Tempo de cada aluno

Tempo (min)	Nº de alunos
180 ⊢ 190	4
190 ⊢ 200	8
200 ⊢ 210	10
210 ⊢ 220	20
220 ⊢ 230	26
230 ⊢ 240	12
Total	**80**

Dados elaborados pelo autor.

8. Com relação à atividade anterior, veja a tabela a seguir, que apresenta as notas obtidas pelos 80 alunos.

Nota de cada candidato

Nota	Nº de alunos
0 ⊢ 0,2	14
2,0 ⊢ 4,0	20
4,0 ⊢ 6,0	20
6,0 ⊢ 8,0	16
8,0 ⊢ 10	10
Soma	**80**

Dados elaborados pelo autor.

Note que o último intervalo de notas é 8,0 ⊢ 10. O símbolo ⊢ indica que nele estão computadas todas as notas de 8,0 a 10, inclusive essas duas.

a) Faça o histograma indicando as porcentagens de cada turma.

b) Faça uma estimativa da porcentagem de alunos que tenham tirado nota igual ou superior a 5,0.

9. Esta é a lista das notas de 50 alunos em uma prova de Ciências:

6,7	8,0	4,5	6,8	5,8
8,3	3,7	8,2	5,5	6,5
8,3	6,5	10,0	6,5	8,1
4,0	9,5	9,5	7,2	3,5
7,5	4,5	4,5	3,4	9,6
4,4	7,3	5,1	6,9	8,5
6,0	7,5	10,0	5,0	7,1
5,9	3,0	6,5	7,3	5,2
5,4	3,5	8,1	4,5	6,5
6,5	7,3	6,0	5,0	7,4

a) Construa e complete uma tabela como a abaixo com as frequências das notas dos alunos dessa turma.

Nota	Frequência (nº de alunos)	Frequência relativa
3,0 ⊢ 4,0	///////.	///////.
4,0 ⊢ 5,0	///////.	///////.
⋮	⋮	⋮

b) Faça o histograma dessa distribuição.

c) Estime, a partir do histograma, a porcentagem de alunos que tirou nota 7,5 ou mais.

⣿ Classificação das variáveis

As variáveis que resultam em números – ditas discretas ou contínuas – são as variáveis quantitativas. Podemos também fazer estatísticas a respeito de variáveis qualitativas, que classificam os elementos da população segundo alguns tipos ou atributos como, por exemplo, sexo, cor, cidade onde nasceu, posicionamento favorável, contrário ou neutro na votação de uma proposta em uma assembleia, etc.

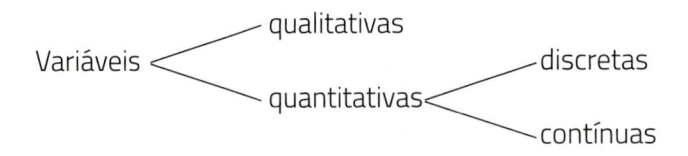

⣿ Amostra

Muitas vezes, uma estatística é feita colhendo-se dados apenas de uma parte da população. Nesse caso, dizemos que foi escolhida uma **amostra** da população. Portanto, amostra é um subconjunto da população.

ATIVIDADES

10. Em uma pesquisa de opinião a respeito de um filme sobre um fato histórico recente, foi perguntado: "O filme retratava fielmente o fato ocorrido?". Uma amostra de 800 pessoas que assistiram ao filme apresentou os seguintes resultados:

SIM ⟶ 360   NÃO ⟶ 280   NÃO SEI ⟶ 160

Represente, em dois tipos de gráficos estatísticos, os dados obtidos.

11. Uma pesquisa eleitoral, a respeito da intenção de voto nas eleições para prefeito de Vila Grande, apresentou os seguintes dados, em uma amostra de 1 200 eleitores:

Celso Paulo ⟶ 540   Luiza Elena ⟶ 480   Em branco ⟶ 60   Indecisos ⟶ 120

Faça a tabela de frequências relativas e represente o resultado da pesquisa em um gráfico de setores.

12. A pesquisa Origem e Destino, realizada pela Companhia do Metropolitano de São Paulo (Metrô), é realizada a cada 10 anos, com o objetivo de detalhar os tipos de deslocamento na Região Metropolitana de São Paulo (RMSP). A Pesquisa de Mobilidade 2012, também realizada pelo Metrô, teve a intenção de averiguar possíveis alterações dos dados coletados em 2007.

Linha Verde do Metrô de São Paulo (SP).

Concluiu-se que entre 2007 e 2012:

- As viagens diárias cresceram 15%, chegando em 2012 a 43,7 milhões de viagens diárias na RMSP por todos os modos.
- Desse total, 29,7 milhões são viagens realizadas por modo motorizado e 14,0 milhões por modo não motorizado.
- As viagens por modo coletivo cresceram 16%; as por modo individual, 21%.
- A divisão modal entre modos coletivo e individual permaneceu praticamente a mesma, 54% e 46%. O gráfico abaixo se refere ao modo nas viagens motorizadas:

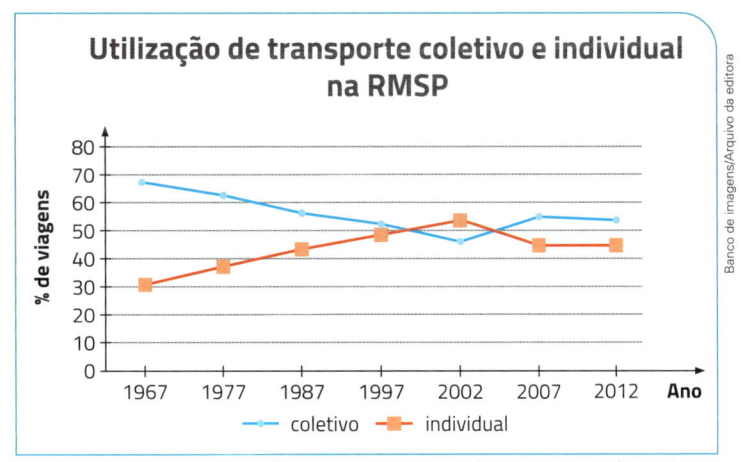

Informações obtidas em: http://www.metro.sp.gov.br/pesquisa-od/arquivos/Ebook%20Pesquisa%20OD%202017_final_240719_versao_4.pdf. Acesso em: 13 jul. 2021

a) Faça um gráfico de colunas indicando, para cada ano, a porcentagem aproximada das pessoas que usam veículos coletivos (entre as que se locomovem com veículos motorizados).

b) Construa um gráfico de setores para as viagens motorizadas, classificadas nos modos coletivo e individual, referente ao ano de 1967, outro referente ao ano de 2002 e outro a 2012.

c) Com base no gráfico, faça uma análise sobre o hábito de usar transporte coletivo.

Gráfico de linhas

O gráfico abaixo mostra a evolução da população humana na Terra. Em 2011 atingimos 7 bilhões de pessoas.

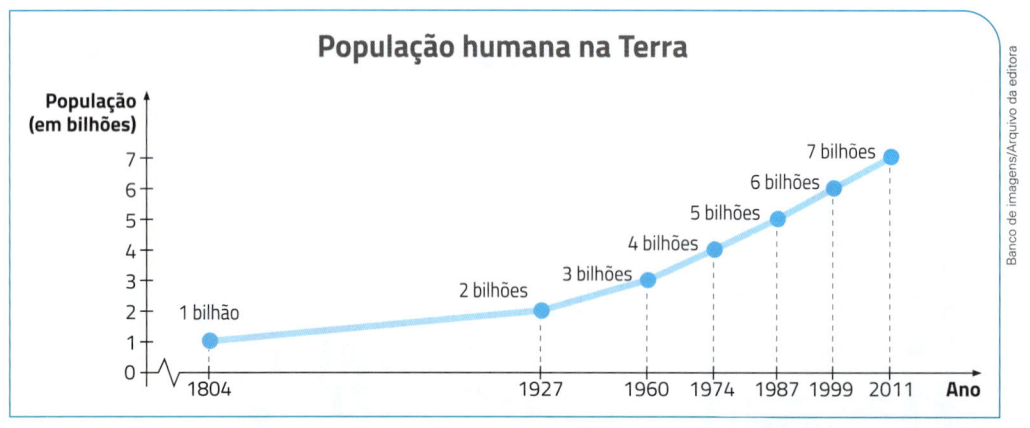

Fonte: Divisão de População/ONU.

Esse é um exemplo de **gráfico de linhas**.

Os gráficos de linhas são os mais eficientes quando queremos mostrar a variação (crescimento e decrescimento) de dados observados ao longo do tempo.

ATIVIDADES

13. O consumo de suco de laranja vem caindo nos principais mercados do produto, como os EUA e países da Europa, devido, sobretudo, ao aumento da concorrência em um setor marcado por inovações nos últimos anos. Além disso, a laranja ganhou fama de calórica, o que ajudou a afastar alguns consumidores.

A piora no mercado internacional reduziu as exportações brasileiras. [...]

Fonte: *Folha de S.Paulo*, 8 fev. 2015.

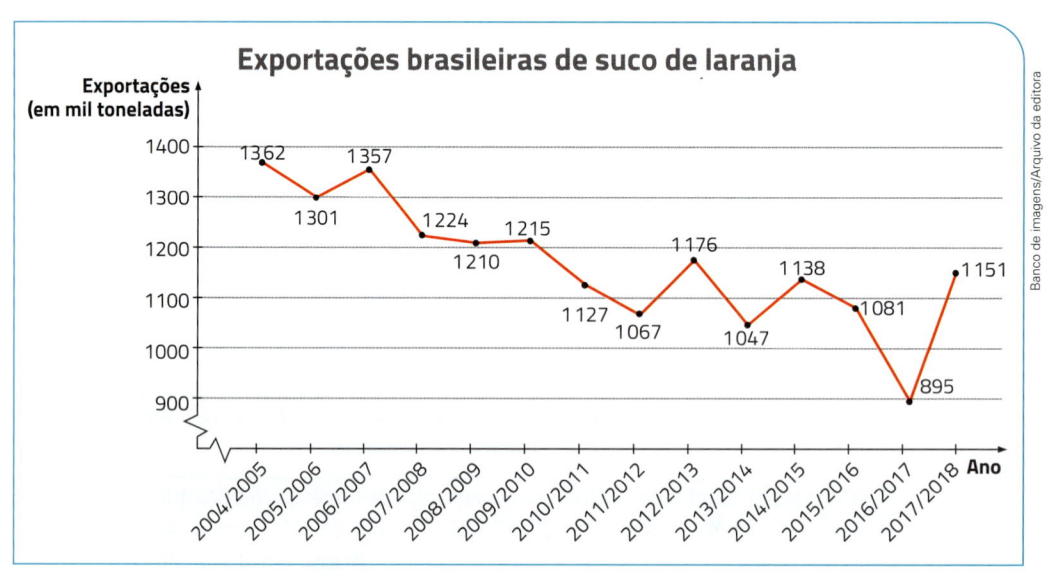

Fonte dos dados: Secex/Mdic.

Considerando os dados do gráfico, responda:

a) Em que safra foi a maior exportação de suco de laranja? Quantas toneladas foram?

b) A exportação em 2017/2018 foi de quantas toneladas a mais que a da safra anterior? Percentualmente, quanto aumentou em relação à anterior?

14. Analise o gráfico abaixo e responda às perguntas.

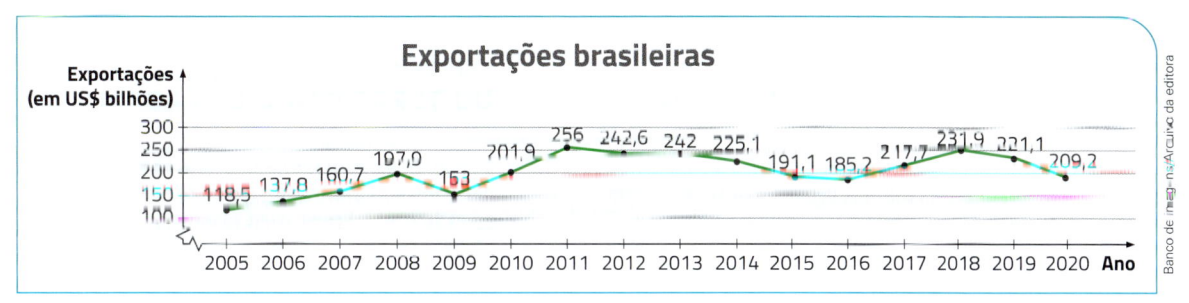

Fonte: Mdic.

a) Entre 2005 e 2020, em quais períodos houve crescimento nas exportações?

b) Pesquise o valor do dólar americano (comercial) na data de hoje. Quanto somaram, em reais, as exportações de 2020 ao preço de hoje?

15. Os gráficos abaixo representam os números de matrículas no Ensino Superior e no Ensino Médio no Brasil, em milhões.

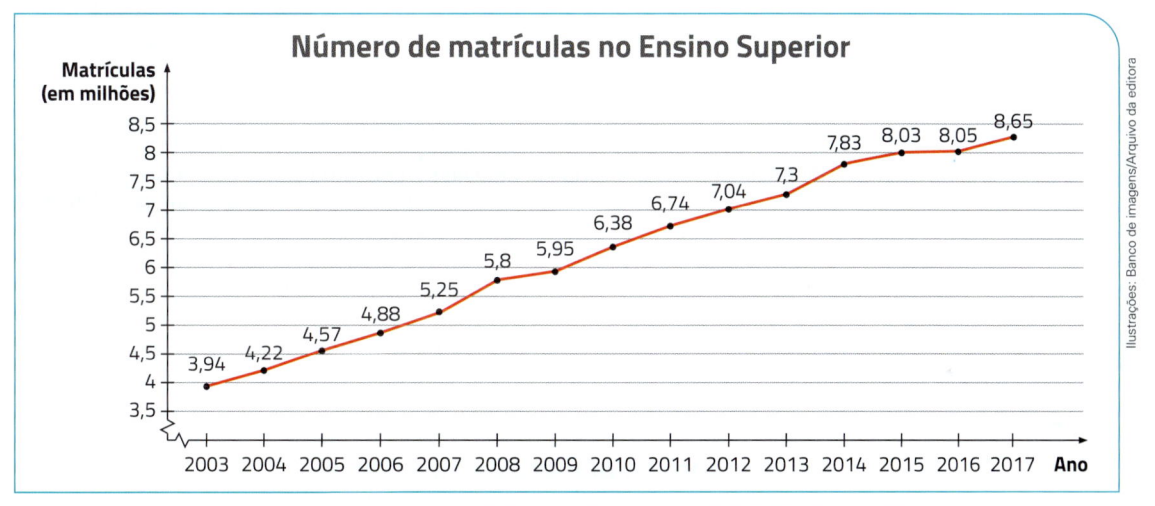

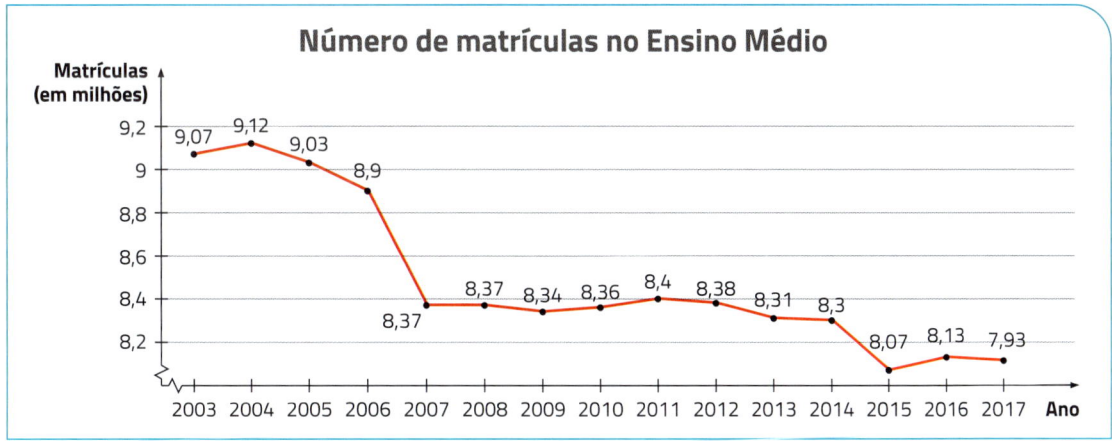

Fonte dos gráficos: MEC/Inep/Deed.

a) Qual é a razão $\dfrac{\text{número de alunos no Ensino Superior}}{\text{número de alunos no Ensino Médio}}$ em 2003? Expresse aproximando por uma razão entre dois números inteiros.

b) E em 2013?

c) Como se interpretam essas razões?

16. Observe o gráfico de colunas a seguir publicado pelo jornal português *Jornal de Negócios*, que traz um levantamento sobre os prejuízos econômicos causados por ataques terroristas.

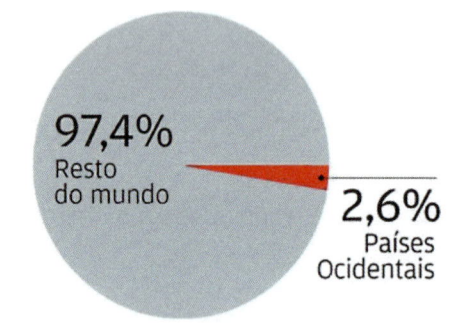

PAÍSES OCIDENTAIS PESAM 2,6% NO NÚMERO DE MORTOS
Vítimas mortais devido a ataques terroristas nos últimos 10 anos

Excluindo o 11 de Setembro, apenas 0,5% dos ataques tiveram lugar em países ocidentais. As motivações para os atentados no Ocidente são sobretudo políticas (68%), seguindo-se o fundamentalismo islâmico (20%).

97,4% Resto do mundo

2,6% Países Ocidentais

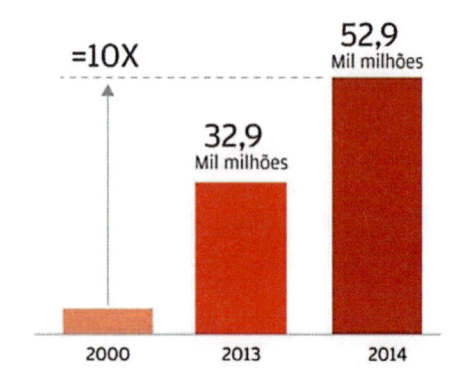

CUSTOS ECONÔMICOS DO TERRORISMO DISPARAM
Valor em dólares calculado pelo Institute for Economics and Peace

O custo econômico do terrorismo foi de 52,9 mil milhões de dólares em 2014, o equivalente a 49,2 mil milhões de euros ao câmbio actual. O que representa um aumento de 61% face ao ano anterior.

=10X

52,9 Mil milhões

32,9 Mil milhões

2000 · 2013 · 2014

Fonte: Institute for Economics and Peace com base em dados da Global Terrorism Database do START

Disponível em: https://www.jornaldenegocios.pt/economia/detalhe/o_terrorismo_global_em_cinco_graficos. Acesso em: 6 jul. 2021.

Observando o gráfico de colunas que compara os custos econômicos do terrorismo, determine o custo (em dólar) no ano de 2000.

17. As mulheres brasileiras conquistaram o direito de voto em 1932. Observe o gráfico de linhas sobre a evolução do eleitorado brasileiro a partir de 1974.

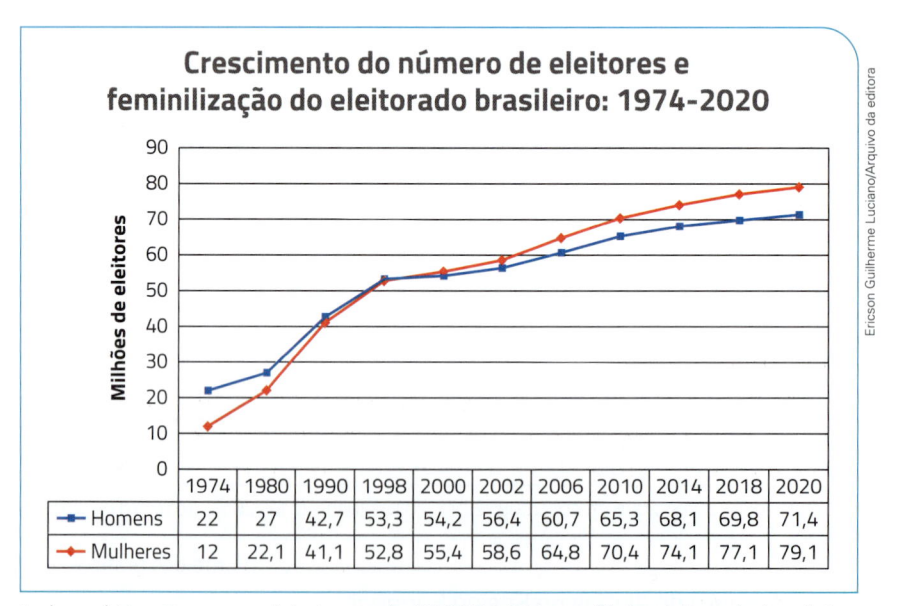

Crescimento do número de eleitores e feminilização do eleitorado brasileiro: 1974-2020

Milhões de eleitores

	1974	1980	1990	1998	2000	2002	2006	2010	2014	2018	2020
Homens	22	27	42,7	53,3	54,2	56,4	60,7	65,3	68,1	69,8	71,4
Mulheres	12	22,1	41,1	52,8	55,4	58,6	64,8	70,4	74,1	77,1	79,1

Disponível em: https://www.ecodebate.com.br/2020/10/21/o-perfil-do-eleitorado-brasileiro-por-idade-e-sexo-em-2020/. Acesso em: 6 jul. 2021.

a) A partir de que ano o número de mulheres superou o número de homens no eleitorado brasileiro?

b) Aponte uma correção a ser feita no gráfico para dar uma ideia mais precisa sobre o ritmo de crescimento do eleitorado no período considerado.

18. Considere os gráficos de colunas a seguir sobre o perfil do eleitorado brasileiro.

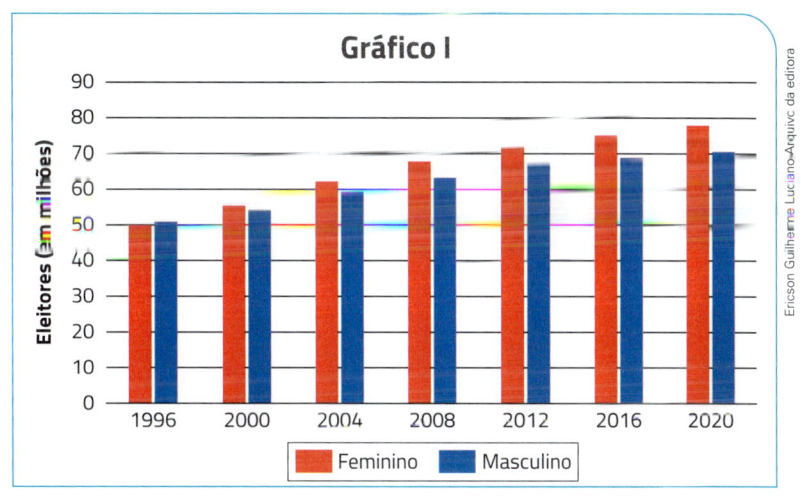

Dados disponíveis em: https://www.tse.jus.br/eleitor/estatisticas-de-eleitorado.

Acesso em: 30 jul. 2021.

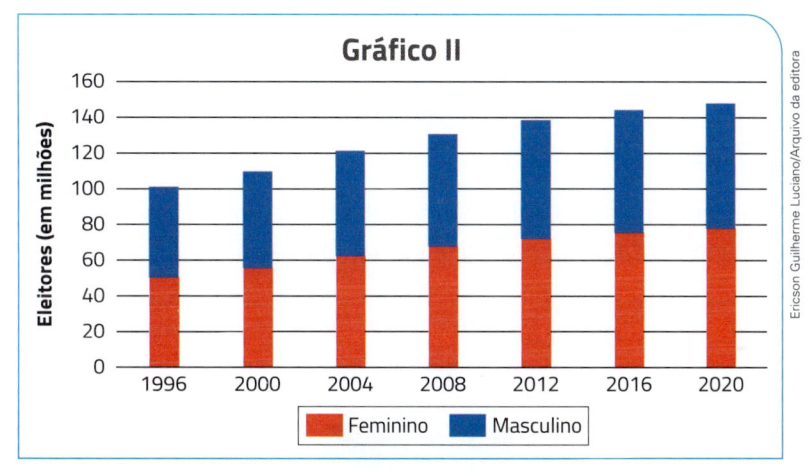

Dados disponíveis em: https://www.tse.jus.br/eleitor/estatisticas-de-eleitorado.

Acesso em: 30 jul. 2021.

Na sua opinião, qual deles permite uma melhor comparação entre o número de mulheres e o de homens no eleitorado do Brasil?

19. Dois candidatos, *A* e *B*, disputavam a eleição para prefeito em uma cidade. Em uma pesquisa realizada com os eleitores sobre em que candidato pretendiam votar, o resultado foi o seguinte:

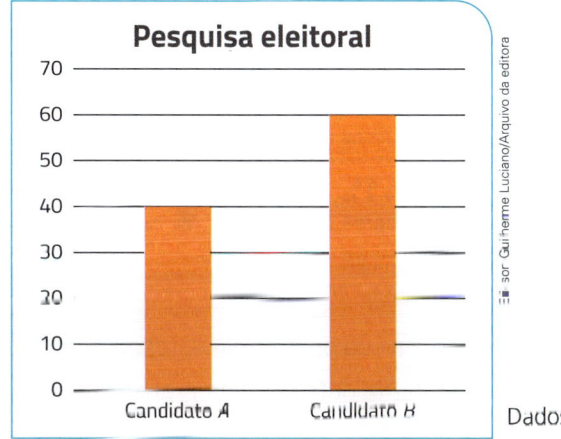

Dados fictícios.

Os jornais *X* e *Y*, ao divulgarem essa pesquisa, apresentaram gráficos com erros. Observe a seguir os dados divulgados.

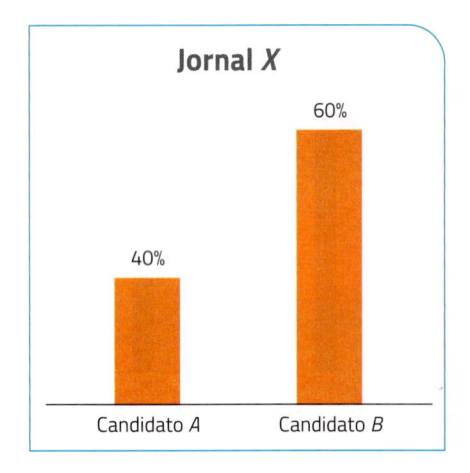

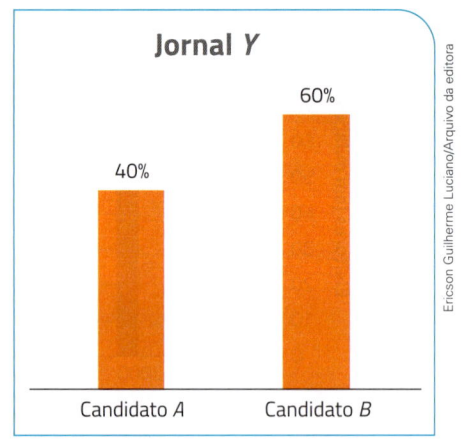

Dados fictícios.

Levando em conta o impacto visual causado pelas áreas das barras, um leitor menos atento pode ser induzido a erros sobre o resultado da pesquisa. Leitores mais atentos criticam os jornais alegando prejuízo visual que pode influenciar a opinião de eleitores indecisos.

Comparando com o resultado real da pesquisa, que candidato está favorecido pelo visual do gráfico do jornal *X*? E do *Y*? Justifique.

20. Sobre a atividade anterior, na sua opinião haveria algum prejuízo visual para algum candidato caso os resultados fossem apresentados conforme algum gráfico abaixo?

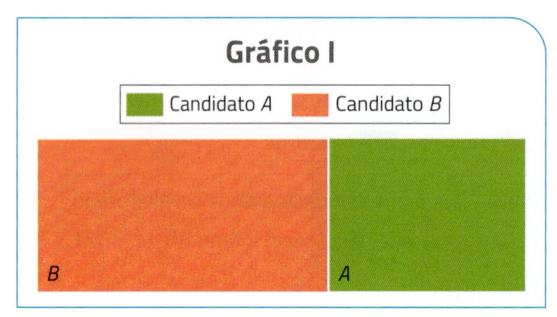

Dados fictícios.

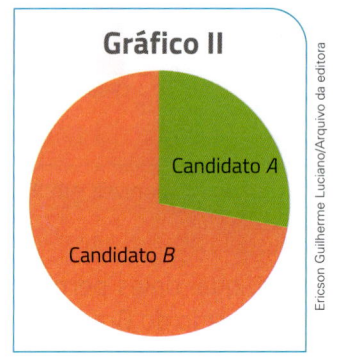

Dados fictícios.

21. Observe o gráfico publicado por um jornal.

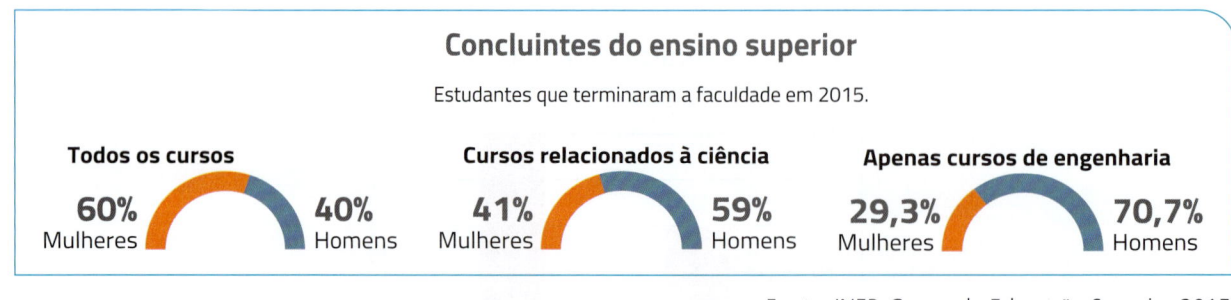

Fonte: INEP, Censo da Educação Superior 2015.

Sobre a construção desse gráfico, na sua opinião ele apresenta os dados com clareza? Se você tivesse de apresentar esses dados, escolheria outro tipo de gráfico? Qual?

22. O pictograma abaixo representa uma comparação entre áreas exploradas no setor agrícola por diferentes grupos.

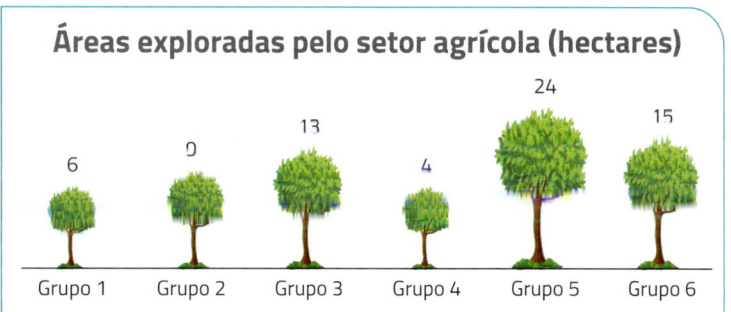

Áreas exploradas pelo setor agrícola (hectares)

Ericson Guilherme Luciano/ Arquivo da editora

Dados fictícios.

Sobre essa representação, é possível uma comparação precisa entre os valores apresentados na forma de um pictograma?

23. O pictograma ao lado apresenta uma comparação entre as torcidas de quatro times de futebol de uma cidade.

Sobre o pictograma, responda.

a) Qual é o time com maior torcida?

b) Qual é o time com menor torcida?

c) É possível ter precisão sobre o tamanho das torcidas com base no pictograma? Justifique.

Quantidade de torcedores de cada time

Ericson Guilherme Luciano/ Arquivo da editora

Dados fictícios.

24. Na matriz elétrica brasileira em 2020, cerca de 64% correspondiam à energia hidráulica e 9% à energia eólica. Se esses dados forem representados em uma sequência de círculos e a energia eólica estiver representada por um círculo de raio 3 cm, qual deve ser o raio do círculo que representa a energia hidráulica?

PARTICIPE

As planilhas eletrônicas são tabelas de cálculos que podem ser utilizadas para representar dados de uma pesquisa estatística, permitindo a construção de diferentes gráficos estatísticos.

Nesta atividade investigativa, você realizará uma pesquisa amostral. Para isso, siga a sequência didática proposta a seguir:

PESQUISA AMOSTRAL
- Escolha do tema
- Escolha da amostra
- Coleta dos dados
- Organização dos dados

I. Escolha do tema

Escolha um tema de seu interesse para ser investigado.

II. Escolha da amostra

Procure selecionar uma amostra casual simples, em que todos os elementos da população tenham a mesma probabilidade de ser sorteados para fazer parte dela.

Por exemplo, se realizar uma pesquisa sobre os alunos do 9º ano de sua escola, você pode fazer uma lista de chamada única para todas as classes e sortear os números dos que comporão a amostra.

III. Coleta dos dados

Crie um questionário com perguntas sobre o tema escolhido, selecionando variáveis qualitativas ou quantitativas.

IV. Organização dos dados

Com os questionários preenchidos, organize esses dados na forma de uma tabela, utilizando-se para isso uma planilha eletrônica. Após a organização dos dados, represente-os na forma de um gráfico adequado.

:::: Média, mediana e moda

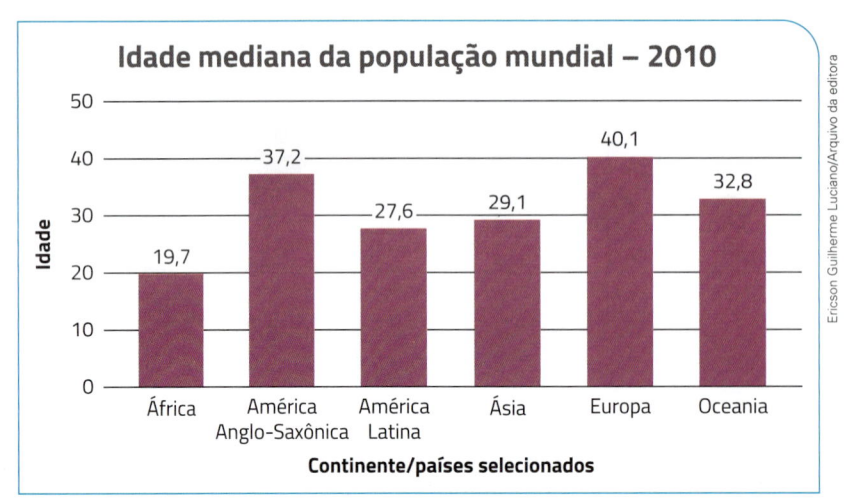

Idade mediana da população mundial – 2010

Fontes: IBGE, Censo Demográfico 2010; URBAN agglomerations with 750,000 inhabitants or more in 2011. *World population prospects*: the 2010 revision. New York: United Nations, Dept. of Economic and Social Affairs, 2011. Disponível em: https://biblioteca.ibge.gov.br/visualizacao/livros/liv64529_cap1.pdf. Acesso em: 11 jul. 2021.

A idade mediana é aquela que divide a população em duas partes de igual tamanho, isto é, existem tantas pessoas com idades da mediana para cima como dela para baixo. A Europa, com 40,1 anos, e a América Anglo-Saxônica, com 37,2 anos, são as regiões com as maiores idades medianas, caracterizando estruturas etárias bastante envelhecidas. Por outro lado, a África, com 19,7 anos, possui uma população bastante jovem.

Quantidade de irmãos	Frequência (quantidade de alunos)
0	2
1	8
2	11
3	2
4	1
5	1
Soma	**25**

A média, a mediana e a moda são medidas estatísticas que estudamos no 8º ano. Elas são associadas a variáveis quantitativas.

Vamos recordá-las, retomando o exemplo inicial da quantidade de irmãos dos 25 alunos de uma classe.

Média

É a média aritmética da quantidade de irmãos dos 25 alunos observados:

$$\text{média} = \frac{0+0+1+1+1+1+1+1+1+1+2+2+2+2+2+2+2+2+2+2+2+3+3+4+5}{25}$$

É o mesmo que pensarmos na média ponderada da quantidade de irmãos 0, 1, 2, 3, 4 e 5, tomando como peso de cada uma dessas quantidades a frequência com que foi observado:

$$\text{média} = \frac{0 \cdot 2 + 1 \cdot 8 + 2 \cdot 11 + 3 \cdot 2 + 4 \cdot 1 + 5 \cdot 1}{25} = \frac{45}{25} = 1,8$$

(soma dos pesos)

A média da quantidade de irmãos dos alunos da classe é 1,8. Em média, cada aluno tem 1,8 irmão.

A média pode ser um número não observado na amostra (ninguém tem 1,8 irmão!). O que ela indica? Ela indica que, se os 45 irmãos estivessem divididos igualmente entre os 25 alunos, cada um teria 1,8 irmão.

Mediana

Para obter a mediana, escrevemos os 25 valores observados, do menor para o maior, com todas as repetições (em ordem monótona não decrescente):

$$\underbrace{0 - 0 - 1 - 1 - 1 - 1 - 1 - 1 - 1 - 1 - 2 - 2}_{12\ termos} - \underset{\underset{termo\ central}{\downarrow}}{2} - \underbrace{2 - 2 - 2 - 2 - 2 - 2 - 2 - 2 - 3 - 3 - 4 - 5}_{12\ termos}$$

A mediana é o valor que fica na posição central.

A mediana da quantidade de irmãos é 2.

O que representa a mediana? Ela divide ao meio os dados observados: metade deles tem valor igual ou menor que a mediana e metade tem valor igual ou maior que ela.

Quando há um número par de dados observados, a mediana é a média aritmética dos dois termos centrais. Por exemplo:

$$\underbrace{0 - 0 - 1 - 1 - 1}_{5\ termos} - \underset{\underset{termos\ centrais}{\downarrow}}{1 - 2} - \underbrace{2 - 2 - 3 - 4 - 6}_{5\ termos}$$

A mediana nesse caso é: $\dfrac{1+2}{2} = \dfrac{3}{2} = 1,5$

Moda

É o valor observado com maior frequência, o que aparece mais vezes.

No exemplo, a quantidade de irmãos que aparece mais vezes é 2, que foi observado 11 vezes. Portanto, nesse caso, a moda é 2 irmãos.

ATIVIDADES

25. Determine a média, a mediana e a moda do número de gols da atividade 1 (p. 212).

26. Calcule a média, a mediana e a moda das notas dos alunos da atividade 2 (p. 212).

27. Na atividade 3 (p. 212), qual é o número médio de erros por dia na primeira página do jornal? E o número mediano? Qual é a moda?

28. Na atividade 5 (p. 212), qual é o salário médio dos funcionários? E o mediano? Qual é a moda?

29. Em distribuições de frequências por classes (ou intervalos), para obter a média consideramos os pontos médios das classes com as respectivas frequências. Copie e complete a tabela a seguir, relativa aos dados da atividade 7 (p. 215), com os valores corretos de ponto médio e produto. Em seguida, calcule o tempo médio gasto pelos candidatos.

Tempo (min)	Ponto médio	Nº de candidatos	Produto
100 ⊢ 120	110	12	1 320
120 ⊢ 140	130	20	2 600
140 ⊢ 160	/////	16	/////
160 ⊢ 180	/////	14	/////
180 ⊢ 200	/////	8	/////
200 ⊢ 220	/////	6	/////
220 ⊢ 240	/////	4	/////
Soma	/////	**80**	/////

30. Calcule a nota média dos alunos da atividade 8 (p. 215).

31. Calcule a nota média dos alunos da atividade 9 (p. 216), a partir da tabela de frequências do item **a**.

32. No gráfico da página 215, em que lugar devemos traçar uma reta vertical de modo a dividir a área total do histograma ao meio?

NA OLIMPÍADA

Os números esquecidos

(Obmep) Luciano queria calcular a média aritmética dos números naturais de 1 a 15. Ao calcular a soma desses números, ele esqueceu de somar dois números consecutivos. Após dividir a soma dos treze números por 15, obteve 7 como resultado. Qual é o produto dos números que Luciano esqueceu de somar?

a) 30 **b)** 56 **c)** 110 **d)** 182 **e)** 210

Dispersão de dados

Uma média enganosa

Veja esta tira de Mauricio de Sousa:

Magali comeu três *pizzas*. Mônica e Cebolinha, nenhuma.

- Em média, quantas *pizzas* cada um comeu?
- Saíram todos satisfeitos da pizzaria?

Dividindo o número de *pizzas* pelo número de pessoas, 3, obtemos a média de 1 *pizza* por pessoa.

Se nos informarem que três pessoas saíram de uma pizzaria tendo comido, em média, uma *pizza* cada uma, não devemos nos iludir, achando que todas tenham saído satisfeitas. Que o digam a Mônica e o Cebolinha, não é?

A informação estatística da média, sozinha, não revela como variam os dados, como eles estão espalhados em torno dela. Veja este exemplo com as notas da Camila e do André em cinco disciplinas:

Camila				
Matemática	Português	Ciências	História	Geografia
5	5,5	6	6,5	7
Média = 6				

André				
Matemática	Português	Ciências	História	Geografia
3	4	5	8	10
Média = 6				

Pelas tabelas observamos que ambos têm a mesma média. Porém, as notas da Camila são mais concentradas em torno da média, e as do André são mais espalhadas. Então, podemos dizer que a Camila tem um desempenho mais homogêneo.

Em Estatística, existem medidas para dar ideia de dispersão dos dados observados. A mais simples e a **amplitude** dos dados, que e a diferença entre o maior e o menor valor observado (veja página 214). Por exemplo, a amplitude das notas da Camila é: $7 - 5 = 2$. A das notas do André é $10 - 3 = 7$. Outra medida importante é o **desvio-padrão**.

A foto ao lado mostra o encontro de Sultan Kosen (da Turquia), o homem mais alto do mundo (com 2,51 m), com Chandra Bahadur Dangi (do Nepal), o mais baixo do mundo (com 54,6 cm), ocorrido em Londres, na Inglaterra, em 13 de novembro de 2014.

$2,51$ m $- 0,546$ m $= 1,964$ m. O que representa essa diferença?

Chandra e Sultan em Londres (Inglaterra). Foto de 2014.

Desvios

No exemplo das *pizzas*, quais são as diferenças entre as quantidades que cada um comeu e a média de *pizzas* por pessoa?

	Magali	Mônica	Cebolinha
número de *pizzas*:	3	0	0
média por pessoa:	$\dfrac{3 + 0 + 0}{3} = 1$		
diferenças:	$3 - 1 = 2$	$0 - 1 = -1$	$0 - 1 = -1$

Magali comeu 2 *pizzas* a mais que a média, Mônica "comeu" uma a menos que a média e Cebolinha também. Essas diferenças em relação à média são chamadas de **desvios**.

> Chamamos de **desvios** as diferenças entre cada valor observado e a média.

Veja outros exemplos:

- Desvios das notas da Camila.

  De cada nota subtraímos a média 6:

  Matemática: $5 - 6 = -1$; Português: $5,5 - 6 = -0,5$; Ciências: $6 - 6 = 0$; História: $6,5 - 6 = 0,5$; Geografia: $7 - 6 = 1$

  Os desvios são: -1; $-0,5$; 0; $0,5$ e 1.

- Desvios das notas do André.

  De cada nota subtraímos a média 6:

  Matemática: $3 - 6 = -3$, Português: $4 - 6 = -2$; Ciências: $5 - 6 = -1$; História: $8 - 6 = 2$; Geografia: $10 - 6 = 4$

  Os desvios são: -3; -2; -1; 2 e 4.

Desvio-padrão

Observe que, em cada caso anterior, a soma dos desvios é zero.

$$2 - 1 - 1 = 0 \qquad -1 - 0,5 + 0 + 0,5 + 1 = 0 \qquad -3 - 2 - 1 + 2 + 4 = 0$$

Assim, se fôssemos calcular a média aritmética dos desvios, o resultado seria sempre zero. Por isso, em Estatística calcula-se outro tipo de média dos desvios, chamada de média quadrática. Veja como ela é feita.

- Média quadrática de 2, -1 e -1 (o caso das *pizzas*):

  Elevamos os números ao quadrado: $2^2 = 4$, $(-1)^2 = 1$ e $(-1)^2 = 1$.

  Calculamos a média aritmética desses quadrados: $\dfrac{4 + 1 + 1}{3} = \dfrac{6}{3} = 2$.

  Extraímos a raiz quadrada do resultado: $\sqrt{2} \cong 1,4$.

> **Desvio-padrão** é a média quadrática dos desvios.

- Desvio-padrão das notas da Camila.

  Para facilitar, montamos uma tabela:

Desvios	-1	$-0,5$	0	0,5	1
Quadrados	1	0,25	0	0,25	1

A média dos quadrados é: $\dfrac{1 + 0,25 + 0 + 0,25 + 1}{5} = \dfrac{2,5}{5} = 0,5$.

O desvio-padrão das notas da Camila é: $\sqrt{0,5} \cong 0,7$.

- Desvio-padrão das notas do André.

Desvios	-3	-2	-1	2	4
Quadrados	9	4	1	4	16

A média dos quadrados é: $\dfrac{9 + 4 + 1 + 4 + 16}{5} = \dfrac{34}{5} = 6,8$.

O desvio-padrão das notas do André é: $\sqrt{6,8} \cong 2,6$.

No exemplo das *pizzas*, cada um comeu em média uma *pizza*, mas o desvio-padrão é de 1,4. Se cada um tivesse comido uma quantidade mais próxima de 1 *pizza*, o desvio-padrão seria menor. Se cada um tivesse comido exatamente 1 *pizza*, o desvio-padrão seria zero.

O desvio-padrão é muito importante para a análise de dados estatísticos. Observe um exemplo real.

O gráfico a seguir foi publicado pelo IBGE e baseia-se em dados de uma pesquisa da ONU. Nele está representado qual era o tempo de vida médio, em número de anos, em várias regiões do mundo. Esse é um indicador muito utilizado para verificar o nível de desenvolvimento dos países. Europa e Oceania apresentam médias bem próximas uma da outra; para comparar esses continentes seria interessante conhecer outros dados.

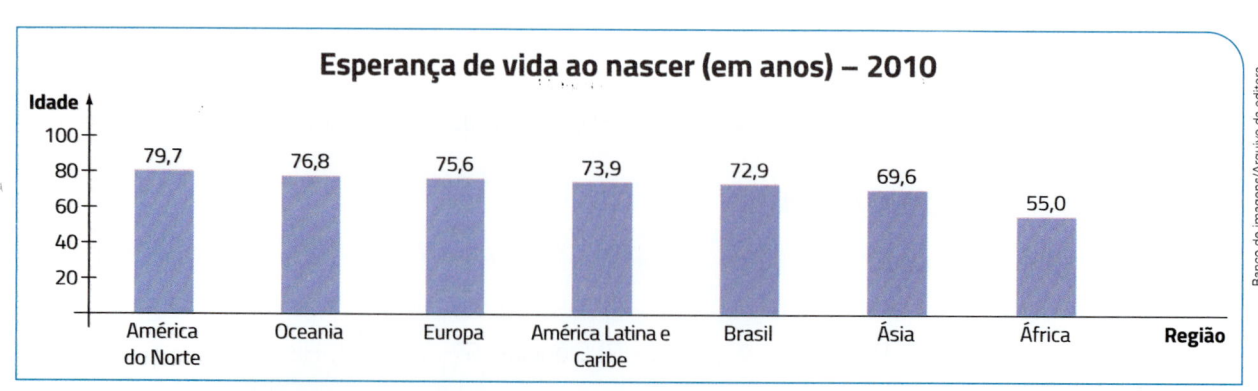

Fonte: World population prospects: the 2008 revision. *In*: ONU. *Population Division Population Database*. Nova York, 2010. Disponível em: https://biblioteca.ibge.gov.br/visualizacao/livros/liv45700.pdf. Acesso em: 11 jul. 2021.

33. Observe a tabela abaixo:

Tabela salarial 2021 (R$)			
Nível superior	**Menor valor**	**Maior valor**	**Média dos salários**
Bibliotecário	3 688,13	6 106,81	4 040,95
Biomédico	2 433,19	4 028,87	2 665,95
Contador	3 823,01	6 330,14	4 188,73
Diretor de *marketing*	14 904,03	24 678,09	16 329,81

Disponível em: https://www.salario.com.br/tabela-salarial/. Acesso em: 11 jul. 2021.

a) Em qual categoria de trabalhadores é maior a amplitude dos salários?

b) Em quais categorias a média dos salários é menor do que a média do menor e do maior valor?

34. Qual é a amplitude das notas da atividade 9?

35. Calcule a média e o desvio-padrão das notas de Pedro Alberto em cada disciplina:

a) Matemática: 3; 5; 7

b) Português: 4; 5; 6

c) Ciências: 5; 5; 5

36. As três turmas de 9º ano de uma escola têm 32 alunos cada uma.

Considere as informações dadas na tabela abaixo:

Notas de Matemática		
Turma	**Média**	**Desvio-padrão**
9º A	6,5	1,2
9º B	6,5	0
9º C	6,5	2,5

a) O que se conclui a respeito das notas do 9º B?

b) Em que turma há mais desigualdade no desempenho dos alunos? Por quê?

37. As alturas de 5 alunos do 6º ano, em centímetros, são: 148, 152, 153, 153 e 154.

a) Calcule a média e o desvio-padrão.

b) Se daqui a um ano todos crescerem exatamente quatro centímetros, qual será a nova média? E o novo desvio-padrão?

38. Porto Alegre é uma cidade bastante fria no inverno e quente no verão. Fortaleza nunca é muito fria nem muito quente. Vamos supor que ambas tenham, ao longo do ano, temperatura média de 25 °C. Em qual delas o desvio-padrão da temperatura é menor?

39. Observe as tabelas dos salários pagos nas duas lojas abaixo:

Casa da Cor	
Funcionário	**Salário (R$)**
Gerente	9 000,00
Balconista	1 800,00
Balconista	1 800,00
Auxiliar	900,00
Caixa	1 500,00

Dados fictícios.

Tinta & Cia.	
Funcionário	**Salário (R$)**
Gerente	6 000,00
Balconista	2 400,00
Balconista	2 400,00
Auxiliar	1 800,00
Caixa	2 400,00

Dados fictícios.

a) Qual é a amplitude dos salários em cada loja?

b) Responda sem fazer os cálculos: Qual delas tem maior desvio-padrão?

c) Confirme sua resposta calculando as médias e os desvios-padrão.

Texto para a atividade **40**:

Quando ordenamos dos dados de uma pesquisa quantitativa em uma sequência monótona não decrescente, sabemos que a mediana é o valor central ou a média aritmética dos valores centrais, caso se tenha um número ímpar ou um número par de dados, respectivamente. Intuitivamente, a mediana divide a sequência dos dados ao meio. Os números que dividem a sequência dos dados em quatro partes iguais são chamados quartis e são numerados como Q_1, Q_2 e Q_3.

Q_1 deixa $\dfrac{1}{4}$ dos dados à esquerda e $\dfrac{3}{4}$ à direita.

Q_2 deixa $\dfrac{2}{4}$ dos dados à esquerda e $\dfrac{2}{4}$ à direita.

Q_3 deixa $\dfrac{3}{4}$ dos dados à esquerda e $\dfrac{1}{4}$ à direita.

Note que Q_2 é a mediana.

Assim como a amplitude dos dados, o comprimento do intervalo de Q_1 a Q_3, igual a $Q_3 - Q_1$, também é uma medida de dispersão, que chamamos de intervalo interquartil.

40. As notas de 31 alunos de uma turma em uma prova de Matemática composta de 10 testes de múltipla escolha, cada um valendo 1 ponto, estão relacionadas a seguir:

2, 2, 3, 3, 3, 4, 4, 4, 4, 4, 4, 5, 5, 5, 5, 5, 5, 6, 6, 6, 6, 6, 7, 7, 7, 7, 8, 8, 9, 9, 10

a) Determine os quartis dessa distribuição de notas.

b) Compare a média e a mediana das notas: Qual é maior?

c) Calcule a amplitude desse conjunto de notas e o intervalo interquartil.

EDUCAÇÃO FINANCEIRA

Quanto custa ter um carro?

Embora ter um carro seja o sonho de muita gente, antes de comprar um é preciso avaliar bem se o investimento compensa. As despesas decorrentes do uso, as taxas e os impostos, os tipos de financiamento, entre outros, são os assuntos desta seção.

Ilustra Cartoon/Arquivo da editora

I. Descubra ao menos três formas de adquirir um carro.

II. Quanto existe de imposto no preço de um carro novo?

III. Como funciona um consórcio para aquisição de um carro?

IV. Como se pode adquirir um carro financiado (com pagamento parcelado)?

V. Existem empresas que alugam carros, denominadas "locadoras". Como funciona a locação de um carro?

VI. Quando alguém compra um carro, tem de pagar algumas taxas para poder utilizá-lo: IPVA, taxa de licenciamento, seguro obrigatório. Pesquise como é calculada cada uma dessas taxas.

VII. Se alguém adquire um carro por meio de consórcio ou de um financiamento, pode optar por fazer um seguro para proteger-se contra roubo, incêndio ou acidente com o veículo. Pesquise como é feito o cálculo de valor do seguro de um carro.

VIII. Ao utilizar um carro, o dono tem de arcar com algumas despesas que variam de um mês para outro: combustível, manutenção, estacionamento, pedágios, lavagens, etc. Pesquise com algum proprietário de carro qual é o valor mensal dessas despesas.

1. Discuta com os colegas as vantagens e as desvantagens de adquirir um carro por meio de consórcio.

2. Discuta com os colegas as vantagens e as desvantagens de adquirir um carro financiado.

3. Após a realização da pesquisa sobre as despesas decorrentes do uso, as taxas e os impostos sobre um carro novo, construa uma tabela como a ao lado em uma planilha eletrônica, sobre os custos para manter um carro novo no valor de R$ 40 000,00 por um ano, supondo que ele tenha sido pago à vista e esteja segurado.

Ao final, divida o valor total por 12 e descubra o custo mensal.

Despesa/Imposto/Taxa	Valor (R$)
Licenciamento	////////
IPVA	////////
Seguro	////////
Manutenção preventiva	////////
Gastos inesperados (manutenção, multas)	////////
Combustível	////////
Total	////////

4. Uma pessoa adquiriu um carro de R$ 40 000,00 por meio de um financiamento, pagando 36 parcelas mensais de R$ 1 980,00. Quanto essa pessoa terá pago de juros ao quitar o financiamento?

5. Supondo que essa mesma pessoa tivesse aplicado os R$ 40 000,00 em uma caderneta de poupança que rende 9% ao ano, a compra do carro "retirou" que valor da renda anual da família do comprador?

Jacob Lund/Shutterstock

NA REAL

Quem será sorteado?

De maneira geral, após as partidas, alguns atletas são selecionados para coletar amostras que permitam verificar se estavam utilizando alguma substância proibida que melhore o seu desempenho o colocando em vantagem em relação a outros atletas de forma desonesta. Em disputas, coletivas ou individuais, vários critérios podem ser utilizados para escolher os atletas que irão se submeter ao exame.

Em uma disputa individual de corrida, participaram 6 países com 13 atletas cada. Sabendo que é sorteado um atleta para fazer o exame, qual é a probabilidade de o atleta que ganhou a competição ser sorteado para fazer o exame?

Na BNCC
EF09MA20

:::: Princípios da contagem

De quantos modos?

Para ir à festa de aniversário de uma colega, Marco está em dúvida sobre que roupa usar.

1. Ele já decidiu que usará uma de suas 4 camisas polo ou uma de suas 8 camisetas. De quantos modos ele pode fazer essa escolha?

O número de possibilidades para escolher essa peça é:

4 + 8 = 12

2. Além disso, Marco já decidiu que vai usar uma calça e um par de tênis. Ele dispõe de 2 pares de tênis, um preto e um azul, e de 3 calças, uma azul, uma cinza e uma preta. De quantos modos ele pode escolher o conjunto de tênis e calça para ir à festa?

Ele tem 2 possibilidades de escolha do tênis e, para cada uma delas, 3 possibilidades de escolha da calça. Vamos montar uma **árvore de possibilidades**:

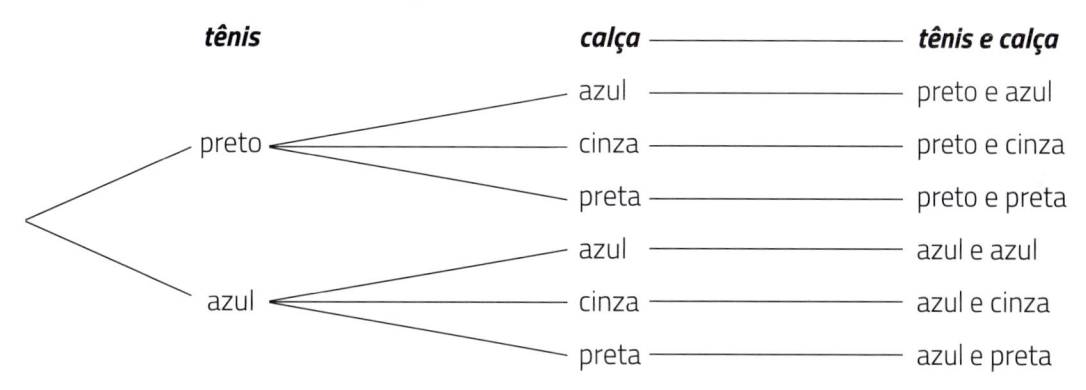

Portanto, são 6 os modos de escolher o tênis e a calça, nessa ordem: preto e azul ou preto e cinza ou preto e preta ou azul e azul ou azul e cinza ou azul e preta.

Sem montar a árvore, como seria possível descobrir o total de possibilidades?

Como são 2 possibilidades de escolha do tênis e, para cada uma delas, 3 possibilidades de escolha da calça, o total de possibilidades de formar o par tênis-calça é:

$2 \cdot 3 = 6$

3. Se ele decidir que vai de camiseta, de quantos modos poderá escolher sua vestimenta tênis-calça-camiseta?

Como o par tênis-calça pode ser escolhido de 6 modos e, para cada um deles, há 8 possibilidades para a escolha da camiseta, o total de possibilidades de formar o conjunto das três peças é:

$6 \cdot 8 = 48$

Note que o número de possibilidades de formar o conjunto tênis-calça-camiseta, dispondo de 2 pares de tênis, 3 calças e 8 camisetas, é:

$2 \cdot 3 \cdot 8 = 48$

Nos itens 2 e 3 tratamos de ações compostas de mais de uma etapa: escolha do tênis, escolha da calça, escolha da camiseta. Nesta situação utilizamos o **princípio fundamental da contagem**, estudado no 8º ano.

> Se uma ação é composta de duas etapas sucessivas, em que a primeira pode ser realizada de m modos e, para cada um deles, a segunda pode ser realizada de n modos, então o total de modos distintos de realizar a ação é $m \cdot n$.

Esse princípio pode ser estendido a ações compostas de mais de duas etapas.

No item 1, temos uma ação simples: escolha de uma peça, que pode ser a camisa polo ou a camiseta. Nesse caso, aplicamos o **princípio aditivo**:

Se uma ação pode ser realizada de m modos distintos ou de n outros modos distintos, então a ação pode ser realizada de $m + n$ modos distintos.

O princípio aditivo é relacionado ao conectivo **ou** na descrição dos modos de ocorrência da ação, que é uma ação simples: Marco vai escolher uma camisa polo **ou** uma camiseta.

O princípio multiplicativo é relacionado ao conectivo **e**, em uma ação composta: Marco vai escolher o tênis **e** a calça **e** a camiseta.

ATIVIDADES

1. Em uma sorveteria podemos escolher uma taça de sorvete de fruta ou de sorvete cremoso. Há 6 sabores de sorvete de fruta e 8 sabores de sorvetes cremosos. Além disso, pode-se escolher entre uma cobertura de calda de chocolate ou de morango ou de caramelo.

   a) De quantos modos pode ser escolhida a taça simples com um sabor de sorvete?

   b) De quantos modos pode ser escolhida a taça com um sabor de sorvete cremoso e uma cobertura?

   c) De quantos modos pode ser escolhida a taça com um sabor de sorvete de fruta e outro cremoso?

   d) De quantos modos pode ser escolhida a taça com um sabor de sorvete cremoso e duas coberturas?

2. Para ir de São Paulo ao Rio de Janeiro há cinco companhias de viação aérea e seis companhias rodoviárias.

   a) De quantos modos podemos escolher uma companhia aérea ou rodoviária para viajar de São Paulo ao Rio de Janeiro?

   b) De quantos modos podemos escolher uma companhia rodoviária para ir e uma aérea para voltar?

3. Em uma urna há três bolas idênticas, numeradas de 1 a 3. Retiram-se duas bolas sucessivamente e seus números são registrados formando um par ordenado: (número da 1ª bola, número da 2ª bola).

   Quantos pares podem ser formados se:

   a) for uma extração com reposição (a primeira bola retirada é devolvida à urna antes da segunda extração)?

   b) for uma extração sem reposição (a primeira bola retirada não é devolvida à urna)?

4. Jogando-se um dado duas vezes, quantos pares ordenados (pontos do 1º lançamento, pontos do 2º lançamento) podem ser formados?

5. Em três lançamentos de uma moeda, quantas sequências de resultados (1, 2 e 3 lançamentos) podem ser formadas?

Outros problemas de contagem

Desde o 6º ano, foram propostos problemas de contagem nesta coleção, muitos deles em forma de desafios. Vamos resolver mais alguns.

6. Ari, Bete, Caio e Maíra encontraram-se para jogar bola. Cada um cumprimentou todos os outros com um aperto de mãos.

a) Quantos foram os apertos de mãos de Ari?

b) Quantos foram os apertos de mãos de Bete?

c) Quantos foram os apertos de mãos de Caio?

d) Quantos foram os apertos de mãos de Maíra?

e) Quantos foram os apertos de mãos entre Ari e Bete?

f) Qual foi o total de apertos de mãos?

7. Cem pessoas compareceram a uma festa. Se cada uma cumprimentou todas as outras, uma vez cada uma, quantos foram os cumprimentos dados nessa festa?

8. Com extremidades em dois de cinco pontos escolhidos em uma circunferência, podemos traçar dez segmentos de reta (cordas).

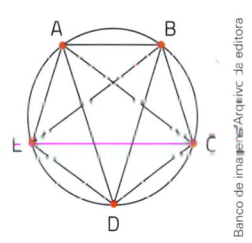

Banco de imagens/Arquivo da editora

a) Se forem dez pontos, quantos serão os segmentos de reta?

b) Para 120 segmentos de reta, quantos pontos são necessários?

9. Em uma sorveteria há dez sabores diferentes de sorvete.

a) De quantos modos podemos escolher dois sabores diferentes para montar uma casquinha de duas bolas?

b) Quantas casquinhas diferentes, de duas bolas cada uma, podem ser montadas?

10. Nove alunos fizeram um trabalho em grupo e dois deles deverão apresentá-lo perante a turma. De quantos modos podem ser escolhidos os dois alunos que farão a apresentação?

Probabilidade

Ganhar na loteria

Observe o quadro a seguir sobre as chances de ganhar a loteria Mega-Sena.

Probabilidades na Mega-Sena	
Apostando um bilhete de seis números: **?** 1 em 50 063 860 Preço do bilhete: R$ 4,50	Apostando um bilhete de nove números: **?** 1 em 595 998 Preço do bilhete: R$ 378,00
Apostando um bilhete de sete números: **?** 1 em 7 151 980 Preço do bilhete: R$ 31,50	Apostando um bilhete de dez números: **?** 1 em 238 399 Preço do bilhete: R$ 945,00
Apostando um bilhete de oito números: **?** 1 em 1 787 995 Preço do bilhete: R$ 126,00	Apostando um bilhete de quinze números: **?** 1 em 10 003 Preço do bilhete: R$ 22 522,50
? Chances de acertar a sena	

Fonte dos dados: http://loterias.caixa.gov.br/wps/portal/loterias/landing/megasena/. Acesso em: 11 jul. 2021.

Conclua você: É fácil ganhar nessa loteria? Esse tipo de análise sempre aparece em noticiários de jornal, rádio e televisão quando o prêmio da loteria está acumulado e fica muito alto.

Uma das primeiras publicações em que se falou em probabilidade matemática tratava de jogos de azar: um folheto intitulado *Sobre o raciocínio em jogos de dados*, de 1657. Um francês, conhecido como Chevalier de Méré, teria ganhado dinheiro apostando que, em quatro lançamentos de um dado, pelo menos uma vez ocorre o resultado "seis pontos". Leia mais sobre probabilidade e jogos na seção "Na História", deste capítulo, em que é apresentado o texto *Cara ou coroa e probabilidade*. Nele consta o "problema dos pontos", de 1494.

Os jogos forneceram boas questões e discussões que propiciaram o desenvolvimento dessa teoria. A Estatística, importantíssima nos mais diversos ramos de atividade, apoia-se fortemente na teoria da probabilidade. Ao tomar uma decisão baseada em resultados de uma amostra, é por meio da teoria da probabilidade que se estabelece, por exemplo, o risco da decisão tomada.

Desde o 6º ano você tem deparado com situações que envolvem noções de probabilidade. Vamos recordar alguns desses conceitos e apresentar outros.

Experimento aleatório, espaço amostral e evento

Jogando uma moeda para cima, sempre da mesma forma, no mesmo lugar, deixando-a cair sobre uma superfície plana e registrando a face que fica voltada para cima após parar, não somos capazes de prever a cada lançamento qual será exatamente esse registro, se vai ser cara ou coroa.

Este é um exemplo de experimento aleatório.

Um experimento é dito **aleatório** quando, repetido em condições idênticas, pode apresentar resultados diferentes. A variabilidade do resultado deve-se ao que chamamos **acaso**.

Os resultados possíveis de um experimento aleatório formam um conjunto que chamamos **espaço amostral do experimento**. Cada subconjunto (ou parte) do espaço amostral é chamado de **evento**.

Por exemplo:

- no lançamento de uma moeda e registro da face superior, o espaço amostral é:

  {cara, coroa}

  Representando cara por C, coroa por K e o espaço amostral por S, temos:

  $S = \{C, K\}$

  O conjunto $\{C\}$ é um evento. Dizemos que esse evento ocorre se o resultado do experimento for "cara".

- no lançamento de um dado, considerando o número de pontos indicado na face virada para cima, o espaço amostral é: $S = \{1, 2, 3, 4, 5, 6\}$.

  O evento $A = \{2, 4, 6\}$ ocorre se o resultado for um número par de pontos.

- se uma moeda é lançada duas vezes e registramos a sequência de resultados de cada lançamento, temos os seguintes resultados possíveis:

1º lançamento	2º lançamento	sequência
C	C	CC
	K	CK
K	C	KC
	K	KK

Portanto, o espaço amostral para esse experimento é:

$S = \{CC, CK, KC, KK\}$.

O evento descrito por "ocorrer a face cara pelo menos uma vez" é $A = \{CC, CK, KC\}$.

Para cada experimento aleatório das atividades 11 a 14, responda quantos são os resultados possíveis, qual é o espaço amostral *S* e quais são os elementos dos eventos descritos.

11. Retirar uma bola de uma sacola não transparente que contém 10 bolas numeradas de 1 a 10 e registrar o número anotado na bola sorteada.

Eventos:

A = sair um número maior que 8.

B = sair um número primo.

12. Sortear um papel de um envelope que contém 7 papéis, em que foram anotados os dias da semana, e registrar o dia que foi sorteado.

Evento: *A* = sair um dia que comece pela letra *d*.

13. Retirar, sem reposição, duas bolas de uma urna que contém quatro bolas idênticas, numeradas de 1 a 4, e registrar a sequência de números observados.

Eventos:

A = sair o número 4 em alguma das retiradas.

B = sair apenas números ímpares.

C = na segunda retirada sair um número maior que na primeira.

D = a soma dos números retirados é um número par.

14. Lançar um dado duas vezes e registrar a sequência dos pontos observados na face superior. Eventos:

A = a soma dos pontos é a máxima possível.

B = ambos os resultados são números ímpares de pontos.

Cálculo de probabilidade

Quando lançamos uma moeda construída de modo que sua massa seja homogeneamente distribuída no espaço que ocupa, acreditamos que os resultados cara e coroa sejam igualmente prováveis. Nesse caso, dizemos que a moeda é **não viciada**.

Por serem 2 resultados possíveis, cada um deles tem probabilidade de ocorrer igual a $\frac{1}{2}$. Indicando por P(*C*) a probabilidade de ocorrer cara e por P(*K*) a de ocorrer coroa, temos:

$$P(C) = \frac{1}{2} \text{ e } P(K) = \frac{1}{2}$$

Em dois lançamentos sucessivos de uma moeda não viciada, os 4 resultados possíveis são igualmente prováveis. A sequência *CC* é 1 resultado em 4 possíveis, logo tem probabilidade de ocorrer igual a $\frac{1}{4}$. O mesmo vale para as sequências *CK*, *KC* e *KK*:

$$P(CC) = \frac{1}{4} \qquad P(CK) = \frac{1}{4} \qquad P(KC) = \frac{1}{4} \qquad P(KK) = \frac{1}{4}$$

Nesse experimento, a probabilidade de obter cara em pelo menos um dos lançamentos é a probabilidade de ocorrer o evento *A* = {*CC*, *CK*, *KC*}. Temos, portanto, 3 resultados desejados em um total de 4 possíveis e equiprováveis. A probabilidade de ocorrer o evento *A* é $\frac{3}{4}$. Indicamos P(*A*) = $\frac{3}{4}$.

Em um experimento aleatório com *n* resultados possíveis e equiprováveis:

- a probabilidade de ocorrer cada um dos resultados é $\frac{1}{n}$;

- a probabilidade de ocorrer um evento *A*, constituído de *d* resultados desejados, é: P(*A*) = $\frac{d}{n}$.

15. Considerando as informações apresentadas na atividade 11, calcule P(A) e P(B).

16. Considerando as informações apresentadas na atividade 13, calcule P(A), P(B), P(C) e P(D).

17. Considere o experimento aleatório: lançar um dado não viciado e registrar o número de pontos na face voltada para cima. Responda:
   a) Qual é o espaço amostral?
   b) Qual é a probabilidade de sair cada resultado possível?
   c) Qual é a soma das probabilidades de cada resultado possível?
   d) Qual é a probabilidade de ser observado um número de pontos maior do que 2?

18. Considere o experimento aleatório: retirar uma bola de um saco não transparente que contém 20 bolas idênticas numeradas de 1 a 20 e registrar o número da bola sorteada. Responda:
   a) Qual é a probabilidade de sair um número múltiplo de 3?
   b) Qual é a probabilidade de não sair um número primo?

19. No experimento aleatório que consiste em sortear um papel de um envelope que contém 7 papéis, em que foram anotados os dias da semana, qual é a probabilidade de:
   a) ser sorteado o domingo?
   b) ser sorteado um dia que começa pela letra *q*?

20. Considere o experimento aleatório que consiste em lançar uma moeda não viciada três vezes e registrar a sequência de resultados de cada lançamento.
   a) Faça a árvore de possibilidades e escreva o espaço amostral desse experimento.
   b) Qual é a probabilidade de ser observada a mesma face nos dois primeiros lançamentos?
   c) Qual é a probabilidade de ser observada a face cara no máximo uma vez?

21. Em relação aos dados da atividade 14, calcule:
   a) P(A).
   b) P(B).
   c) a probabilidade de que o resultado do segundo lançamento seja maior que o do primeiro.

22. O setor de inspeção de qualidade de uma fábrica de lâmpadas fez um teste com um lote de 250 lâmpadas produzidas em certo dia e encontrou 4 lâmpadas defeituosas. Se for selecionada ao acaso uma lâmpada desse lote, qual é a probabilidade, em porcentagem, de ser selecionada uma lâmpada não defeituosa?

23. Conforme você estudou em anos anteriores, em muitas situações, para atribuir uma probabilidade de ocorrência de um evento utiliza-se a frequência relativa da ocorrência dele em uma quantidade consideravelmente grande de realizações do experimento.

Foi feita uma pesquisa em 300 edições de um jornal e verificou-se erro na primeira página em 12 dessas edições. Com esses dados, qual é a probabilidade atribuída à ocorrência de erro na primeira página desse jornal? Dê o valor em porcentagem.

Propriedades da probabilidade

Considere o sorteio de um número natural de 1 a 10. Qual é a probabilidade:

a) de ser sorteado um número maior que 12?

b) de ser sorteado um número menor que 12?

Observe que, nesse experimento, os resultados são igualmente prováveis e o espaço amostral é:

$$S = \{1, 2, 3, 4, 5, 6, 7, 8, 9, 10\}$$

Vamos verificar o que acontece em cada um dos casos:

a) Nesse espaço amostral não há número maior que 12. Assim, pede-se a probabilidade de ocorrência de um evento sem elementos (conjunto vazio). Essa probabilidade é zero.

O conjunto vazio, que é representado pela letra grega ϕ **(phi)**, é chamado de **evento impossível** e tem probabilidade: **P(ϕ) = 0**.

b) Todos os resultados possíveis desse experimento são números menores que 12. Assim, pede-se a probabilidade de ocorrência de um evento igual ao próprio espaço amostral. Essa probabilidade é 1 (ou 100%).

O espaço amostral é um evento chamado **evento certo** e tem probabilidade: **P(S) = 1**.

São propriedades da probabilidade em um experimento aleatório com espaço amostral:
$S = \{a_1, a_2, a_3, ..., a_n\}$:

- A probabilidade de ocorrer um evento impossível é 0:
$$P(\phi) = 0$$
- A probabilidade de ocorrer um evento certo é 1:
$$P(S) = 1$$
- Para todo evento A, a probabilidade de ocorrer A é um número que vai de 0 a 1 (0 a 100%):
$$0 \leqslant P(A) \leqslant 1$$
- A soma das probabilidades de cada resultado possível é 1:
$$P(a_1) + P(a_2) + P(a_3) + ... + P(a_n) = 1$$
- A probabilidade de um evento ocorrer é igual à soma das probabilidades dos resultados que o compõem.

Evento complementar

Considere um experimento que consiste no sorteio de um número natural de 1 a 50. Qual é a probabilidade de não sair um múltiplo de 15?

Neste experimento, o espaço amostral é $S = \{1, 2, 3, 4, 5, ..., 48, 49, 50\}$.

O evento formado pelos múltiplos de 15 é $A = \{15, 30, 45\}$.

O evento formado pelos números não múltiplos de 15 é chamado **evento complementar** de A, e o indicamos por $\overline{A}$. Como em S há 50 elementos e em A, 3, em $\overline{A}$ há $(50 - 3)$; portanto, 47 elementos. Daí:

$$\overline{A} = \{1, 2, 3, ..., 14, 16, ..., 29, 31, ..., 44, 46, ..., 50\} \text{ e } P(\overline{A}) = \frac{47}{50}.$$

A probabilidade de não sair um múltiplo de 15 é $\frac{47}{50}$.

Como $P(A) = \frac{3}{50}$ e $P(\overline{A}) = \frac{47}{50}$, segue que $P(A) + P(\overline{A}) = \frac{3}{50} + \frac{47}{50} = \frac{50}{50}$. Logo, $P(\overline{A}) = 1 - P(A)$.

Como vimos no 8º ano, essa relação é sempre verdadeira:

$$P(\overline{A}) = 1 - P(A)$$

Note que o evento $\overline{A}$ ocorre quando A não ocorre. Por isso, também dizemos que A é o evento **não A**.

A probabilidade de ocorrer o evento **não A** é 1 menos a probabilidade de ocorrer o evento A.

24. Em um dado viciado, a probabilidade de ocorrer cada uma das faces 1, 2 ou 3 é a mesma e é igual ao dobro da probabilidade de ocorrer cada uma das outras faces. No lançamento desse dado, qual é a probabilidade de ser observado um número ímpar de pontos?

25. Um prêmio será sorteado entre os 32 alunos de uma turma, dos quais 4 são canhotos. Qual é a probabilidade de que o prêmio saia para um aluno não canhoto?

26. Em três lançamentos sucessivos de uma moeda não viciada, calcule a probabilidade de:

a) não ocorrer coroa nos três lançamentos.

b) ocorrer cara em pelo menos um dos lançamentos.

27. O serviço meteorológico anuncia a previsão do tempo para amanhã:

> Na região Sul, 70% de probabilidade de chover. No Nordeste, tempo bom, sol, sem possibilidade de chuva.

Ilustra Cartoon/Arquivo da editora

Considerando verdadeiras as previsões, qual é a probabilidade de:

a) não chover na região Sul?

b) não chover no Nordeste?

28. O dono de uma lanchonete pesquisou por vários dias a sua clientela. Agora já sabe:

70% colocam mostarda no lanche, 50% colocam *ketchup* e 30% colocam ambos os molhos. Qual é a probabilidade de que um cliente, escolhido ao acaso, não coloque molho algum? E a de que coloque apenas um dos molhos?

29. Responda:

a) Um casal pretende ter dois filhos. Admitindo probabilidades iguais para ambos os sexos, qual é a probabilidade de terem duas meninas?

b) Considerando todas as famílias de quatro pessoas – casal e dois filhos –, qual é aproximadamente a porcentagem daquelas formadas por casal e duas filhas?

30. Um prêmio será sorteado entre os alunos das três turmas do 9º ano.

	9º A	9º B	9º C
Meninos	15	18	17
Meninas	22	20	23

a) um aluno do 9º A, menino ou menina;

b) um menino do 9º B;

c) uma menina.

Calcule a probabilidade de que o ganhador seja:

::::: Noção de probabilidade condicional e independência

Leia atentamente os exemplos 1, 2 e 3 e os conceitos introduzidos a seguir.

Exemplo 1. No lançamento de um dado não viciado, sabe-se que saiu um número par de pontos. Qual é a probabilidade de ter saído mais do que 3 pontos?

Nesse lançamento há seis resultados possíveis equiprováveis: 1, 2, 3, 4, 5 e 6. Com a informação de que saiu um número par de pontos, os resultados possíveis foram reduzidos a três: 2, 4 ou 6 pontos.

Nesse caso, a probabilidade de ter saído mais de 3 pontos é a probabilidade de ter saído 4 ou 6 pontos, ou seja, temos duas possibilidades em três. Essa probabilidade é, portanto, $\frac{2}{3}$.

Esse é um exemplo de **probabilidade condicional**. Utilizamos a informação (ou condição) de que no lançamento do dado saiu um número par de pontos.

> Para calcular uma probabilidade condicional consideramos como resultados possíveis aqueles que satisfazem à condição dada sobre o resultado do experimento aleatório.

Vamos nomear os eventos do experimento acima:

Espaço amostral: $S = \{1, 2, 3, 4, 5, 6\}$

A = o resultado é um número par de pontos $\rightarrow A = \{2, 4, 6\}$

B = o resultado é maior do que 3 pontos $\rightarrow B = \{4, 5, 6\}$

A probabilidade de ocorrer B, sem nenhuma outra informação, é:

$$P(B) = \frac{3}{6} = \frac{1}{2}$$

Com a informação de que o evento A ocorreu, a probabilidade de ocorrer B se torna $\frac{2}{3}$. Esta é a probabilidade condicional de ocorrer B, tendo ocorrido A, que vamos indicar por $P(B|A)$ (lê-se: P de B dado A).

Há casos em que a informação de ter ocorrido um evento A não altera a probabilidade de ocorrer o evento B, isto é, a probabilidade condicional de ocorrer B, tendo ocorrido A, é igual à probabilidade de ocorrer B.

Exemplo 2. Em dois lançamentos de um dado não viciado, qual é a probabilidade de obter 6 pontos no segundo lançamento, sabendo que saiu 6 pontos no primeiro lançamento?

O espaço amostral do experimento é constituído pelos 36 pares ordenados igualmente prováveis:

(1, 1), (1, 2), (1, 3), (1, 4), (1, 5), (1, 6)
(2, 1), (2, 2), (2, 3), (2, 4), (2, 5), (2, 6)
(3, 1), (3, 2), (3, 3), (3, 4), (3, 5), (3, 6)
(4, 1), (4, 2), (4, 3), (4, 4), (4, 5), (4, 6)
(5, 1), (5, 2), (5, 3), (5, 4), (5, 5), (5, 6)
(6, 1), (6, 2), (6, 3), (6, 4), (6, 5), (6, 6)

Sendo o evento A sair 6 pontos no primeiro lançamento, e o evento B sair 6 pontos no segundo lançamento, temos:

$A = \{(6, 1), (6, 2), (6, 3), (6, 4), (6, 5), (6, 6)\}$
$B = \{(1, 6), (2, 6), (3, 6), (4, 6), (5, 6), (6, 6)\}$

Sabendo que ocorreu o evento A, os resultados possíveis ficam reduzidos aos 6 pares de A. Nesse caso, para ocorrer B há um único resultado desejado: o par (6,6).

Então, a probabilidade condicional de ocorrer B, tendo ocorrido A, é: $P(B \mid A) = \dfrac{1}{6}$. E a probabilidade de ocorrer B, sem a informação da ocorrência de A, é $P(B) = \dfrac{6}{36} = \dfrac{1}{6}$. Portanto, a probabilidade de ocorrer B com ou sem a informação de que A tenha ocorrido é a mesma. Dizemos, por isso, que os eventos A e B são **eventos independentes**.

> Dois eventos A e B são independentes quando a probabilidade condicional de ocorrer B, tendo ocorrido A, é igual à probabilidade de ocorrência de B, isto é, quando:
> $$P(B \mid A) = P(B)$$

Quando dois eventos não são independentes, dizemos que eles são **eventos dependentes**. É o caso do exemplo 1:

$$P(B \mid A) = \frac{2}{3} \text{ e } P(B) = \frac{1}{2}$$

Como $P(B \mid A) \neq P(B)$, A e B são eventos dependentes.

Multiplicação de probabilidades

Exemplo 3. No experimento do exemplo 2, qual é a probabilidade de obter 6 pontos em ambos os lançamentos?

A probabilidade de obter 6 pontos em cada lançamento é a probabilidade de ocorrer par (6, 6).

Portanto, temos 1 resultado desejado em 36 possíveis e equiprováveis, ou seja, a probabilidade é $\dfrac{1}{36}$.

Considerando os eventos A e B descritos no exemplo 2, a probabilidade de obter 6 em ambos os lançamentos é a probabilidade de que ambos os eventos, A e B, ocorram, o que vamos indicar por $P(A \cap B)$. Então:

$$P(A \cap B) = \frac{1}{36}$$

Como $P(A) = \dfrac{1}{6}$ e $P(B) = \dfrac{1}{6}$, note que:

$$P(A \cap B) = \frac{1}{36} = \frac{1}{6} \cdot \frac{1}{6} = P(A) \cdot P(B)$$

> A probabilidade de que ocorram dois eventos independentes é igual ao produto das probabilidades de ocorrência de cada um deles.
>
> Sendo A e B eventos independentes, temos:
> $$P(A \cap B) = P(A) \cdot P(B)$$

Veja a regra geral conhecida como **regra da multiplicação** de probabilidades:

> A probabilidade de que ocorram dois eventos, A e B, é igual à probabilidade de A multiplicada pela probabilidade condicional de B, tendo ocorrido A:
> $$P(A \cap B) = P(A) \cdot P(B \mid A)$$

Essa regra decorre do conceito de probabilidade condicional. Por exemplo, note que:

No experimento do exemplo 1, ocorrem ambos os eventos A e B se o resultado do lançamento for 4 ou 6, portanto, são dois resultados desejados em 6 possíveis e equiprováveis. Temos:

$$P(A \cap B) = \frac{2}{6} = \frac{1}{3}$$

Por outro lado:

$$P(A) \cdot P(B \mid A) = \frac{3}{6} \cdot \frac{2}{3} = \frac{1}{3}$$

Logo, $P(A \cap B) = P(A) \cdot P(B \mid A)$.

Observe que, se A e B são independentes, temos $P(B|A) = P(B)$ e, então, $P(A \cap B) = P(A) \cdot P(B)$.

Experimentos independentes

Há situações em que podemos perceber, antes de calcular as probabilidades, que dois eventos são independentes. Por exemplo, no experimento constituído por dois lançamentos de um dado, cada lançamento pode ser considerado um experimento. O resultado do segundo lançamento não depende do resultado do primeiro, por isso dizemos que os dois lançamentos são **experimentos independentes**.

Se um evento A está relacionado apenas ao primeiro lançamento e B, apenas ao segundo, os eventos A e B são independentes.

Outra situação comum de experimentos independentes é o modelo de retiradas de bolas de uma urna se forem retiradas com reposição, pois nesse caso, como a bola retirada é devolvida à urna antes da próxima retirada, o resultado de cada retirada não depende dos resultados das demais retiradas.

ATIVIDADES

31. No sorteio de um número natural de 1 a 20 sabe-se que saiu um número de dois algarismos. Qual é a probabilidade de que tenha saído um múltiplo de 3?

32. Em uma urna há três bolas vermelhas, quatro azuis e cinco pretas, idênticas a não ser pela cor. Duas bolas serão sorteadas, sem reposição. Calcule a probabilidade de sair:

a) bola azul na primeira retirada.

b) bola azul na segunda retirada, sabendo que saiu azul na primeira.

c) bola azul em ambas as retiradas.

33. Resolva os mesmos itens da atividade anterior supondo que há reposição das bolas.

34. Considere dois lançamentos sucessivos de um dado não viciado. Calcule a probabilidade de sair um número maior que 3 em ambos os lançamentos.

35. Em uma urna há três bolas idênticas, de cores diferentes: uma branca, uma preta e uma vermelha. Duas bolas serão retiradas sucessivamente. Considere os eventos: A sair a bola branca na primeira retirada, B sair a bola branca na segunda retirada e $A \cap B$ sair a bola branca nas duas retiradas.

Calcule $P(A)$, $P(B)$ e $P(A \cap B)$ nos casos:

a) retiradas com reposição.

b) retiradas sem reposição.

Dados feitos de osso e pedra de um jogo da Idade da Pedra. O material foi descoberto no ano 1400.

Bible Land Pictures/akg/Album/Fotoarena

Cara ou coroa e probabilidade

Curiosamente, quase todas as culturas primitivas envolveram-se com algum tipo de jogo de dados. Além de servir de recreação para crianças e adultos (inclusive com apostas), é possível que o jogo tivesse ligações com rituais religiosos.

De fato, como nos primeiros tempos nada era considerado aleatório (e até o formato irregular dos primeiros dados contribuía para isso), supunha-se que o resultado do lançamento de um ou mais dados dependia apenas da vontade dos deuses e, por isso, poderia ser interpretado, por algum sacerdote, como indicativo de uma vontade superior, como ainda ocorre hoje com cartas e búzios, por exemplo.

Bem, mas como eram os dados primitivos? Eram astrágalos, ossos que em alguns animais, como o carneiro e a cabra, têm alguma semelhança com o cubo (ver figura – à esquerda, do carneiro; à direita, do cão). Mas, por seu formato, o astrágalo somente assenta em quatro de suas faces, duas largas e duas estreitas. Um jogo comum na Grécia antiga era lançar simultaneamente quatro astrágalos, e o resultado que tinha valor maior, chamado **lançamento de Vênus**, era aquele em que os quatro astrágalos mostravam faces diferentes.

 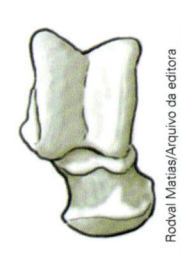

Rodval Matias/Arquivo da editora

Com dados atuais, honestos, a jogada análoga seria lançar seis dados simultaneamente e cada um dos dados mostrar acima uma face diferente da dos outros.

Somente no Renascimento (séculos XV e XVI) os elementos iniciais do estudo da probabilidade começaram a se formar, quando a noção de equiprobabilidade, ou seja, regularidade dos eventos aleatórios em condições ideais, superaria o determinismo de fundo religioso que permeava o pensamento até então, inclusive de um número muito grande de "eruditos". O primeiro livro razoavelmente bem fundamentado sobre o assunto, *Liber de ludo aleae* (*Livro sobre os jogos de azar*), do médico, matemático e jogador compulsivo Girolamo Cardano (1501-1576), foi escrito nesse período.

No entanto, entre as "questões incomuns" da obra *Summa de arithmetica, geometrica, proportioni e proportionalita*, de Luca Pacioli (c. 1445-1517), publicada em 1494, havia um problema que teria papel muito especial nas primeiras pesquisas sobre probabilidade: o chamado "problema dos pontos", aqui enunciado em uma versão simplificada e atualizada:

"Dois irmãos gêmeos, Aldo e Bruno, decidiram apostar figurinhas da Copa do Mundo. Começam um jogo de 'cara ou coroa' com uma moeda honesta, estabelecidas as seguintes regras: I – os dois se alternarão no lançamento da moeda; II – o jogador que obtiver coroa no lançamento ganha um ponto, mas, se obtiver cara, o adversário é quem ganha um ponto; III – ganhará o jogo aquele que fizer três pontos primeiro; IV – cada um aposta 10 figurinhas. O jogo foi interrompido quando Aldo estava com dois pontos e Bruno com um, e era a vez de Aldo lançar a moeda. Então, como dividir as apostas equitativamente?"

Cardano descobriu que a resolução dada por Pacioli ao problema proposto na época estava "infantilmente errada". (De acordo com a solução de Pacioli, Aldo deveria ficar com o dobro de figurinhas com que ficaria Bruno.) Mas a resolução alternativa feita por Cardano também estava errada.

No século XVII, um nobre francês, também compulsivo jogador, propôs alguns problemas envolvendo a probabilidade de ganho em jogos de azar ao matemático Blaise Pascal (1623-1662), entre os quais o problema dos pontos. Tão entusiasmado ficou Pascal com as questões que iniciou uma rica correspondência com seu compatriota Pierre de Fermat (1601-1665) sobre elas, na qual ambos resolveram o problema dos pontos acertadamente, cada um à sua maneira. E foram além, ao resolverem generalizações do problema e estenderem suas pesquisas a outros jogos de azar. Baseando-se nessa correspondência, o matemático holandês C. Huygens (1629-1695) escreveu em 1657 *De ratiociniis in aleae ludo* (*Sobre o raciocínio em jogos de azar*), o primeiro tratado formal sobre probabilidade.

Nos itens abaixo, sobre o problema dos pontos, complete as frases substituindo ////// pelas informações corretas.

a) Se o jogo tivesse prosseguido e, no lançamento da moeda, Aldo tivesse obtido "coroa", ele ficaria com ////// ponto(s) e, portanto, Bruno com ////// ponto(s). Logo, a divisão das apostas seria: ////// e //////.

b) Mas, se Aldo tivesse obtido "cara", ele ficaria com ////// pontos e Bruno ficaria com ////// pontos. Logo, a divisão seria ////// e //////.

c) Assim, pode-se concluir que, quando da interrupção do jogo, Aldo já fizera jus a ////// figurinhas.

d) Mas, se o jogo prosseguisse, quando Aldo lançasse a moeda, a probabilidade de sair "cara" ou "coroa" é a mesma, portanto, o restante das apostas (10 figurinhas) deve ser dividido igualmente, da seguinte maneira: ////// e //////.

e) Logo, a divisão das apostas, ao ser interrompido o jogo, deve ser a seguinte:

Aldo → ////// figurinhas   Bruno → ////// figurinhas

Criador de regras seguras para senhas se arrepende de dicas pouco práticas

Você já ouviu falar das regras básicas para ter uma senha segura: alternar letras maiúsculas e minúsculas, usar caracteres esquisitos e não se esquecer de incluir números. No entanto, o responsável por ter criado essas dicas se arrepende de ter estabelecido diretivas tão pouco práticas para os usuários.

Criador de regras amplamente divulgadas para criação de senha acha diretrizes complicadas.

A pessoa em questão é o norte-americano Bill Burr, 72, que trabalhava no Nist (Instituto Nacional de Padrões e Tecnologia, um órgão de padronização dos EUA).

Em 2003, ele foi incumbido de escrever regras para criação de senhas, e as recomendações de Burr viraram praticamente mandamentos para profissionais da área de segurança e usuários. "Me arrependo de muitas coisas que fiz", disse ele em entrevista ao jornal norte-americano "Wall Street Journal", sobre o assunto.

Para exemplificar seu arrependimento, ele cita a necessidade de se trocar a senha a cada três meses. No fim das contas, as pessoas acabam fazendo poucas alterações, o que não dificulta muito o trabalho de cibercriminosos. Para ele parte dos conselhos acabaram sendo usados de forma incorreta.

Novas regras

O próprio Nist, em suas novas diretivas, deixou as duas políticas citadas acima de lado. Agora, o órgão estadunidense só recomenda troca de senhas em caso de suspeita de invasão de sistema e não é mais compulsório ter caracteres especiais.

Em vez disso, é aconselhável usar uma sentença com mais palavras (quatro, por exemplo) e que seja fácil de lembrar. Inclusive, a entidade sugere o uso de espaço ou hifens no lugar de caracteres especiais.

Disponível em: https://www.uol.com.br/tilt/noticias/redacao/2017/08/08/criador-de-regras-para-senhas-virtuais-se-arrepende-de-dicas-pouco-praticas.htm. Acesso em: 11 jul. 2021.

1. De acordo com o texto, as "senhas seguras" eram aquelas em que o usuário utilizava letras, números e caracteres especiais. Entretanto, esse conceito de recomendação foi modificado. Qual é a nova recomendação e por que o modelo modificou?

2. Carolina escolheu uma senha de cinco caracteres, em determinada ordem e sem repetição, para efetuar o cadastro de acesso em um *site*. Com o tempo, esqueceu a ordem em que eles foram digitados. Qual é o número máximo de tentativas que ela terá de fazer até obter acesso ao *site*?

3. De quantos modos uma pessoa pode definir uma senha para bloqueio de celular composta de seis dígitos escolhidos entre os algarismos de 0 até 9?

8

Área, segmentos tangentes, polígonos e círculo

NESTA UNIDADE VOCÊ VAI

- Resolver problemas que envolvem o cálculo da área de triângulos e de quadriláteros notáveis.

- Determinar elementos notáveis de um polígono regular.

- Construir polígonos regulares.

- Resolver problemas por meio do estabelecimento de relações entre arcos, ângulos centrais e ângulos inscritos na circunferência.

- Resolver e elaborar problemas que envolvem medidas de volumes de prismas e de cilindros.

- Reconhecer vistas ortogonais de figuras espaciais.

CAPÍTULOS

18 Áreas: triângulo e quadriláteros notáveis

PHOTOCREO Michal Bednarek/Shutterstock

NA REAL

Como a geometria pode ajudar a produzir mais mel?

A estrutura dos favos nas colônias das abelhas *Apis mellifera* desperta interesse na apicultura a fim de maximizar a produção de mel. Em relação ao tamanho e à forma, os alvéolos construídos têm formato que lembra um prisma hexagonal, formado por seis paredes. Alguns estudos indicaram que as abelhas operárias criam cerca de 840 alvéolos por dm². Existem quadros de ninhos que consideram 5,4 mm para o tamanho dos alvéolos, que são aproximados para um hexágono regular.

Qual é a área de cada alvéolo, considerando as dimensões indicadas na figura?

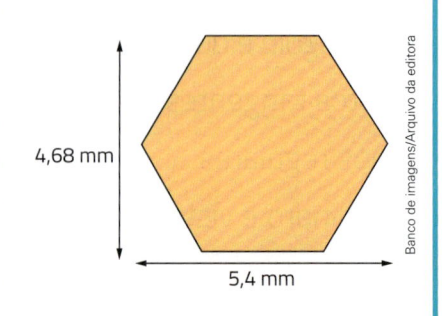

Banco de imagens/Arquivo da editora

4,68 mm

5,4 mm

Modelo de alvéolo.

Equivalência de figuras

Observe as figuras planas a seguir, montadas com 12 cartões quadrados, cada um de lado 1 cm.

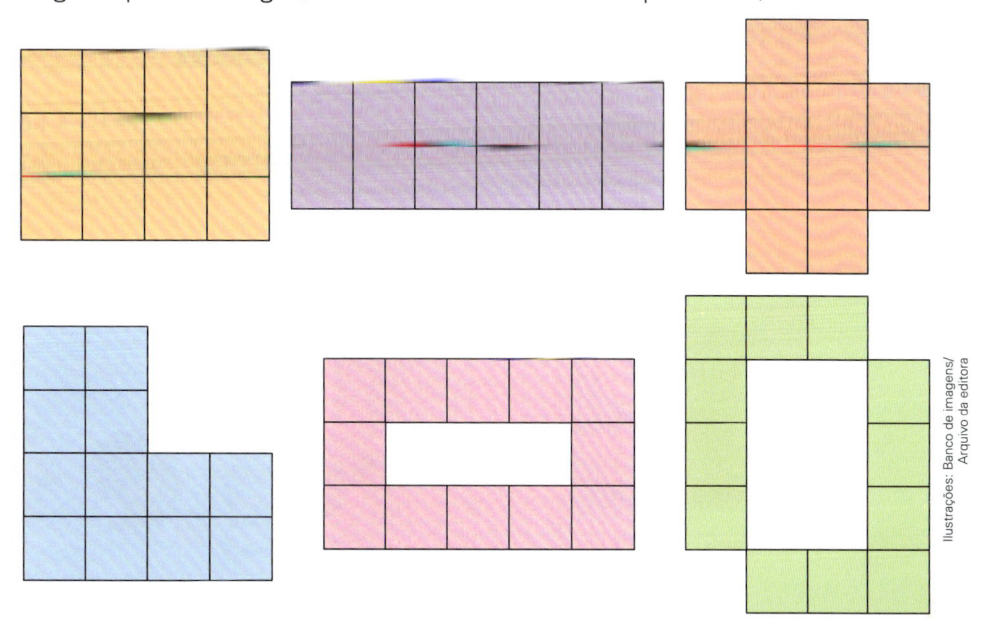

Ilustrações: Banco de imagens/ Arquivo da editora

Nesse conjunto não há duas figuras iguais. Cada figura tem forma diferente das demais, mas todas têm a mesma área (12 cm²) e, por isso, são **figuras equivalentes** entre si.

> Dizemos que duas ou mais figuras planas são **equivalentes** quando têm áreas iguais.

As figuras acima são equivalentes porque todas são compostas de 12 cartões iguais. Dizemos que essas figuras são **equicompostas** (compostas de partes iguais em igual quantidade).

Vejam agora outro exemplo.

Temos três cartões de cores diferentes com as seguintes características.

Ilustra Cartoon/Arquivo da Editora

- 2 cartões em forma de triângulo retângulo com catetos de 1,5 cm;
- 1 cartão em forma de retângulo de 2 cm por 1,5 cm.

Com esses cartões, montamos três figuras equivalentes:

Essas figuras são equivalentes porque são equicompostas (compostas de três partes, duas a duas iguais).

E qual é a área de cada uma?

Para responder, basta olhar a segunda figura: é um retângulo de 3,5 cm por 1,5 cm, logo, de área 5,25 cm². Portanto, cada uma dessas figuras tem 5,25 cm² de área.

A seguir, vamos trabalhar muitas vezes com a ideia de calcular a área de uma figura, transformando-a em uma figura equivalente mais simples.

PARTICIPE

Um matemático provou que, se dois polígonos possuem a mesma área, um deles pode ser transformado no outro cortando-o em um número finito de partes. Faça uma experiência: as figuras abaixo são peças que foram cortadas de um triângulo equilátero.

Copie as figuras em uma cartolina colorida, recorte-as e monte com elas um triângulo equilátero e um quadrado.

1. Os triângulos usados para compor as figuras a seguir são todos congruentes entre si. Quais são as figuras equivalentes?

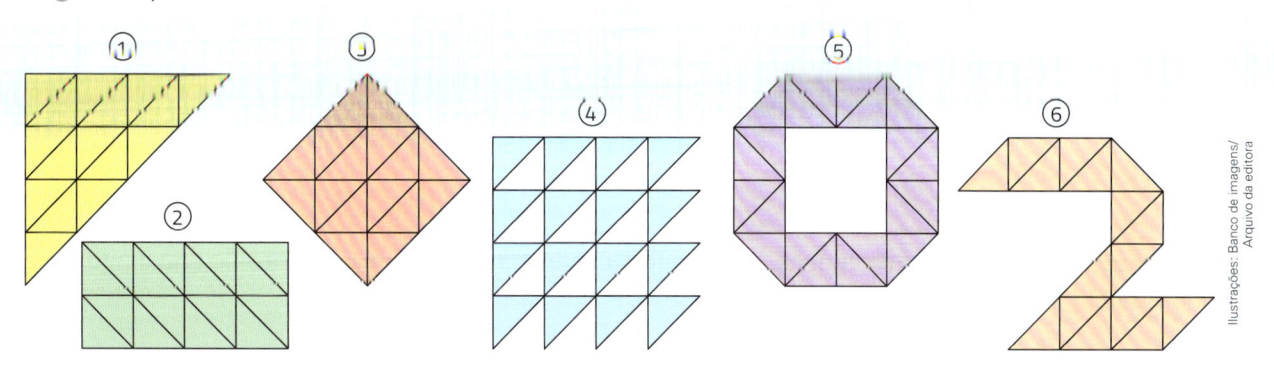

Ilustrações: Banco de imagens/ Arquivo da editora

2. Os retângulos usados para compor as figuras abaixo são todos congruentes entre si. Quais são as figuras equivalentes?

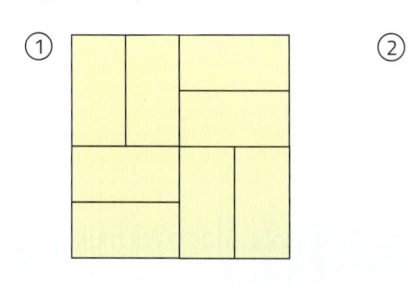
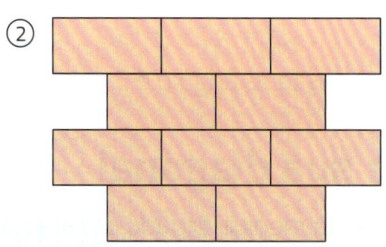
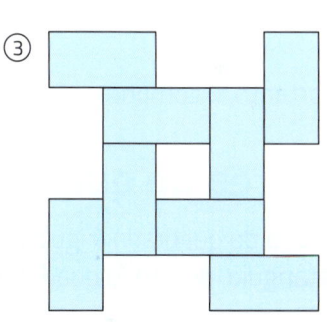

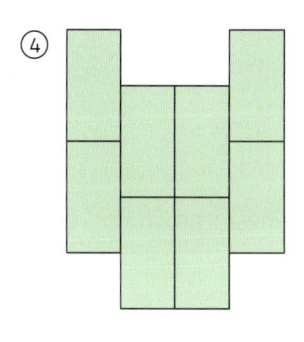
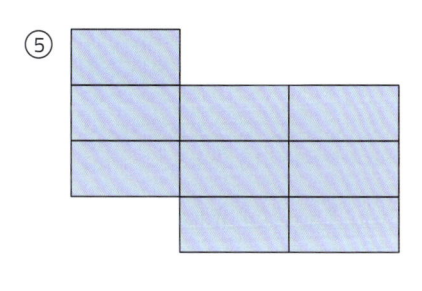
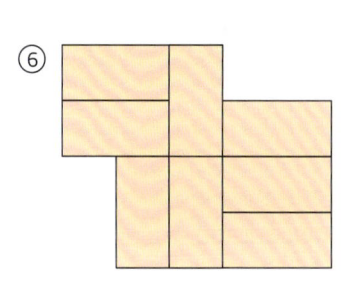

⬚ Área do retângulo e sua diagonal

A área do retângulo é igual ao produto do comprimento pela largura.

Indicamos: área = A, base = b, altura = h.

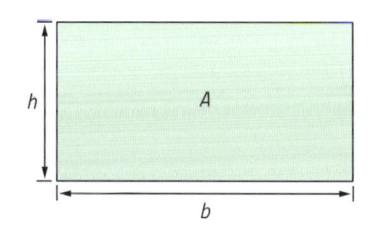

Logo:

$$A = b \cdot h$$

Diagonal de um polígono convexo é um segmento de reta que tem por extremidade dois vértices não consecutivos do polígono. A medida d da diagonal de um retângulo de base b e altura h pode ser calculada com a aplicação do teorema de Pitágoras.

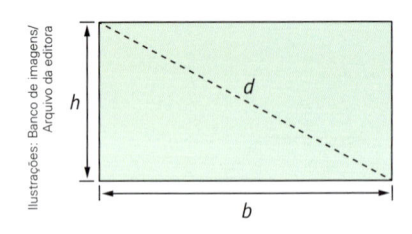

$$d^2 = b^2 + h^2$$

$$d = \sqrt{b^2 + h^2}$$

Vejamos um exemplo:

Um retângulo possui base igual a 4 cm e altura igual a 3 cm. O comprimento de sua diagonal será dado por:

$$d^2 = b^2 + h^2$$
$$d^2 = 4^2 + 3^2$$
$$d^2 = 16 + 9$$
$$d^2 = 25$$
$$d = \sqrt{25} = 5$$

Portanto, o comprimento da diagonal desse retângulo é 5 cm.

Área do quadrado e sua diagonal

A área do quadrado é igual ao produto da medida do lado por ela mesma. Aplicando a fórmula da área do retângulo, pois todo quadrado é um retângulo, e indicando $b = \ell$ e $h = \ell$, temos:

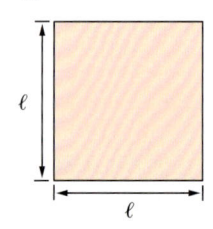

No quadrado, podemos determinar sua diagonal utilizando o teorema de Pitágoras.

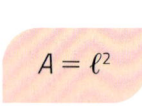

$$A = \ell^2$$

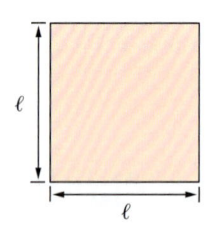

Logo:
$$d^2 = \ell^2 + \ell^2$$
$$d^2 = 2\ell^2$$

$$d^2 = \ell\sqrt{2}$$

Vejamos um exemplo:

Um quadrado possui diagonal igual a $5\sqrt{2}$. Quanto mede o lado deste quadrado?

Sendo a diagonal dada por $d = \ell\sqrt{2}$, temos:

$$d = \ell\sqrt{2}$$
$$5\sqrt{2} = \ell\sqrt{2}$$
$$\ell = 5$$

Portanto, o lado desse quadrado mede 5 cm.

3. Determine a área da figura em cada um dos itens a seguir.

a) quadrado

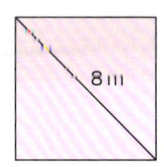

8 m

b) retângulo

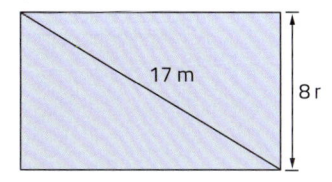

17 m

8 r

4. Calcule a área da região colorida em cada item.

a) *ABCD* é quadrado.

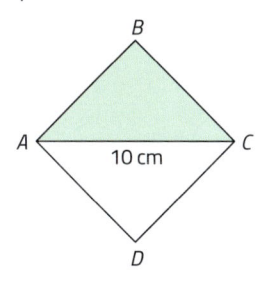

10 cm

b) *BACO* e *LINF* são quadrados.

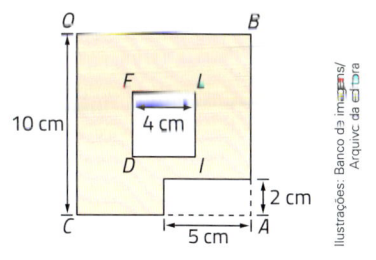

10 cm

4 cm

2 cm

5 cm

Ilustrações: Banco de imagens/ Arquivo da obra

5. Na figura, temos dois quadrados. Determine a área do maior deles.

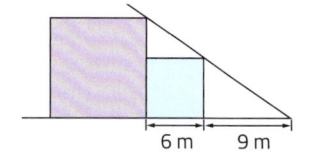

6 m   9 m

6. A área de um retângulo é 40 cm², e sua base excede em 6 cm sua altura. Determine a altura do retângulo.

7. Se aumentarmos em 3 cm os lados de um quadrado, sua área aumentará em 261 cm². Quanto mede cada lado do quadrado?

8. Qual é o aumento porcentual na área de um retângulo quando sua base é aumentada em 30% e sua altura, em 40%?

Área do paralelogramo

Vamos representar por *b* a base do paralelogramo e por *h* sua altura.

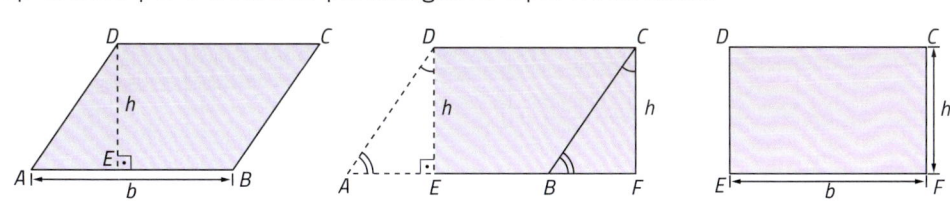

Observemos que a área do paralelogramo *ABCD* é igual à área do retângulo *EFCD*, porque:

$$A_{\square ABCD} = A_{\triangle AED} + A_{\square EBCD}$$

iguais porque
$\triangle AED \equiv \triangle BFC$

iguais

$$\Rightarrow A_{\square ABCD} = A_{\square EFCD}$$

$$A_{\square EFCD} = A_{\triangle BFC} + A_{\square FBCD}$$

Segue, portanto, que a área do paralelogramo é igual ao produto da medida da base pela medida da altura:

$$A = b \cdot h$$

9. Calcule a área dos paralelogramos.

a)

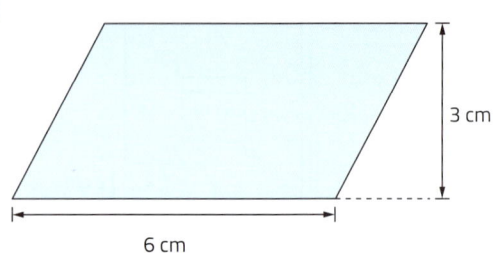

3 cm

6 cm

d)

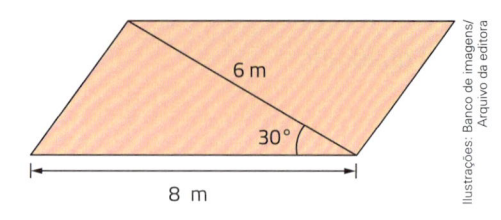

6 m

30°

8 m

b)

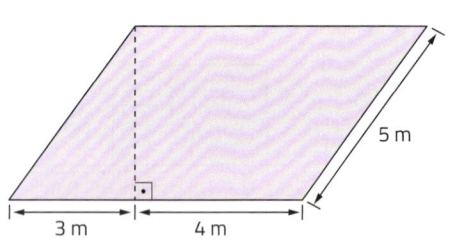

5 m

3 m   4 m

e)

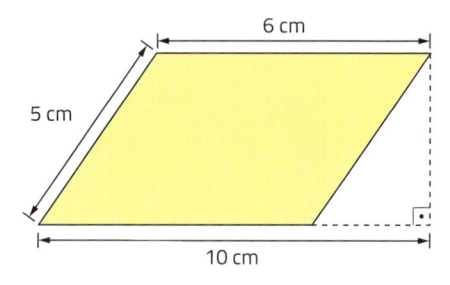

6 cm

5 cm

10 cm

c)

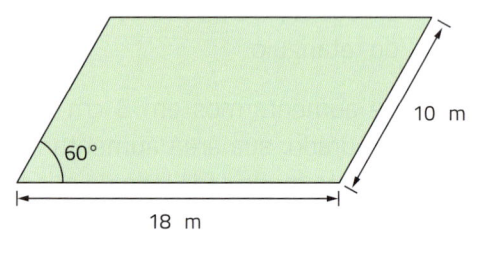

60°

10 m

18 m

f)

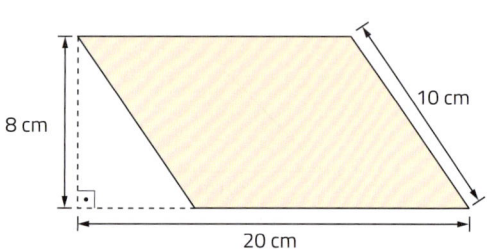

8 cm

10 cm

20 cm

10. Calcule as áreas e verifique que o paralelogramo *CIDA* e o retângulo *CIPO* são equivalentes.

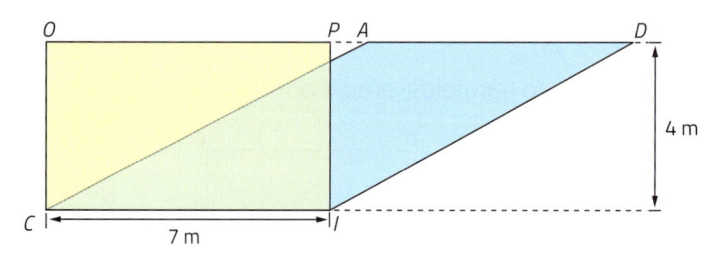

O   P A   D

4 m

C   7 m   I

11. Calcule o lado de um quadrado que é equivalente ao retângulo e ao paralelogramo da atividade anterior.

12. Verifique, por meio do cálculo de áreas, que os paralelogramos *COAR*, *COLA* e *COMI* são equivalentes entre si.

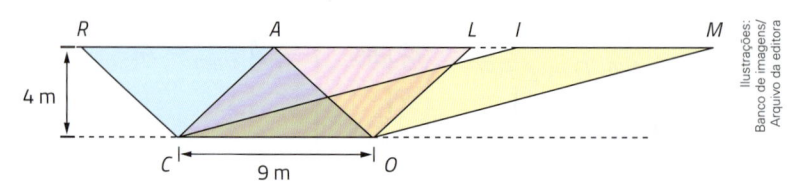

R   A   L I   M

4 m

C   9 m   O

13. Calcule o lado de um quadrado que é equivalente aos paralelogramos da atividade anterior.

Ao lado temos um triângulo retângulo *ABC* e outro, obtusângulo, *PQR*. Copie-os no caderno e faça o que se pede:

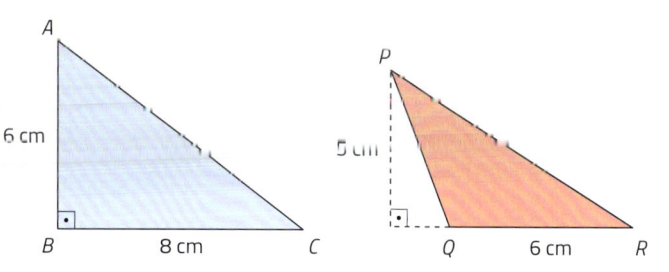

I. Trace por *A* uma reta paralela a $\overline{BC}$, por *C* uma reta paralela a $\overline{AB}$ e marque o ponto *D*, interseção das retas traçadas.

II. Que figura é *ABCD*? Qual é a sua área?

III. Os triângulos *ABC* e *CDA* são congruentes? Por quê?

IV. Os triângulos *ABC* e *CDA* têm áreas iguais ou diferentes? Qual é o resultado da soma das áreas deles?

V. Então, qual é a área do $\triangle ABC$?

VI. Trace por *P* uma reta paralela a $\overline{QR}$, por *R* uma reta paralela a $\overline{PQ}$ e marque o ponto *S*, interseção das retas traçadas.

VII. Que figura é *PQRS*? Qual é a sua área?

VIII. Qual é a área do $\triangle PQR$? Por quê?

Área do triângulo

Fórmula geral

Podemos considerar qualquer um dos três lados a base do triângulo, que será representada por *b*. A altura relativa à base será indicada por *h*.

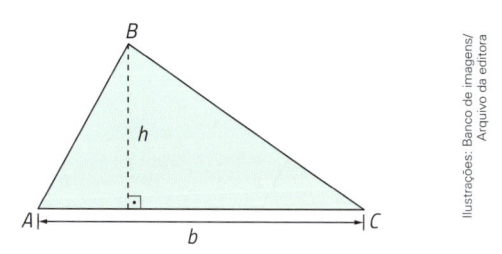

Notemos que os triângulos *ABC* e *DCB* são congruentes; logo, possuem áreas iguais. Segue daí que a área do triângulo *ABC* é igual à metade da área do paralelogramo *ABDC*:

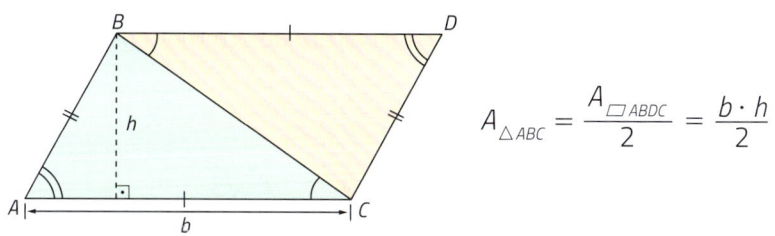

$$A_{\triangle ABC} = \frac{A_{\square ABDC}}{2} = \frac{b \cdot h}{2}$$

Concluímos que a área de um triângulo é igual ao produto da medida da base pela medida da altura dividido por dois:

$$A = \frac{b \cdot h}{2}$$

⠿ A área do triângulo retângulo

Considerando a hipotenusa como base, a área do triângulo é dada por:

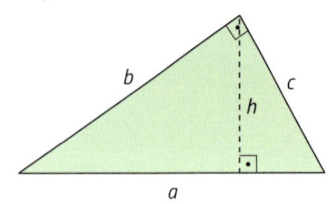

$$A = \frac{a \cdot h}{2}$$

Considerando um dos catetos como base, a altura é igual ao outro cateto. Assim, a área de um triângulo retângulo é metade do produto das medidas dos catetos.

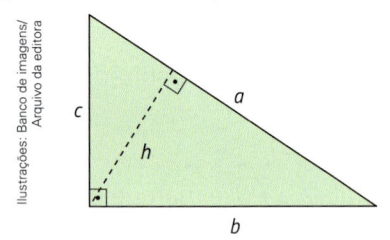

Ilustrações: Banco de imagens/ Arquivo da editora

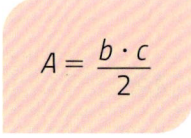

$$A = \frac{b \cdot c}{2}$$

Uma das relações métricas no triângulo retângulo é $a \cdot h = b \cdot c$.

Um exemplo: Os catetos de um triângulo retângulo medem 6 cm e 8 cm. Vamos calcular a área.

$$A = \frac{b \cdot c}{2} = \frac{6 \cdot 8}{2} = 24$$

Portanto, a área desse triângulo é 24 cm².

⠿ A área do triângulo equilátero

Considere o triângulo equilátero de lado ℓ e altura h a seguir.

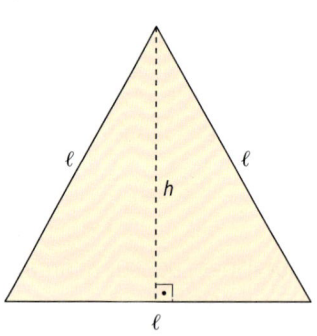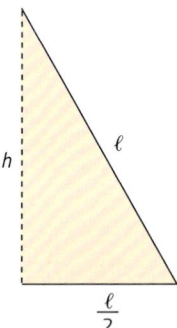

Já vimos, aplicando o teorema de Pitágoras, que a altura de um triângulo equilátero de lado ℓ é dada por: $h = \dfrac{\ell\sqrt{3}}{2}$. Assim, a área do triângulo equilátero é dada por:

$$A = \frac{b \cdot h}{2} = \frac{\ell \cdot \dfrac{\ell\sqrt{3}}{2}}{2} = \frac{\ell^2\sqrt{3}}{4}$$

Portanto:

$$A = \frac{\ell^2\sqrt{3}}{4}$$

- Fórmula de Heron – permite calcular a área *A* de um triângulo, conhecendo-se as medidas dos três lados: *a*, *b* e *c*.

$$A = \sqrt{p(p-a)(p-b)(p-c)}$$

Em que *p* é o semiperímetro do triângulo: $p = \dfrac{a+b+c}{2}$.

Heron de Alexandria viveu na Grécia e entrou para a história com essa fórmula, que leva seu nome. Ela foi publicada pela primeira vez em sua obra *Métrica*, em que também aparece o método de cálculo de raiz quadrada por aproximação que vimos no 8º ano. (Mas esse método já era conhecido pelos babilônicos 2 mil anos antes.)

- Fórmula baseada no raio *r* da circunferência inscrita no triângulo de semiperímetro *p*. Ligando cada vértice do triângulo *PQR* ao centro *O* da circunferência, dividimos *PQR* em três triângulos – *PQO*, *QRO* e *RPO* (todos de altura *r*). Então:

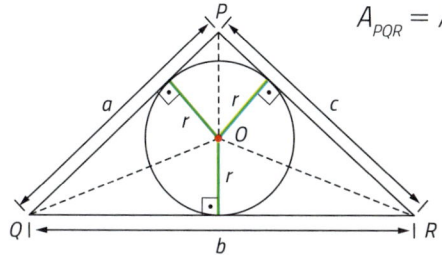

$$A_{PQR} = A_{PQO} + A_{QRO} + A_{RPO} = \frac{a \cdot r}{2} + \frac{b \cdot r}{2} + \frac{c \cdot r}{2} = \frac{a+b+c}{2} \cdot r = p \cdot r$$

$$A = p \cdot r$$

Exemplo:

As medidas dos lados do triângulo *ABC* são *a* = 7 cm, *b* = 8 cm e *c* = 9 cm. Vamos calcular a área do $\triangle ABC$.

Pela fórmula de Heron:

$$A = \sqrt{p(p-a)(p-b)(p-c)} = \sqrt{12(12-7)(12-8)(12-9)} = \sqrt{12 \cdot 5 \cdot 4 \cdot 3} = \sqrt{12^2 \cdot 5} = 12\sqrt{5}$$

A área é $12\sqrt{5}$ cm².

NA OLIMPÍADA

Desmonte

(Obmep) Com retângulos iguais, quadrados iguais e triângulos isósceles iguais foram montadas as três figuras abaixo.

O contorno da Figura 1 mede 200 cm e o da Figura 2 mede 234 cm. Quanto mede o contorno da Figura 3?

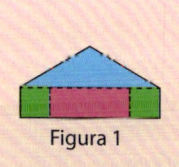

Figura 1

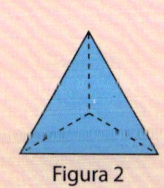

Figura 2

Figura 3

Ilustrações: Banco de imagens/ Arquivo da editora

a) 244 cm   **b)** 300 cm   **c)** 332 cm   **d)** 334 cm   **e)** 468 cm

14. Calcule a área de cada um dos seguintes triângulos.

a)

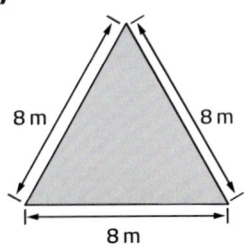

b)

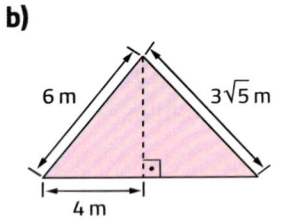

c)

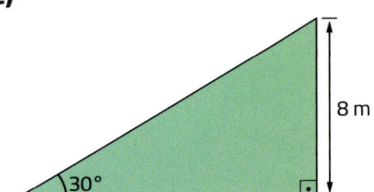

d)

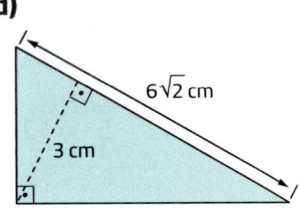

e)

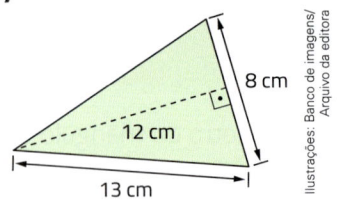

f)

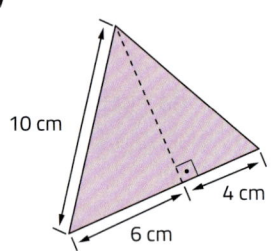

g)

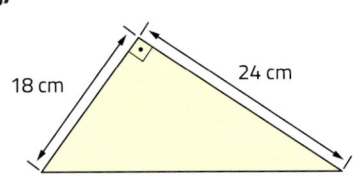

15. Determine a área do triângulo *ABC*, em que *AE* = = 10 m, *AD* = 8 m e *EB* = 5 m.

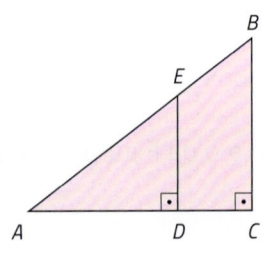

16. Determine a área de um triângulo retângulo, sabendo que um dos catetos mede 10 cm e o ângulo agudo oposto a ele mede 30°.

17. Calcule a área de um triângulo equilátero cujo perímetro é 30 m.

18. Determine a área de um triângulo equilátero cuja altura mede 6 m.

19. Determine a área de um triângulo isósceles de perímetro igual a 32 cm, sabendo que sua base excede em 2 cm cada um dos lados congruentes.

20. Determine a área de um triângulo isósceles de perímetro 36 m cuja altura relativa à base mede 12 m.

21. Calcule a altura do triângulo equilátero de área igual a $4\sqrt{3}$ cm².

22. A área de um triângulo retângulo isósceles é 8 cm². Calcule o perímetro do triângulo.

23. Calcule a área da superfície da figura abaixo.

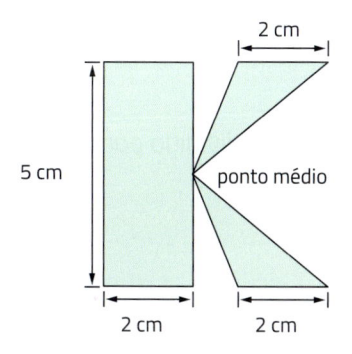

24. A base $\overline{AB}$ de um triângulo ABC, de base b e altura h, foi dividida em quatro partes congruentes pelos pontos D, E e F.

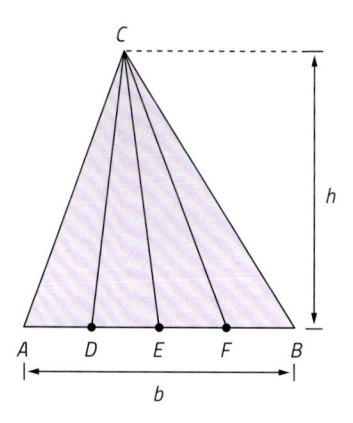

a) Calcule as áreas dos triângulos ADC, AEC, AFC e ABC.

b) Calcule a razão entre as áreas do triângulo CDE e do triângulo ABC.

25. Nos casos a seguir, determine a área do triângulo colorido em função da área S do triângulo ABC, sabendo que os pontos assinalados em cada lado o dividem em partes iguais (congruentes).

a)

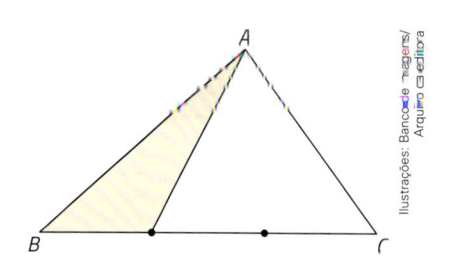

b)

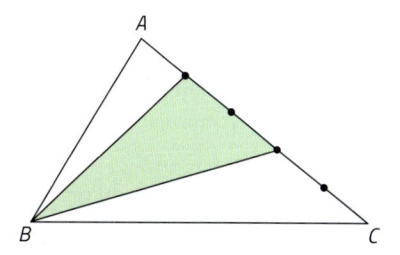

26. Verifique, por meio do cálculo de áreas, que os triângulos ABC e ABD são equivalentes. Sabe-se que r é paralela a $\overleftrightarrow{AB}$.

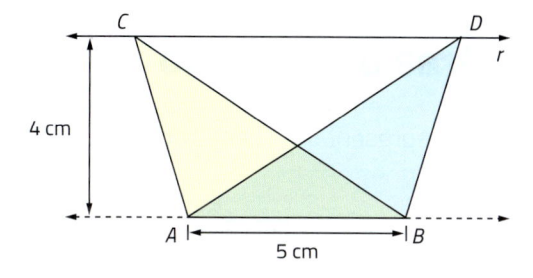

27. Use a fórmula de Heron para calcular a área de um triângulo cujos lados medem 5 m, 7 m e 8 m. Em seguida, calcule a medida da maior altura desse triângulo.

28. Use a fórmula de Heron para calcular a área de um triângulo cujos lados medem 10 m, 12 m e 14 m.

Depois, calcule a medida da menor altura desse triângulo.

29. Em um triângulo de área 96 cm , o raio do círculo inscrito é 4 cm. Qual é o perímetro do triângulo?

:::: Área do losango

A área do losango será dada em termos de suas diagonais.

Vamos representar por D a diagonal maior e por d a diagonal menor do losango.

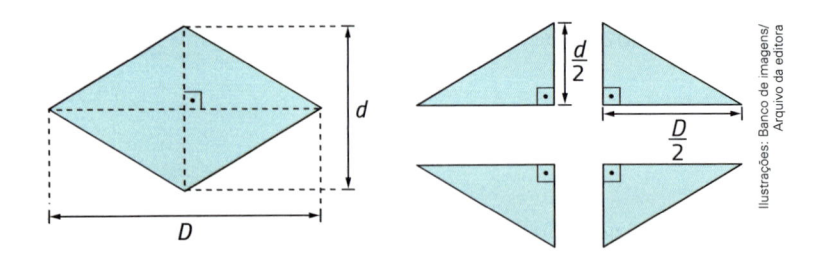

A área do losango é quatro vezes a área do triângulo retângulo de catetos $\dfrac{D}{2}$ e $\dfrac{d}{2}$:

$$A = 4 \cdot \dfrac{\dfrac{D}{2} \cdot \dfrac{d}{2}}{2} = 4 \cdot \dfrac{D \cdot d}{8} = \dfrac{D \cdot d}{2}$$

Logo, a área do losango é igual ao produto das medidas das diagonais dividido por dois:

$$A = \dfrac{D \cdot d}{2}$$

:::: Área do trapézio

Vamos representar as bases do trapézio por B e b e a altura por h.

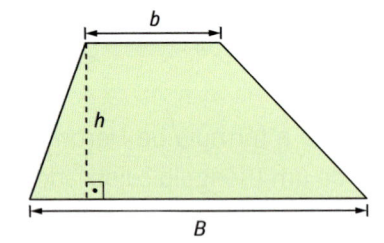
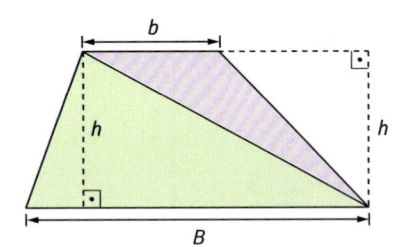

A área do trapézio é igual à soma das áreas dos dois triângulos, um de base B e altura h e outro de

base b e altura h: $A = \dfrac{B \cdot h}{2} + \dfrac{b \cdot h}{2} = \dfrac{B \cdot h \cdot b \cdot h}{2} = \dfrac{(B + b) \cdot h}{2}$

Logo, a área do trapézio é igual à soma das bases vezes a altura, dividida por dois:

$$A = \dfrac{(B + b) \cdot h}{2}$$

30. Calcule a área de cada losango.

a)

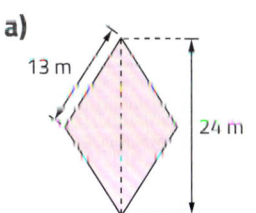

b)

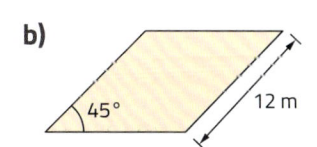

c)

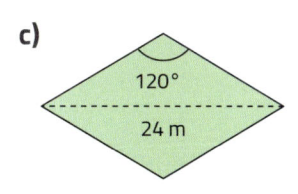

31. Calcule a área de cada trapézio.

a)

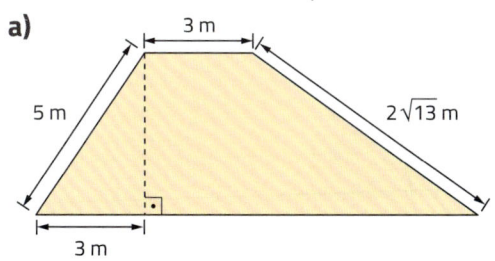

b)

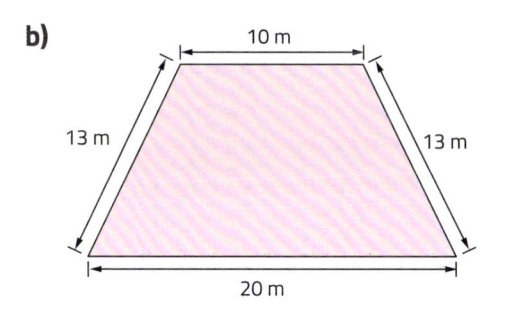

c)

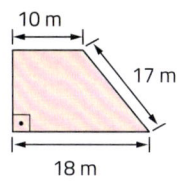

d)

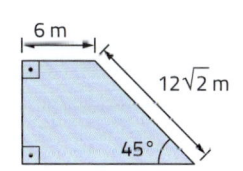

e)

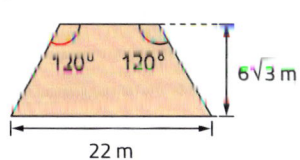

f)

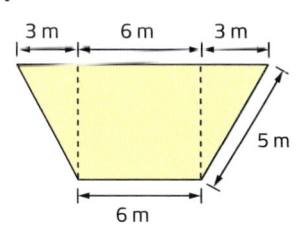

32. Determine a área de um trapézio isósceles com bases de 4 m e 16 m e perímetro de 40 m.

33. Um terreno em forma de trapézio retângulo será dividido em duas partes de áreas iguais. Na figura abaixo, $ABCD$ representa o terreno e $\overline{PQ}$ é a divisória, paralela a $\overline{BC}$. Quanto deve medir $\overline{AP}$ e $\overline{DQ}$?

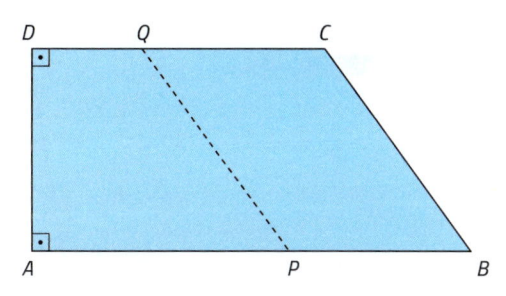

São dados: $AB = 90$ m, $AD = 40$ m e $DC = 60$ m.

34. O pentágono da figura abaixo é a planta baixa de um terreno na escala 1 : 1 000.

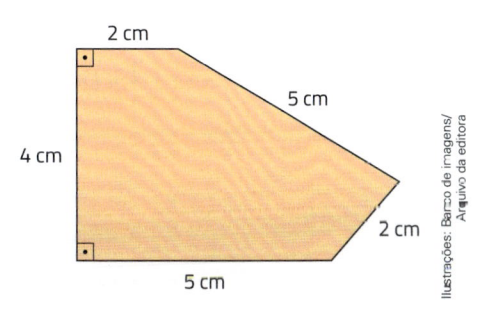

Qual é a área do terreno?

Outras formas de calcular áreas

O fato de a área de um triângulo depender apenas das medidas da base e da altura leva a alguns resultados notáveis.

Suponhamos que um triângulo tenha base b e altura h. Sua área será $A = \dfrac{bh}{2}$.

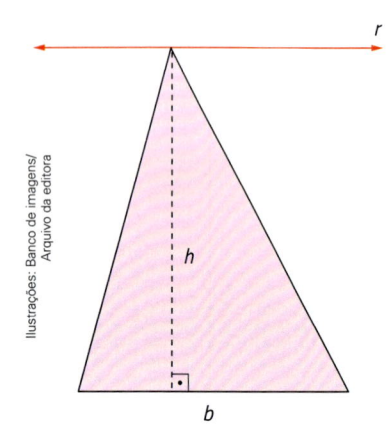

Ilustrações: Banco de imagens/Arquivo da editora

Vamos traçar uma reta r, paralela à base, pelo vértice oposto a ela.

Se mantivermos a base b e fizermos o vértice oposto a ela deslocar-se sobre r, obteremos triângulos com altura h e, portanto, com área $A = \dfrac{bh}{2}$.

Esses triângulos são equivalentes ao triângulo inicial.

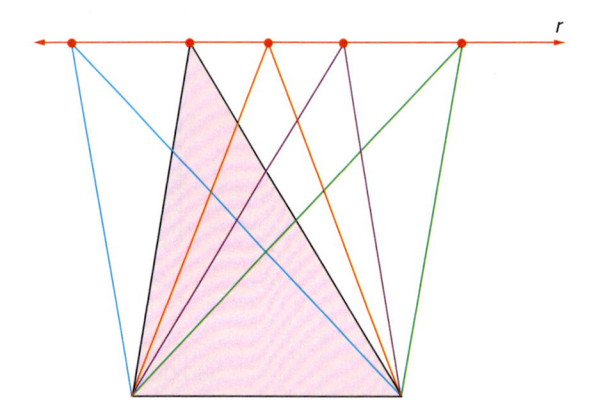

Também podemos reduzir um quadrilátero convexo a um triângulo equivalente a ele. É o que faremos na construção a seguir. (Adiante, na página 275, revisaremos os conceitos de polígono convexo e polígono côncavo).

1) Partimos do quadrilátero *ABCD*.

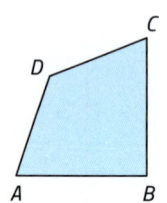

2) Traçamos uma diagonal ($\overline{BD}$, por exemplo). O quadrilátero fica dividido em duas regiões: $\triangle ABD$ e $\triangle BCD$.

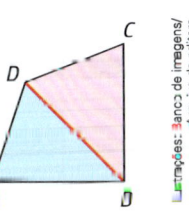

3) Traçamos por C a reta r paralela a $\overline{BD}$ e chamamos de E o ponto em que r corta a reta $\overleftrightarrow{AD}$. Unimos o ponto E ao ponto B, formando o triângulo BED.

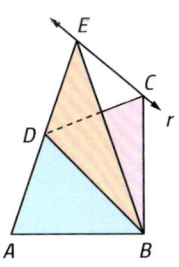

4) Como os triângulos BCD e BED são equivalentes, descartamos o triângulo BCD.

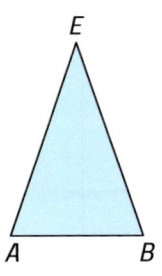

Obtemos o triângulo ABE, equivalente ao quadrilátero $ABCD$, pois:

$$\triangle BCD \approx \triangle BED,$$

> $\approx$ lê-se: "é equivalente a".

então: $\triangle ABD + \triangle BCD \approx \triangle ABD + \triangle BED$,

ou seja:

$$ABCD \approx \triangle ABE$$

Utilizando duas vezes a construção anterior, podemos transformar um pentágono convexo em um triângulo, equivalente ao pentágono.

Temos, então, um procedimento que permite transformar um polígono convexo de n lados em outro polígono convexo equivalente, com $(n-1)$ lados.

Usando várias vezes esse procedimento, um polígono convexo de n lados pode ser convertido em um triângulo equivalente a ele. A área do triângulo (que pode ser obtida por uma fórmula) é igual à área do polígono inicial.

35. Desenhe as figuras com as medidas indicadas. Depois, em cada caso, construa um triângulo equivalente ao quadrilátero.

a)

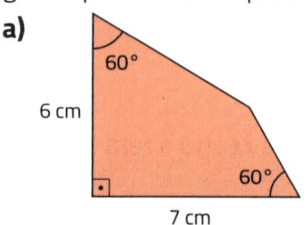

b)

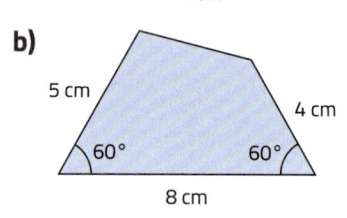

36. Construa um quadrilátero e um triângulo equivalentes ao pentágono da figura abaixo.

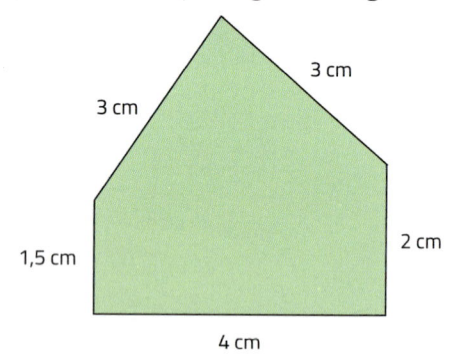

37. Calcule, em cada item, a área da superfície colorida.

a)

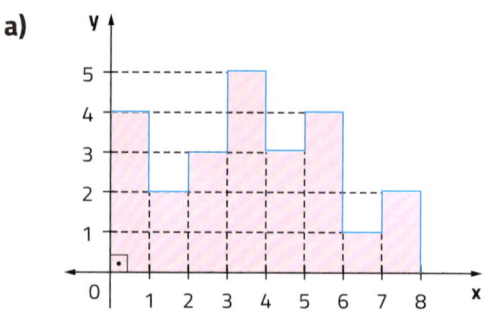

b)

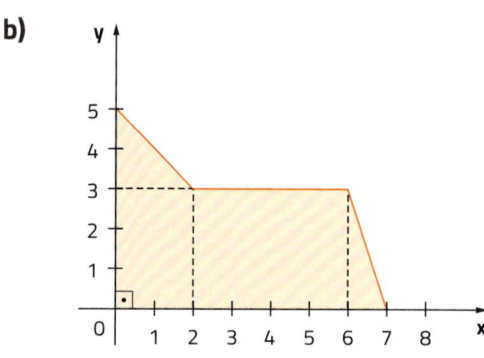

c)

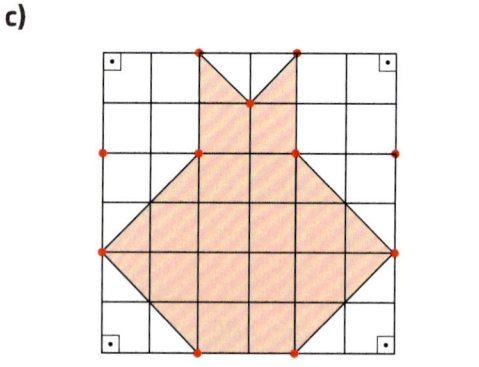

Cada quadradinho tem lado 4 cm.

Ilustrações: Banco de imagens/ Arquivo da editora

NA OLIMPÍADA

Medindo com triângulos equiláteros

(Obmep) O triângulo equilátero *ABC* da figura é formado por 36 triângulos equiláteros menores, cada um deles de área 1. Qual é a soma das áreas dos quatro triângulos amarelos?

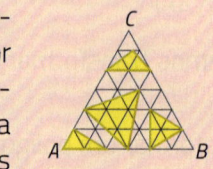

a) 13

b) 14

c) 15

d) 16

e) 17

A arte da decomposição

(Obmep) Na figura, os pontos *C* e *F* pertencem aos lados *BD* e *AE* do quadrilátero *ABDE*, respectivamente. Os ângulos $\hat{B}$ e $\hat{E}$ são retos e os segmentos *AB*, *CD*, *DE* e *FA* têm suas medidas indicadas na figura. Qual é a área do quadrilátero *ACDF*?

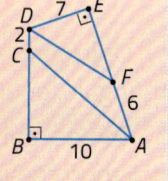

a) 16

b) 21

c) 31

d) 33

e) 40

Como fazer a contagem de multidões: técnicas e desafios

[...]

A estimativa do número de pessoas que comparecem a manifestações de rua é uma informação importante e útil, mas sua determinação é difícil e muitas vezes controversa. Num momento em que inúmeros protestos ocorrem por mês no país e que o saldo das manifestações é disputado entre os diferentes grupos, é oportuno examinar como essas estimativas são feitas e quanta imprecisão pode haver.

O que interessa a todos é simples: quantas pessoas estiveram num dado protesto em um dado local e data? Mas responder a essa pergunta não é tão simples. Informações divulgadas no Brasil por organizadores, polícia militar e institutos de pesquisa (notoriamente o Datafolha, que tradicionalmente faz as contagens) são muitas vezes extremamente discrepantes.

Um exemplo: segundo a Polícia Militar de São Paulo, no último domingo (13) [março de 2016], "aproximadamente, 1 milhão e 400 mil pessoas estiveram presentes no horário de pico (16h15), durante a manifesta-

Manifestação popular na Avenida Paulista, em São Paulo (SP), em março de 2021.

ção ocorrida na região da avenida Paulista"; já segundo o Datafolha, ao medir o mesmo evento, "em contagem final, cerca de 500 mil pessoas estavam presentes na região da Av. Paulista". Há uma enorme diferença entre 1 milhão e 400 mil pessoas e 500 mil pessoas. É como comparar o Maracanã lotado com o Brinco de Ouro, em Campinas, quase cheio.

A relação entre os números da Polícia Militar e do Datafolha no caso da manifestação do último domingo (13) [março de 2016] se inverte na contagem do protesto da última sexta-feira (18) [março de 2016]. Neste caso, o Datafolha estimou um volume maior de pessoas: 95 mil manifestantes ao todo, contra 80 mil segundo a PM.

[...]

Como o Datafolha conta multidões

A metodologia do instituto de pesquisa é bastante intuitiva e largamente utilizada ao redor do mundo. Foi criada pelo professor de jornalismo Herbert Jacobs em 1967. O Datafolha divide a área da manifestação em pequenos setores separados em lotes de 1 metro quadrado e distribui profissionais para caminharem ao longo do espaço fazendo a contagem de pessoas por lote ao longo do tempo. A avenida Paulista, por exemplo, segundo o instituto, tem uma área de 136 mil metros quadrados, incluindo o canteiro central, calçadas, o vão livre do MASP e os túneis da Praça do Ciclista. Os profissionais do Datafolha espalham-se ao longo de sua extensão e anotam o número de pessoas que estimam estarem ocupando cada pequeno quadrado.

[...]

O Datafolha também entrevista manifestantes perguntando há quanto tempo estão no ato.

Como a polícia militar conta multidões

Segundo a polícia, a contagem é feita "pelo programa COPOM online, que realiza o georreferenciamento da área, definindo polígonos de concentração de pessoas por meio de inúmeras fotos aéreas e terrestres". Isto significa que as diversas fotos, terrestres ou feitas por helicópteros da PM, são processadas para que sejam conhecidas as coordenadas geográficas exatas de seus alvos, sendo a contagem feita a partir da adição de polígonos com densidades de pessoas estimadas a partir das fotos, sem que ocorra dupla contagem de áreas (justamente por conta do georreferenciamento, que define a localização exata de cada foto).

Ao divulgar o número de manifestantes no protesto de 13 de março de 2016, a PM esclarece que foram contabilizadas as quantidades de pessoas na "própria avenida Paulista, alameda Santos, rua São Carlos do Pinhal e todas as transversais". Este método, portanto, cobre uma área maior do que a avaliada pelo Datafolha.

Outros métodos utilizados ao redor do mundo

Balão com bateria de câmeras

Esta técnica envolve um balão do tamanho de uma míni-van com uma bateria de câmeras acopladas que sobrevoa o protesto e tira milhares de fotos de diferentes alturas (evitando a não contagem de pessoas embaixo de árvores ou coberturas). As fotos são processadas e a densidade de cada área é avaliada para que a contagem seja completada. [...]

Utilização de sinal de celular ou uso de [redes sociais]

Esta metodologia se resume a utilizar dados georreferenciados de uso de celulares e [redes sociais]. A técnica tem a vantagem de ser extremamente rápida, não envolver julgamento humano e ter maior precisão. Por outro lado, funciona apenas nos casos em que a utilização de celulares do tipo *smartphones* [...] seja bastante disseminada e ainda homogênea entre públicos de diferentes protestos.

Disponível em: https://www.nexojornal.com.br/expresso/2016/03/20/Como-fazer-a-contagem-de-multid%C3%B5es-t%C3%A9cnicas-e-desafios. Acesso em: 17 jun. 2021.

1. Explique como o cálculo de multidões em uma manifestação pode interferir em uma informação divulgada pela mídia.

2. Uma avenida de 1,15 km de extensão e 40 m de largura foi totalmente tomada por pessoas protestando em favor da Educação. Ao todo, quantas pessoas compareceram a essa manifestação se, em média, 4 pessoas ocuparam um metro quadrado?

3. Suponha que 528 passageiros estejam viajando dentro do vagão de um metrô que tem 22 metros de comprimento por 3 metros de largura.

    a) Nesse caso, qual é a quantidade de pessoas por metro quadrado?

    b) Faça uma pesquisa e responda: Segundo especialistas, qual é o limite aceitável de pessoas por metro quadrado no metrô?

    c) De acordo com os dados da sua pesquisa, esse vagão de trem, descrito no enunciado, estava lotado ou não?

Horizonte de Brasília, no Distrito Federal.

evenfh/Shutterstock

NA REAL

Onde construir?

A cidade de Brasília, a capital administrativa do Brasil, tornou-se o símbolo da cidade brasileira planejada. O planejamento urbano e os planos diretores direcionam o crescimento e desenvolvimento dos munícipios. É por meio deles que se avaliam e organizam ações que possam aumentar a qualidade de vida nas cidades, considerando aspectos como áreas de lazer, áreas verdes ou melhoria no deslocamento.

Imagine que em determinada cidade será construída uma nova estação de metrô. Após analisar diferentes aspectos, verificou-se que o melhor local seria aquele que fica à mesma distância das avenidas *A*, *B* e *C*. Observe a representação dessas avenidas e descreva o lugar geométrico que aproxima o local de construção da nova estação de metrô.

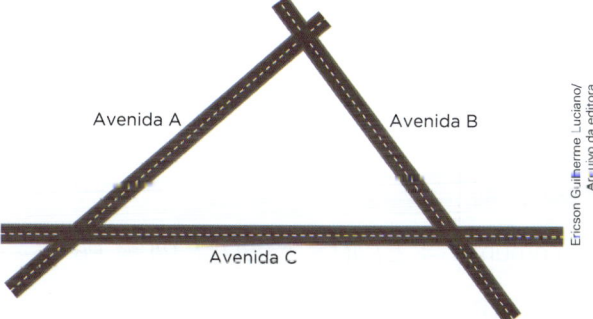

Avenida A

Avenida B

Avenida C

Ericson Guilherme Luciano/
Arquivo da editora

::::: Segmentos tangentes a uma circunferência

As correias da bicicleta

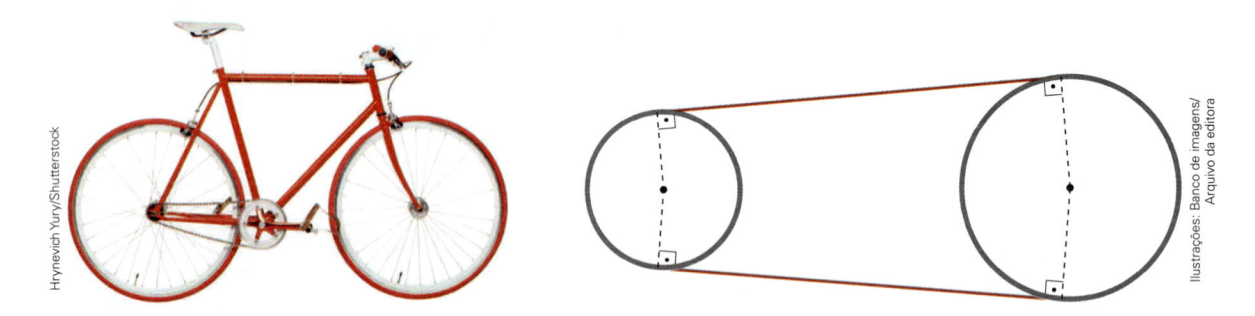

As correias de bicicletas, quando bem esticadas, lembram segmentos tangentes comuns a duas circunferências.

Os segmentos tangentes a uma circunferência apresentam propriedades interessantes que estudaremos agora.

Na figura abaixo, temos:

- uma circunferência C de centro O;

- um ponto P externo à circunferência C;

- os segmentos $\overline{PA}$ e $\overline{PB}$ tangentes à circunferência nos pontos A e B, respectivamente.

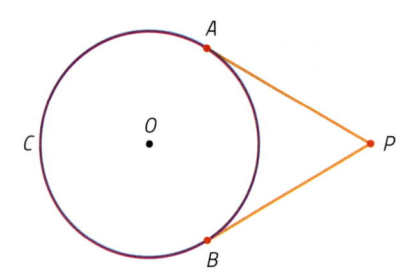

Propriedades

Observe os triângulos PAO e PBO:

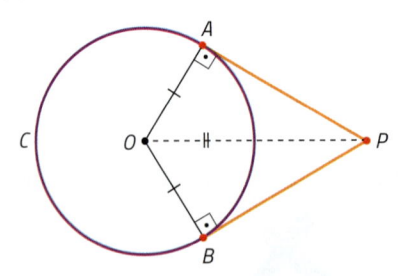

Por aplicação do caso especial de congruência de triângulos retângulos (caso: cateto-hipotenusa), temos:

$$
\left. \begin{array}{c}
\overline{OA} \equiv \overline{OB} \text{ (raio)} \\[4pt]
\overline{OP} \text{ comum} \\[4pt]
\text{med}(\hat{A}) = \text{med}(\hat{B}) = 90°
\end{array} \right\} \Rightarrow \triangle PAO \equiv \triangle PBO \Rightarrow \overline{PA} \equiv \overline{PB}
$$

Assim, podemos concluir que:

Da congruência dos triângulos PAO e PBO também concluímos que:

$$A\hat{P}O \equiv B\hat{P}O$$

e isso significa que a semirreta $\overrightarrow{PO}$ é bissetriz do ângulo $A\hat{P}B$.

Circunferência inscrita em triângulo

Na figura abaixo temos um triângulo ABC e as bissetrizes de seus ângulos que se cruzam no ponto O. Por estar nas três bissetrizes, o ponto O dista igualmente dos lados $\overline{AB}$, $\overline{BC}$ e $\overline{AC}$.

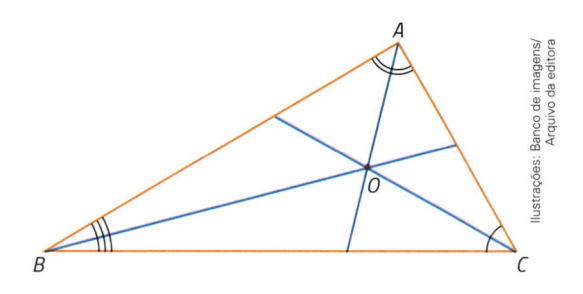

Ilustrações: Banco de imagens/Arquivo da editora

Sendo r a distância de O até cada lado, pode-se construir uma circunferência de centro O e raio r tangente aos três lados do triângulo.

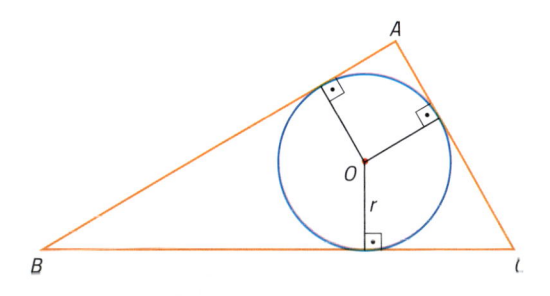

Essa circunferência é chamada **circunferência inscrita** no triângulo ABC, e seu centro O é chamado **incentro** do triângulo. Dizemos também que o triângulo ABC é **circunscrito** a essa circunferência.

1. Determine *x*, em cada item, sabendo que os segmentos são tangentes à circunferência.

a)

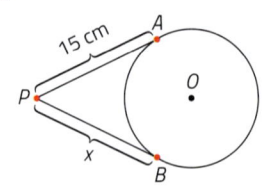

b)

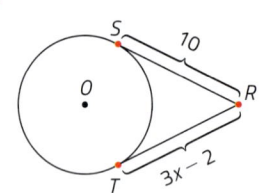

c)

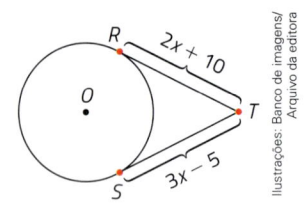

Ilustrações: Banco de imagens/ Arquivo da editora

2. Sejam *M*, *N* e *P* os pontos de tangência da circunferência inscrita aos lados $\overline{AB}$, $\overline{BC}$ e $\overline{AC}$ de um triângulo. Se *AP* = 3 cm, *BN* = 4 cm e *CN* = 6 cm, determine os lados e o perímetro do triângulo.

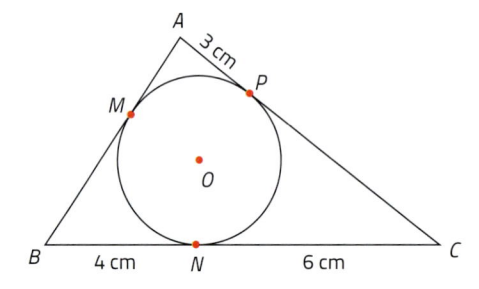

3. O ponto *D* é o ponto de tangência da circunferência inscrita ao lado $\overline{BC}$ do triângulo *ABC*. Sabendo que *AB* = 6 cm, *BC* = 10 cm e *AC* = 12 cm, determine *BD*.

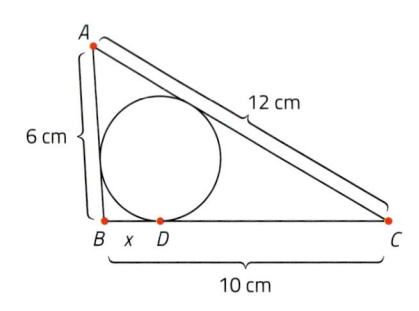

4. Calcule o perímetro do triângulo *ABC*, sabendo que *R*, *S* e *T* são pontos de tangência, *AR* = 7 cm, *BS* = 5 cm e *CT* = 6 cm.

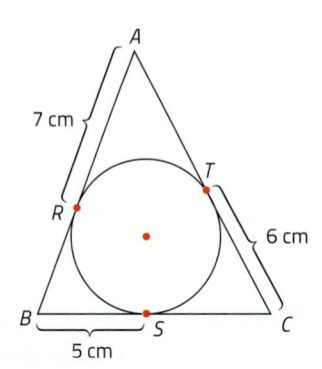

5. Seja *P* o ponto de tangência da circunferência inscrita no triângulo *ABC* com o lado $\overline{AB}$. Se $AB = 7$, $BC = 6$ e $AC = 8$, determine *AP*.

6. Determine o raio da circunferência inscrita em um triângulo retângulo em que os catetos medem 3 cm e 4 cm e a hipotenusa mede 5 cm.

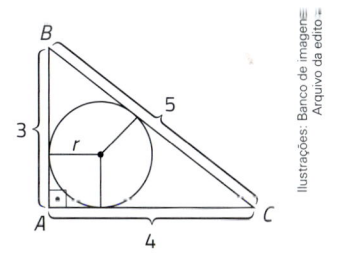

7. Na figura, $PA = 10$ cm. Calcule o perímetro do triângulo *PRS*.

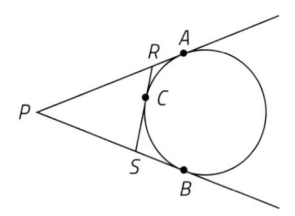

8. Determine *x* em cada item.

a)

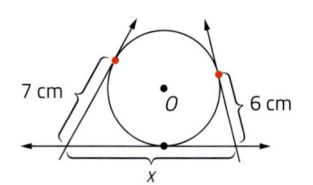

b)

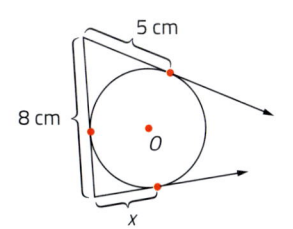

c)

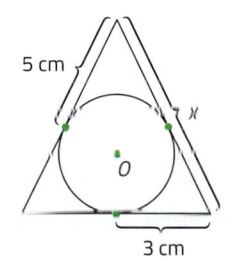

9. As circunferências são tangentes externamente em *Q*, e $\vec{PA}$ e $\vec{PB}$ são tangentes às circunferências. Determine a medida do ângulo $A\hat{Q}B$, em que *t* é tangente comum e $A\hat{P}B = 80°$.

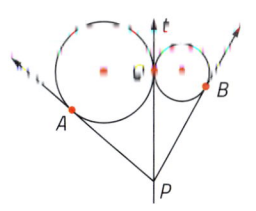

10. Seja *P* o ponto de tangência da circunferência inscrita no triângulo *ABC*, com o lado $\overline{AB}$. Calcule $\overline{AB}$. São dados: $AB = 14$ cm, $BC = 12$ cm e $AC = 10$ cm.

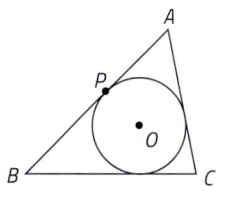

11. Na figura, a circunferência de centro *O* está inscrita no triângulo *ABC*. Os pontos *D*, *E* e *F* são pontos de tangência. Se $BD = 4$ cm, $AF = 10$ cm e $CE = 4$ cm, determine o perímetro do triângulo.

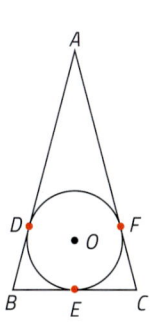

12. Os lados de um triângulo retângulo medem 5 cm, 12 cm e 13 cm. Calcule o raio da circunferência inscrita nesse triângulo.

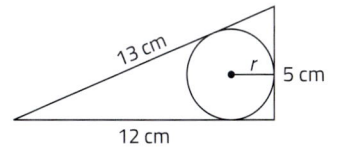

13. Na figura, o segmento tangente $\overline{PA}$ mede 15 cm e $\overline{PR}$ mede 12 cm.

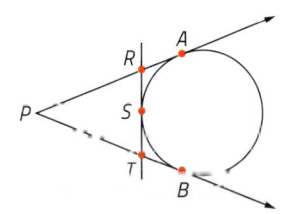

a) Qual é a medida de $\overline{RS}$?

b) Qual é o perímetro do triângulo *PRT*?

::::: Quadriláteros circunscritíveis

Se os quatro lados de um quadrilátero convexo são tangentes a uma circunferência, dizemos que o quadrilátero está **circunscrito** à circunferência. Dizemos também que a circunferência está **inscrita** no quadrilátero.

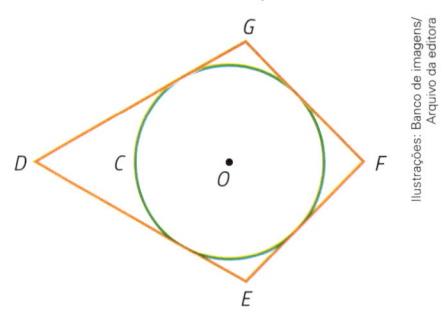

Na figura, observe que:

- o quadrilátero $DEFG$ está **circunscrito** à circunferência C;

- a circunferência C está **inscrita** no quadrilátero $DEFG$.

Propriedade

Na figura, temos um quadrilátero $ABCD$ circunscrito a uma circunferência e os pontos de tangência X, Y, Z e T.

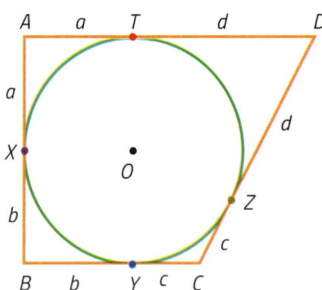

Usando a propriedade dos segmentos tangentes, vamos considerar:

$$AX = AT = a \qquad BX = BY = b \qquad CY = CZ = c \qquad DZ = DT = d$$

Agora, vamos obter a soma de dois lados opostos:

$$AB + CD \text{ e } AD + BC$$

Temos:

$$AB + CD = AX + BX + CZ + DZ = a + b + c + d$$
$$AD + BC = AT + DT + BY + CY = a + d + b + c$$

Concluímos que:

$$AB + CD = AD + BC$$

> Se um quadrilátero é circunscrito a uma circunferência, a soma das medidas de dois lados opostos é igual à soma das medidas dos outros dois lados opostos.

A recíproca dessa propriedade é verdadeira:

> Se a soma das medidas de dois lados opostos de um quadrilátero convexo é igual à soma das medidas dos outros dois, o quadrilátero é **circunscritível** a uma circunferência.

14. Em cada item, um quadrilátero está circunscrito a uma circunferência. Determine x.

a)

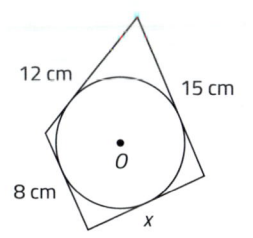

b)

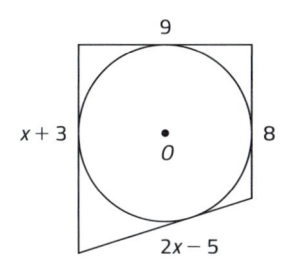

c)

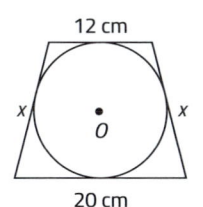

d)

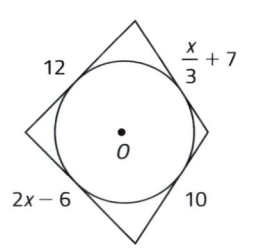

15. Um quadrilátero $ABCD$, em que $AB = 4$ cm, $BC = 3$ cm, $CD = 6$ cm e $AD = 5$ cm, é circunscritível a uma circunferência? Por quê?

16. Determine o perímetro do quadrilátero $ABCD$ circunscrito à circunferência da figura.

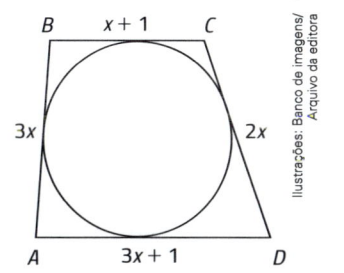

Ilustrações: Banco de imagens/Arquivo da editora

17. Calcule o valor do raio r da circunferência inscrita no trapézio retângulo.

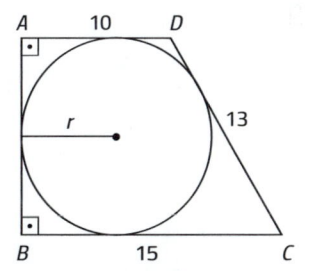

18. Um trapézio retângulo $ABCD$ está circunscrito a uma circunferência. Sendo $\hat{A} = 90°$, $\hat{B} = 90°$, $BC = 30$ cm, $CD = 26$ cm e $AD = 20$ cm, determine o raio da circunferência inscrita.

19. $ABCD$ é um quadrilátero circunscritível a uma circunferência cujos lados medem $AD = 12$ cm, $DC = 9$ cm, $BC = x + 7$ e $AB = 2x + 1$. Determine o perímetro desse quadrilátero.

NA OLIMPÍADA

Véspera de prova

(Obmep) Milena começou a estudar quando seu relógio digital marcava 20 horas e 14 minutos, e só parou quando o relógio voltou a mostrar os mesmos algarismos pela última vez antes da meia-noite. Quanto tempo ela estudou?

Reprodução/Obmep, 2014

a) 27 minutos

b) 50 minutos

c) 1 hora e 26 minutos

d) 3 horas e 47 minutos

e) 3 horas e 56 minutos

Aliaksandr Zosimau/
Shutterstock

NA REAL

Quantas mudas por módulo?

Os musgos são plantas pequenas que são muito utilizadas em vasos e arranjos florais, pois ajudam a manter a umidade da terra. Determinada empresa cultiva musgos para venda, e esse cultivo é feito em módulos hexagonais de lados de medidas iguais.

Para o cultivo é necessário plantar 12 mudas a cada 1 000 cm² de área de plantio. Sabendo que cada módulo hexagonal tem 28 cm de lado, quantas mudas, aproximadamente, são necessárias por módulo?

Considere $\sqrt{3}$ = 1,7.

Na BNCC

EF09MA15

Polígonos simples e não simples

Observe, abaixo, alguns polígonos:

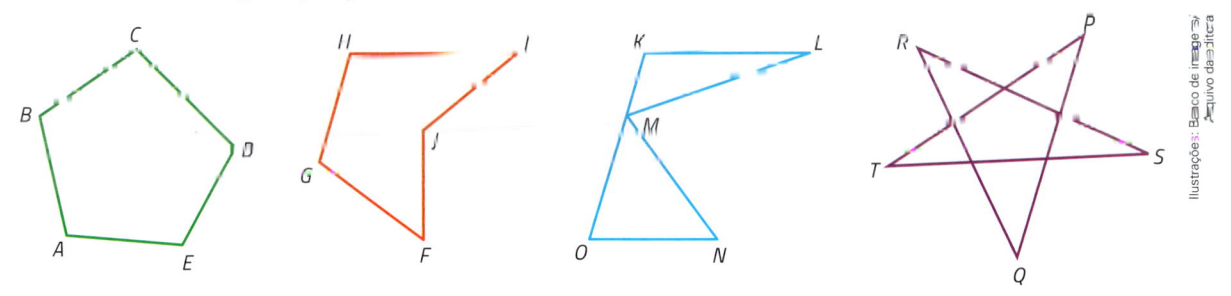

No 7º ano estudamos que um polígono é **simples** se quaisquer dois lados não consecutivos não têm ponto comum. No entanto, se existem dois lados não consecutivos que têm um ponto comum, então o polígono é chamado de **não simples**.

Portanto, dos exemplos acima:

- *ABCDE* e *FGHIJ* são polígonos simples.

- *KLMNO* e *PQRST* são polígonos não simples.

Polígonos convexos e polígonos côncavos

Um polígono simples pode ser côncavo ou convexo. Um polígono é **convexo** se a reta que contém qualquer de seus lados deixa todos os demais lados no mesmo semiplano – isto é, em um dos dois semiplanos que ela determina.

Observe que o polígono *ABCDE* é convexo; ele está inteiramente contido no semiplano azul de cada figura abaixo.

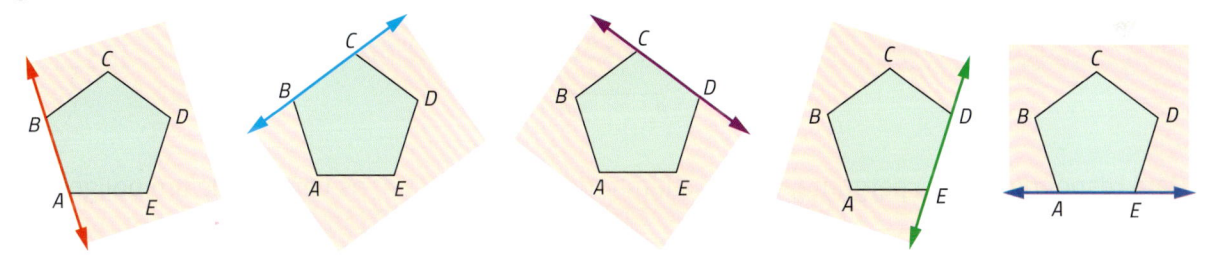

Ao contrário, um polígono é **côncavo** se existe uma reta que contém um de seus lados e essa reta deixa parte dos demais lados em um semiplano determinado por ela e parte em outro.

Observe, por exemplo, o polígono *FGHIJ*.

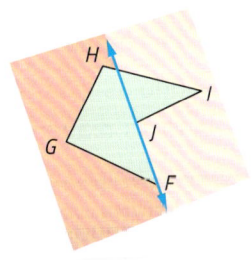

A reta $\overleftrightarrow{FJ}$ deixa parte dos lados em um semiplano e parte em outro, ou seja, o polígono está contido em dois semiplanos diferentes.

Neste momento, interessa-nos o estudo dos **polígonos convexos**.

Número de diagonais de um polígono

A diagonal de um polígono é um segmento cujas extremidades são vértices não consecutivos do polígono. Observe os polígonos a seguir e suas diagonais indicadas em linhas tracejadas.

Quadrilátero *ABCD*

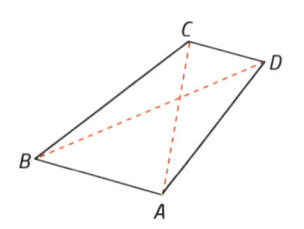

Diagonais: $\overline{AC}$ e $\overline{BD}$

Pentágono *ABCDE*

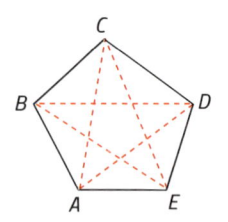

Diagonais: $\overline{AD}$, $\overline{AC}$, $\overline{BD}$, $\overline{BE}$ e $\overline{CE}$

Quadrilátero côncavo *ABCD*

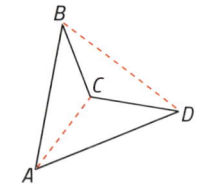

Diagonais: $\overline{AC}$ e $\overline{BD}$

Agora, considere estas informações sobre o número de diagonais de um polígono:

• Um triângulo não tem diagonal alguma.

• Um quadrilátero tem 2 (duas) diagonais.

• Um pentágono tem 5 (cinco) diagonais.

Então, quantas diagonais tem um polígono de n lados?

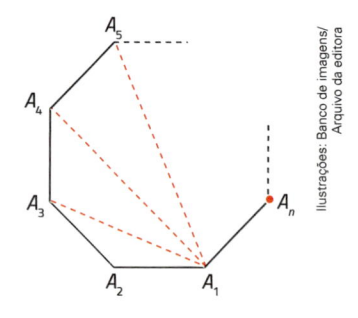

Ilustrações: Banco de imagens/ Arquivo da editora

Para responder a essa pergunta, vamos chamar de A_1, A_2, A_3, ..., A_n os vértices de um polígono de n lados.

Com extremidade em um dos vértices do polígono (vértice A_1, por exemplo), há $(n-3)$ diagonais, porque ligando A_1 com cada um dos demais vértices – com exceção de A_1, A_2 e A_n – obtemos diagonais.

Se temos $(n-3)$ diagonais com extremidade em cada vértice, então com extremidades nos n vértices teremos $n(n-3)$ diagonais.

Nesse processo de contagem, cada diagonal é contada duas vezes, pois tem extremidades em dois vértices. Por exemplo, a diagonal $\overline{A_1A_3}$ (contando as que partem de A_1) e a diagonal $\overline{A_3A_1}$ (contando as que partem de A_3) foram contadas como duas diagonais, quando, na realidade, são uma única diagonal $\left(\overline{A_1A_3} = \overline{A_3A_1}\right)$.

Concluindo, o número de diagonais, d, de um polígono com n lados é:

$$d = \frac{n(n-3)}{2}$$

Soma das medidas dos ângulos internos de um polígono

Observe no quadro a seguir como é calculada a soma das medidas dos ângulos internos dos polígonos convexos de 3, 4, 5 e 6 lados.

Polígono	Figura	Quantidade de lados	Soma das medidas dos ângulos internos S_i
triângulo		3 lados (1 triângulo)	180°
quadrilátero		4 lados (pode ser dividido em 2 triângulos)	$2 \cdot 180° = 360°$
pentágono		5 lados (pode ser dividido em 3 triângulos)	$3 \cdot 180° = 540°$
hexágono		6 lados (pode ser dividido em 4 triângulos)	$4 \cdot 180° = 720°$

Ilustrações: Banco de imagens/Arquivo da editora

Qual é a soma S_i das medidas dos ângulos internos de um polígono convexo com n lados?

Nesse caso, procedemos assim:

- Traçamos todas as diagonais que têm uma extremidade em um mesmo vértice do polígono.

- Contamos o número de triângulos em que o polígono foi repartido por essas diagonais:

$$(n - 2) \text{ triângulos}$$

- Calculamos a soma das medidas dos ângulos internos desses $(n - 2)$ triângulos:

$$(n - 2) \cdot 180°$$

- Como a soma das medidas dos ângulos internos dos $(n - 2)$ triângulos é igual à soma das medidas dos ângulos internos do polígono inicial, temos:

$$S_i = (n - 2) \cdot 180°$$

Soma das medidas dos ângulos externos de um polígono

PARTICIPE

I. Observe a figura abaixo e responda às perguntas:

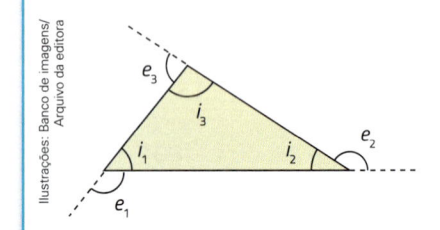

a) Quanto é $e_1 + i_1$? E $e_2 + i_2$? E $e_3 + i_3$?
b) Quanto é $\left(e_1 + i_1\right) + \left(e_2 + i_2\right) + \left(e_3 + i_3\right)$?
c) Quanto é $i_1 + i_2 + i_3$?
d) Quanto é $e_1 + e_2 + e_3$?

II. Agora, veja esta:

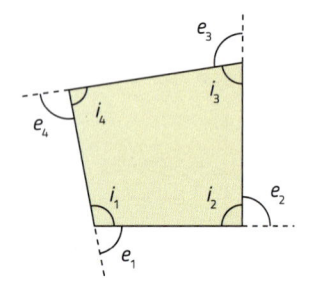

a) Quanto é $\left(e_1 + i_1\right) + \left(e_2 + i_2\right) + \left(e_3 + i_3\right) + \left(e_4 + i_4\right)$?
b) Quanto é $i_1 + i_2 + i_3 + i_4$?
c) Quanto é $e_1 + e_2 + e_3 + e_4$?

Em um polígono convexo, chama-se **ângulo externo** o ângulo formado por um lado e o prolongamento do lado consecutivo a ele.

Em cada vértice (por exemplo: A_1), o ângulo externo ($\hat{e}$) é suplementar do ângulo interno ($\hat{i}$) adjacente:

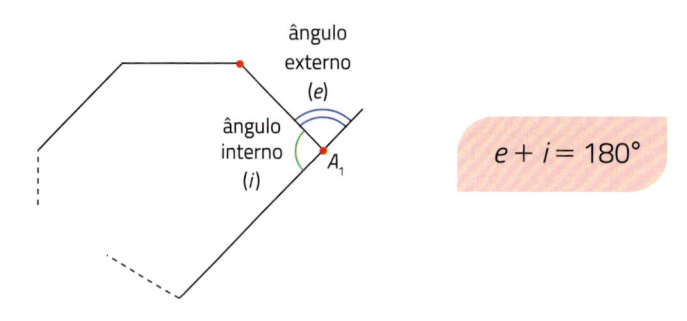

$$e + i = 180°$$

Vamos calcular a soma das medidas de todos os ângulos internos e externos de um polígono convexo $A_1A_2A_3...A_n$, tomando em cada vértice a medida do ângulo interno ($\hat{i}$) e a medida do ângulo externo ($\hat{e}$):

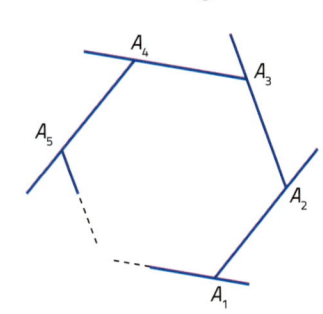

$$\underbrace{\left(i_1 + e_1\right)}_{\text{em } A_1} + \underbrace{\left(i_2 + e_2\right)}_{\text{em } A_2} + \underbrace{\left(i_3 + e_3\right)}_{\text{em } A_3} + ... + \underbrace{\left(i_n + e_n\right)}_{\text{em } A_n} =$$

$$= \underbrace{180° + 180° + 180° + ... + 180°}_{n \text{ parcelas}} = n \cdot 180°$$

Então:

$$\underbrace{\left(i_1 + i_2 + i_3 + \ldots + i_n\right)}_{S_i} + \underbrace{\left(e_1 + e_2 + e_3 + \ldots + e_n\right)}_{S_e} = n \cdot 180^\circ$$

Como $S_i = (n - 2) \cdot 180^\circ$, temos:

$$(n - 2) \cdot 180^\circ + S_e = n \cdot 180^\circ$$
$$n \cdot 180^\circ - 360^\circ + S_e = n \cdot 180^\circ$$
$$S_e = 360^\circ$$

Esse resultado é surpreendente: a soma das medidas dos ângulos externos de um polígono convexo é 360°, qualquer que seja o número de lados do polígono.

ATIVIDADES

1. Cada vértice de um decágono é extremidade de quantas diagonais desse polígono? Ao todo, quantas diagonais tem um decágono?

2. Calcule o número de diagonais de um eneágono.

3. Um polígono simples tem 44 diagonais. Qual é o número de lados desse polígono?

4. Qual é a soma das medidas dos ângulos internos de um polígono convexo com 12 lados?

5. Qual é a soma das medidas dos ângulos internos de um eneágono convexo?

6. Qual é o polígono convexo em que a soma das medidas dos ângulos internos é 900°?

7. Qual é a soma das medidas dos ângulos internos do polígono da figura abaixo?

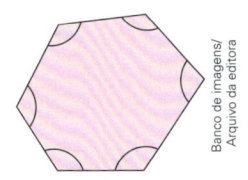

Banco de imagens/ Arquivo da editora

8. Dois ângulos de um triângulo medem 60° e 70°. Quanto medem os ângulos externos desse triângulo?

Polígono regular

Observe as características dos quadriláteros representados a seguir:

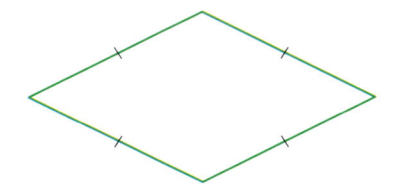

Losango
• lados congruentes (equilátero).

Retângulo
• ângulos congruentes (equiângulo).

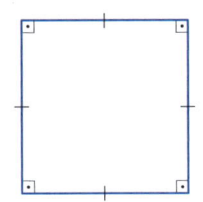

Quadrado
• lados congruentes (equilátero);
• ângulos congruentes (equiângulo).

Dos três quadriláteros, só o quadrado tem lados e ângulos congruentes. Por isso ele é chamado de **quadrilátero regular**.

Chama-se **polígono regular** o polígono convexo que tem todos os lados e todos os ângulos internos congruentes.

Observe estes exemplos de polígonos regulares:

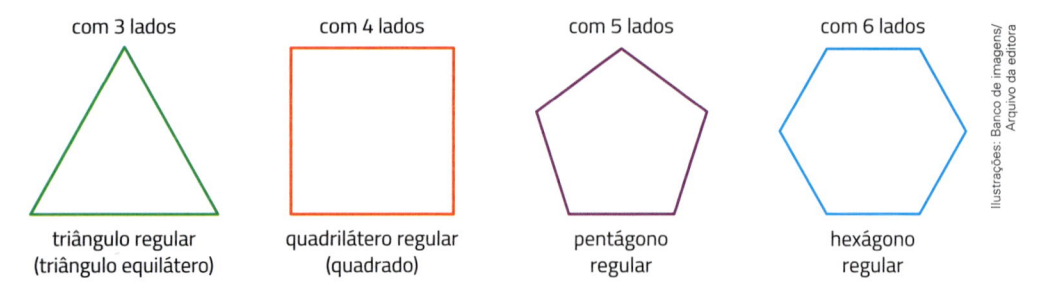

com 3 lados	com 4 lados	com 5 lados	com 6 lados
triângulo regular (triângulo equilátero)	quadrilátero regular (quadrado)	pentágono regular	hexágono regular

Ilustrações: Banco de imagens/ Arquivo da editora

Um polígono regular é equilátero e equiângulo.

PARTICIPE

Antes de prosseguir com o estudo dos polígonos, vamos recordar alguns conceitos e propriedades importantes.

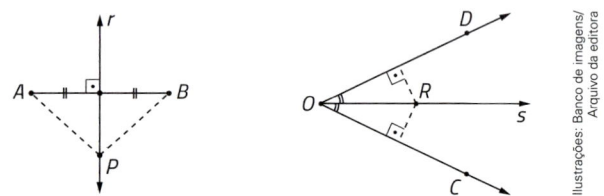

Ilustrações: Banco de imagens/ Arquivo da editora

a) Como se chama a reta r, perpendicular ao segmento $\overline{AB}$ e que passa pelo ponto médio dele?

b) O ponto P pertence à reta r. O que se pode afirmar sobre as distâncias PA e PB?

c) Um ponto Q do plano dista igualmente de A e de B. O que se pode afirmar sobre Q, relativamente à reta r?

d) Como se chama a semirreta s, que divide o ângulo $C\hat{O}D$ ao meio?

e) O ponto R pertence à reta s. O que se pode afirmar sobre as distâncias de R às semirretas $\vec{OC}$ e $\vec{OD}$?

f) O ponto S é interno ao ângulo $C\hat{O}D$ que dista igualmente de $\vec{OC}$ e de $\vec{OD}$. O que se pode afirmar sobre S, relativamente à semirreta s?

Polígonos inscritíveis em uma circunferência

Quando uma circunferência contém todos os vértices de um polígono, dizemos que o polígono é **inscritível** nessa circunferência. Nesse caso, a circunferência está **circunscrita** ao polígono.

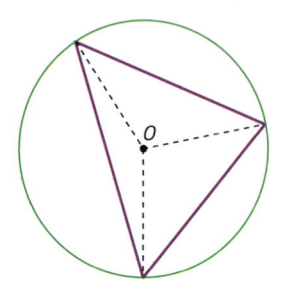

Observe os exemplos a seguir:

O triângulo tem os três vértices na circunferência, ou seja, o triângulo está **inscrito** na circunferência.

O centro da circunferência dista igualmente dos três vértices do triângulo. Portanto, o ponto O é a interseção das mediatrizes do triângulo. O ponto O é chamado **circuncentro** do triângulo.

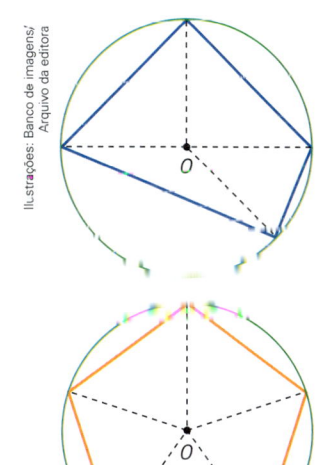

O quadrilátero tem os quatro vértices na circunferência: o quadrilátero está **inscrito** na circunferência.

O centro da circunferência dista igualmente dos quatro vértices do quadrilátero.

O pentágono tem os cinco vértices na circunferência. Portanto, o pentágono está **inscrito** na circunferência.

O centro da circunferência dista igualmente dos cinco vértices do pentágono.

Podemos notar que:

> Um polígono é **inscritível** somente se existe um ponto O igualmente distante de todos os vértices do polígono.

Nem todos os polígonos são inscritíveis. Os polígonos inscritíveis mais importantes são:

- os triângulos em geral, porque todo triângulo tem um ponto O (circuncentro) igualmente distante dos três vértices;

- alguns quadriláteros (aqueles em que os ângulos opostos são suplementares);

- os polígonos regulares com qualquer número de lados.

Veja estes exemplos:

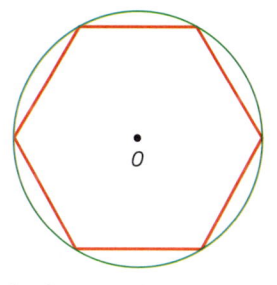

hexágono regular inscrito

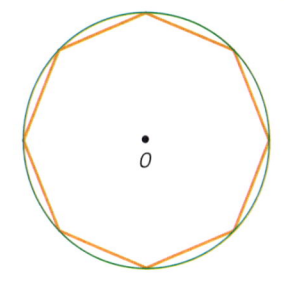

octógono regular inscrito

Polígonos circunscritíveis a uma circunferência

Quando uma circunferência é tangente a todos os lados de um polígono, dizemos que o polígono é **circunscritível** a essa circunferência. Nesse caso, a circunferência está **inscrita** no polígono.

Observe os exemplos:

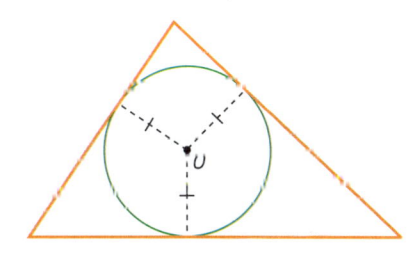

Este triângulo tem os três lados tangentes à circunferência: o triângulo está **circunscrito** à circunferência.

O centro da circunferência dista igualmente dos três lados do triângulo. Portanto, O é a interseção das bissetrizes do triângulo. O ponto O é chamado **incentro** do triângulo.

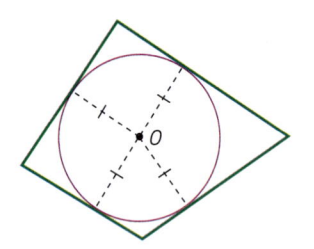

Este quadrilátero tem os quatro lados tangentes à circunferência. Portanto, o quadrilátero está **circunscrito** à circunferência.

O centro da circunferência dista igualmente dos quatro lados do quadrilátero.

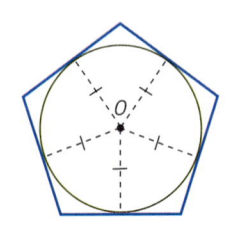

Este pentágono tem os cinco lados tangentes à circunferência, ou seja, o pentágono está **circunscrito** à circunferência.

O centro da circunferência dista igualmente dos cinco lados do pentágono.

Podemos notar que:

> Um polígono é **circunscritível** somente se existe um ponto O igualmente distante de todos os lados do polígono.

Nem todos os polígonos são circunscritíveis. Os polígonos circunscritíveis mais importantes são:

- os triângulos em geral, porque todo triângulo tem um ponto O (incentro) igualmente distante dos três lados;

- alguns quadriláteros (aqueles em que as somas das medidas dos lados opostos são iguais);

- os polígonos regulares com qualquer número de lados.

Veja:

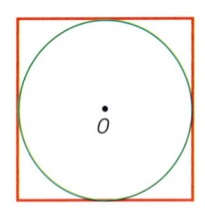

quadrado circunscrito

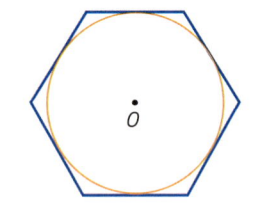

hexágono regular circunscrito

Elementos notáveis de um polígono regular

No estudo dos polígonos regulares, é importante conhecer alguns elementos. Vejamos:

- **Centro**: é o centro comum das circunferências inscrita e circunscrita.

- O centro é o ponto em que concorrem as mediatrizes dos lados e as bissetrizes dos ângulos internos.

- **Apótema**: é o segmento perpendicular ao lado com uma extremidade no centro e a outra no ponto médio do lado.

No hexágono regular representado ao lado:

- O é o centro;

- M é o ponto médio do lado;

- $\overline{OM}$ é o apótema ($OM = a$);

- α_c é o ângulo central;

- α_i é o ângulo interno;

- α_e é o ângulo externo.

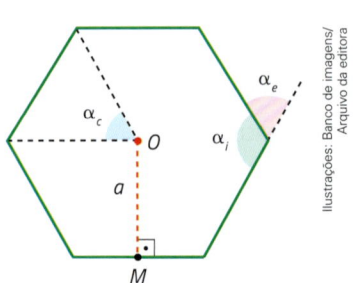

Se o polígono regular tem n lados, valem as seguintes expressões:

- Medida do ângulo central: $\alpha_c = \dfrac{360°}{n}$

- Soma das medidas dos ângulos internos: $S_i = (n - 2) \cdot 180°$

- Medida do ângulo interno: $\alpha_i = \dfrac{S_i}{n} = \dfrac{(n-2) \cdot 180°}{n}$

- Soma das medidas dos ângulos externos: $S_e = 360°$

- Medida do ângulo externo: $\alpha_e = \dfrac{S_e}{n} = \dfrac{360°}{n}$

- $\alpha_i + \alpha_e = 180°$

Área de um polígono regular

Vamos indicar:

- n: número de lados do polígono;

- ℓ: medida do lado;

- a: medida do apótema;

- $2p$: perímetro ($2p = n \cdot \ell$).

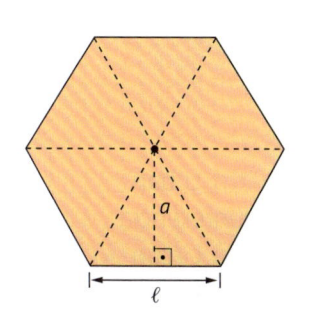
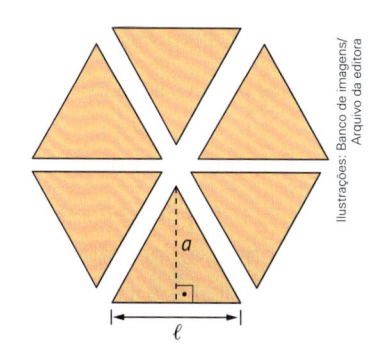

Ilustrações: Banco de imagens/Arquivo da editora

Se o polígono tem n lados, então a sua área é igual a n vezes a área do triângulo de base ℓ e altura a:

$$A = n \cdot \frac{\ell \cdot a}{2} = \frac{n \cdot \ell \cdot a}{2} = \frac{2p \cdot a}{2} = p \cdot a$$

Logo, a área de um polígono regular é igual ao produto do semiperímetro pelo apótema:

$$A = p \cdot a$$

ATIVIDADES

9. Sendo 6 m o lado do triângulo equilátero ilustrado abaixo, determine:

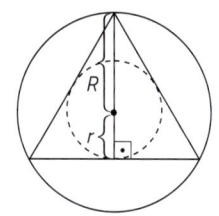

a) a altura do triangulo;
b) o raio R da circunferência circunscrita;
c) o raio r da circunferência inscrita;
d) o apótema do triângulo.

10. Sendo 8 m o lado do quadrado representado abaixo, determine:

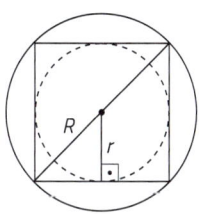

a) a diagonal;
b) o raio R da circunferência circunscrita;
c) o raio r da circunferência inscrita;
d) o apótema do quadrado.

11. Sendo 6 m o lado do hexágono ilustrado abaixo, determine:

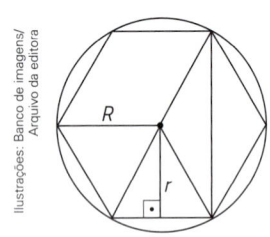

a) a diagonal maior;

b) o raio R da circunferência circunscrita;

c) o raio r da circunferência inscrita;

d) a diagonal menor;

e) o apótema do hexágono.

> **Lembre-se de que:**
>
> - no triângulo equilátero o ortocentro, o baricentro, o incentro (centro da circunferência inscrita) e o circuncentro (centro da circunferência circunscrita) são coincidentes e o baricentro divide a mediana em duas partes, que medem $\frac{1}{3}$ e $\frac{2}{3}$ dela;
> - no quadrado a diagonal passa pelo centro;
> - no hexágono regular as diagonais maiores passam pelo centro e determinam nele 6 triângulos equiláteros.

12. Calcule a medida do ângulo central dos seguintes polígonos regulares:

a) triângulo

b) pentágono

c) octógono

d) decágono

13. Qual é o polígono regular em que a medida do ângulo central é 18°?

14. Sabendo que $ABCDEF$ é um hexágono regular, determine x, y e z.

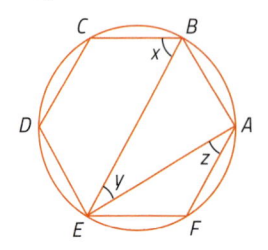

15. Calcule a medida do ângulo interno dos polígonos regulares a seguir.

a) quadrado

b) hexágono

c) eneágono

d) dodecágono

16. Determine o número de lados de um polígono regular cujos ângulos internos medem 170°.

17. Calcule a medida do ângulo externo de cada um dos polígonos regulares abaixo.

a) triângulo

b) pentágono

c) octógono

18. Cada ângulo externo de um polígono regular mede 40°. Quantos lados tem o polígono?

19. A medida do ângulo central de um polígono regular é 24°. Determine as medidas:

a) do ângulo externo;

b) do ângulo interno.

20. Determine qual é o polígono regular em que o ângulo interno é o triplo do ângulo externo.

21. O ângulo $A\hat{D}C$ de um polígono regular $ABCDEF...$ mede 30°. Determine a soma dos ângulos internos desse polígono.

22. Em um quadrado, as duas diagonais têm medidas iguais. Para cada polígono regular abaixo, determine a quantidade de medidas diferentes que obtemos ao medir suas diagonais.

a) hexágono

b) octógono

23. Calcule a área de um polígono regular que tem perímetro $12\sqrt{3}$ cm e apótema de 2 cm.

24. Calcule o perímetro de um polígono regular, conhecendo o apótema (8 cm) e a área (256 cm²).

25. Calcule a área de um hexágono regular de lado 4 cm.

26. A soma das medidas dos ângulos internos de um polígono regular é 1 440°. Determine a medida do ângulo central.

⠿ Lado e apótema de polígonos regulares

Quadrado inscrito

Vamos calcular o lado (ℓ_4) e o apótema (a_4) de um quadrado inscrito em uma circunferência de raio r conhecido.

* Cálculo do lado: ℓ_4

Aplicando o teorema de Pitágoras no triângulo OAB, temos:

$$(\ell_4)^2 = r^2 + r^2 \Rightarrow (\ell_4)^2 = 2r^2 \Rightarrow \ell_4 = r\sqrt{2}$$

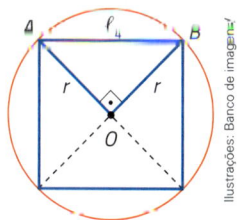

* Cálculo do apótema: a_4

$$a_4 + a_4 = \ell_4 \Rightarrow 2a_4 = \ell_4 \Rightarrow a_4 = \frac{\ell_4}{2}$$

Substituindo ℓ_4, temos:

$$a_4 = \frac{r\sqrt{2}}{2}$$

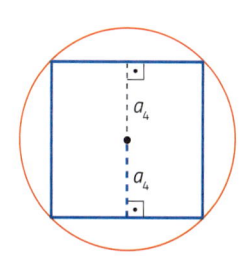

Ilustrações: Banco de imagens/Arquivo da editora

Hexágono regular inscrito

Vamos calcular o lado (ℓ_6) e o apótema (a_6) de um hexágono regular inscrito em uma circunferência de raio r conhecido.

* Cálculo do lado: ℓ_6

No triângulo OAB, temos:

$$\text{med}\left(A\hat{O}B\right) = \frac{360°}{6} = 60°$$

$$\overline{OA} \equiv \overline{OB} \Rightarrow \hat{A} \equiv \hat{B}$$

Logo, $\hat{A} \equiv \hat{B} \equiv \hat{O}$, então med $\left(\hat{O}\right) = 60°$ e o triângulo OAB é equilátero.

Portanto, o lado é igual ao raio:

$$\ell_6 = r$$

* Cálculo do apótema: a_6

O apótema do hexágono é a altura do triângulo equilátero OAB de lado r.
Portanto:

$$a_6 = \frac{r\sqrt{3}}{2}$$

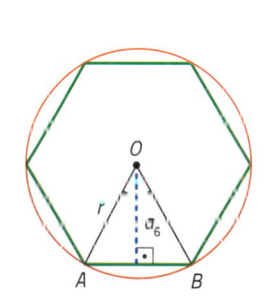

Triângulo equilátero inscrito

Vamos calcular o lado $\left(\ell_3\right)$ e o apótema $\left(a_3\right)$ de um triângulo equilátero inscrito em uma circunferência de raio r conhecido.

- Cálculo do lado: ℓ_3

  Traçamos o diâmetro $\overline{AD}$.

  Se $\overline{BC}$ é ℓ_3, então $\overline{CD}$ é ℓ_6 e, como $\ell_6 = r$, vem $CD = r$.

  Por estar inscrito em uma semicircunferência, o triângulo ACD é retângulo em C. Aplicando o teorema de Pitágoras no triângulo ACD, temos:

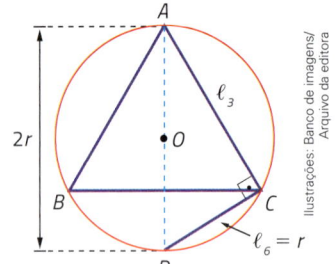

$$\left(\ell_3\right)^2 = \left(2r\right)^2 - r^2 \Rightarrow \left(\ell_3\right)^2 = 3r^2 \Rightarrow \boxed{\ell_3 = r\sqrt{3}}$$

- Cálculo do apótema: a_3

  $\text{med}\left(B\hat{A}C\right) = 60° \Rightarrow \text{med}\left(B\hat{O}C\right) = 120° \Rightarrow \text{med}\left(B\hat{O}E\right) = 60°$

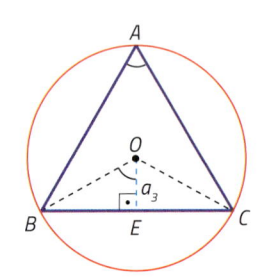

$$\frac{OE}{OB} = \cos 60° \Rightarrow \frac{a_3}{r} = \frac{1}{2} \Rightarrow \boxed{a_3 = \frac{r}{2}}$$

ATIVIDADES

27. Copie e complete o quadro escrevendo a medida do lado e a do apótema do polígono regular inscrito em uma circunferência de raio r:

Polígono regular inscrito	Lado	Apótema
Triângulo	//////	//////
Quadrado	//////	//////
Hexágono	//////	//////

28. Calcule as medidas do lado e do apótema de um quadrado inscrito em uma circunferência de $5\sqrt{2}$ cm de raio.

29. O tampo de uma mesa tem forma quadrada com 2 m de lado. A que distância da borda da mesa fica um paliteiro colocado bem no centro?

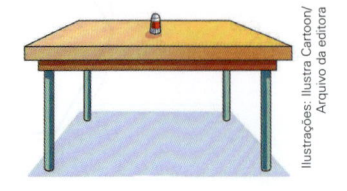

30. Calcule a área de um quadrado inscrito em uma circunferência de raio 5 cm.

31. Determine o raio de uma circunferência, sabendo que o perímetro do quadrado inscrito é 80 cm.

32. Calcule a área do quadrado da figura, sabendo que o raio da circunferência mede 5 cm.

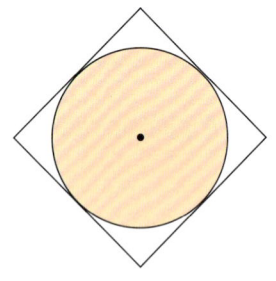

33. Calcule o comprimento de uma pista de *cooper* que tem a forma de um hexágono regular cujos lados tangenciam um jardim circular com 253 m de raio.

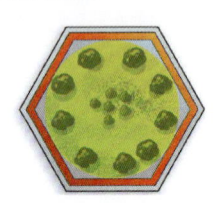

34. Calcule o apótema de um hexágono regular que tem perímetro de 18 cm.

35. Calcule quantos metros quadrados de grama são necessários para gramar uma praça em forma de hexágono regular de modo que a distância do centro da praça a cada vértice do hexágono seja 20 m.

36. O lado de um hexágono regular inscrito em uma circunferência mede $8\sqrt{2}$ cm. Determine o apótema do quadrado inscrito na mesma circunferência.

37. No hexágono regular *ABCDEF* da figura, o lado mede 5 cm. Calcule:

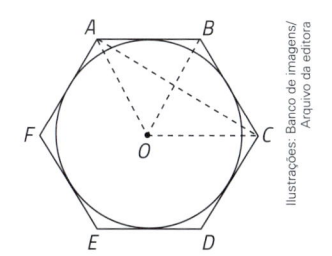

a) o apótema;

b) o raio da circunferência inscrita;

c) a diagonal $\overline{AC}$.

38. O apótema de um hexágono regular mede $7\sqrt{3}$ cm. Determine o perímetro do hexágono.

39. O lado de um triângulo equilátero mede 10 cm. Determine o raio da circunferência circunscrita e o apótema.

40. Calcule a área do triângulo equilátero da figura, sabendo que o raio da circunferência mede 8 cm.

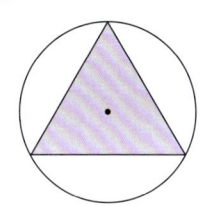

41. O apótema de um triângulo equilátero mede 3 cm. Determine o lado do triângulo.

42. Em cada caso, considere 6 m a medida do lado do polígono regular inscrito; determine o raio do círculo em que ele está inscrito e o apótema do polígono.

a) quadrado

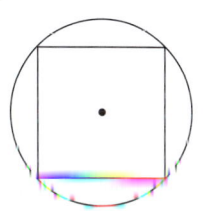

b) hexágono

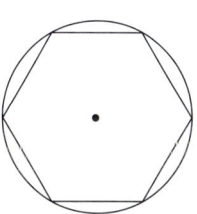

c) triângulo

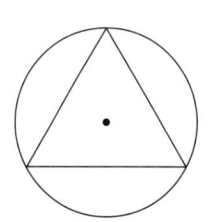

43. Determine a área dos seguintes polígonos:

a) quadrado inscrito em uma circunferência de 5 m de raio;

b) hexágono regular inscrito em uma circunferência de 4 m de raio;

c) triângulo equilátero inscrito em uma circunferência de 6 m de raio.

44. Determine, em cada caso, o raio da circunferência inscrita no polígono regular, sabendo que o lado do polígono mede 6 cm.

a)

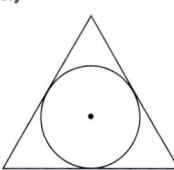

c)

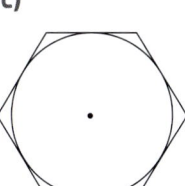

b)

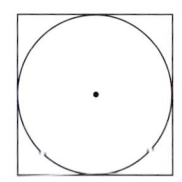

45. O lado de um quadrado inscrito em uma circunferência mede $5\sqrt{6}$ cm. Determine o apótema do hexágono regular inscrito na mesma circunferência.

:::: Construção de polígonos regulares

A seguir, apresentaremos as etapas para a construção de um polígono regular de n lados, conhecendo o valor da medida ℓ.

1) Escolhemos a quantidade n de lados do polígono que será construído e determinamos a medida ℓ de cada lado.

2) Calculamos a medida do ângulo externo do polígono. Sendo n o número de lados do polígono, o ângulo externo será dado por:

$$a_e = \frac{360°}{n}$$

3) Construímos uma reta suporte e sobre ela marcamos um segmento de reta de comprimento ℓ.

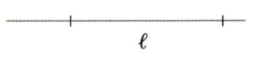

4) Construímos uma semirreta que forma um ângulo a_e com uma das extremidades do segmento marcado.

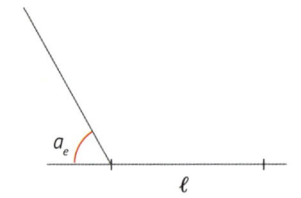

5) Marcamos sobre a semirreta um segmento de reta de comprimento ℓ.

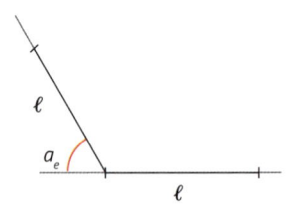

6) Repetimos o procedimento dos itens **4** e **5** até fechar o polígono.

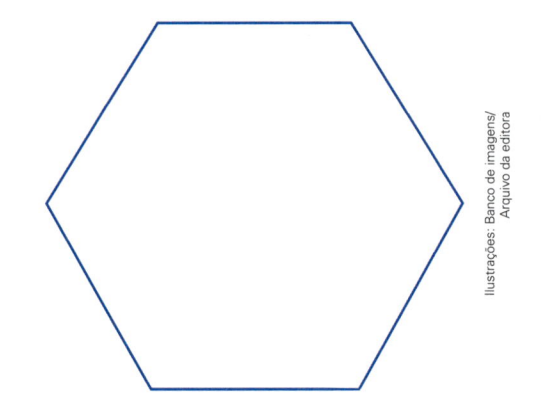

Ilustrações: Banco de imagens/Arquivo da editora

Observe a seguir as etapas dessa construção apresentadas por meio de um fluxograma.

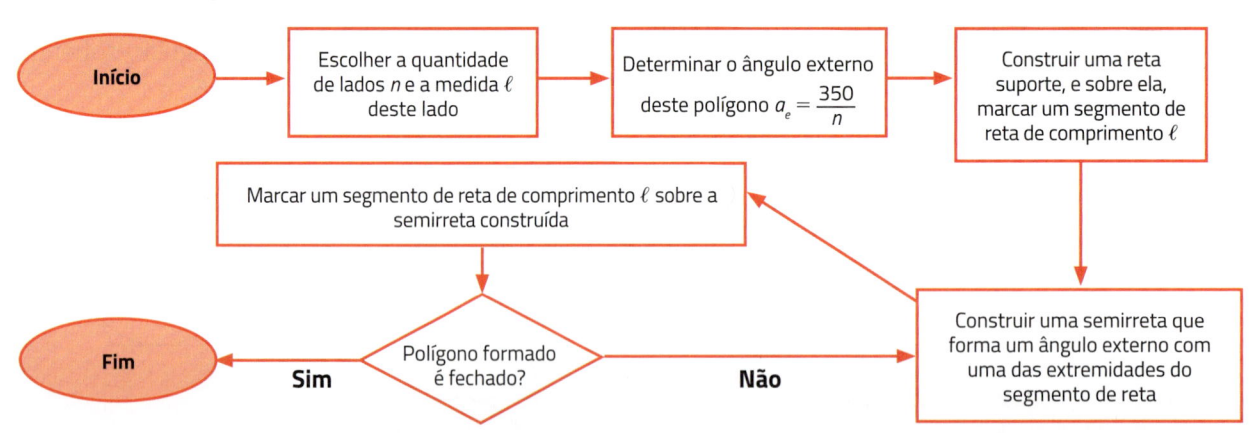

ATIVIDADES ····································

46. Construa um pentágono regular, de lado igual a 4 cm.

47. Construa um hexágono regular, de lado igual a 4 cm.

48. Construa um octógono regular, de lado igual a 4 cm.

Telefone para contato?

Custos de telefone fixo e de telefone celular, diversos sistemas de cobrança, serviços oferecidos e despesas são alguns dos assuntos abordados nesta seção. As atividades a seguir têm por objetivo ajudar você a planejar melhor o uso do telefone. Consulte a internet sempre que necessário.

I. Atualmente, qual é o número de linhas de telefone fixo em operação no Brasil?

II. Cite pelo menos quatro empresas operadoras de telefonia fixa no Brasil.

III. Como é calculada a tarifa mensal dos assinantes de linhas de telefone fixo no seu estado?

IV. Quais são os impostos que incidem sobre uma conta de telefone fixo no seu estado?

V. Além de ligações telefônicas, que outras operações podem ser oferecidas pelas empresas de telefonia fixa?

VI. Atualmente, qual é o número de linhas de telefone móvel (ou celular) em operação no Brasil?

VII. Cite pelo menos quatro empresas operadoras de telefonia móvel no Brasil.

VIII. Cite pelo menos cinco operações que podem ser feitas por meio de um telefone celular.

IX. Das operações citadas na tarefa VIII, quais são gratuitas? E quais são tarifadas?

X. Como é calculada a tarifa mensal dos assinantes de linhas de telefone celular em uma das empresas citadas na tarefa VII?

XI. Quais são os impostos que incidem sobre uma conta de telefone móvel no seu estado?
Em grupos de três ou quatro estudantes, realizem as seguintes tarefas.

Sergey Peterman/Shutters ock

1. Façam uma comparação da despesa mensal com o uso do telefone fixo e do telefone celular, por 200 min, em ligações locais, na sua região.

2. Façam uma comparação da despesa mensal com o uso do telefone fixo e do telefone celular, por 200 min, em ligações interurbanas, na sua região.

3. Deem exemplos de bonificações oferecidas aos usuários pelas empresas de telefonia móvel.

4. Quais são os códigos numéricos que devem ser utilizados para fazer ligações interurbanas e internacionais?

5. Atualmente, há uma discussão no meio médico a respeito de doenças causadas pelo uso excessivo do telefone celular. Que doenças são essas?

21 Círculo, cilindro e vistas

Danko Mykola/Shutterstock

NA REAL

Como armazenar grãos?

Na agricultura é comum armazenar em silos os grãos que ainda não foram ensacados. As dimensões e características dos silos dependem da finalidade que se pretende com eles, mas geralmente eles promovem a manutenção do produto armazenado, são facilmente cheios ou esvaziados e possibilitam economizar a área horizontal de armazenamento. Por exemplo, os silos graneleiros têm o objetivo de manter os produtos secos, e os silos em que se armazenam silagem mantêm o produto em um ambiente anaeróbico.

Considerando que em uma fazenda há disponível uma área circular de 4 m de diâmetro para construir um silo cilíndrico, e se deseja armazenar nele no mínimo 150 m³ de grãos, qual é a altura mínima que o silo deve possuir?

Na BNCC

EF09MA11

EF09MA17

EF09MA19

::::: A circunferência e seu diâmetro

No 8º ano, discutimos o problema de Helena, que possuía um pedaço de arame de 10 cm de comprimento que seria moldado na forma de uma circunferência.

Queremos saber: Qual é a medida do diâmetro dessa circunferência? E do raio?

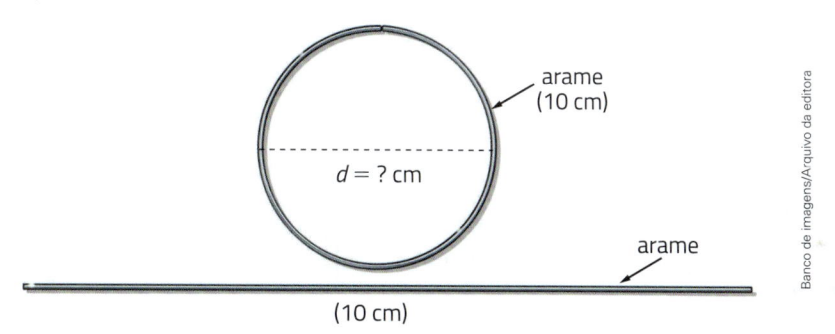

Se desejássemos obter uma circunferência de 50 cm de diâmetro, qual deveria ser o comprimento do arame?

Em outras palavras: Se o diâmetro é 50 cm, qual é o comprimento da circunferência?

E para cercar um canteiro circular de 1 m de raio com cinco voltas de arame, quantos metros (inteiros) de arame é preciso comprar?

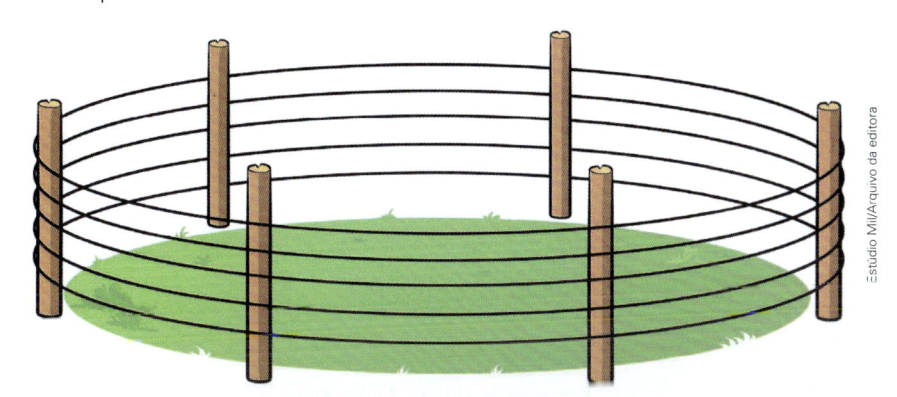

Antes de responder às perguntas formuladas anteriormente, vamos procurar compreender a noção matemática de comprimento de uma circunferência.

Para isso, utilizando uma calculadora, calculamos os perímetros de alguns polígonos regulares inscritos (com lado ℓ e perímetro $2p$) e circunscritos (com lado ℓ' e perímetro $2p'$) em uma circunferência de diâmetro 50 cm (portanto, raio $r = 25$ cm). Os resultados estão no quadro a seguir.

ℓ' lê-se: "ℓ linha".
p' lê-se: "p linha".

Polígono	Perímetro do polígono inscrito	Perímetro do polígono circunscrito
triângulo equilátero	$\ell = r\sqrt{3} \cong 43{,}30$ cm $2p = 3\ell \cong 129{,}90$ cm	$\ell' = 2r\sqrt{3} \cong 86{,}60$ cm $2p' = 3\ell' \cong 259{,}80$ cm
quadrado	$\ell = r\sqrt{2} \cong 35{,}36$ cm $2p = 4\ell \cong 141{,}42$ cm	$\ell' = 2r = 50$ cm $2p' = 4\ell' = 200$ cm
hexágono regular	$\ell = r = 25$ cm $2p = 6\ell = 150$ cm	$\ell' = \dfrac{2r\sqrt{3}}{3} \cong 28{,}87$ cm $2p' = 6\ell' \cong 173{,}22$ cm
octógono regular	$\ell = r\sqrt{2 - \sqrt{2}} \cong 19{,}13$ cm $2p = 8\ell \cong 153{,}04$ cm	$\ell' = 2r\left(\sqrt{2} - 1\right) \cong 20{,}71$ cm $2p' = 8\ell' \cong 165{,}68$ cm
dodecágono regular	$\ell = r\sqrt{2 - \sqrt{3}} \cong 12{,}94$ cm $2p = 12\ell \cong 155{,}28$ cm	$\ell' = 2r\left(2 - \sqrt{3}\right) \cong 13{,}40$ cm $2p' = 12\ell' \cong 160{,}80$ cm

Ilustrações: Banco de imagens/Arquivo da editora

Podemos perceber que o perímetro $(2p)$ de um polígono inscrito em determinada circunferência é menor do que o perímetro $(2p')$ de um polígono circunscrito a essa mesma circunferência:

$$2p < 2p'$$

Além disso, quando o número de lados aumenta, o perímetro do polígono inscrito também aumenta, e o perímetro do polígono circunscrito diminui, mantendo a relação:

$$2p < 2p'$$

Se considerássemos polígonos regulares com número de lados muito grande, os perímetros seriam aproximadamente iguais a um valor C, que corresponderia ao **comprimento da circunferência**.

$$2p \cong C \cong 2p' \text{ (para polígonos com grande número de lados)}$$

Comprimento da circunferência

Vamos considerar uma circunferência de raio r e calcular as razões $\dfrac{2p}{2r}$ e $\dfrac{2p'}{2r}$ $\left(\dfrac{\text{perímetro}}{\text{diâmetro}}\right)$.

Número de lados do polígono	$\dfrac{2p}{2r}$	$\dfrac{2p'}{2r}$
3	$\dfrac{3r\sqrt{3}}{2r} \cong 2,60$	$\dfrac{6r\sqrt{3}}{2r} \cong 5,20$
4	$\dfrac{4r\sqrt{2}}{2r} \cong 2,83$	$\dfrac{8r}{2r} \cong 4,00$
6	$\dfrac{6r}{2r} = 3,00$	$\dfrac{4r\sqrt{3}}{2r} \cong 3,46$
8	$4\sqrt{2-\sqrt{2}} \cong 3,06$	$8\left(\sqrt{2}-1\right) \cong 3,31$
12	$6\sqrt{2-\sqrt{3}} \cong 3,11$	$12\left(2-\sqrt{3}\right) \cong 3,22$
Número muito grande de lados	$\dfrac{2p}{2r} \cong 3,14$	$\dfrac{2p'}{2r} \cong 3,14$

Notamos que, quando o número de lados aumenta, a razão $\dfrac{2p}{2r}$ também aumenta e a razão $\dfrac{2p'}{2r}$ diminui. Assim:

$$\frac{2p}{2r} < \frac{2p'}{2r}$$

Considerando polígonos regulares com número de lados muito grande, essas razões serão aproximadamente iguais a um número irracional 3,141592... denominado número π (lê-se: "pi").

$$\frac{2p}{2r} \cong \pi \cong \frac{2p'}{2r} \quad ①$$

(para polígonos com número muito grande de lados)

Quando o número de lados é grande, vimos que:

$$2p \cong C \cong 2p'$$

Então:

$$\frac{2p}{2r} \cong \frac{C}{2r} \cong \frac{2p'}{2r} \quad ②$$

De ① e ②, concluímos que:

$$\frac{C}{2r} = \pi$$

Logo:

$$C = 2\pi r$$

Traduzindo em palavras:

> O comprimento de uma circunferência é igual a 2π vezes o raio, sendo π = 3,141592...

Nas aplicações costumamos usar o valor de π aproximado por duas casas decimais, π ≅ 3,14, ou por quatro casas, π ≅ 3,1416. Nas construções geométricas usamos $\pi \cong \frac{22}{7}$.

Leia mais sobre o número π na seção "Na História", nas páginas 316 e 317. O que fizemos aqui foi apenas uma parte do trabalho que Arquimedes desenvolveu no século III a.C.

Respondendo às perguntas do início deste capítulo, temos:

- Uma circunferência tem comprimento 10 cm. Vamos calcular o raio:

$$C = 2\pi r \Rightarrow 2\pi r = 10 \text{ cm} \Rightarrow r = \frac{10 \text{ cm}}{2\pi} \Rightarrow r = \frac{5}{\pi} \text{ cm}$$

$$\text{Logo, } r \cong \frac{5 \text{ cm}}{3,14} \geqslant 1,59 \text{ cm.}$$

O diâmetro é aproximadamente igual a 3,18 cm.

- O comprimento da circunferência de diâmetro 50 cm, portanto, de raio $r = 25$ cm, é:

$$C = 2\pi r = 2\pi \cdot 25 \text{ cm} = 50\pi \text{ cm}$$

Logo, $C \cong 50$ cm $\cdot$ 3,14 = 157 cm. (Veja no quadro da página 292 que o dodecágono regular inscrito tem perímetro 155,28 cm e o circunscrito tem perímetro 160,80 cm, aproximadamente).

- Para cercar um canteiro circular de raio 1 m com cinco voltas de arame:

$$5 \cdot 2\pi r \cong 5 \cdot 2\pi \cdot 1 \text{ m} \cong 10 \cdot 3,14 \text{ m} \cong 31,4 \text{ m}$$

É preciso comprar 32 m de arame.

ATIVIDADES

1. Uma praça circular tem raio de 40 m. Quantos metros uma pessoa anda quando dá três voltas na praça?

Ilustra Cartoon/Arquivo da editora

2. Um marceneiro recebeu a seguinte encomenda: uma mesa redonda que acomode oito pessoas, com um espaço de 60 cm para cada pessoa. Calcule o diâmetro que a mesa deve ter.

3. Quantas voltas uma das rodas de um carro dá em um percurso de 60 km, sabendo-se que o diâmetro dessa roda é igual a 0,60 m?

4. Uma pista circular está limitada por duas circunferências concêntricas cujos comprimentos são, respectivamente, 1 028 m e 965 m. Determine a largura da pista.

5. Calcule o comprimento da pista de atletismo esboçada na figura, sabendo que $r = 40$ m.

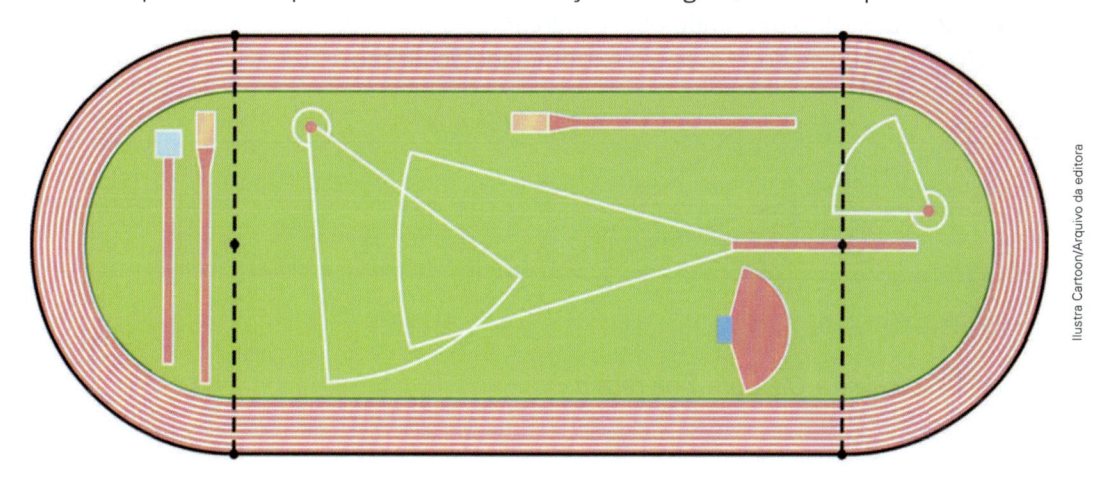

6. Calcule o comprimento da circunferência inscrita em um quadrado de lado 2 cm e o da circunferência circunscrita a esse mesmo quadrado.

7. Os ponteiros de um relógio medem 1 cm e 1,5 cm, respectivamente. A circunferência descrita pelo ponteiro maior tem comprimento maior do que a circunferência descrita pelo ponteiro menor. Determine essa diferença.

8. Uma menina brinca com um aro de 1 m de diâmetro, rodando-o sobre o chão. Que distância percorre a menina quando o aro completa 10 voltas?

9. As rodas de um automóvel têm 32 cm de raio. Que distância percorreu o automóvel quando cada roda deu 8 000 voltas?

10. Um ciclista percorreu 26 km em 1 hora e 50 minutos. Se as rodas da bicicleta têm 40 cm de raio, quantas voltas aproximadamente cada roda deu no total e quantas voltas por minuto?

11. As rodas dianteiras de um caminhão têm 50 cm de raio e dão 25 voltas no mesmo tempo em que as rodas traseiras dão 20 voltas. Determine o diâmetro das rodas traseiras.

Construção de um segmento de reta de comprimento igual ao de uma circunferência

Dada uma circunferência, construir um segmento de reta $\overline{AB}$ de comprimento igual ao da circunferência, usando $\pi = \dfrac{22}{7} = 3\dfrac{1}{7}$.

1) Chamemos de d a medida do diâmetro da circunferência dada.

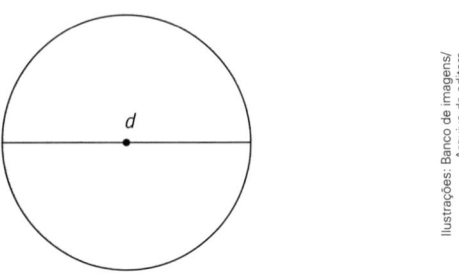

Ilustrações: Banco de imagens/ Arquivo da editora

2) Sobre uma reta a, marcamos um segmento $\overline{AX}$ de medida d.

3) Sobre uma reta auxiliar b passando por A, marcamos a partir de A sete segmentos congruentes e chamamos de P a extremidade do $1^{\underline{o}}$ e de Q a extremidade do último.

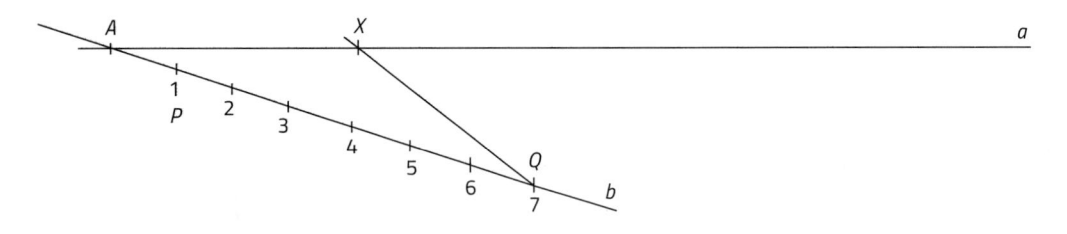

4) Traçamos $\overline{PY}$ paralelo a $\overline{QX}$, com Y na reta a.

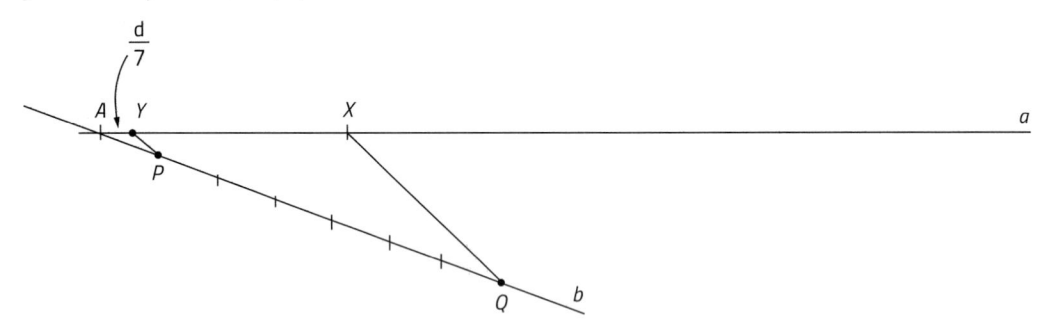

5) Sobre a reta a, partindo de Y marcamos três segmentos $\overline{YW}$, $\overline{WZ}$ e $\overline{ZB}$ de medidas iguais a d. $\overline{AB}$ é o segmento procurado.

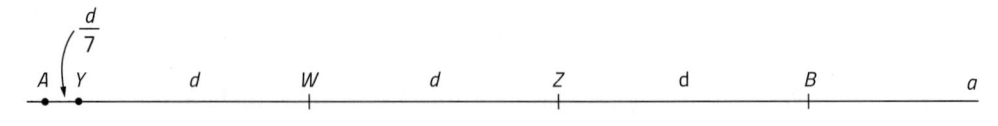

Observe que $AB = AY + YW + WZ + ZB = \dfrac{d}{7} + d + d + d = \dfrac{22}{7}d \cong 3{,}14d \cong \pi d$.

Construção de uma circunferência de comprimento igual ao de um segmento de reta

Dado um segmento de reta $\overline{AB}$, construir uma circunferência de comprimento igual ao de $\overline{AB}$.

1) Chamemos ℓ a medida do segmento $\overline{AB}$ dado.

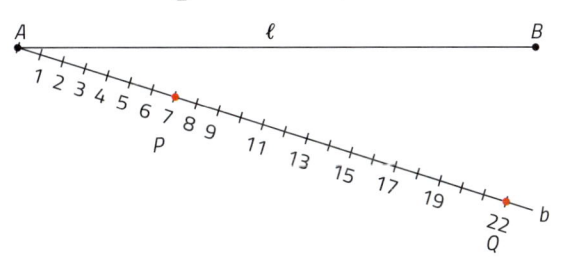

2) Traçamos por A uma reta auxiliar b e sobre ela marcamos, a partir de A, 22 segmentos congruentes. Chamamos de P a extremidade do 7° segmento e de Q a extremidade do 22° segmento.

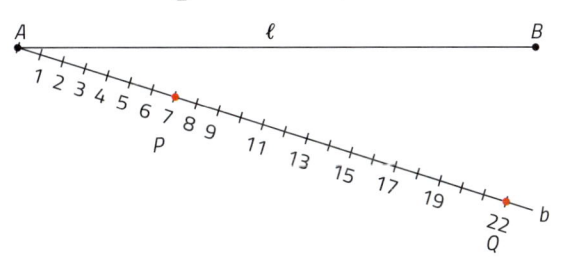

3) Traçamos $\overrightarrow{QB}$ e $\overleftrightarrow{PX}$ paralela a $\overleftrightarrow{QB}$ com X em $\overline{AB}$.

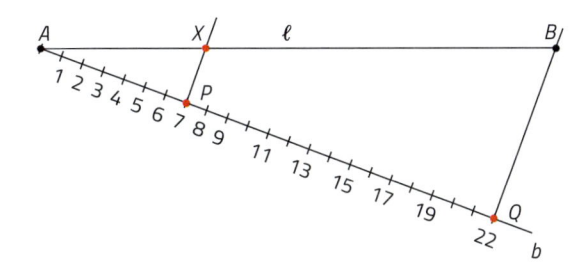

4) Obtemos O, ponto médio de $\overline{AX}$.

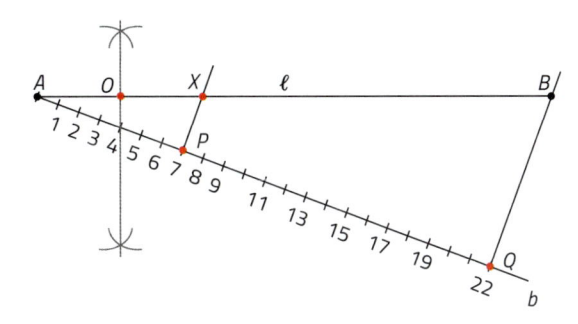

5) Construímos a circunferência de centro O e raio $\dfrac{AX}{2}$.

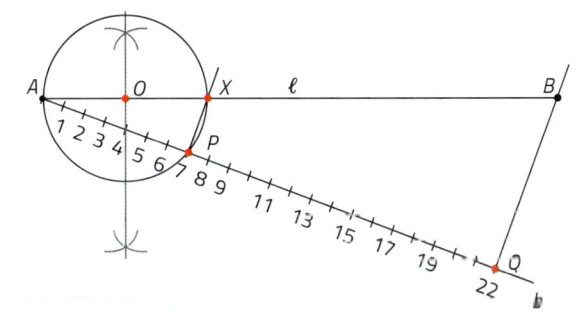

Justificativa: $AX = \dfrac{7}{22} AB \cong \dfrac{1}{\pi} \cdot \ell$

O comprimento dessa circunferência é: $2\pi \cdot \dfrac{AX}{2} = \pi \cdot AX \cong \pi \cdot \dfrac{1}{\pi} \cdot \ell = \ell$

12. Desenhe uma circunferência e construa um segmento de comprimento igual ao dela.

13. Transporte o segmento abaixo e construa uma circunferência de comprimento igual ao dele.

Comprimento de um arco

Como já sabemos, um arco de 60° é um arco definido na circunferência por um ângulo central de 60°.

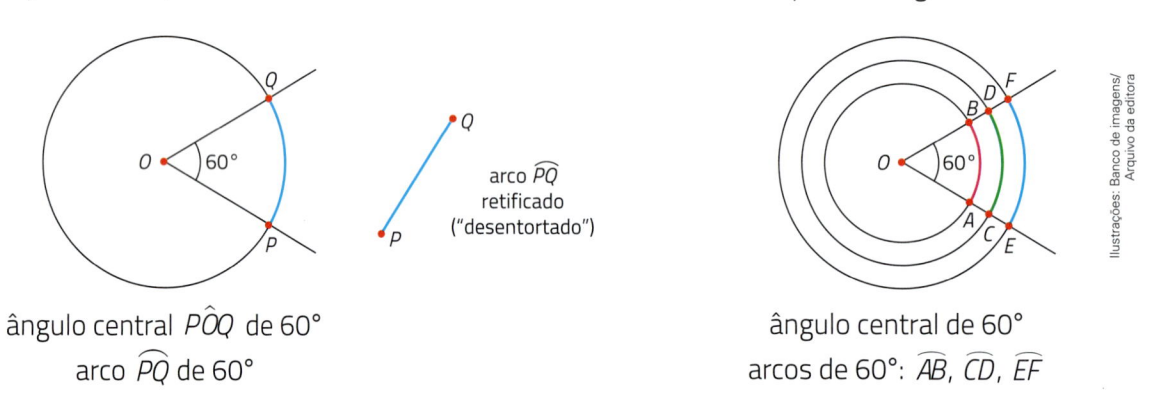

ângulo central $P\hat{O}Q$ de 60°
arco $\overset{\frown}{PQ}$ de 60°

arco $\overset{\frown}{PQ}$ retificado ("desentortado")

ângulo central de 60°
arcos de 60°: $\overset{\frown}{AB}$, $\overset{\frown}{CD}$, $\overset{\frown}{EF}$

Ilustrações: Banco de imagens/Arquivo da editora

Ao retificar os arcos das figuras e medir seus comprimentos, verificamos que, embora os arcos $\overset{\frown}{AB}$, $\overset{\frown}{CD}$ e $\overset{\frown}{EF}$ tenham todos 60°, os seus comprimentos são diferentes: $\overset{\frown}{EF}$ tem comprimento maior que $\overset{\frown}{CD}$, e $\overset{\frown}{CD}$ tem comprimento maior que $\overset{\frown}{AB}$.

O que os arcos têm em comum é a mesma "abertura" (60°). O comprimento de cada arco depende do raio da circunferência que o contém, como veremos a seguir.

Cálculo do comprimento do arco

Na figura abaixo, notamos que:

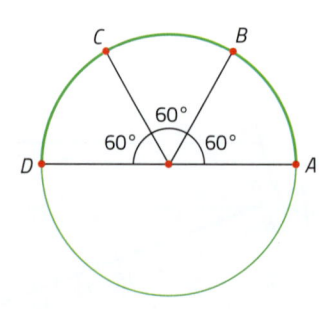

- um arco de 120° $\left(\overset{\frown}{AC}\right)$ tem o dobro do comprimento de um arco de 60° $\left(\overset{\frown}{AB}\right)$;

- um arco de 180° $\left(\overset{\frown}{AD}\right)$ tem o triplo do comprimento de um arco de 60° $\left(\overset{\frown}{AB}\right)$.

Isso significa que o comprimento do arco é diretamente proporcional à sua medida em graus.

Assim, para calcular o comprimento x de um arco de α graus, basta estabelecer uma regra de três simples:

	comprimento	graus
arco:	x	α
circunferência:	$2\pi \cdot r$	360

α. alfa – letra do alfabeto grego

Daí, vem:

$$\frac{x}{2pr} = \frac{\alpha}{360}$$

Logo:

$$x = \frac{\alpha}{360} \cdot 2\pi r$$

Conclusão: sendo α a medida em graus de um ângulo, o comprimento do arco é a fração $\frac{\alpha}{360}$ do comprimento da circunferência que o contém. Daí segue que

$$x = \frac{\alpha \pi r}{180}$$

Veja dois exemplos:

• Vamos calcular o comprimento de um arco de 60° de uma circunferência de raio 2 cm.

O comprimento x, em centímetros, é:

$$x = \frac{60}{360} \cdot 2\pi r = \frac{60}{360} \cdot 2\pi \cdot 2 = \frac{2\pi}{3}$$

Então, $x \cong \dfrac{2 \cdot 3,14}{3} \cong 2,09$.

O comprimento é, aproximadamente, 2,09 cm.

• Vamos calcular o comprimento x de um arco de 60° de uma circunferência de raio 3 cm.

$$x = \frac{60}{360} \cdot 2\pi r = \frac{60}{360} \cdot 2\pi \cdot 3 \text{ cm} = \pi \text{ cm}$$

Então, $x \cong 3,14$ cm.

ATIVIDADES

14. Calcule o comprimento de um arco de 75° de uma circunferência de raio 5 cm.

15. Em cada caso determine o comprimento do arco menor $\overset{\frown}{AB}$, dados o raio de 90 cm e o ângulo central correspondente abaixo.

a)
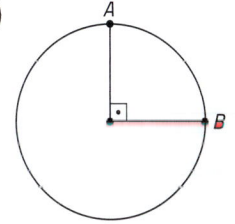

b)
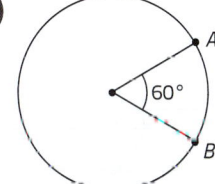

c)
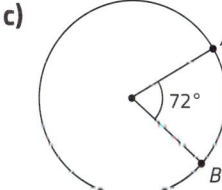

16. Calcule os comprimentos dos seguintes arcos:

a) arco de 120°, em uma circunferência de diâmetro 8 cm;

b) arco de 54°, em uma circunferência de raio 2 cm;

c) arco de 135°, em uma circunferência de raio 12 cm;

d) arco de 240°, em uma circunferência de raio 18 cm.

17. Calcule os comprimentos dos arcos $\overgroup{AB}$, $\overgroup{CD}$ e $\overgroup{EF}$ da figura abaixo.

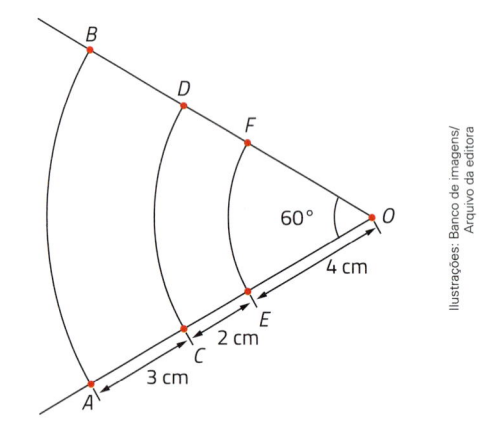

Ilustrações: Banco de imagens/ Arquivo da editora

18. Calcule a medida, em graus, de um arco de 2π cm de uma circunferência de raio 1,5 cm.

19. O ponteiro dos minutos de um relógio tem o comprimento de 12 cm. Qual é a distância que a ponta do ponteiro percorre em um intervalo de tempo de:

a) 20 minutos?　　　　　　　　　　　**b)** 75 minutos?

20. Um arco de comprimento $2\pi R$ de uma circunferência de raio $2R$ subentende um arco de quantos graus?

21. Calcule o raio de uma circunferência, sabendo que um arco de 36° dessa circunferência tem comprimento igual a 3 cm.

22. Caminhando 50 metros em uma praça circular, uma pessoa descreve um arco de 72°. Qual é o raio da praça?

23. Uma corda $\overline{AB}$, distando 3 cm do centro de uma circunferência de diâmetro 12 cm, determina nessa circunferência dois arcos. Qual é a razão entre a medida do maior e a do menor arco desse círculo?

24. Uma corda determina em uma circunferência um arco que mede 80°. Sendo 20 cm o comprimento desse arco, determine a medida do diâmetro dessa circunferência.

25. Um setor circular é uma parte de um círculo, conforme estudaremos adiante. Mas já trabalhamos com setores desde o 7º ano, nos gráficos de setores. Os setores também são relacionados aos cones.

Um cone reto de base circular tem raio da base R e geratriz G. Quando planificamos sua superfície lateral, obtemos um setor circular. Calcule a medida α do ângulo central.

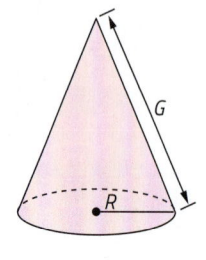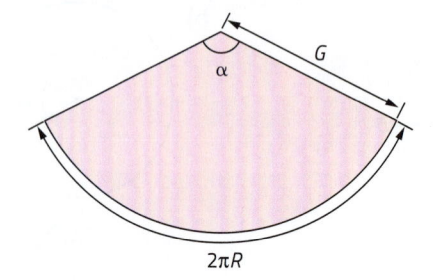

26. Determine o comprimento da linha cheia, na figura a seguir, sabendo que os arcos são centrados em O_1, O_2 e O_3.

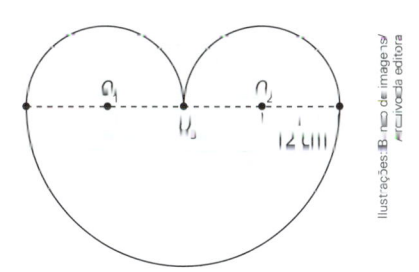

27. Na figura abaixo, determine o comprimento da corrente que envolve as duas rodas, sabendo que: o raio da roda menor mede 10 cm; o raio da roda maior, 20 cm; e a distância entre os centros das duas rodas, 60 cm.

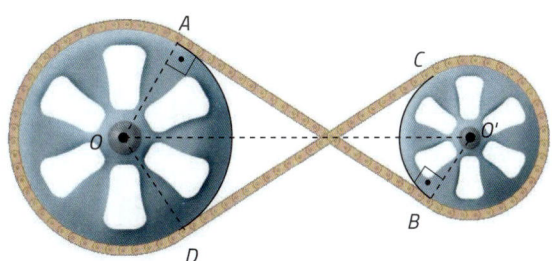

Ângulo inscrito na circunferência

Como já estudamos anteriormente, ângulo inscrito é um ângulo que tem vértice na circunferência e lados secantes com a circunferência. O arco $\overparen{AB}$ é formado pelos pontos da circunferência que são internos ao ângulo inscrito $A\hat{V}B$.

O ângulo central é aquele que tem seu vértice no centro da circunferência. O arco da circunferência com pontos internos ao ângulo é o seu arco correspondente.

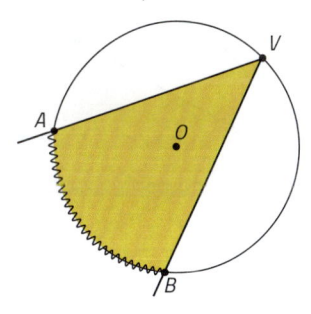

O ângulo $A\hat{O}B$ é o ângulo central correspondente ao ângulo inscrito $A\hat{V}B$.

Vimos que é válida a propriedade:

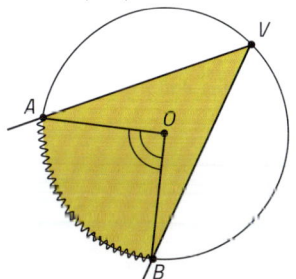

> A medida de um ângulo inscrito é igual à metade da medida de seu ângulo central correspondente.

$$\text{med}(A\hat{V}B) = \frac{\text{med}(A\hat{O}B)}{2}$$

Vejamos um exemplo:

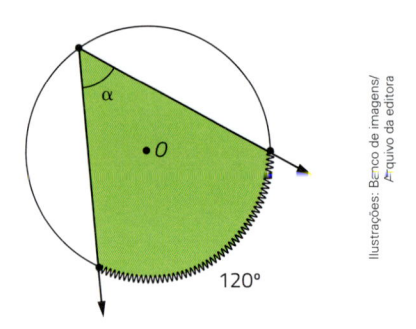

Ilustrações: Banco de imagens/Arquivo da editora

O ângulo inscrito α mede 60°, pois ele é igual à metade do seu arco correspondente de 120°.

ATIVIDADES

28. Determine em cada caso a medida do ângulo inscrito.

a)

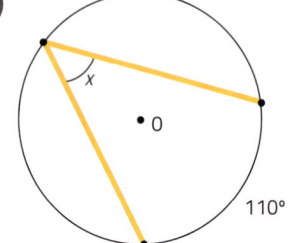

b)

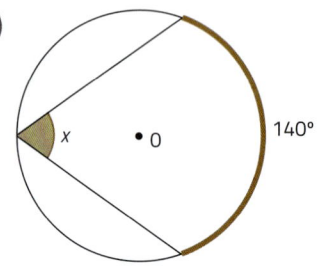

29. Camila estava caminhando em uma pista de corrida que tem formato circular. Sua amiga Gabriela, que está na posição P, avista Camila quando ela está na posição A e a acompanha até a posição B, conforme esquema a seguir. Sabendo que Camila percorreu um arco de circunferência igual a 170°, qual é o ângulo de visão de Gabriela enquanto acompanha a amiga na trajetória de A até B?

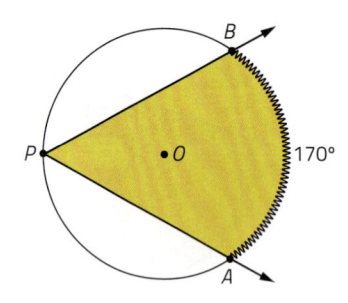

30. Na figura a seguir, sabe-se que a medida do ângulo inscrito é de 46°. Determine o arco de circunferência $\overset{\frown}{AB}$ correspondente a esse ângulo.

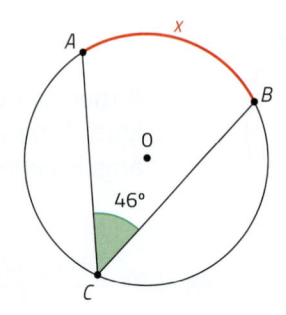

⠿ Área do círculo

Por que existe a "meia-lua" no campo de futebol?

No jogo de futebol, quando um dos times vai cobrar a falta, os jogadores adversários devem se colocar a, pelo menos, 10 jardas (aproximadamente 9,15 m) da bola. Isso também ocorre, por exemplo, quando o jogo vai ser iniciado por um dos times, os jogadores adversários ficam fora do grande círculo central, cujo raio é 9,15 m. Ocorre, também, na cobrança de um pênalti: os jogadores de ambos os times, exceto o cobrador, devem ficar a pelo menos 10 jardas da bola e fora da grande área (exceto o goleiro).

É por isso que existe a chamada meia-lua: ela é delimitada por um arco de circunferência de centro na marca do pênalti com raio de 9,15 m e a linha da grande área. Nenhum jogador pode ficar dentro da meia-lua na ocasião da cobrança até que a bola seja chutada.

Cobrança de pênalti da jogadora Marta, na partida da seleção do Brasil contra a Austrália, 2019.

Em um campo de futebol oficial, qual é a área do grande círculo central? E qual é a área da meia-lua? Vamos aprender sobre a área do círculo e suas partes e, depois, poderemos responder a essas perguntas. Veja, nas figuras abaixo, dois polígonos regulares inscritos em uma circunferência de raio r.

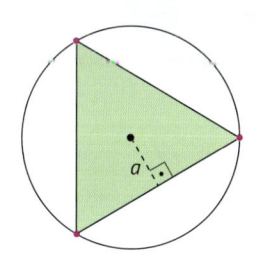
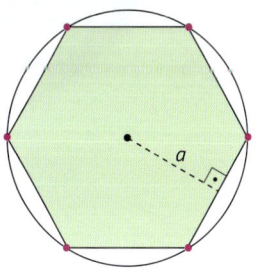

Observe o que acontece quando aumentamos o número de lados de polígonos inscritos:

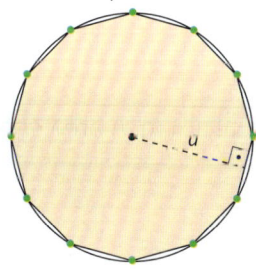
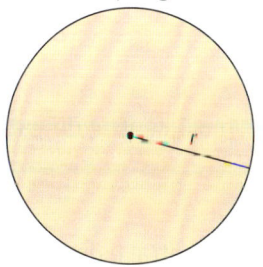

Perceba que, à medida que aumenta a quantidade de lados dos polígonos regulares inscritos:

- a forma dos polígonos regulares vai se aproximando da forma circular;

- a área dos polígonos regulares inscritos vai crescendo e se aproximando da área do círculo;

- o perímetro ($2p$) dos polígonos regulares inscritos vai se aproximando do comprimento da circunferência ($2\pi r$), e os apótemas (a) vão se aproximando do raio (r). Logo, a área dos polígonos vai se aproximando de:

$$A = (\text{semiperímetro}) \cdot (\text{apótema}) = p \cdot a = \frac{2\pi r}{2} \cdot r = \pi r^2$$

Por isso, dizemos que a área dos polígonos se aproxima $\left(\pi r^2\right)$ da **área do círculo**.

$$A = \pi \cdot r^2$$

Veja um exemplo.

O Estádio Jornalista Mário Filho, popularmente chamado de Maracanã pelos torcedores brasileiros, é um dos campos mais conhecidos na história do futebol mundial, onde grandes craques brasileiros protagonizaram momentos inesquecíveis.

Vista aérea do estádio do Maracanã, Rio de Janeiro, RJ, 2020.

Considere que o círculo central do estádio possui um raio igual a 9 m. A área então do círculo central será dada por:

$$A = \pi \cdot r^2 = \pi \cdot 9^2 = 81\pi$$

A área desse círculo central é de 81π m², aproximadamente 254,5 m².

31. O apótema do triângulo equilátero *CDE* inscrito no círculo mede 3 cm. Calcule a área da superfície colorida.

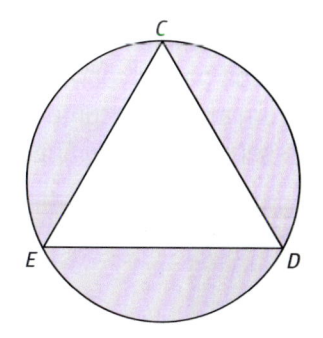

32. Em cada caso, calcule a área da parte colorida, sabendo que o quadrilátero dado é um quadrado e os arcos são partes de circunferências.

a)

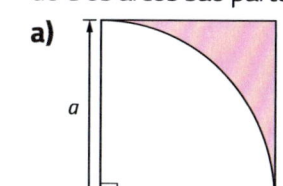

b)

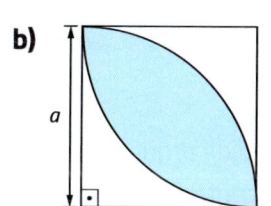

c)

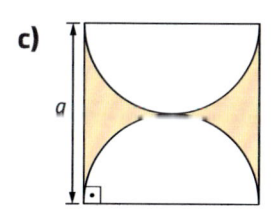

33. Calcule a área da superfície colorida, em que $r = 1$ cm.

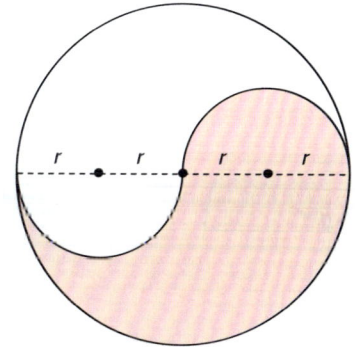

34. Calcule a área da superfície colorida, sendo *LADO* um quadrado

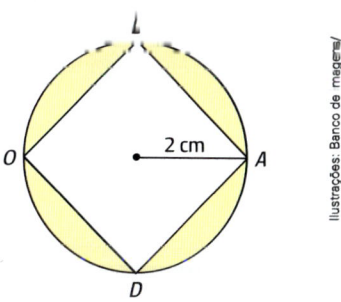

35. Determine a área da superfície colorida abaixo, em função do raio r do círculo inscrito no triângulo equilátero *ETA*.

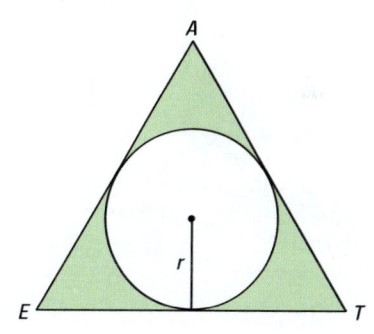

36. Nas figuras abaixo, *DICA* são quadrados de perímetro 16 cm. Determine as áreas das regiões coloridas, sabendo que os arcos são de circunferências centradas em *C* e *D*.

a)

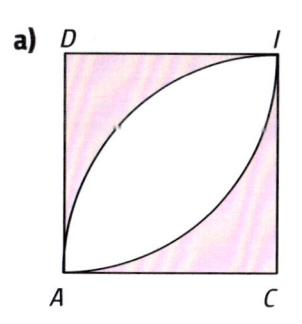

b)

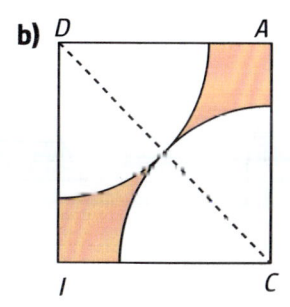

::::: Área do setor circular

Onde deve ser colocada a bola para cobrar um escanteio?

No jogo de futebol, se um time estiver atacando e a bola é colocada para fora por um jogador adversário, ultrapassando a linha de fundo, o time atacante tem direito a reiniciar o jogo cobrando um escanteio (ou tiro de canto). A bola deve ser posicionada em um dos cantos que a linha de fundo ultrapassada forma com as duas laterais do campo – o canto mais próximo de onde a bola saiu.

Em um campo oficial, a região em que a bola deve ser posicionada para a cobrança do escanteio é delimitada pela linha de fundo, uma das linhas laterais do campo e um arco de circunferência de raio 1 m centrado na interseção das duas linhas. Trata-se, portanto, de um setor circular de ângulo central 90° e raio 1 m.

Carl de Souza/AFP

Jogo entre Flamengo e Fluminense, pelo campeonato estadual em 2020, no estádio do Maracanã, Rio de Janeiro, RJ.

Qual é a área dessa região?

Em uma circunferência de centro O, está destacado um ângulo central de medida a, que determina um arco $\overset{\frown}{PQ}$. Chama-se **setor circular** o conjunto dos pontos que são interiores à circunferência e ao ângulo α, reunidos com os pontos de $\overline{OP}$, $\overline{OQ}$ e $\overset{\frown}{PQ}$.

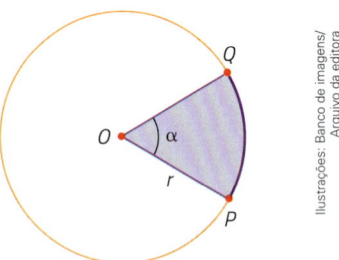

Ilustrações: Banco de imagens/ Arquivo da editora

Vamos comparar as áreas de alguns setores circulares do mesmo círculo, considerando os ângulos centrais α, 2α, 3α, 4α.

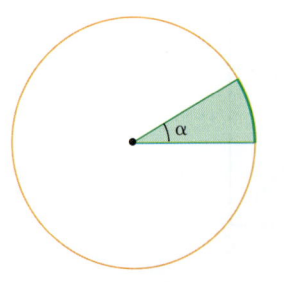 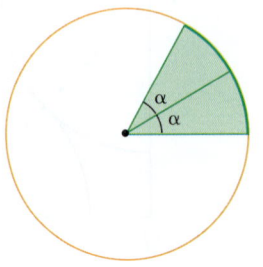 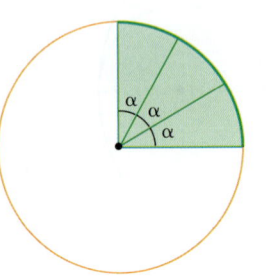 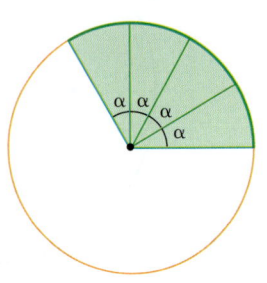

Podemos observar que, se a medida do ângulo central dobra (de α para 2α), a área do setor também dobra; se a medida do ângulo central triplica (de α para 3α), a área do setor também triplica, e assim por diante.

Em um círculo de raio r fixado, a área do setor é diretamente proporcional à medida do ângulo central. Se a medida do ângulo estiver em graus, calculamos a área pela regra de três.

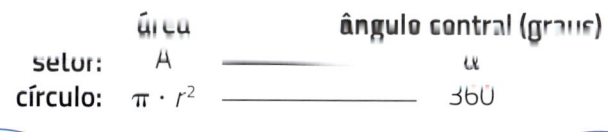

	área	ângulo central (graus)
setor:	A	α
círculo:	$\pi \cdot r^2$	360

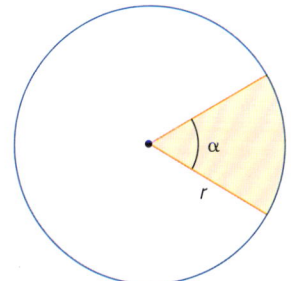

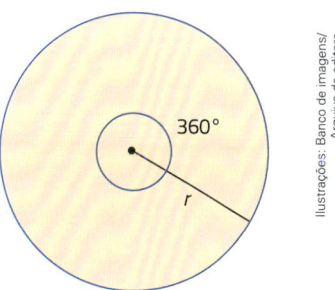

Ilustrações: Banco de imagens/ Arquivo da editora

Então:

$$\frac{A}{\pi r^2} = \frac{\alpha}{360}$$

Portanto, a área do setor circular é:

$$A = \frac{\alpha}{360} \cdot \pi r^2$$

Conclusão: em um círculo dado, um setor de ângulo central α graus tem área igual à fração $\frac{\alpha}{360}$ da área do círculo.

Exemplo

Vamos calcular a área de um setor circular de 60° em um círculo de raio 2 cm.

$$A = \frac{60}{360} \cdot \pi r^2 = \frac{60}{360} \cdot \pi \cdot 2^2 = \frac{2\pi}{3}$$

A área desse setor circular é $\frac{2\pi}{3}$ cm² (aproximadamente 2,09 cm²).

A área do setor em que a bola deve ser colocada para a cobrança do escanteio é, em metros quadrados:

$$A = \frac{90}{360} \cdot \pi r^2 = \frac{1}{4} \cdot \pi \cdot 1^2 = \frac{\pi}{4} \text{ m}^2 \text{ (aproximadamente 0,79 m}^2\text{)}.$$

Área da coroa circular

Dadas duas circunferências concêntricas com raios R e r, sendo $R > r$, chama-se **coroa circular** o conjunto dos pontos internos à circunferência de raio R e externos à de raio r, reunidos com os pontos das duas circunferências.

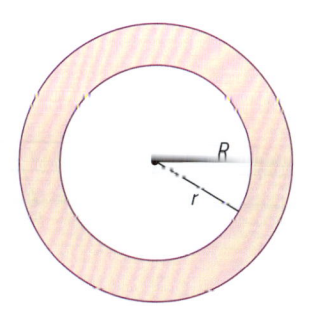

A área da coroa é igual à diferença entre as áreas dos círculos de raios R e r.

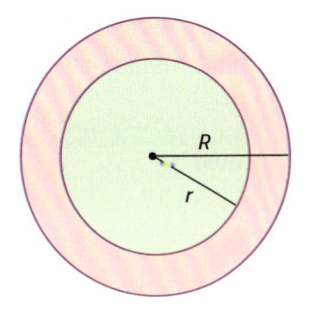 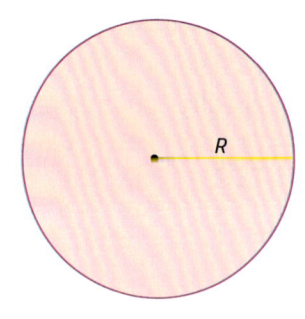 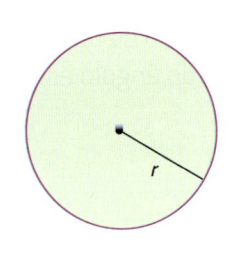

Ilustrações: Banco de imagens/Arquivo da editora

$$A = \pi R^2 - \pi r^2$$

Exemplo

A área da coroa circular de raios 5 cm e 3 cm é:

$$A = \pi R^2 - \pi r^2 = \pi \cdot 5^2 - \pi \cdot 3^2 = 25\pi - 9\pi = 16\pi$$

Portanto, a área dessa coroa circular é 16π cm² (aproximadamente 50 cm²).

ATIVIDADES

37. Calcule a área de um setor circular de 108° e raio 4 cm.

38. Determine a área de cada setor circular representado a seguir, em que 6 m é a medida do raio.

a)

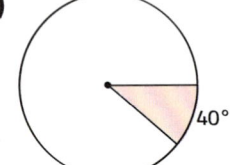

40°

b)

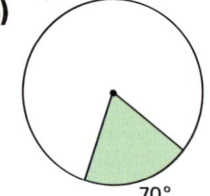

70°

c)

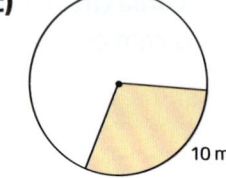

10 m

d)

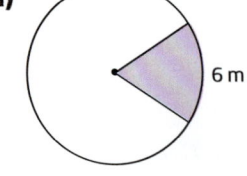

6 m

39. Um chapéu de aniversário foi cortado e planificado. Observe as representações abaixo. Qual é a área da superfície planificada?

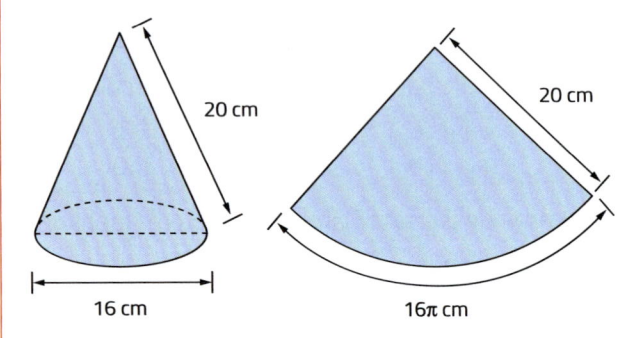

20 cm

20 cm

16 cm

16π cm

40. Calcule a área da região colorida das figuras.

a)

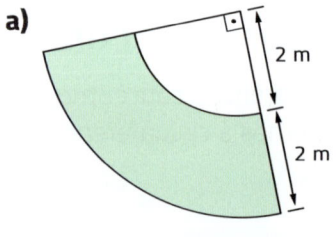

2 m

2 m

b)

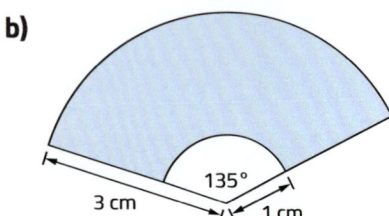

135°

3 cm

1 cm

41. Calcule a área da superfície colorida nas figuras.

a)

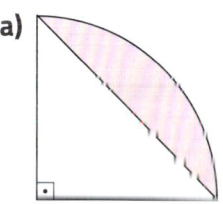

4 cm

b)

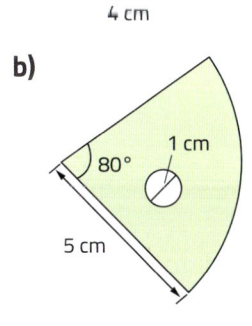

80° 1 cm

5 cm

42. Determine a área da coroa circular nos casos a seguir.

a)

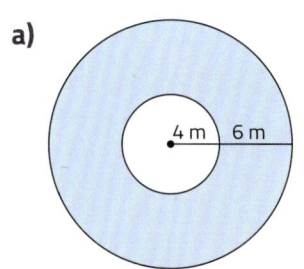

4 m 6 m

b)

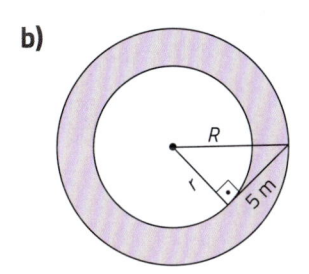

R r 5 m

43. Uma toalha redonda de diâmetro 1,40 m está estendida em uma mesa redonda de diâmetro 1,00 m. Qual é a área da parte da toalha que fica pendurada na mesa?

44. Uma piscina tem a forma indicada na figura, com $r = 2,4$ m. Calcule a área da sua superfície.

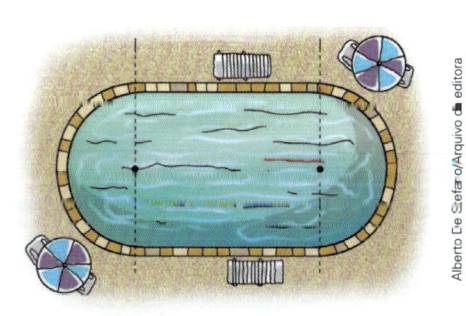

45. Como vimos na página 303, a meia-lua de um campo oficial de futebol é a região delimitada por um arco de circunferência de centro na marca do pênalti com raio 9,15 m e a linha da grande área. Calcule a área da meia-lua de um campo oficial de futebol. As medidas oficiais estão na figura abaixo.

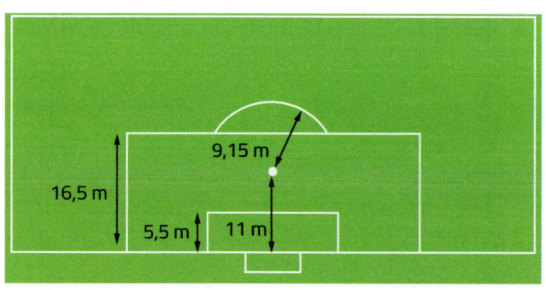

16,5 m 9,15 m 5,5 m 11 m

Use a calculadora e, se necessário, consulte a tabela trigonométrica da página 383.

46. Calcule a área da superfície colorida.

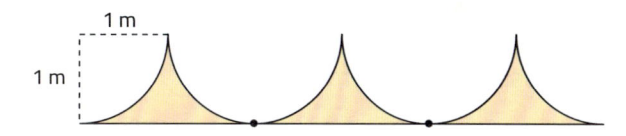

1 m 1 m

47. As superfícies rosa e azul abaixo são equivalentes. Calcule r.

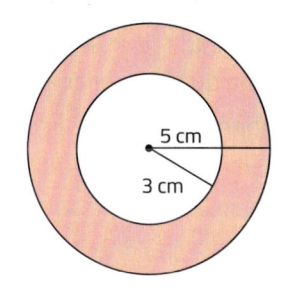

5 cm 3 cm

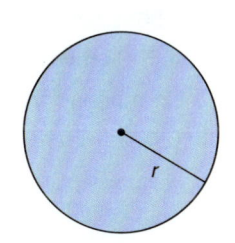

r

48. As duas regiões coloridas a seguir têm a mesma área. Calcule a medida do ângulo α.

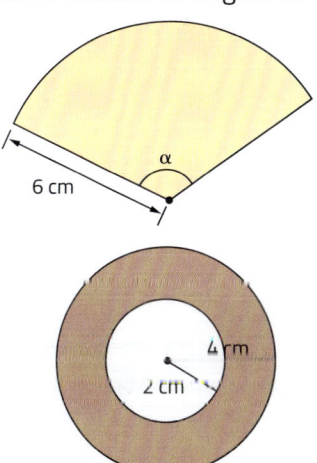

6 cm α

4 cm 2 cm

Volume do prisma e do cilindro

A capacidade do reservatório de água

Um grande reservatório de água potável tem a forma cilíndrica com base de diâmetro 8 m e altura 5 m. Quantos litros de água cabem nesse reservatório?

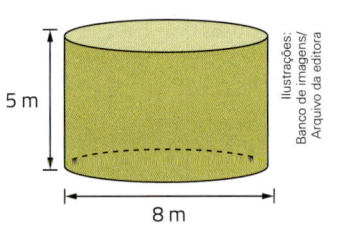

Para calcular a capacidade desse reservatório precisamos saber como se calcula o volume de um cilindro.

Sabemos que o volume de um bloco retangular é o produto do comprimento pela largura e pela altura:

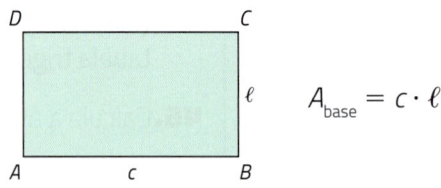

$$V = c \cdot \ell \cdot h$$

No bloco acima, o retângulo $ABCD$ é chamado de base do bloco e sua área é o produto do comprimento pela largura.

$$A_{base} = c \cdot \ell$$

Desse modo, podemos escrever:

$$V = \underbrace{c \cdot \ell}_{A_{base}} \cdot h \Rightarrow V = A_{base} \cdot h$$

O volume do bloco retangular é o produto da área da base pela altura. O bloco retangular é um prisma com base retangular. Essa fórmula, $V = A_{base} \cdot h$, é usada para calcular o volume de todo e qualquer prisma, tenha ele base triangular, quadrangular, pentagonal, etc.

Com essa fórmula, também podemos calcular o volume do cilindro circular reto, em que a base é um círculo de raio r e a altura é h:

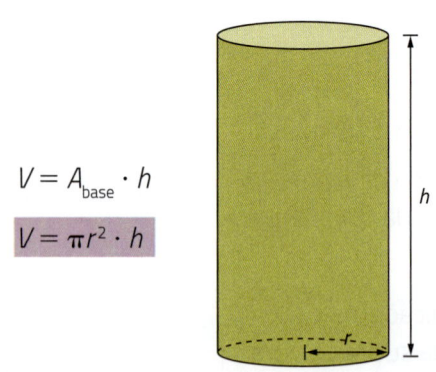

$$V = A_{base} \cdot h$$
$$V = \pi r^2 \cdot h$$

Vamos então responder à pergunta sobre a capacidade do reservatório de água. Temos:

$$A_{base} = \pi r^2 = \pi \cdot \left(\frac{8}{2}\right)^2 = \pi \cdot 4^2 = 16\pi, \text{ em metros quadrados.}$$

$$V = A_{base} \cdot h = 16\pi \cdot 5 = 80\pi, \text{ em metros cúbicos.}$$

$$1 \text{ m}^3 = 1\,000 \text{ dm}^3 = 1\,000 \text{ L}$$

A capacidade do reservatório é de $80\,000\pi$ L, aproximadamente 251 mil litros de água.

49. Calcule o volume do prisma triangular reto em que a base é um triângulo equilátero de lado 10 cm e a altura mede 5 cm.

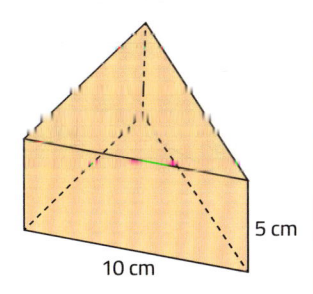

50. Desenhe um prisma hexagonal (a base é um hexágono) e responda às perguntas:

a) Quantas arestas ele tem?

b) Quantos vértices?

c) Quantas faces?

d) Se a base for um hexágono regular de lado 6 cm e a altura medir 10 cm, qual será o volume desse prisma?

51. Calcule o volume de um cilindro circular reto em cada caso:

a) sendo a área de base 4 cm² e a altura 6 cm;

b) sendo a base um círculo de raio 5 cm e a altura 10 cm;

c) sendo a base um círculo de diâmetro 20 cm e a altura 30 mm.

52. Qual é a capacidade, em litros, de um garrafão de água que tem a forma cilíndrica com base de diâmetro 30 cm e a altura 40 cm?

53. Um remédio líquido é vendido em um vidrinho cilíndrico de base com diâmetro 30 mm. O conteúdo do remédio é 20 mL. Qual é a altura, em centímetros, da parte ocupada pelo remédio no vidrinho?

54. Uma lata de tinta é um bloco retangular de 23 cm por 23 cm por 34,1 cm. Um galão é um cilindro de diâmetro 16 cm e altura 18 cm. Quantos galões de tinta cabem em uma lata?

55. A figura a seguir representa a planificação da superfície lateral de um prisma triangular reto, em que as medidas a, b, c e d, em metros, são números inteiros consecutivos, nessa ordem, e somam 18.

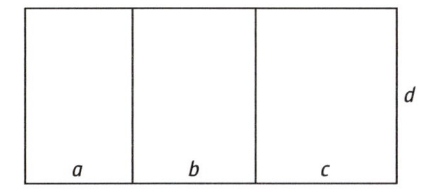

a) Verifique se a base desse prisma é um triângulo retângulo.

b) Calcule o volume do prisma.

c) Calcule a área total do prisma (soma das áreas das cinco faces).

56. A superfície lateral de um cilindro reto foi planificada e depois dobrada em quatro partes iguais, permitindo formar a lateral de um prisma reto de base quadrangular, conforme mostra a figura.

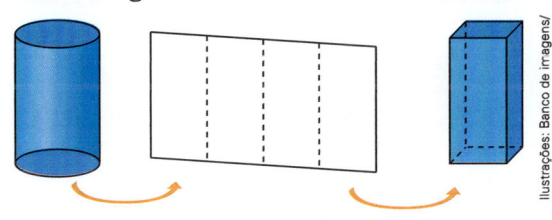

Ilustrações: Banco de imagens/ Arquivo da editora

Qual desses sólidos tem maior volume?

Projeção ortogonal

Dado um ponto P e um plano α, chama-se projeção ortogonal de P sobre α o ponto P' que é interseção de α com a perpendicular conduzida por P.

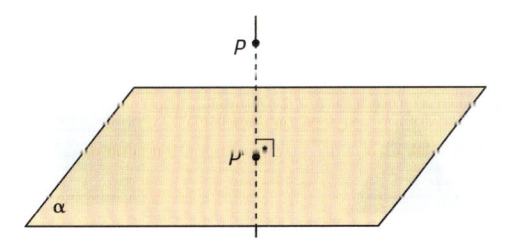

Dado um segmento de reta $\overline{AB}$ e um plano α, chama-se projeção ortogonal de $\overline{AB}$ sobre α o segmento $\overline{A'B'}$ contido em α formado por pontos que são as projeções ortogonais dos pontos de $\overline{AB}$.

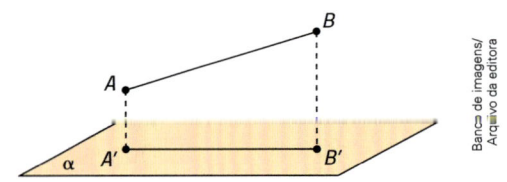

Dada uma figura qualquer e um plano α, chama-se projeção ortogonal de F sobre α a figura F' contida em α formada por pontos que são as projeções ortogonais dos pontos da figura F.

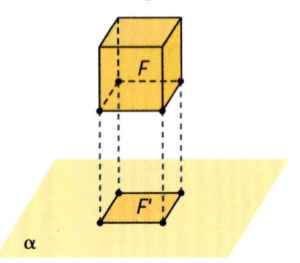

Vistas ortogonais

Gustavo trabalha em uma empresa que cria caixas de presentes.

Ele usa um programa de computador que permite que a caixa seja vista de posições distintas na tela do computador, conforme você pode observar nas figuras abaixo.

Caixa	Vista lateral	Vista superior	Vista inferior
(cubo amarelo)	(retângulo amarelo)	(quadrado amarelo)	(quadrado amarelo)
(cilindro vermelho)	(retângulo vermelho)	(círculo vermelho)	(círculo vermelho)
(tronco de pirâmide azul)	(trapézio azul)	(quadrado azul)	(quadrado azul)
(pirâmide verde)	(triângulo verde)	(quadrado verde)	(quadrado verde)

Vimos que podemos ter várias vistas ortogonais de um mesmo sólido geométrico e, de uma única vista ortogonal, seria possível obter sólidos diferentes?

Pense no seguinte: um cubo de aresta 3 cm, uma pirâmide de base quadrada com lado 5 cm e um paralelepípedo de base quadrada com lado 3 cm estão apoiados em um plano α e são projetados num plano β paralelo a α. As vistas do três sólidos em β serão iguais.

Como as vistas são polígonos planos, existem sólidos diferentes com vistas iguais. Por essa razão, para caracterizar um sólido usando suas vistas, ele precisa ser projetado em três planos não paralelos.

Observe a vista lateral dos dois sólidos apresentados a seguir. Elas têm a mesma forma triangular, mas os sólidos são diferentes: uma pirâmide e um cone.

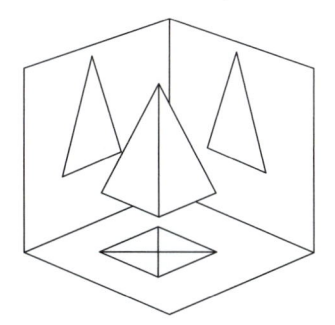 

Ericson Guilherme Luciano/ Arquivo da editora

E, afinal, o que são vistas?

Veja a seguir um exemplo de planta baixa de um apartamento.

Esta planta representa uma **vista superior** do imóvel. Observe que os móveis estão representados no plano como se fossem vistos "de cima", para que o comprador tenha uma ideia do espaço ocupado por eles.

Susse_n/Shutterstock

As projeções ortogonais são usadas para representar formas tridimensionais por meio de figuras planas. Mas, cuidado, antes precisamos determinar qual é o lado do objeto a ser considerado a frente. Veja um exemplo.

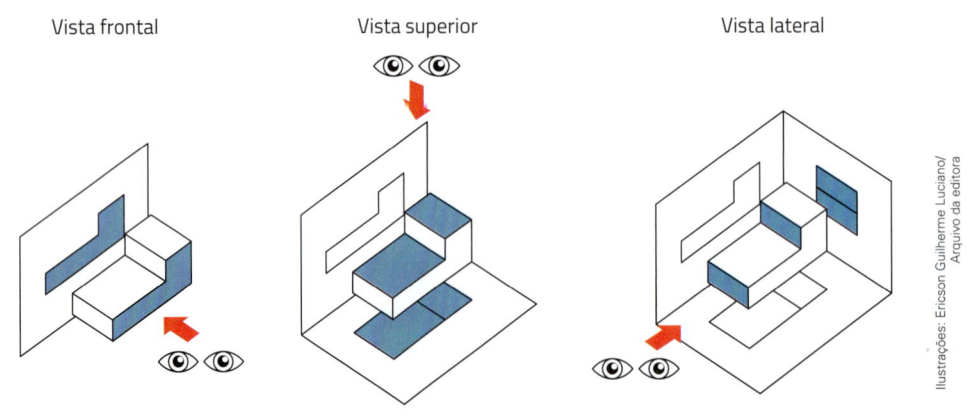

Ilustrações: Ericson Guilherme Luciano/ Arquivo da editora

Note que, na vista frontal, o observador está de frente para o objeto; na vista superior, o observador está olhando o objeto de cima; na vista lateral, o observador está posicionado em um dos lados do objeto.

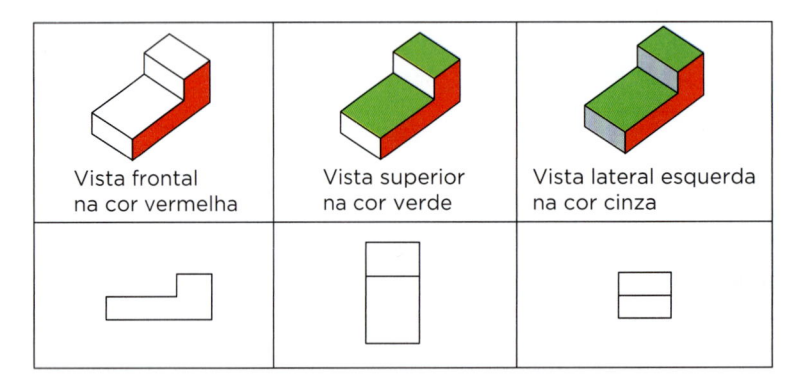

ATIVIDADES

57. Olhando para cada um dos pares de projeções ortogonais (vista lateral e vista de cima), faça a correspondência de cada par com o sólido que a represente.

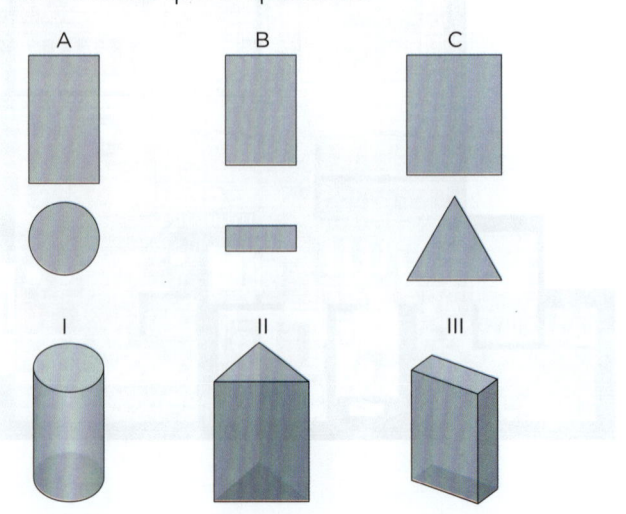

58. Para cada conjunto de vistas, qual é o sólido correspondente?

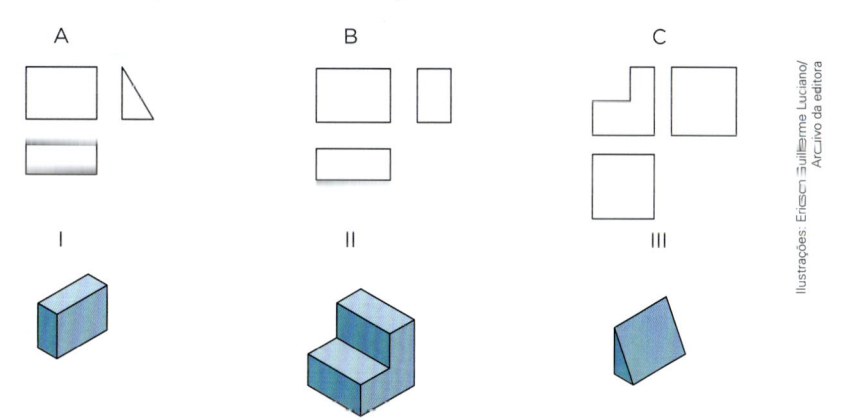

59. Escreva, nas vistas ortogonais, as letras do desenho que correspondem às suas faces.

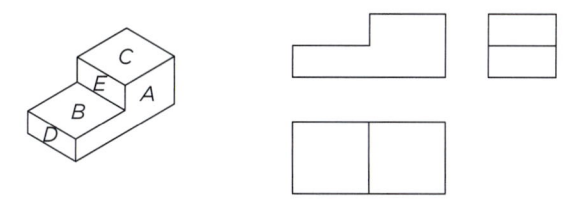

60. Desenhe em uma malha quadriculada as vistas da figura de acordo com as posições indicadas.

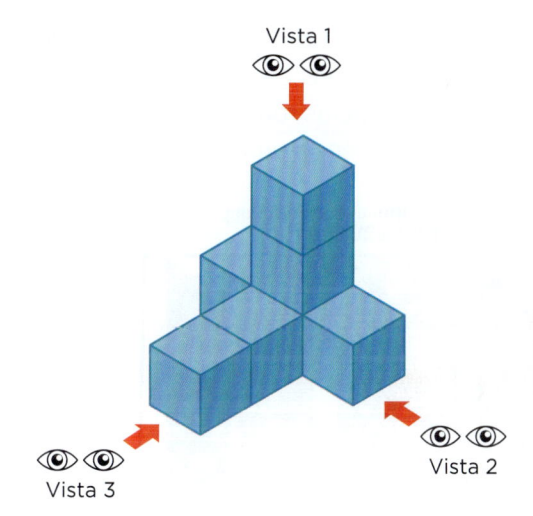

61. Observe a figura a seguir e represente, em uma malha quadriculada, a vista superior e a vista lateral desse empilhamento.

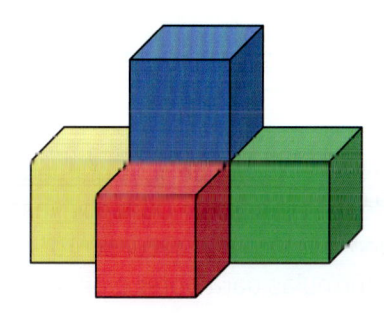

O número π

Por volta de 1750 a.C., os egípcios usavam um procedimento para o cálculo da área de um círculo que corresponde à expressão moderna $\left(d - \dfrac{d}{9} \right)^2 = \dfrac{64d^2}{81}$, em que d indica o diâmetro. Esse procedimento fornece resultados razoáveis – se comparados com aqueles obtidos com a fórmula que usamos atualmente –, mas só implicitamente envolve o número π.

Para saber o valor subentendido para o número π na expressão acima, basta igualá-la à fórmula correta para a área de um círculo em função do diâmetro, que é $A = \pi \left(\dfrac{d}{2} \right)^2 = \pi \cdot \dfrac{d^2}{4}$. Verifica-se, então, que a aproximação subentendida para o número π é = 3,160493... Porém os egípcios desconheciam esse número.

O sábio grego Arquimedes (287-212 a.C.) – considerado o maior matemático da Antiguidade – foi o primeiro a buscar uma aproximação de π por métodos científicos. Arquimedes nasceu em Siracusa, uma importante colônia grega situada na Sicília. Supõe-se que ele tenha estudado em Alexandria, no Egito (que na época era o mais importante centro cultural do mundo grego), em razão da correspondência que manteve com intelectuais dessa cidade. De fato, Arquimedes viveu a maior parte de sua vida em sua cidade natal. Aliás, foi inventando máquinas de guerra para a defesa de Siracusa, durante a Segunda Guerra Púnica, quando a cidade foi sitiada pelos romanos, que Arquimedes se tornou realmente famoso. Mas ele gostava mesmo era de cultivar a ciência pura, especialmente a Matemática.

Reprodução/Biblioteca Nacional, Madri, Espanha.

Foi em seus banhos que Arquimedes descobriu um princípio da hidrostática, o qual lhe permitiu desmascarar um ourives que fizera para o rei Hierão uma coroa jurando ser de ouro puro. Usando esse princípio – uma de suas muitas contribuições para o desenvolvimento das ciências –, Arquimedes provou que a coroa era feita de uma liga de ouro e prata.

Para obter cientificamente uma aproximação de π, Arquimedes considerou, sucessivamente, os perímetros dos polígonos regulares de 6, 12, 24, 48 e 96 lados, inscritos em e circunscritos a uma circunferência. Os perímetros do hexágono inscrito e do circunscrito são fáceis de calcular em função do raio. A partir dos resultados obtidos, há fórmulas para obter o perímetro do dodecágono regular inscrito e do circunscrito. E assim por diante.

O perímetro de um polígono regular inscrito é uma aproximação por falta do comprimento da circunferência, assim como o perímetro de cada polígono circunscrito é uma aproximação por excesso desse comprimento. Usando-se essas aproximações indefinidamente, de um lado por falta, e de outro por excesso, obtêm-se aproximações sucessivamente melhores do valor do comprimento da circunferência. E, dividindo-as pelo dobro do raio, encontram-se aproximações de π cada vez melhores. Foi assim que, depois de exaustivos cálculos, Arquimedes mostrou que π encontra-se entre 3,1408 e 3,1428 (em dígitos modernos).

O método de Arquimedes foi explorado mais a fundo posteriormente por outros matemáticos. O holandês Ludolph von Ceulen (1540-1610) passou grande parte de sua vida calculando a aproximação de π até a 35ª casa decimal e, para isso, teve de chegar aos polígonos regulares de 262 lados. Em seu túmulo, sua esposa mandou gravar a aproximação obtida por ele:

$$3,14159265358979323846264338327950288$$

O símbolo π, para indicar a razão entre a circunferência e o diâmetro, foi usado pela primeira vez em uma obra de 1706, do matemático inglês W. Jones (1675--1749), na qual ele deu, corretamente, as primeiras cem casas desse número. A notação π deriva, provavelmente, do fato de tratar-se da primeira letra da palavra "perímetro", em grego. Sua adoção definitiva só se deu depois que o matemático suíço L. Euler (1707-1783) passou a usá-la com o sentido atual.

Hoje, com métodos matemáticos mais sofisticados e com os modernos computadores, já se têm aproximações corretas de π com alguns bilhões de casas decimais. Certamente, as pesquisas atuais para obter aproximações cada vez melhores de π já não derivam de algum motivo prático, ligado diretamente ao uso desse número, mas sim da insaciável curiosidade do espírito humano. Sem falar na sua utilidade para a checagem de programas de computador.

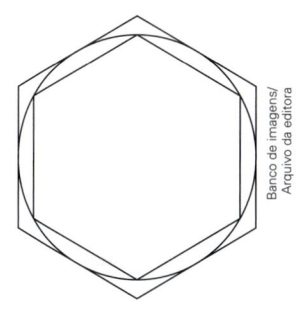

Método de Arquimedes para o cálculo de π.

1. Os babilônios muitas vezes usavam um procedimento empírico que corresponde à fórmula moderna $A = \dfrac{c^2}{12}$, em que c denota o comprimento de uma circunferência, para obter a área (aproximada) do círculo correspondente. Qual é o valor de π subentendido nessa aproximação?

2. Que cidades-Estado travaram as Guerras Púnicas? Em que época? Qual foi o envolvimento de Arquimedes com essa guerra?

3. O matemático hindu Bhaskara (1114-1185) obteve várias aproximações para o número π, entre as quais $\dfrac{3\,927}{1250}$, que ele considerava muito boa, $\dfrac{22}{7}$, que considerava imprecisa, e $\sqrt{10}$, que achava satisfatória para trabalhos corriqueiros. Até que casa decimal cada uma dessas aproximações é correta?

4. Em 1767, Johann H. Lambert (1728-1777), matemático alsaciano (a Alsácia hoje é uma região da França), provou que o número π é irracional. O que isso significa?

5. Imagine um lago circular cujo diâmetro mede exatamente 2 km. Calcule a área desse lago usando o procedimento descoberto pelos egípcios na Antiguidade e a aproximação correta de π até a segunda casa decimal. Qual é a diferença entre o primeiro valor e o segundo? Percentualmente, o que isso significa?

6. Em uma de suas obras, o arquiteto romano Marcos Vitrúvio Polião (século I a.C.) obteve $\dfrac{31}{2}$ pés como perímetro de uma roda de diâmetro igual a 4 pés. Qual é o valor de π subentendido?

UNIDADE 9

Funções

NESTA UNIDADE VOCÊ VAI

- Calcular a distância entre dois pontos em um sistema cartesiano.
- Determinar as coordenadas do ponto médio de um segmento.
- Compreender a noção de função.
- Esboçar gráficos de função.
- Resolver problemas que envolvem funções afim.
- Resolver problemas que envolvem funções quadráticas.

CAPÍTULOS

22. Tabelas, fórmulas e gráficos
23. Função afim
24. Função quadrática

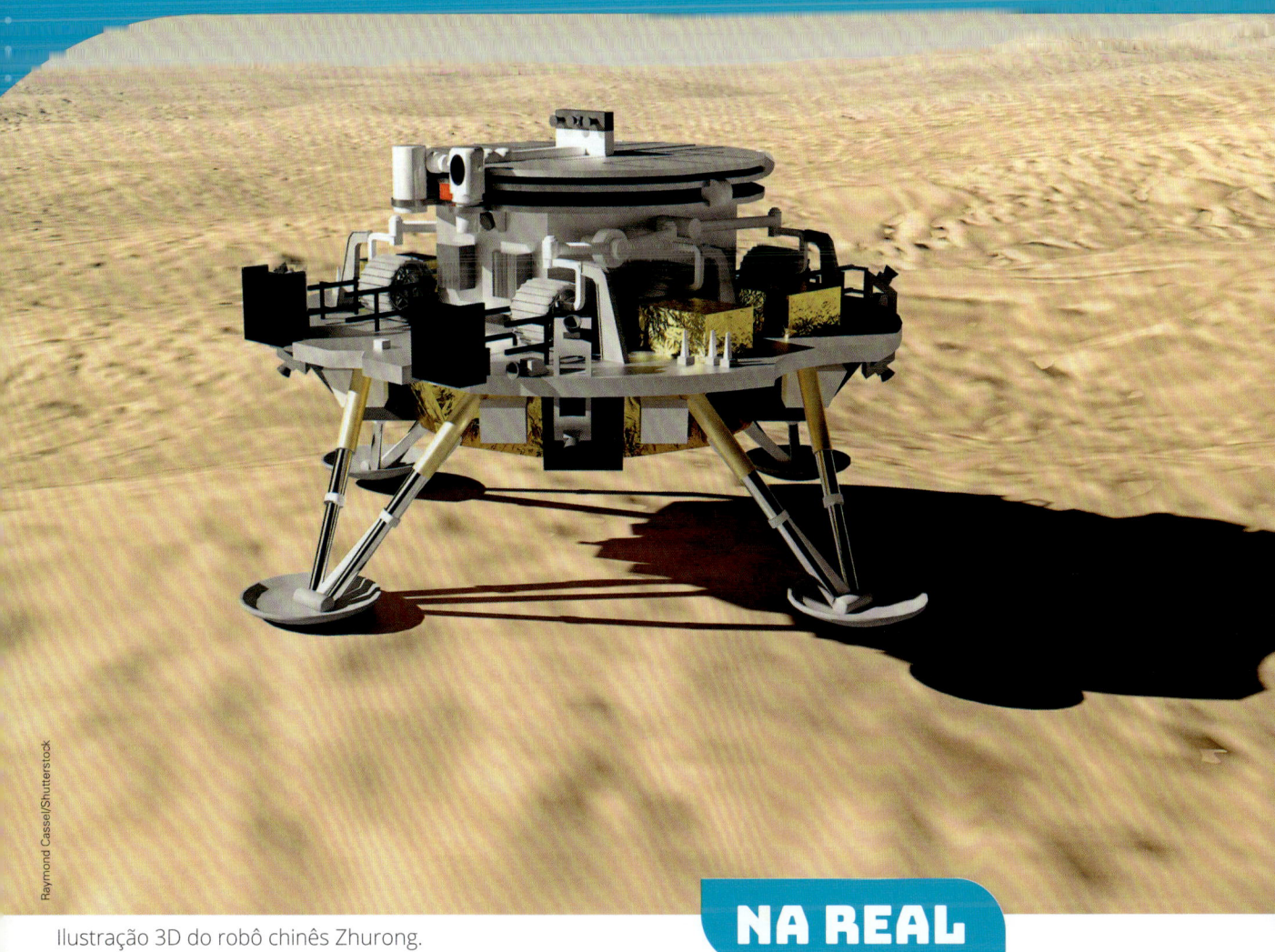

Raymond Cassel/Shutterstock

Ilustração 3D do robô chinês Zhurong.

NA REAL

A que ponto chegamos?

A ideia de sistemas de coordenadas está presente em muitos aspectos do dia a dia das pessoas, seja para pedir comida ou solicitar um serviço de transporte por meio de aplicativos de celulares, jogar jogos eletrônicos, utilizar o GPS para se locomover, seja para criar carros autômatos, que reconhecem a posição em que se encontram e são capazes de dirigir sozinhos. Mas não para por aí! As missões espaciais, por exemplo, utilizam amplamente conceitos relacionados a sistemas de coordenadas. A China, em 2021, tornou-se o segundo país a operar um robô no solo de Marte, feito até então realizado apenas pelos Estados Unidos.

Considere que uma área da superfície de Marte é representada por um plano cartesiano, a fim de realizar os movimentos do robô chinês, e que cada unidade de comprimento nesse plano equivale a 1 km. Se o robô for enviado do ponto (3, 4) desse plano cartesiano ao ponto (7, 1), qual distância ele percorrerá?

Na BNCC
EF09MA06
EF09MA16

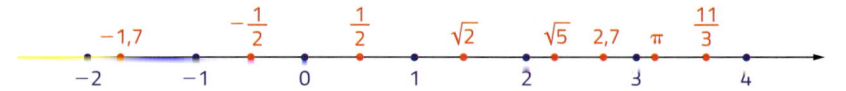

Sistema cartesiano

Já aprendemos a representar os números reais em uma reta: cada ponto da reta corresponde a um número real, e cada número real corresponde a um ponto na reta.

$$-1,7 \quad -\frac{1}{2} \quad \frac{1}{2} \quad \sqrt{2} \quad \sqrt{5} \quad 2,7 \quad \pi \quad \frac{11}{3}$$

Também aprendemos a representar pares ordenados de números reais pelos pontos de um plano em que fixamos um sistema de coordenadas.

O par $(3, 2)$ é representado no ponto A, que encontramos assim:

- partindo do zero, caminhamos três unidades no eixo x para a direita;
- daí, caminhamos duas unidades paralelamente ao eixo y, para cima.

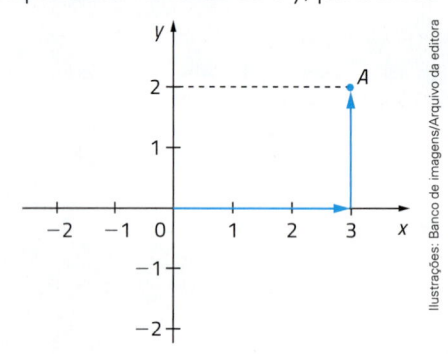

Ilustrações: Banco de imagens/Arquivo da editora

O par $(-2, -1)$ é representado no ponto B, assim obtido:

- partindo do zero, caminhamos duas unidades no eixo x para a esquerda;
- daí, caminhamos uma unidade paralelamente ao eixo y, para baixo.

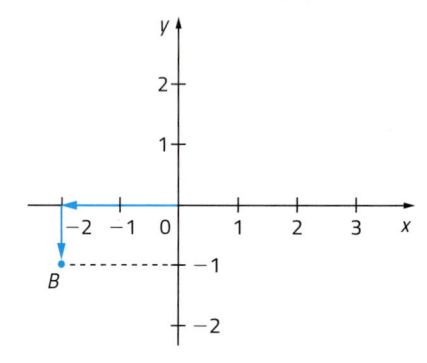

Veja outros exemplos:

$$C(3, 0) \qquad D(0, 2) \qquad E(-2, 1) \qquad F(1, -2)$$

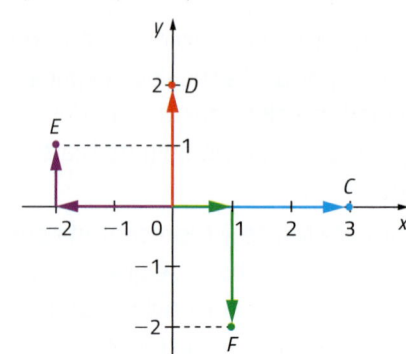

Vamos recordar também a nomenclatura associada ao sistema cartesiano:

- o eixo *x* é o eixo das abscissas;
- o eixo *y* é o eixo das ordenadas;
- o ponto *O*, em que representamos $(0, 0)$ é a origem do sistema de coordenadas;
- em um par ordenado, chama-se **abscissa** a primeira coordenada (o primeiro número na ordem de leitura) e **ordenada** a segunda coordenada (o segundo número na ordem de leitura);

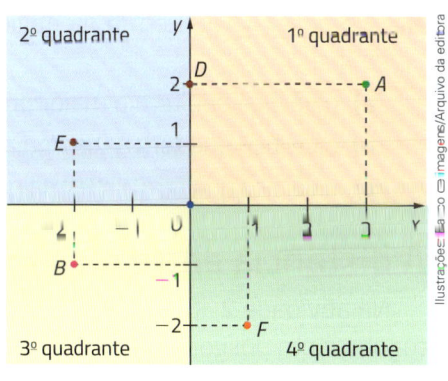

- os eixos *x* e *y* dividem o plano em quatro regiões, denominadas **quadrantes** e ordenadas como na figura acima.

O ponto *A* está no 1º quadrante; *E*, no 2º quadrante; *B*, no 3º quadrante; e *F*, no 4º quadrante.

Convencionamos que um ponto que esteja na divisa de dois quadrantes (em um dos eixos) pertence a esses dois quadrantes. Por exemplo, o ponto $D(0, 2)$ está no 1º e no 2º quadrantes. Com essa convenção, a origem $O(0, 0)$ está nos quatro quadrantes.

O sistema de coordenadas é chamado **sistema cartesiano**, em homenagem a René Descartes (1596--1650), matemático e filósofo francês considerado pai da filosofia moderna e autor do *Discurso sobre o método para raciocinar bem e procurar a verdade nas ciências*.

ATIVIDADES

1. Represente estes pares ordenados em um sistema cartesiano:

$A = (4, 3)$ $C = (-3, 1)$ $E = (3, -2)$ $G = (-1, 4)$ $I = (0, -5)$

$B = (1, 5)$ $D = (-2, -4)$ $F = (1, -1)$ $H = (-4, 0)$ $J = \left(2, \dfrac{2}{5}\right)$

2. Dê as coordenadas dos vértices de cada polígono:

a)

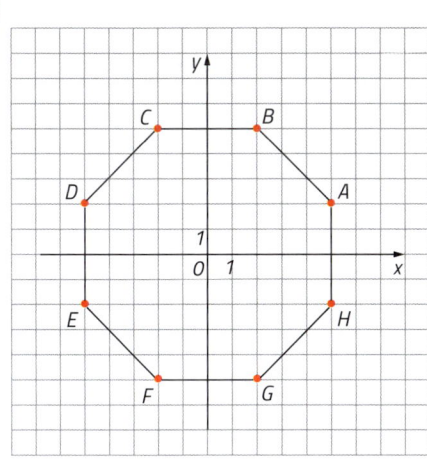

b)

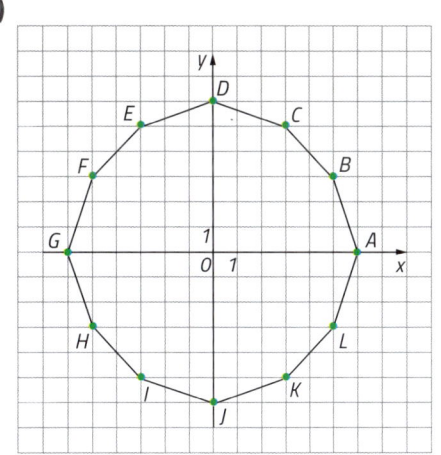

3. No polígono do item **a** da atividade 2:

a) que vértice tem a mesma abscissa que o ponto *B*?

b) que vértice tem a mesma ordenada que o ponto *E*?

c) que vértice é o simétrico de *A* em relação ao eixo *y*?

d) que vértice é o simétrico de *A* em relação à origem $(0, 0)$?

4. No polígono do item **b** da atividade 2, determine:

a) o vértice que tem a maior ordenada;

b) o vértice que tem a mesma abscissa que *C*;

c) o vértice que tem a mesma ordenada que *F*;

d) o simétrico de *B* em relação ao eixo *x*;

e) o simétrico de *B* em relação ao eixo *y*;

f) os vértices de ordenada positiva;

g) os vértices de ordenada negativa;

h) os vértices de ordenada nula.

A distância entre dois pontos

Na atividade **2**, item **a**, temos o octógono *ABCDEFGH*. Esse octógono é um polígono regular?

Para responder à questão, vamos calcular as medidas dos lados. As medidas dos lados paralelos aos eixos são:

$$BC = DE = FG = HA = 4$$

Os lados não paralelos aos eixos são hipotenusas de triângulos retângulos (coloridos). Temos:

$$AB = CD = EF = GH = \sqrt{3^2 + 3^2} = \sqrt{3^2 \cdot 2} = 3\sqrt{2}$$

Como o polígono não tem os oito lados iguais, ele não é um polígono regular.

Veja outros exemplos de cálculo da distância entre dois pontos dados em um sistema de coordenadas ortogonais.

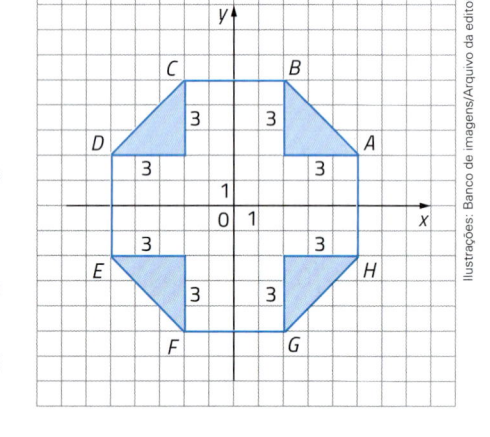

- $\overline{AB}$ é paralelo ao eixo *x*

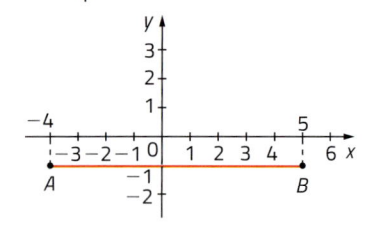

$A(-4, -1)$ e $B(5, -1)$

$AB = 5 - (-4) = 9$

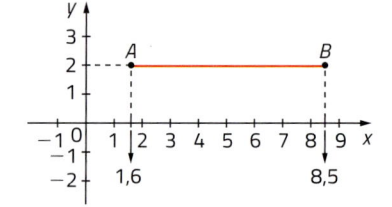

$A(1,6; 2)$ e $B(8,5; 2)$

$AB = 8,5 - 1,6 = 6,9$

Quando $\overline{AB}$ é paralelo ao eixo *x*, a distância entre *A* e *B* é igual à diferença entre a maior e a menor de suas abscissas.

- $\overline{AB}$ é paralelo ao eixo *y*

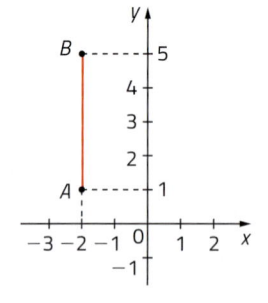

$A(-2, 1)$ e $B(-2, 5)$

$AB = 5 - 1 = 4$

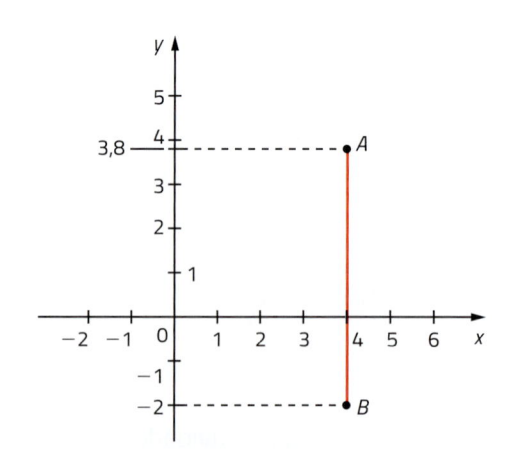

$A(4; 3,8)$ e $B(4; -2)$

$AB = 3,8 - (-2) = 3,8 + 2 = 5,8$

Quando $\overline{AB}$ é paralelo ao eixo *y*, a medida *AB* é igual à diferença entre a maior e a menor de suas ordenadas.

- $\overline{AB}$ não é paralelo aos eixos

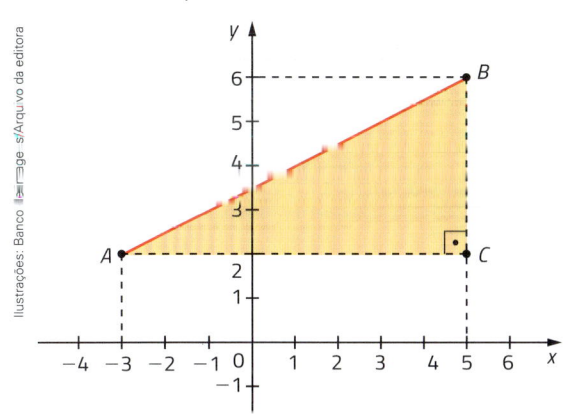

$A\left(-3, 2\right)$ e $B\left(5, 6\right)$

Tomando $C\left(5, 2\right)$, temos um $\triangle ABC$ retângulo em C.

$AC = 5 - \left(-3\right) = 8$ e $BC = 6 - 2 = 4$

$AB = \sqrt{\left(AC\right)^2 + \left(BC\right)^2} = \sqrt{8^2 + 4^2} = \sqrt{80} =$

$= \sqrt{16 \cdot 5} = 4\sqrt{5}$

Quando $\overline{AB}$ não é paralelo aos eixos, calculamos AB aplicando o teorema de Pitágoras.

ATIVIDADES

5. O dodecágono da atividade **2**, item **b**, é um polígono regular? Por quê?

6. Desenhe um sistema de coordenadas ortogonais, marque os pontos $A\left(-5, 6\right)$, $B\left(4, 6\right)$, $C\left(4, -3\right)$, $D\left(0, -6\right)$ e calcule as distâncias AB, BC, CD e DA.

7. Calcule o perímetro do triângulo de vértices $A\left(-1{,}2;\ 1\right)$ $B\left(2;\ 1\right)$ e $C\left(2{,}8;\ 4\right)$ aproximando com uma casa decimal.

8. Você sabe que, em um triângulo, ao maior lado opõe-se o maior ângulo. Qual é o maior ângulo do triângulo de vértices $A\left(1, 0\right)$, $B\left(5, 1\right)$ e $C\left(2, 4\right)$?

Coordenadas do ponto médio

Em cada figura ao lado desenhamos um segmento $\overline{AB}$ conhecendo as coordenadas de A e de B. Quais são as coordenadas do ponto médio do segmento $\overline{AB}$ em cada caso?

- Dados $A(3,1)$ e $B(3, 7)$.

    Como $x_A = x_B = 3$, o segmento $\overline{AB}$ é paralelo ao eixo Oy e $x_M = 3$.

    Como M é ponto médio de $\overline{AB}$, M_2 é ponto médio de $\overline{A_2B_2}$. Então:

    $A_2M_2 = M_2B_2 \rightarrow y_M - 1 = 7 - y_M \rightarrow 2 \cdot y_M = 7 + 1 \rightarrow y_M = \dfrac{8}{2} = 4$

    Logo, o ponto médio de $\overline{AB}$ é $M(3, 7)$.

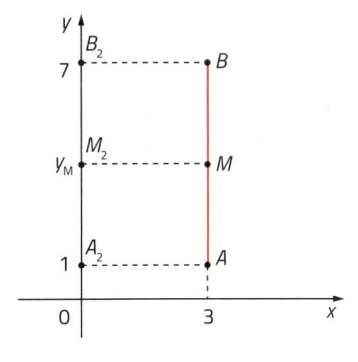

- Dados $A(-2, 4)$ e $B(5, 4)$.

    Como $y_A = y_B = 4$, o segmento $\overline{AB}$ é paralelo ao eixo Ox e $y_M = 4$.

    Como M é ponto médio de $\overline{AB}$, M_1 é ponto médio de $\overline{A_1B_1}$. Então:

    $A_1M_1 = M_1B_1 \rightarrow x_M - (-2) = 5 - x_M \rightarrow 2 \cdot x_M = 5 - 2 \rightarrow x_M = \dfrac{3}{2} = 1{,}5$

    Logo, o ponto médio de $\overline{AB}$ é $M(1{,}5;\ 4)$.

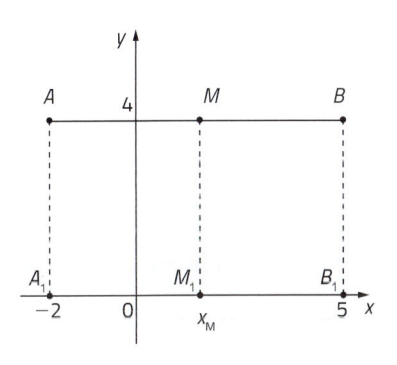

- Dados $A(2, 7)$ e $B(9, 3)$.

  Neste caso, $\overrightarrow{AA_1}$, $\overrightarrow{MM_1}$, $\overrightarrow{BB_1}$ formam um feixe de paralelas cortado pelas transversais $\overline{AB}$ e Ox. Pelo teorema de Tales, como $AM = MB$, temos $A_1M_1 = M_1B_1$. Então:

$$x_M - 2 = 9 - x_M \to 2 \cdot x_M = 9 + 2 \to x_M = \frac{11}{2} = 5,5$$

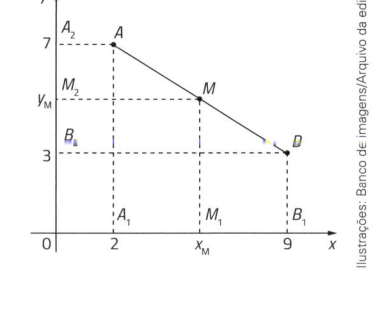

  Com raciocínio semelhante, podemos concluir que:

$$A_2M_2 = -M_2B_2 \to 7 - y_M = y_M - 3 \to 2 \cdot y_M = 7 + 3 \to y_M = \frac{10}{2} = 5$$

  Logo, o ponto médio de $\overline{AB}$ é $M(5,5; 5)$.

  Para calcular as coordenadas do ponto médio M de um segmento $\overline{AB}$, projetamos A, B e M nos eixos x e y e aplicamos o teorema de Tales.

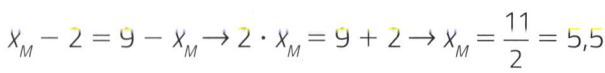

ATIVIDADES

9. Determine o ponto médio M do segmento $\overline{PQ}$ da figura abaixo.

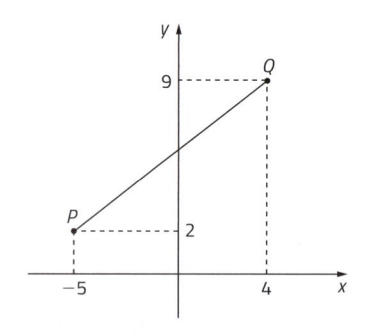

10. Determine as coordenadas do ponto médio M do segmento $\overline{AB}$, em que:

a) $A = (3, -1)$ e $B = (7, 5)$

b) $A = (-2, 3)$ e $B = (2, -3)$

11. Ache as coordenadas dos pontos médios dos lados do triângulo ABC em que $A = (-2, 5)$, $B = (7, 0)$ e $C = (-1, -9)$.

12. Em um sistema cartesiano, desenhe o triângulo ABC, em que $A = (1, 1)$, $B = (5, 7)$ e $C = (-11, 3)$. Depois, calcule o comprimento da mediana AM, relativa ao vértice A.

13. Em um sistema cartesiano, desenhe o paralelogramo de vértices $A(-3, 2)$, $B(2, 2)$, $C(1, -5)$ e $D(-4, -5)$. Depois, faça o que se pede.

a) Determine o ponto de intersecção de suas diagonais.

b) Calcule o perímetro desse paralelogramo.

c) Calcule a área desse paralelogramo.

Ilustrações: Banco de imagens/Arquivo da editora

Noção de função

O exercício do gerente

Osias trabalha em um escritório, onde passa muito tempo sentado. Para exercitar-se, costuma correr diariamente, mantendo um ritmo constante de 6 km por hora.

Atletas profissionais conseguem atingir uma média de 20 km por hora.

Quantos metros ele corre a cada minuto?

Como 6 km = 6 000 m e 1 h = 60 min, Osias corre 6 000 metros em 60 minutos, o que dá 100 metros a cada minuto.

Veja as distâncias que ele percorre conforme o tempo de corrida:

Tempo (min)	15	20	30	45	50	60	75	80	90
Distância (m)	1 500	2 000	3 000	4 500	5 000	6 000	7 500	8 000	9 000

No problema proposto acima, há uma correspondência entre o tempo e a distância percorrida por Osias em sua corrida diária. Cada tempo corresponde a uma única distância.

A distância percorrida é em **função** do tempo da corrida, porque para cada valor do tempo fica determinado um único valor da distância.

Nesse exemplo, se x representa o tempo em minutos e y representa a distância em metros, temos:

$y = 100 \cdot x$

Dizemos que y é a função de x, dada pela fórmula $y = 100x$.

Note que a cada valor de x corresponde um único valor de y. Por exemplo:

- para $x = 15$:

$$y = 100x = 100 \cdot 15 = 1 500$$

- para $x = 25$:

$$y = 100x = 100 \cdot 25 = 2 500$$

- para $x = 48$:

$$y = 100x = 100 \cdot 48 = 4 800$$

> Quando há correspondência entre duas grandezas x e y, de modo que para cada valor de x fica determinado um único valor de y, dizemos que y é **função** de x.

14. Responda:

a) Em uma prova de 20 testes, cada um valendo 5 pontos, que nota vai tirar o aluno que acertar:

- 11 testes?
- 14 testes?
- x testes?

b) A nota y depende do número x de testes acertados; y é função de x? Por quê?

15. O preço pago para tirar cópia em uma papelaria é função do número de cópias tiradas. Até dez cópias, paga-se R$ 0,25 cada uma. A partir da 11ª cópia, pagam-se R$ 2,50 pelas dez primeiras e mais R$ 0,20 para cada cópia excedente.

a) Quanto uma pessoa vai pagar para tirar 5 cópias? E 20 cópias?

b) Se uma pessoa tirar 50 cópias, quanto pagará, em média, por cópia?

16. Um carro está viajando a 100 km por hora.

a) Que distância ele percorre em 2 horas?

b) Se y representa o número de quilômetros que ele percorre em x horas, qual é a fórmula para calcular y?

c) Que distância ele percorre em 90 minutos?

17. Um professor propõe à sua classe de 40 alunos um desafio, comprometendo-se a dividir um prêmio de R$ 120,00 entre os acertadores.

a) Copie e complete a tabela:

Nº de acertadores	1	2	5	////	////	40
Prêmio de cada um (R$)	////	////	////	15,00	6,00	////

b) O prêmio que cada acertador vai receber é função de que variável?

c) Usando letras, represente a função do item anterior com uma fórmula.

18. Use uma letra para representar a medida do lado e outra para representar a área de um quadrado.

a) A área é função do lado do quadrado. Qual é a fórmula dessa função?

b) O lado do quadrado é função da sua área. Qual é a fórmula dessa função?

c) Se um quadrado tem área de 20 cm, quanto mede o lado?

19. Responda:

a) Quantas diagonais tem um polígono de:

- 4 lados?
- 5 lados?
- 10 lados?
- n lados?

b) O número de diagonais de um polígono é função do número de lados? Por quê? Qual é a fórmula dessa função?

20. Duas variáveis, x e y, estão relacionadas pela fórmula $2x + 5y = 10$.

a) Dado $x = 15$, calcule y.

b) Dado $y = 20$, calcule x.

c) Expresse y em função de x.

d) Expresse x em função de y.

21. Duas variáveis, x e y, estão relacionadas pela fórmula $x^2 + y^2 - 100$.

a) Dado $x = 8$, quanto vale y?

b) y é função de x? Por quê?

22. Se x e y estão relacionados por $x^2 - y = 0$, podemos concluir que:

a) y é função de x? Por quê?

b) x é função de y? Por quê?

A notação $f(x)$

A área de um retângulo de altura x e base $x + 1$ é função da medida x.

área $= (x + 1) \cdot x = x^2 + x$

Simbolicamente, representando a área por A, essa frase pode ser escrita assim:

$A = f(x)$

(Lê-se: "A é igual a f de x, ou A é função de x".)

Nessa notação, damos o nome de f para a referida função. A fórmula dessa função pode ser escrita:

$A = x^2 + x$

ou, então: $f(x) = x^2 + x$

Note que x é a altura do retângulo e $f(x)$ é a área dele.

Vamos ver um exemplo:

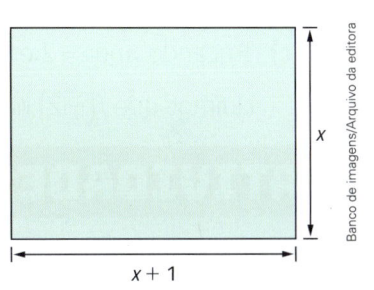

Banco de imagens/Arquivo da editora

Ilustra Cartoon/Arquivo da editora

Trocando x por 4 na fórmula da área e calculando-a, obtemos:

$A = x^2 + x = 4^2 + 4 = 20$

ou, então: $f(4) = 4^2 + 4 = 16 + 4 = 20$

Para $x = 4$, a área do retângulo é 20, e $f(4)$ é a área do retângulo quando $x = 4$.

Vejamos outro exemplo.

Considere uma função dada pela fórmula $f(x) = \dfrac{1 + 2x}{2 + x}$.

a) Qual é o valor de $f(x)$ para $x = 8$?

b) Qual é o valor de $f(3)$?

c) Quanto é $f(-2)$?

Para responder às perguntas, substituímos o valor de x na fórmula dada:

a) Para $x = 8$, temos:

$$f(8) = \dfrac{1 + 2 \cdot 8}{2 + 8} = \dfrac{1 + 16}{10} = \dfrac{17}{10} = 1,7$$

$$f(8) = 1,7$$

b) $f(3)$ é o valor da função para $x = 3$. Então:

$$f(3) = \dfrac{1 + 2 \cdot 3}{2 + 3} = \dfrac{1 + 6}{5} = \dfrac{7}{5} = 1,4$$

$$f(3) = 1,4$$

c) Trocando x por -2 em $\dfrac{1 + 2x}{2 + x}$, obtemos um denominador nulo. Como não existe divisão por 0, concluímos que $f(-2)$ não existe. Dizemos que a função não é definida para $x = -2$.

ATIVIDADES

23. A partir de certo instante, a distância percorrida por um carro é dada em função do tempo decorrido. Em x minutos, ele percorre a distância $f(x)$ metros, dada pela fórmula $f(x) = 10x^2 + 1\,000x$.

  a) Calcule a distância percorrida em 10 minutos.

  b) Calcule $f(60)$ e dê uma interpretação para o resultado.

  c) Em quanto tempo o carro terá percorrido 200 quilômetros?

24. O volume de água em um recipiente cilíndrico é dado em função da altura da água. Se a altura é x centímetros, o volume é $f(x)$ litros, dado por $f(x) = (0,10)x$.

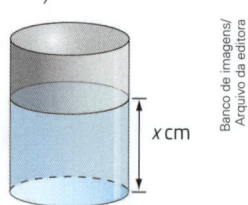

Banco de imagens/Arquivo da editora

x cm

  a) Qual é o volume de água se a altura é 15 cm?

  b) Quanto é $f(10)$? O que representa?

  c) Qual deve ser a altura para haver 2 L de água no recipiente?

25. Dada a função $f(x) = \dfrac{1}{x + 1}$, calcule, se existir:

  a) $f(-2)$

  c) $f(\sqrt{3})$

  b) $f\left(\dfrac{3}{5}\right)$

  d) $f(-1)$

26. Dada a função $f(x) = f(x) = \dfrac{x}{2} - \dfrac{2}{x}$, calcule o valor de $f\left(\dfrac{2}{5}\right) - f\left(-\dfrac{1}{10}\right)$.

27. Dada a função $f(x) = 3x^2 - 7x + 15$, calcule:

  a) $f(0) - f(1) + f(-1)$

  b) $f(\sqrt{2} + 1)$

28. O volume de uma esfera (bola) de raio x cm é $V(x)$ cm³, dado por $V(x) = \dfrac{4}{3}\pi x^3$.

  a) Qual é o volume de uma bola de 24 cm de diâmetro? Use $\pi = 3$ e dê um valor aproximado do volume em litros.

  b) Quanto é $V(3)$? O que representa?

$$1\ cm^3 = 1\ mL$$

⠿ Gráfico de uma função

O crescimento de Júnior

A mãe de Lucas Júnior registrou a idade e as medidas da altura do filho, obtidas no início de cada ano letivo, desde que ele ingressou no Ensino Fundamental.

Observe os dados na tabela abaixo.

Idade (anos)	6	7	8	9	10	11	12	13	14
Altura (cm)	115	122	128	134	138	142	148	155	165

> Em média, os meninos crescem até os 21 anos; e as meninas, até os 18 anos.

A cada idade de Júnior há uma única altura correspondente; assim, podemos dizer que a altura de Júnior, no início do ano letivo, é uma função da idade dele.

A altura de Júnior no início de cada ano letivo, em função de sua idade, pode ser representada em um gráfico: cada par ordenado ("idade"; "altura") da tabela fica representado por um ponto, e o conjunto desses pontos forma o **gráfico da função**.

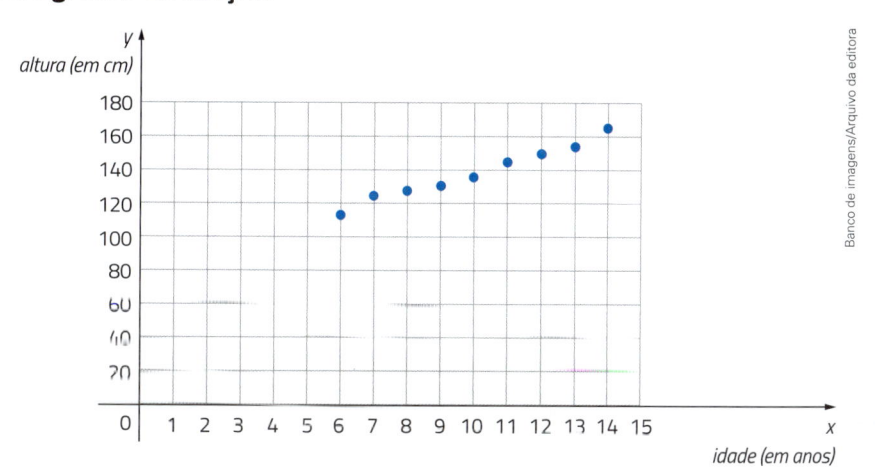

Agora, vamos fazer o gráfico da função dada pela fórmula $y = \sqrt{x}$, em que y representa o lado de um quadrado de área x.

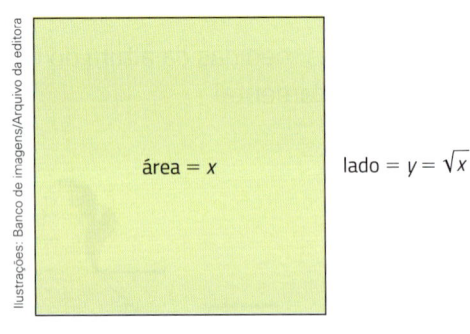

área $= x$ lado $= y = \sqrt{x}$

Para representar a fórmula graficamente, formamos uma tabela de pontos, atribuindo valores a x e calculando os correspondentes valores de y.

Valor atribuído a x	1	2	4	9	16
Valor calculado para y	$y = \sqrt{1} = 1$	$y = \sqrt{2} \cong 1,4$	$y = \sqrt{4} = 2$	$y = \sqrt{9} = 3$	$y = \sqrt{16} = 4$
Coordenadas do ponto do gráfico	$(1, 1)$	$(2, \sqrt{2})$	$(4, 2)$	$(9, 3)$	$(16, 4)$

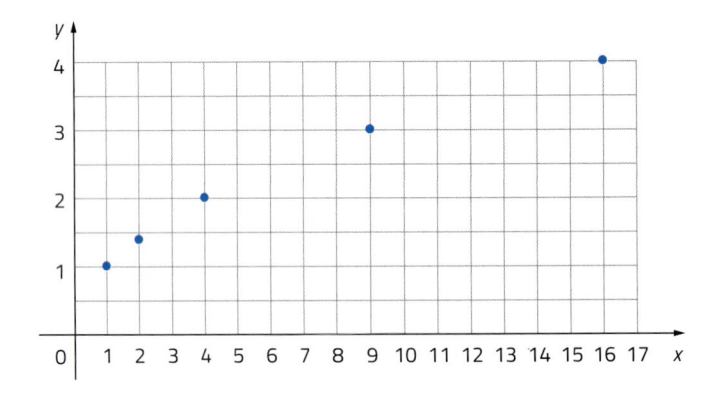

(Para melhor visualização, adotamos escalas diferentes nos dois eixos.)

Podem ser atribuídos a x valores compreendidos entre os da tabela apresentada, inclusive não inteiros. Isso nos dará mais pontos do gráfico, compreendidos entre os que já temos.

x	$y = \sqrt{x}$
3	$\sqrt{3} \cong 1,73$
5	$\sqrt{5} \cong 2,24$
6,25	2,5
8	$2\sqrt{2} \cong 2,83$
10,24	3,2
12,25	3,5
14	$\sqrt{4} \cong 3,74$

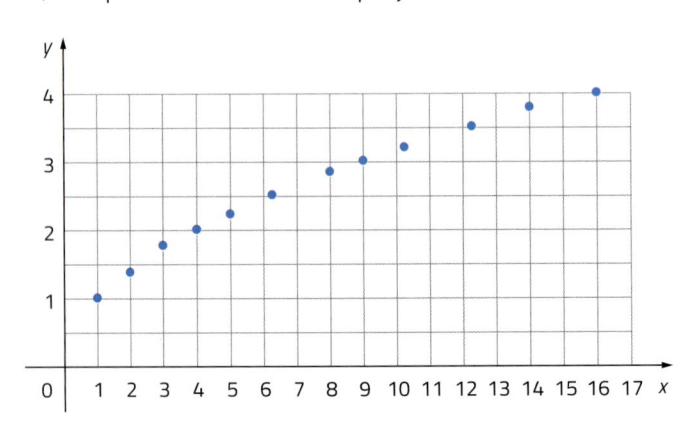

Também podemos atribuir a x valores maiores que 16 e menores que 1, desde que não negativos. Note que se $x = 0$, $y = \sqrt{0} = 0$.

Considerando que a função $y = \sqrt{x}$ pode ser calculada para qualquer x real não negativo, seu gráfico é uma linha contínua partindo de $(0, 0)$.

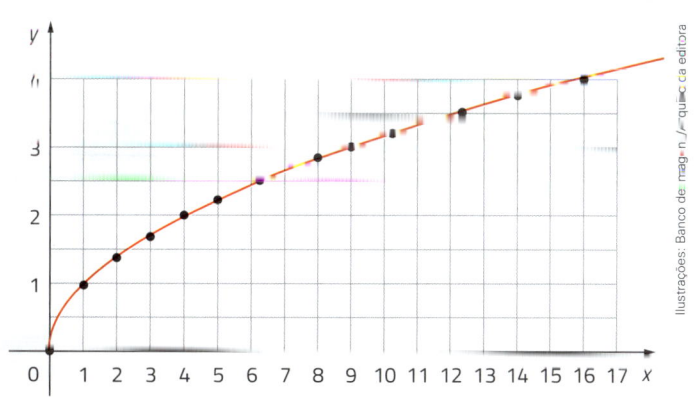

ATIVIDADES

29. Um camundongo percorre um labirinto em 15 minutos na primeira tentativa; em 9 minutos na segunda tentativa; em 7 minutos na terceira tentativa, e assim por diante; na n-ésima tentativa, ele gasta $\left(3 + \dfrac{12}{n}\right)$ minutos. Faça o gráfico do tempo t, em minutos, gasto na n-ésima tentativa, em função de n, $n = 1, 2, 3, 4, 5$ e 6.

30. Para cada x positivo, vamos considerar um quadrado de lado x. A diagonal d e a área A do triângulo que ela forma com dois dos lados do quadrado são funções de x. Faça os gráficos dessas funções.

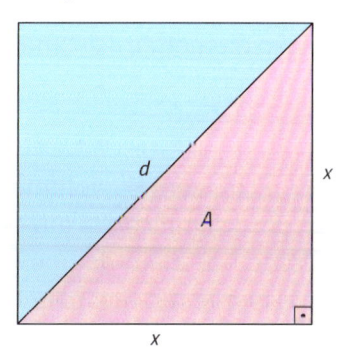

31. Duas grandezas, x e y, estão relacionadas pela fórmula $xy - x = 10$, sendo x e y positivos.
a) Expresse y em função de x.
b) Obtenha alguns pontos do gráfico da função e ligue-os por uma linha contínua.

32. Faça o gráfico da função $y = x^3$, sendo x um número real qualquer.

33. O gráfico a seguir representa como o sr. João Soares foi ganhando massa, desde que nasceu até sua idade atual. Analisando o gráfico, diga qual era a massa do sr. João:

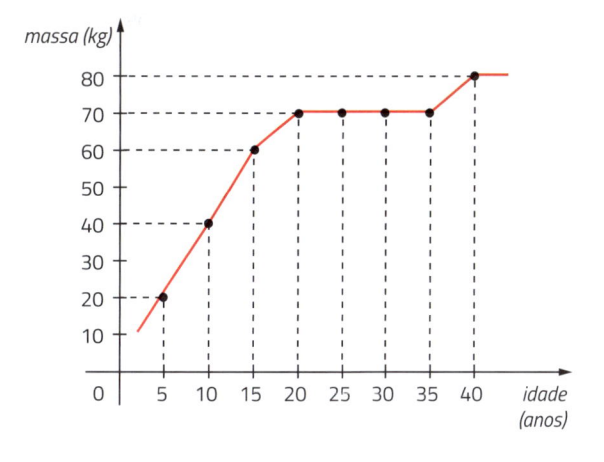

a) quando tinha 5 anos;
b) aos 10 anos;
c) aos 15 anos;
d) dos 20 aos 35 anos.

Água: saúde e beleza

Para melhorar a saúde e a beleza, você não precisa de muito. Acredite, beber água com mais frequência traz muitos benefícios para todo o organismo. Durante muito tempo, nutricionistas e médicos recomendavam 2 litros ou oito copos (por dia). Hoje, sabe-se que esses números são, na verdade, uma média que pode variar de pessoa para pessoa. Para descobrir a quantidade ideal para suas necessidades, multiplique o seu peso por 0,03 – essa é a quantidade, em litros, que você deverá beber. Uma pessoa com 60 quilos, por exemplo, deve ingerir 1,8 litro.

Um cuidado importante é não tomar tudo de uma vez só. Então, divida essa quantidade ao longo do dia, para que o organismo aproveite o líquido aos poucos, não sobrecarregando a função de nenhum órgão. Além disso, boa parte do volume de água recomendado por dia vem da alimentação – geralmente, cerca de 50%. Por isso, leve em conta, também, as refeições nesta conta. O que não dá é para esquecer de ingerir líquidos entre as refeições. Para isso, vale ter sempre uma garrafinha por perto [...].

[...].

A seguir, veja alguns dos benefícios da água para o corpo [...]

Traz mais disposição

A água é o principal componente do sangue. Assim, quanto mais H_2O, mais líquido vermelho correndo nas veias. Isso aumenta o transporte de nutrientes por todo o corpo, inclusive para o cérebro, que tem todas suas funções otimizadas.

Mais disposição, redução de acne e intestino regulado são alguns dos benefícios.

Visual Generation/Shutterstock

Melhora a memória

Isso se dá não só porque o cérebro recebe mais nutrientes por meio do sangue, mas também porque certas reações químicas que acontecem nele – entre elas, a formação da memória – também dependem da presença da água para acontecer.

Emagrece

Um estudo realizado em 2010 na Universidade Virginia Tech, nos EUA, com 55 voluntários, todos acima do peso e fazendo dieta, verificou que houve uma perda de peso significativa em quem havia ingerido dois copos de água antes das refeições. Muitas vezes, comemos além do que precisamos por sede e não fome. O corpo pode confundir as sensações. É por isso que um organismo hidratado "pede" menos comida.

Diminui a dor após os exercícios

Quando nos exercitamos além do que o nosso condicionamento permite, o corpo produz uma substância chamada ácido lático, que é responsável pelas dores musculares comuns depois da prática de atividades. Quanto mais água presente no organismo, melhor essa substância é filtrada e diluída no organismo, diminuindo sua ação.

Regula o intestino

A água é essencial para que os processos de absorção, digestão e excreção de alimentos funcione como um relógio. Com mais líquido, as fezes ficam mais hidratadas e aumentam de volume, favorecendo os movimentos de expulsão do alimento do corpo, durante o processo digestivo.

Desacelera o envelhecimento da pele

A chave para que isso aconteça está no intestino: quando bem hidratado, o órgão é capaz de absorver melhor as proteínas da comida, que, por sua vez, ajudam a repor o colágeno – proteína que dá firmeza e sustentação à pele.

Aumenta a imunidade

A ingestão de água reduz o risco de resfriados e infecções, já que o líquido traz mais fluidez para as secreções pulmonares. Assim, a água ajuda a eliminar vírus e bactérias do organismo com mais facilidade, sem que nos causem essas enfermidades.

Atenua as acnes

Quando a flora intestinal está desidratada e, portanto, em desequilíbrio, ela perde sua capacidade de filtrar agentes inflamatórios e toxinas. Eles acabam caindo direto na corrente sanguínea, predispondo o organismo a inflamações e também a um estado chamado de resistência insulínica, que, por sua vez, libera hormônios que favorecem o surgimento da acne.

Proporciona um sono melhor

É no intestino que são produzidos boa parte de certos neurotransmissores, como a melatonina e a serotonina, que regulam o sono. Para que essa produção ocorra de maneira satisfatória, no entanto, o intestino precisa estar bem hidratado. Dessa forma, a flora intestinal produzirá mais bactérias benéficas que, por sua vez, auxiliam na produção desses neurotransmissores.

Disponível em: https://www.uol.com.br/vivabem/listas/o-que-acontece-com-o-corpo-quando-passamos-a-beber-8-copos-dagua-por-dia.htm. Acesso em: 1º jun. 2021.

1. De acordo com o texto, para descobrir a quantidade ideal de água que uma pessoa deve ingerir diariamente, é necessário multiplicar a massa desse indivíduo por 0,03.
   a) Escreva a função que representa a quantidade y de água, em litros, a ser ingerida por uma pessoa diariamente em função de sua massa x, em quilogramas.
   b) As grandezas x e y são diretamente ou inversamente proporcionais? Explique.
   c) Quantos litros de água uma pessoa de 75 kg deverá ingerir por dia?

2. O texto informa que cerca de 50% do volume de água recomendado por dia vêm da alimentação. Assim, quantos litros de água, aproximadamente, vieram da ingestão de alimentos, no caso de uma pessoa de 82 kg que ingeriu a quantidade de água recomendada por dia?

Dragon Images/Shutterstock

NA REAL

Aonde essa função me leva?

A tecnologia digital tem possibilitado acesso à informação e à comunicação e, ainda, constantemente facilita situações do dia a dia ou cria soluções para problemas. A mobilidade urbana sempre foi um desafio, mas aplicativos de celular que oferecem serviço de transporte privado têm agregado as possibilidades de locomoção nas cidades. Assim como nos serviços realizados por táxis, o usuário desses serviços paga, de maneira geral, uma taxa mínima pelo percurso, que é um tipo de taxa de embarque, e uma quantia que varia de acordo com a distância ou com o tempo de uso do serviço. Fatores como trânsito fluindo ou não, se está chovendo ou não, se há um grande evento que aumente a demanda pelos serviços podem influenciar na tarifa do deslocamento.

Um aplicativo que oferece transporte privado cobra uma taxa de embarque fixa de R$ 5,00 e uma taxa de deslocamento de R$ 0,75 por quilômetro. Joana costuma fazer um percurso que, nessas condições, lhe custa R$ 11,15. Em determinado momento do dia, porém, devido a um engarrafamento, a taxa de deslocamento por quilômetro passou a ser R$ 1,64. Qual é o valor a pagar pelo percurso que Joana costuma fazer, considerando as condições do engarrafamento?

Na BNCC
EF09MA06

⠿ Função constante

A velocidade do ônibus

Em uma viagem de ônibus, um passageiro começou a marcar o tempo no momento em que o veículo chegou à rodovia, quando atingiu a velocidade de 90 km/h.

Em diversos instantes, ele anotou a velocidade mostrada no painel.

Veja na tabela a seguir os dados anotados.

Tempo decorrido t (h)	0	0,25	0,5	0,75	1	1,25	1,5	1,75	2
Velocidade v (km/h)	90	90	90	90	90	90	90	90	90

Tarcisio Schnaider/Shutterstock

Ônibus de turismo na rodovia BR-010 (conhecida como Belém-Brasília) na altura do município Mãe do Rio, no Pará.

Nessa situação, a cada instante corresponde um único valor para a velocidade. Então, a velocidade é função do tempo decorrido na viagem. O gráfico dessa função contém os pontos indicados na tabela. Observe o gráfico:

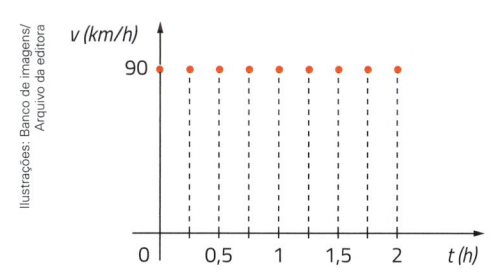

Ilustrações: Banco de imagens/ Arquivo da editora

Considerando que nos intervalos entre os instantes marcados o ônibus também viajava a 90 km/h, o gráfico fica assim:

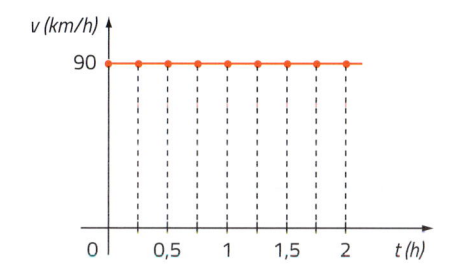

Sendo assim, o ônibus realizou a viagem com velocidade constante de 90 km/h. Esse é um exemplo de **função constante**, definida no intervalo de tempo em que durou a viagem.

> Uma função em que para todo número real x corresponde um único número c é chamada **função constante**. A fórmula da função constante é $y = c$ ou $f(x) = c$.

Vejamos outros exemplos de função constante:

- Função definida por $y = 3$ ou $f(x) = 3$

  Neste exemplo, tomamos $c = 3$. Para todo x real, o valor da função é 3.

  Vamos construir o gráfico.

x	0	1	2	3	21
$y = f(x)$	3	3	3	3	3
Ponto do gráfico	$(0,3)$	$(1, 3)$	$(2, 3)$	$(3, 3)$	$(-1, 3)$

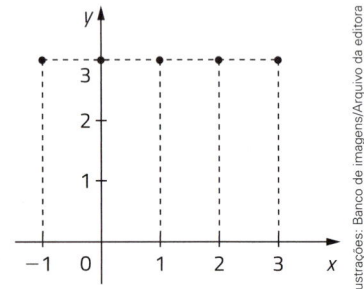

A tabela apresenta alguns pontos do gráfico. Como x pode ser qualquer número real e y é sempre 3, o gráfico é uma reta paralela ao eixo das abscissas, passando por todos os pontos de ordenada 3.

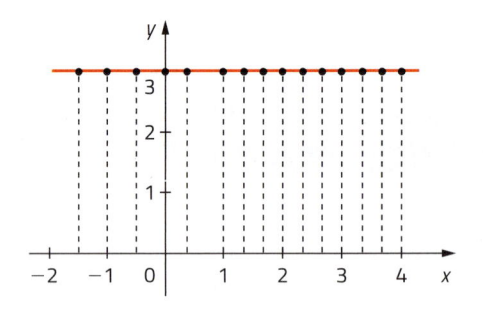

> O gráfico de uma função constante é uma reta paralela ao eixo das abscissas.

- Função definida por $y = -\dfrac{1}{2}$ ou $f(x) = -\dfrac{1}{2}$

  Neste exemplo, tomamos $c = -\dfrac{1}{2}$. Para todo x real, o valor da função é $-\dfrac{1}{2}$.

  O gráfico dessa função é a reta que contém os pontos de ordenada $-\dfrac{1}{2}$.

x	-2	-1	$-\dfrac{1}{2}$	0	$\dfrac{1}{3}$	1	2
$y = f(x)$	$-\dfrac{1}{2}$	$-\dfrac{1}{2}$	$-\dfrac{1}{2}$	$-\dfrac{1}{2}$	$-\dfrac{1}{2}$	$-\dfrac{1}{2}$	$-\dfrac{1}{2}$

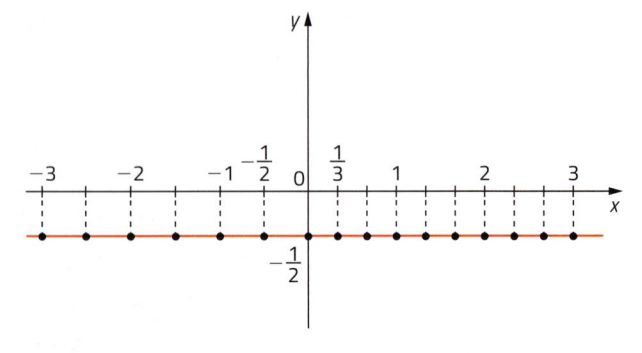

Função do 1º grau

A conta do telefone

A conta mensal de uma linha telefônica do tipo econômica (que só faz ligações para telefone fixo local) é composta de duas partes: uma taxa fixa de R$ 30,00, chamada assinatura, que dá direito a 200 minutos de ligações por mês, e mais uma parte variável, que é de R$ 0,25 por minuto excedente de ligação.

Como saber quanto deverá ser pago no final do mês se o valor depende da duração das ligações feitas?

Para x minutos excedentes de ligação, paga-se $(0,25 \cdot x)$ reais mais a taxa fixa de R$ 30,00. O valor y da conta a pagar, em reais, é dado por:

$$y = 0,25x + 30$$

O valor da conta, y, é função do tempo excedente (o que passar de 200 minutos) gasto em ligações, x. Veja a tabela com alguns valores possíveis para a conta, e, no gráfico, a representação dos pares indicados na tabela.

Tempo excedente de ligações (min)	Valor da conta (em reais)
x	$y = 0,25x + 30$
0	30,00
10	32,50
20	35,00
30	37,50
40	40,00
50	42,50
60	45,00

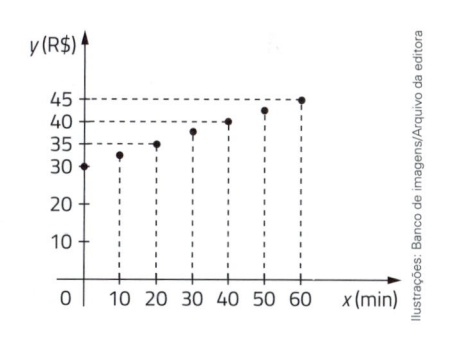

Note que os pontos do gráfico estão alinhados; isso significa que podemos traçar uma reta passando por eles. Se acrescentarmos mais pontos ao gráfico, escolhendo outros valores para x, sempre obteremos pontos alinhados com os anteriores:

x	6	12	14	28	36	44	58
y	31,50	33,00	33,50	37,00	39,00	41,00	44,50

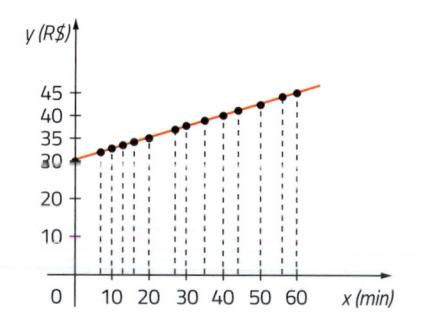

Como x pode ser qualquer número positivo ou nulo, o gráfico é uma linha contínua: uma semirreta. Se x pudesse ser qualquer número real, inclusive negativo, como seria o gráfico?

No problema proposto acima, a conta do telefone é uma função definida por uma fórmula do tipo $y = ax + b$, em que a e b são números reais conhecidos (no caso, $a = 0{,}25$ e $b = 30$), sendo $a \neq 0$. Funções assim, definidas para todo x real, são denominadas **funções polinomiais do 1º grau**, ou, resumindo, **funções do 1º grau**.

- Uma função definida para todo x real por uma fórmula do tipo $y = ax + b$, em que a e b são números reais conhecidos e $a \neq 0$, é denominada **função do 1º grau**.
- O gráfico de uma função do 1º grau é uma reta.

Exemplos

- Função definida por $y = 2x + 1$ ou $f(x) = 2x + 1$, em que $a = 2$ e $b = 1$

  Vamos construir o gráfico da função, que é uma reta. Para isso, marcamos alguns pontos (dois já são suficientes) e traçamos a reta que passa por eles.

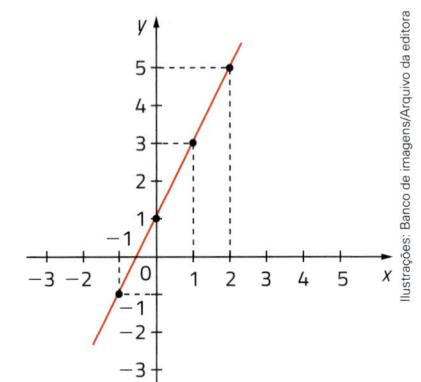

x	$y = 2x + 5$	Ponto
0	$y = 2 \cdot 0 + 1 = 1$	$(0, 1)$
1	$y = 2 \cdot 1 + 1 = 3$	$(1, 3)$
2	$y = 2 \cdot 2 + 1 = 5$	$(2, 5)$
21	$y = 2(-1) + 1 = -1$	$(-1, -1)$

- Função definida por $y = -x + 2$ ou $f(x) = -x + 2$, em que $a = -1$ e $b = 2$

  Veja o gráfico da função:

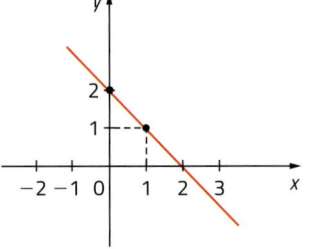

x	$y = 2x + 2$	Ponto
0	$y = -0 + 2 = 2$	$(0, 2)$
1	$y = -1 + 2 = 1$	$(1, 1)$

- Função definida por $f(x) = \dfrac{x}{4}$, em que $a = \dfrac{1}{4}$ e $b = 0$

  Veja o gráfico da função:

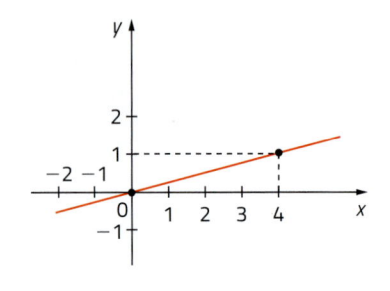

x	$y = \dfrac{x}{4}$	Ponto
0	$y = \dfrac{0}{4} = 0$	$(0, 0)$
4	$y = \dfrac{4}{4} = 1$	$(4, 1)$

Ilustrações: Banco de imagens/Arquivo da editora

1. Dê um exemplo de função constante e construa seu gráfico.

2. A cada número positivo x corresponde uma soma, y, das medidas em graus dos ângulos do triângulo equilátero de lado x.

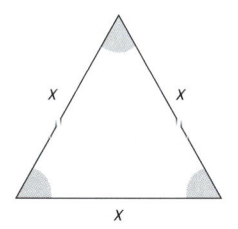

a) y é função de x? Por quê?

b) Qual é a fórmula da função?

c) Represente essa função em um gráfico.

3. No retângulo $ABCD$, abaixo, marcamos o ponto P, em $\overline{AB}$, a x centímetros de A. A cada x, $0 \leq x \leq 10$, corresponde uma área $f(x)$, equivalente à soma das áreas dos triângulos ADP e BCP. Determine a fórmula dessa função e construa seu gráfico.

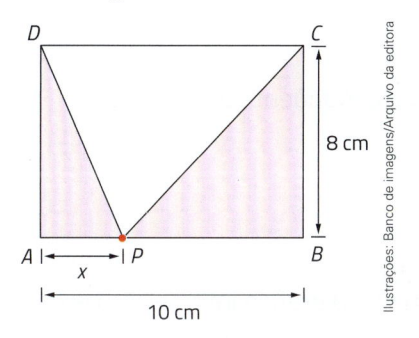

Ilustrações: Banco de imagens/Arquivo da editora

4. Um carro está viajando à velocidade constante de 100 km/h.

a) Copie e complete a tabela:

Tempo decorrido (h)	1	2	3	3,5	4
Distância percorrida (km)					

b) Quantos quilômetros (y) ele percorre em x horas?

c) Construa o gráfico dessa função.

5. Um caminhão-pipa está cheio com 6 000 L de água. Para esvaziá-lo, abrimos uma válvula por onde saem 100 L de água por minuto.

Ilustra Cartoon/Arquivo da editor

a) Quantos litros de água (y) restam no tanque do caminhão x minutos depois que abrimos a válvula?

b) Construa uma tabela de pares (x, y) escolhendo valores para x e calculando y.

c) Construa o gráfico da função.

6. Construa o gráfico de cada função a seguir, definida para todo x real.

a) $f(x) = 3x - 2$

b) $f(x) = -2x + 3$

c) $f(x) = 2$

7. Dada a função $f(x) = -4x + 20$:

a) calcule o valor de $f\left(\dfrac{11}{2}\right)$;

b) calcule o valor de x para o qual se tem $f(x) = 0$.

8. Na confecção de certo produto, a fábrica MGO Ltda. tem um custo fixo de R$ 100 000,00 mais R$ 50,00 por unidade produzida.

a) Qual é a fórmula do custo y (em reais) para produzir x unidades?

b) Qual é o custo para produzir 10 000 unidades?

c) Se na venda de 10 000 unidades a MGO deseja ter um lucro de R$ 500 000,00, qual deve ser o preço de venda de cada unidade?

⠿ Significado dos coeficientes

Telefone controlado

Voltando ao problema "A conta do telefone", da página 337: Qual será o valor da conta em um mês com nenhum minuto excedente de ligação? O valor será R$ 30,00, que corresponde à taxa fixa.

Na fórmula $y = 0,25x + 30$, para o cálculo da conta de telefone, para $x = 0$, obtemos $y = 30$. Construindo o gráfico de $y = 0,25x + 30$, partimos do ponto de coordenadas $(0, 30)$.

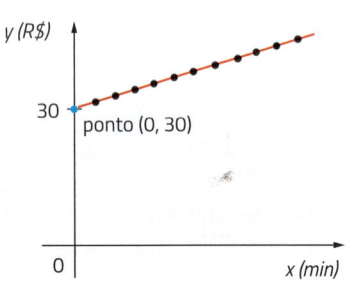

Temos:

- 30 é o valor da função para $x = 0$;
- o gráfico da função "parte" do ponto $(0, 30)$.

O coeficiente *b*

Em $y = ax + b$, para $x = 0$ obtemos $y = b$. Isso significa que b é o valor da função, correspondente a $x = 0$.

O gráfico da função passa no ponto de coordenadas $(0, b)$. Podemos dizer que o gráfico intersecta o eixo y no ponto de ordenada b.

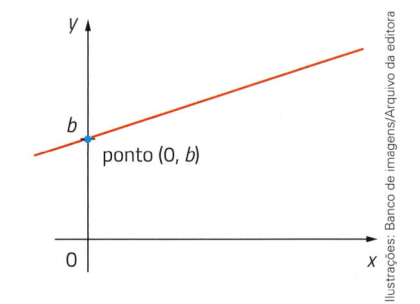

Em toda função do tipo $y = ax + b$, temos:

- b é o valor da função para $x = 0$;
- o gráfico intersecta o eixo y no ponto $(0, b)$.

> Na função $y = ax + b$, b é o valor de y correspondente a $x = 0$.

Na função $y = 2x + 5$, para $x = 0$ temos $y = 5$.
O gráfico intersecta o eixo y no ponto $(0, 5)$.

> Na função $y = ax + b$, b é a ordenada do ponto em que o gráfico intersecta o eixo y.

O coeficiente *a*

Voltemos novamente à situação da conta de telefone. O custo fixo de R$ 30,00 dá direito a 200 minutos de ligações mensais.

Qual será o valor da conta se a duração das ligações somar 201 minutos?

Nesse caso, o tempo excedente é de 1 minuto.

Em $y = 0,25x + 30$, para $x = 1$ obtemos $y = 0,25 + 30 = 30,25$.

Nesse caso, será cobrada apenas a assinatura (R$ 30,00) mais R$ 0,25 correspondentes a 1 minuto excedente de ligação. Portanto, o total da conta será R$ 30,25.

E se tiver mais 1 minuto de ligação?

Então serão somados mais R$ 0,25 na conta:

$30,25 + 0,25 = 30,50$

Em $y = 0,25x + 30$, para $x = 2$ obtemos $y = 0,25 \cdot 2 + 30 = 30,50$, e assim por diante.

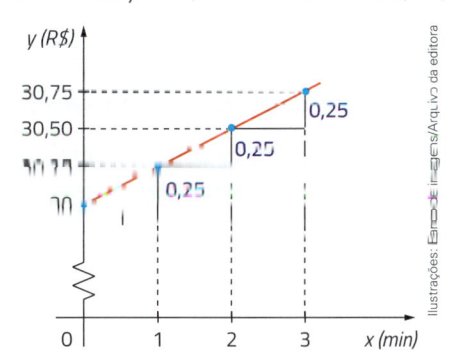

Logo, na função $y = 0,25x + 30$, que descreve a conta de telefone na situação apresentada, temos:

- 0,25 é o acréscimo de y, quando x tem acréscimo de 1;

- a **taxa de variação** da conta é de R\$ 0,25 por minuto excedente de ligação efetuada.

  Em $y = ax + b$, para $x = 0$ temos $y = b$; para $x = 1$, $y = b + a$; para $x = 2$, $y = b + 2a$, e assim por diante.

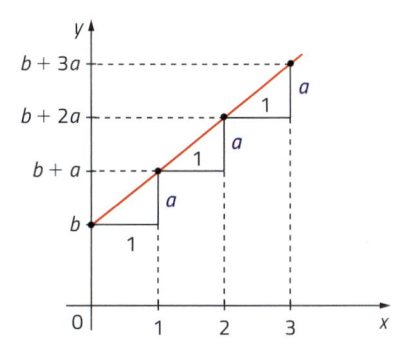

Em toda função do tipo $y = ax + b$, temos:

- a é quanto fica adicionado a y quando adicionamos 1 a x;

- a é a **taxa de variação** da função por unidade de variação de x.

  Qualquer que seja o valor considerado para x, se for adicionado de 1, então y será adicionado de a. Veja:

$$y = ax + b$$

$\mathbf{x}$ aumenta 1
- $x = k$ $\Rightarrow y = ak + b$
- $x = k + 1$ $\Rightarrow y = a(k + 1) + b \Rightarrow$ $\mathbf{y}$ aumenta $\mathbf{a}$

$$\Rightarrow y = ak + a + b \Rightarrow$$
$$\Rightarrow y = (ak + b) + a$$

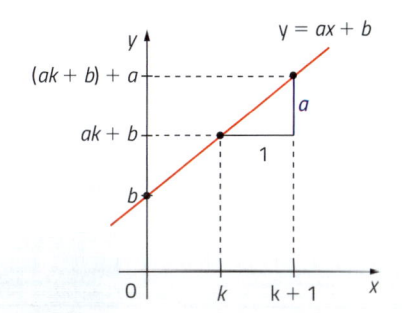

Na função $y = ax + b$, o coeficiente $a\,(a \neq 0)$ é a **taxa de variação** de y por unidade de variação x.

Função crescente e função decrescente; função afim

O preço do eletricista

Um eletricista cobra a taxa de R$ 20,00 pela visita ao cliente e mais R$ 30,00 por hora trabalhada.

Como calcular o preço final a ser pago já que este depende do tempo de duração do serviço?

Se o serviço do eletricista durar x horas, vai custar $(30x)$ reais, mais os R$ 20,00 da taxa de visita. Assim, o preço y em reais a ser pago ao eletricista é dado por:

$$y = 30x + 20$$

Horas de serviço	Preço (em reais)
x	$y = 30x + 20$
0	20
1	50
2	80
3	110
4	140
5	170

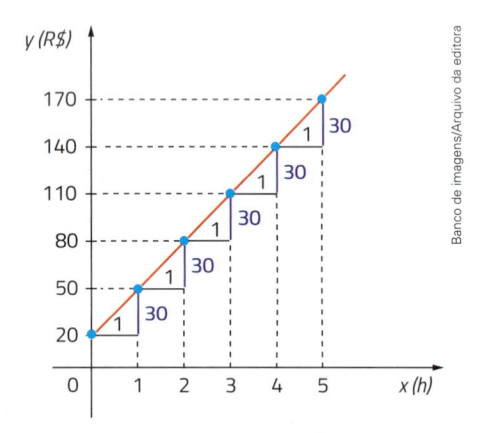

Observe:

$$y = \underbrace{30}_{a} x + \underbrace{20}_{b}$$

- $a = 30$
  - 30 é o valor adicionado a y quando adicionamos 1 a x.
  - A cada hora a mais de serviço, o preço aumenta R$ 30,00.
  - A taxa de variação do preço é R$ 30,00 por hora de serviço.

- $b = 20$
  - 20 é o valor da função correspondente a $x = 0$.
  - R$ 20,00 é o preço correspondente a 0 hora de serviço (é a taxa cobrada pela visita).
  - O gráfico parte do ponto $(0, 20)$.

O volume de água no caminhão

Vamos considerar a situação da atividade 5, da página 339, em que um caminhão-pipa com 6 000 L de água pode ser esvaziado por uma válvula pela qual saem 100 L de água por minuto. Assim, x minutos depois que abrimos a válvula, restam no tanque do caminhão y litros de água, sendo $y = 6\,000 - 100x$.

Caminhão-pipa utilizado para lavagem de ruas em São Paulo, SP. Novembro de 2020.

Vamos ver como o caminhão vai esvaziando.

Tempo (min)	Volume restante (L)
x	$y = 6000 - 100x$
0	6000
1	5900
2	5800
3	5700
4	5600
5	5500

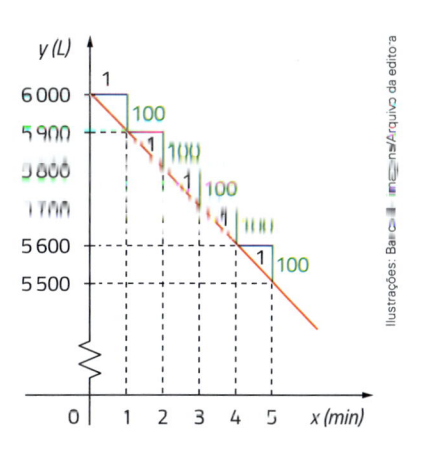

Observe:

$$y = \underbrace{-100}_{a}\, x + \underbrace{6000}_{b}$$

- $a = -100$
  - -100 é o valor adicionado a y quando adicionamos 1 a x.
  - A cada minuto que passa, o volume de água diminui 100 litros.
  - A taxa de variação do volume da água é de -100 litros por minuto.

- $b = 6000$
  - 6000 é o valor de y que corresponde a $x = 0$.
  - 6000 L de água estão no tanque no instante em que abrimos o tanque (minuto 0).
  - O gráfico parte do ponto $(0, 6000)$.

Dizemos que uma função é **crescente** quando, aumentando os valores de x, em correspondência aumentam os de y. Nesse caso, quanto maior for x, maior será y.

Dizemos que uma função é **decrescente** quando, aumentando x, y diminui. Nesse caso, quanto maior for x, menor será y.

Toda função do tipo $y = ax + b$, em que a e b são números reais conhecidos, é chamada de **função afim**. Essas funções são representadas por retas. Conforme o valor de a, a função pode ser crescente, decrescente ou constante.

Observe cada caso:

- função crescente

$a > 0$

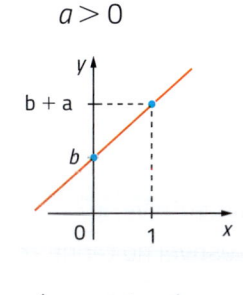

(aumentando x, y aumenta)

- função decrescente

$a < 0$

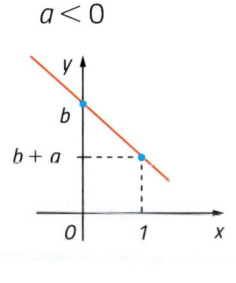

(aumentando x, y diminui)

- função constante

$a = 0$

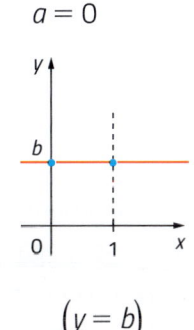
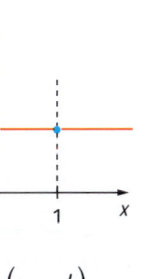

$(y = b)$

A função afim
$y = ax + b$ é uma:

- função crescente se $a > 0$;
- função decrescente se $a < 0$;
- função constante se $a = 0$.

9. Uma caixa-d'água com capacidade para 1 000 litros tem apenas 100 litros de água. Abre-se, então, uma torneira que começa a encher a caixa com a vazão de 20 litros por minuto.

a) Se a torneira ficar aberta durante x minutos (sem encher totalmente a caixa), qual será o volume y de água na caixa?

b) Qual é a taxa de variação do volume de água?

c) Quantos minutos são necessários para que a torneira encha totalmente a caixa?

d) Construa o gráfico da função do item **a**.

10. Uma caixa de 1 litro de leite, feita de papelão, tem a forma de um bloco retangular de altura 25 cm. Quando tiramos uma xícara de leite da caixa, a altura do leite na caixa diminui 2 cm.

a) Qual é a altura y, em centímetros, do leite que resta na caixa depois que retiramos x xícaras?

b) Construa o gráfico de y em função de x.

c) Qual é a taxa de variação da altura do leite na caixa?

11. Enquanto o eletricista não chegava para consertar um defeito na rede elétrica, Fátima acendeu uma vela de 20 cm que, acesa, dura cerca de 1 h 40 min.

Marcelo Gagliano/Arquivo da editora

a) Qual é a altura h da vela, em centímetros, depois de t minutos acesa?

b) Qual é a taxa de variação da altura da vela acesa?

12. Faça o que se pede em cada item:

a) Represente em um mesmo sistema cartesiano o gráfico das funções abaixo:

- $y = x - 2$
- $y = x$
- $y = x + 2$
- $y = x + 4$

b) O que varia de uma função para outra?

c) E de uma reta para outra?

13. Faça o que se pede:

a) Represente em um mesmo sistema cartesiano o gráfico das funções abaixo:

- $y = \dfrac{x}{2}$
- $y = 2x$
- $y = x$
- $y = -2$

b) O que varia de uma função para outra?

c) E de uma reta para outra?

14. Classifique cada função em constante, crescente ou decrescente. Depois, esboce o gráfico de cada uma.

a) $y = 3x + 2$

b) $y = 6$

c) $y = -2x + 1$

d) $y = 6 - 3x$

e) $y = -4 + 2x$

f) $y = 1 - \sqrt{5}$

15. Para encher o tanque de certo automóvel, são necessários 52 litros de combustível. O preço de cada litro é R$ 4,20.

a) Quanto se paga para encher o tanque desse automóvel, estando ele inicialmente vazio?

b) Qual é a quantia y em reais a ser paga quando se colocam x litros do combustível no tanque?

c) Construa o gráfico da função do item **b**.

d) Qual é a taxa de variação dessa função?

:::: Proporcionalidade

Estudamos relações entre grandezas no capítulo 9, particularmente a proporcionalidade. Vamos agora relacionar este assunto com o estudo das funções.

O preço do coco

Em uma barraca localizada na praia, cada coco é vendido por R$ 4,00.

Dessa forma, temos:

- 3 cocos custam R$ 12,00;
- 6 cocos custam R$ 24,00;
- 9 cocos custam R$ 36,00.

Observe que, dobrando a quantidade de cocos, dobra o preço; triplicando a quantidade de cocos, triplica o preço.

Na situação anterior, dividindo o preço total pela quantidade de cocos, obtemos:

- $\dfrac{12}{3} = 4$
- $\dfrac{24}{6} = 4$
- $\dfrac{36}{9} = 4$

Em todos os casos, a razão $\dfrac{\text{preço}}{\text{número de cocos}}$ é sempre 4; portanto, é constante.

O preço y, em reais, de x cocos é dado por $y = 4x$.

A razão $\dfrac{y}{x}$ é constante e igual a 4.

Dizemos que o preço é **proporcional** à quantidade de cocos e que a razão entre o preço e a quantidade de cocos é 4.

Função linear

Note que $y = 4x$ é uma função do 1º grau em que $b = 0$. Esse tipo de função recebe um nome especial: **função linear**.

> Uma função do tipo $y = ax$, $a \neq 0$, é denominada **função linear**. Em uma função linear, y é proporcional a x. A razão entre y e x é a constante a.

Recorde que, no capítulo 9, vimos que a relação algébrica entre duas grandezas x e y diretamente proporcionais é da forma $y = k \cdot x$, em que k é uma constante. Essa relação caracteriza a função linear.

Veja, a seguir, alguns exemplos de funções lineares.

A distância percorrida

Um ciclista está percorrendo 3 quarteirões a cada minuto. Dobrando o tempo, dobra o número de quarteirões. Triplicando o tempo, triplica o número de quarteirões. Quadruplicando o tempo, quadruplica o número de quarteirões. O número de quarteirões percorridos é proporcional ao tempo gasto para percorrê-los.

blurAZ/Shutterstock

Bicicletas podem ser utilizadas para locomoção e para atividades físicas.

Por meio desses dados, qual é o gráfico da distância percorrida pelo ciclista em função do tempo?

Sendo y o número de quarteirões e x o tempo gasto no percurso, em minutos, a razão entre y e x é constante: $\dfrac{y}{x} = 3$.

Temos uma função linear:

$$y = 3x$$

Essa função é crescente, e seu gráfico passa pela origem $(0, 0)$ do sistema de coordenadas.

Tempo (min)	Nº de quarteirões
0	0
1	3
2	6
3	9
4	12
5	15

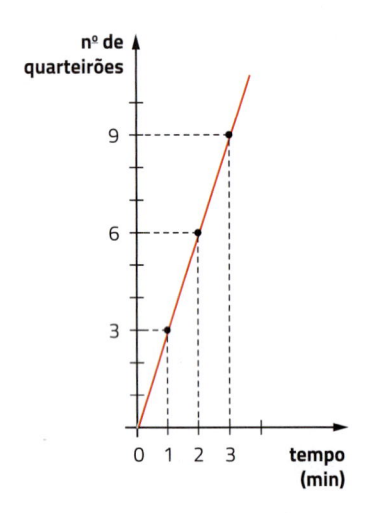

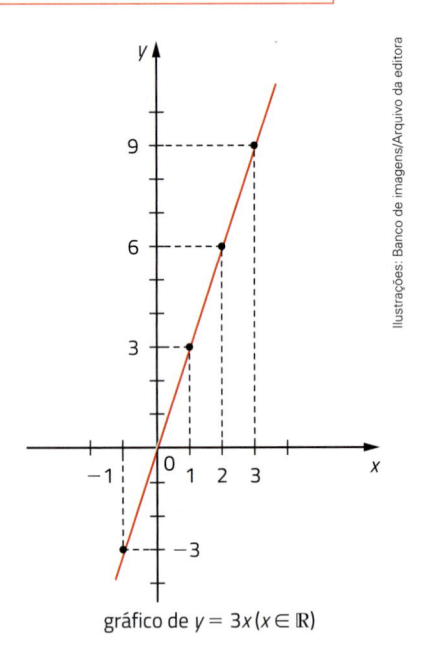

gráfico de $y = 3x$ $(x \in \mathbb{R})$

Ilustrações: Banco de imagens/Arquivo da editora

O **gráfico de uma função linear** é uma reta que passa pela origem do sistema de coordenadas.

A altura da água e a quantidade de copos

Despejando um copo de água em um recipiente cilíndrico vazio, a altura da água no recipiente atinge 0,8 cm.

Dobrando o número de copos, dobra a altura da água no recipiente. Triplicando o número de copos, triplica a altura, e assim por diante. A altura da água no recipiente é proporcional ao número de copos de água despejados.

A razão entre a altura y da água no recipiente, em centímetros, e o número x de copos colocados é constante: $\dfrac{y}{x} = 0,8$.

Dotta2/Arquivo da editora

Temos uma função linear $y = 0,8x$, que é crescente, cujo gráfico passa pela origem $(0, 0)$.

Nº de copos de água	Altura da água no recipiente (cm)
0	0
1	0,8
2	1,6
3	2,4
4	3,2

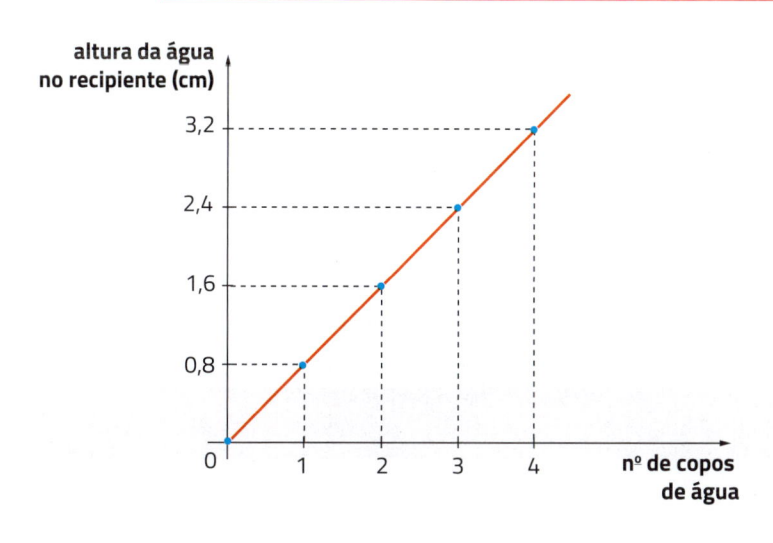

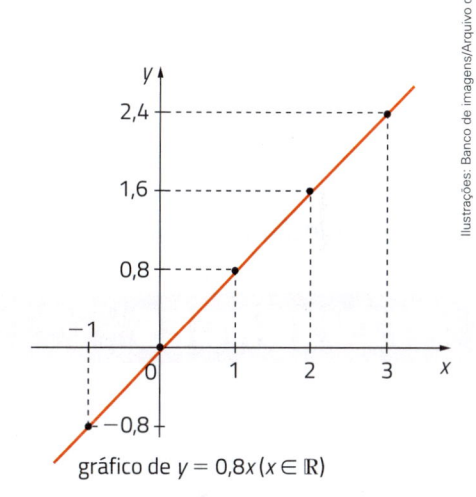

gráfico de $y = 0,8x$ $(x \in \mathbb{R})$

Vejamos mais alguns exemplos:

- Uma função linear decrescente

Na função $y = -2x$, a razão $\dfrac{y}{x}$ é constante, igual a -2, para todo $x = 0$. Observe que, dobrando x, y dobra; triplicando x, y triplica; etc. Multiplicando x por qualquer número, y é multiplicado pelo mesmo número.

x	y
1	-2
2	-4
3	-6

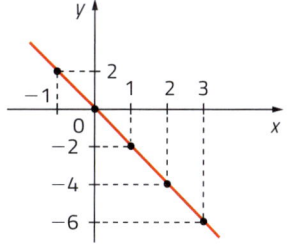

gráfico de $y = -2x$ $(x \in \mathbb{R})$

A função $y = -2x$ é uma função linear decrescente.

- Uma função não linear

Há uma função que a cada número positivo x faz corresponder a área y do quadrado de lado x. Quanto maior for x, maior será y. Logo, trata-se uma função crescente.

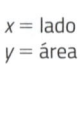
$x = $ lado
$y = $ área

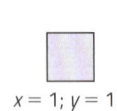
$x = 1; y = 1$

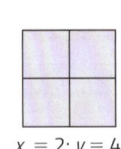
$x = 2; y = 4$

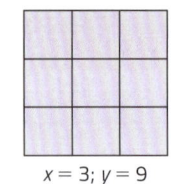
$x = 3; y = 9$

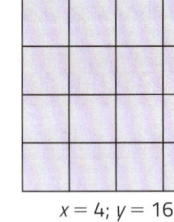
$x = 4; y = 16$

Ilustrações: Banco de imagens/Arquivo da editora

Neste exemplo, y não é proporcional a x porque, dobrando x, y não dobra, mas sim quadruplica; multiplicando x por 3, y não é multiplicado por 3, mas sim por 9.

Observe que a razão $\frac{y}{x}$ não é constante:

- se $x = 1$, então $y = 1$ e temos $\frac{y}{x} = \frac{1}{1} = 1$;

- se $x = 2$, então $y = 4$ e temos $\frac{y}{x} = \frac{4}{2} = 2$;

- se $x = 3$, então $y = 9$ e temos $\frac{y}{x} = \frac{9}{3} = 3$; etc.

Agora, analisando a fórmula da função, a área y do quadrado de lado x é dada por $y = x^2$. Veja que essa não é uma função linear (não é do tipo $y = ax$, sendo a constante a um número conhecido).

ATIVIDADES

16. Responda:

a) A altura de uma pessoa, sempre medida no dia do aniversário dela, é função da idade dela? Por quê?

b) A altura de uma pessoa é proporcional à idade dela? Por quê?

17. O carro de Mariane percorre 10 quilômetros com 1 litro de gasolina. A gasolina está custando R$ 4,20 o litro.

a) Copie e complete a tabela:

Quilômetros percorridos	10	5	15	20	30	40
Custo da gasolina consumida (R$)						

b) Determine a fórmula do custo y em reais para percorrer x quilômetros.

c) O gasto com gasolina é proporcional à distância percorrida? Por quê?

Kdonmuang/Shutterstock

Em 2020, havia mais de 58 milhões de automóveis (veículos destinados ao transporte de até 9 passageiros) registrados no Brasil.

18. Em um triângulo equilátero ABC de lado 4 cm, marcamos um ponto P em $\overline{AB}$, a x cm de A. A cada x, $0 < x \leq 4$, corresponde uma área y do triângulo APC, em cm².

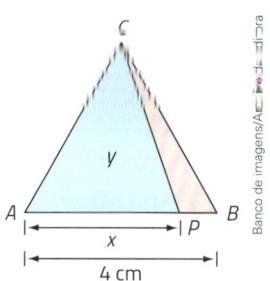

a) Obtenha y como função de x.

b) y é proporcional a x?

19. Analise a função dada em cada tabela:

I.

x	1	2	3	4	5	6	7	8
y	11	12	13	14	15	16	17	18

II.

x	1	2	3	4	5	6
y	10	20	30	40	50	60

III.

x	1	2	4	5	10	20
y	10	5	2,5	2	1	0,5

IV.

x	1	2	3	4	5	6	7	8
y	8	7	6	5	4	3	2	1

V.

x	1	2	3	4	5	6
y	0,1	0,2	0,3	0,4	0,5	0,6

VI.

x	1	2	3	4	5	6
y	0,5	1,5	2,5	3,5	4,5	5,5

a) Quais são funções crescentes?

b) Quais são funções decrescentes?

c) Em quais delas y é proporcional a x?

20. Um artigo cujo preço de tabela é x está sendo vendido com 12% de desconto.

a) Escreva a função que expressa o valor d do desconto.

b) Escreva a função que expressa o preço v de venda.

c) Os valores d e v são proporcionais ao preço tabelado x?

21. Há restaurantes que cobram 10% da conta como taxa de serviço – é a gorjeta do garçom. Assim, a cada valor x da conta corresponde um valor y da gorjeta.

O pagamento da taxa de serviço em restaurantes é opcional.

a) Essa função $f(x) = y$ é crescente ou decrescente? Por quê?

b) A gorjeta é proporcional ao valor da conta? Por quê?

c) Qual é a fórmula de $f(x)$?

d) A gorjeta é função linear da conta?

22. Em uma circunferência, a cada ângulo central α, $0° \leq \alpha \leq 180°$, corresponde uma corda $\overline{AB}$. O comprimento da corda é função da medida do ângulo.

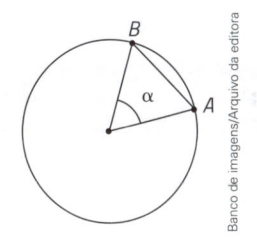

a) Essa função é crescente? Por quê?

b) O comprimento da corda é proporcional à medida do ângulo? Por quê?

23. Um irrigador tem alcance de x metros e está posicionado em um dos cantos de uma área quadrada coberta de grama, de 50 metros de lado. A área y de alcance do irrigador é função de x. Veja a figura ao lado.

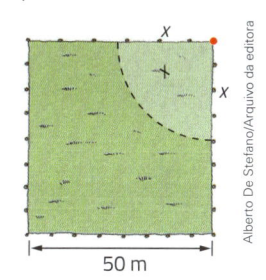

a) Escreva y em função de x, sabendo que $0 < x \leq 50$.

b) Nessa situação, y é proporcional a x?

24. Um bolo de 1 kg será dividido igualmente entre os estudantes de uma turma. A massa da fatia que cada estudante vai ganhar é função do número de estudantes da turma.

a) Copie e complete a tabela:

Nº de estudan-tes da turma	5	10	20	25	32	40
Massa da fatia de cada um (g)	//////	//////	//////	//////	//////	//////

b) Dobrando o número de estudantes, o que ocorre com a massa de cada fatia?

c) Multiplicando por 4 o número de estudantes, o que ocorre com a massa de cada fatia?

d) Qual é a fórmula da massa y, em gramas, de cada fatia em função do número x de estudantes?

e) Quanto é o produto $x \cdot y$?

Proporcionalidade inversa

Na situação proposta na atividade 24, as grandezas "número de estudantes da turma" e "massa da fatia de cada um" são inversamente proporcionais.

Recorde do capítulo 9 que:

- Se em uma correspondência entre duas grandezas x e y, quando x é multiplicado por um número, y fica dividido por esse número, dizemos que y é **inversamente proporcional** a x.
- y é inversamente proporcional a x quando o produto xy é constante.

Nesse caso, a relação algébrica entre x e y é da forma $y = \dfrac{k}{x}$, em que k é uma constante.

ATIVIDADES

25. Na atividade **19**, em que tabela y é inversamente proporcional a x?

26. Oliveira comprou um rolo de arame em uma loja de ferragem, com o qual pretende cercar um terreno retangular.

Nos itens abaixo, vamos descrever duas funções. Classifique cada uma em crescente ou decrescente, e diga se há proporcionalidade direta ou proporcionalidade inversa:

a) A massa y de um pedaço de arame é função de seu comprimento x.

b) O número n de voltas da cerca é função do perímetro p do terreno.

27. Um meticuloso vendedor de queijos de Minas sempre os corta em fatias iguais, a partir do centro.

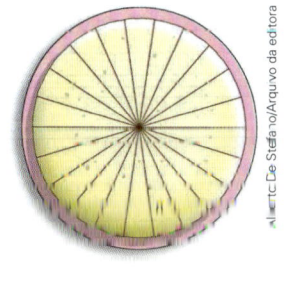

  a) A massa y de cada fatia é função do ângulo central x. Essa função é crescente ou decrescente?

  b) A massa y de cada fatia é função da quantidade n de fatias. Essa função é crescente ou decrescente?

  c) Explique se há alguma proporcionalidade em *a* ou em *b*.

28. Dadas as funções abaixo, responda às perguntas considerando apenas valores positivos para x e para y.

  I. $y = 3x$

  II. $y = \dfrac{x}{3}$

  III. $y = \dfrac{3}{x}$

  IV. $y = x + 3$

  V. $y = x - 3$

  VI. $y = 3 - x$

  VII. $y = x^3$

  VIII. $y = \sqrt[3]{x}$

  IX. $y = 3x + 1$

  a) Quais funções são crescentes, ou seja, quanto maior for x, maior é y?

  b) Quais funções são decrescentes, ou seja, quanto maior for x, menor é y?

  c) Em quais delas y é proporcional a x?

  d) Em quais delas y é inversamente proporcional a x?

  e) Quais funções são do $1^{\underline{o}}$ grau?

  f) Quais são funções lineares?

29. Em cada caso, expresse y como função de x. Em seguida, classifique a função em crescente ou decrescente e diga se há proporcionalidade entre y e x.

  a) Precisamos desenhar um retângulo de perímetro de 70 cm e devemos escolher o comprimento e a largura. A cada comprimento x corresponde uma largura y.

  b) Precisamos desenhar um retângulo de área 80 cm² e devemos escolher o comprimento e a largura. A cada comprimento x corresponde uma largura y.

30. No interior de uma circunferência de raio 10 cm traçamos outra de raio r, concêntrica. A cada r corresponde uma área da coroa circular delimitada pelas duas circunferências.

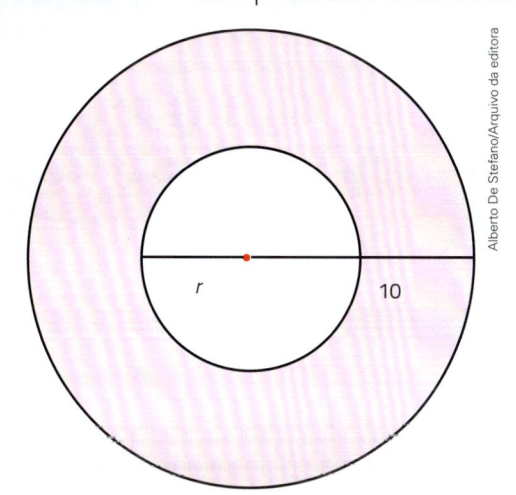

  a) Essa função é crescente ou decrescente? Por quê?

  b) A área da coroa é diretamente proporcional a r? É inversamente proporcional a r?

31. Vamos supor que o custo anual por estudante de escola pública tenha crescido com o passar do tempo de acordo com uma função do 1º grau. Se em 2005 esse custo era R$ 1 200,00 e em 2010 já era R$ 1 800,00, quanto será no ano 2025 se a taxa de crescimento continuar a mesma?

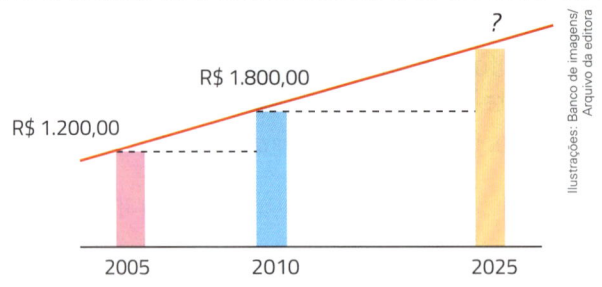

Gráfico fora de escala.

32. O valor de uma máquina decresce com o tempo, devido ao desgaste. O valor é uma função do 1º grau do tempo de uso da máquina. Se há dois anos ela valia R$ 20 000,00 e hoje ela vale R$ 15 200,00, quanto valerá daqui a cinco anos?

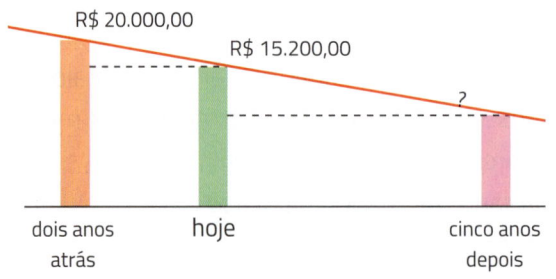

Gráfico fora de escala.

33. Um pequeno fabricante de calçados tem um custo mensal de R$ 12 500,00 quando produz 300 pares; para produzir 400 pares em um mês, o custo sobe para R$ 15 000,00. O custo em reais é função do 1º grau da quantidade produzida. Qual será o custo mensal para produzir 600 pares?

Linha de produção de calçados.

34. Às 8 h da manhã comecei a esvaziar uma piscina a uma vazão constante de água. Às 10 h, a altura da água ainda era de 10 azulejos. Às 13 h, era de 8 azulejos.

a) Qual será a altura às 17 h 30 min?

b) A que horas a piscina estará vazia?

24 Função quadrática

NA REAL

Qual é a trajetória do saque?

No voleibol masculino, a altura da rede é de 2,43 m, independentemente do tipo de quadra. Então, os jogadores intuitivamente aplicam forças e medem ângulos em cada saque a fim de determinar uma parábola que atinja o vértice acima dessa medida e, então, ultrapasse a rede para o lado da quadra em que o oponente está.

Em um jogo de vôlei, no momento do saque, um jogador fez um lançamento em que a trajetória da bola tinha forma de uma parábola. A altura y, em centímetro, atingida pela bola, x segundos após o lançamento, era dada pela função: $y = -10x^2 + 20x + 150$. Calcule a altura da bola nos instantes 0, 1, 2, 3 e 4 segundos após o lançamento e conclua se a bola atingiu altura suficiente para atravessar a rede ou não.

Na BNCC
EF09MA06

A área vermelha do logotipo

O logotipo de uma empresa foi criado a partir de um quadrado dividido em oito partes iguais, conforme indica a figura ao lado. A área de cada parte é função do lado do quadrado; portanto, a área pintada de vermelho (duas das oito partes) é função do lado do quadrado.

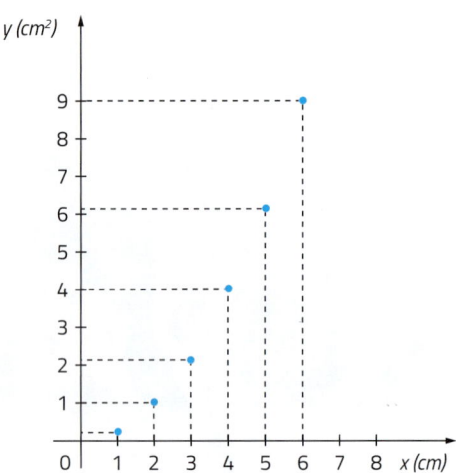

Ilustrações: Banco de imagens/Arquivo da editora

Qual é a fórmula dessa função? Como é o gráfico dessa função?

Representando por x a medida em centímetros do lado do quadrado e por y a área em centímetros quadrados da parte vermelha, temos:

$$y = \frac{2}{8}x^2$$

Logo:

$$y = 0{,}25x^2$$

Vamos obter alguns pontos do gráfico atribuindo valores para x (medida em centímetros do lado do quadrado).

Lado (cm) x	Área vermelha (cm²) $y = 0{,}25x^2$
1	$y = 0{,}25 \cdot 1^2 = 0{,}25$
2	$y = 0{,}25 \cdot 2^2 = 1$
3	$y = 0{,}25 \cdot 3^2 = 2{,}25$
4	$y = 0{,}25 \cdot 4^2 = 4$
5	$y = 0{,}25 \cdot 5^2 = 6{,}25$
6	$y = 0{,}25 \cdot 6^2 = 9$

Como x pode ser qualquer número real positivo, atribuindo valores entre os da tabela, vamos obter outros pontos situados entre os desenhados acima. O gráfico é uma curva contínua e a função é crescente. Podemos também considerar $x = 0$, para o qual $y = 0$.

Observe, abaixo, o gráfico de $y = 0{,}25x^2$ para $x \geqslant 0$.

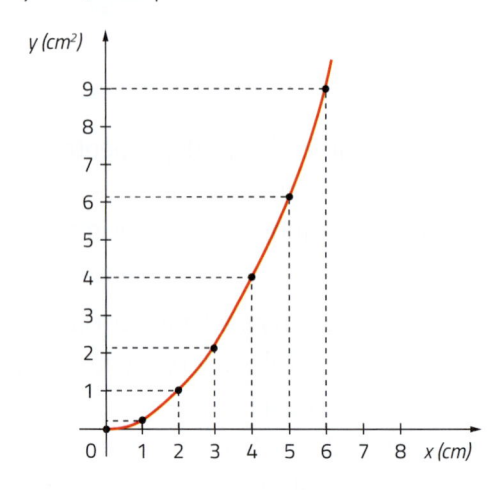

Agora vamos considerar a mesma fórmula, $y = 0,25x^2$, definindo uma função válida para todo x real. Atribuindo a x valores simétricos aos da tabela anterior, obtemos:

x	$y = 0,25x^2$
-1	$y = 0,25 \cdot (-1)^2 = 0,25$
-2	$y = 0,25 \cdot (-2)^2 = 1$
-3	$y = 0,25 \cdot (-3)^2 = 2,25$
-4	$y = 0,25 \cdot (-4)^2 = 4$
-5	$y = 0,25 \cdot (-5)^2 = 6,25$
-6	$y = 0,25 \cdot (-6)^2 = 9$

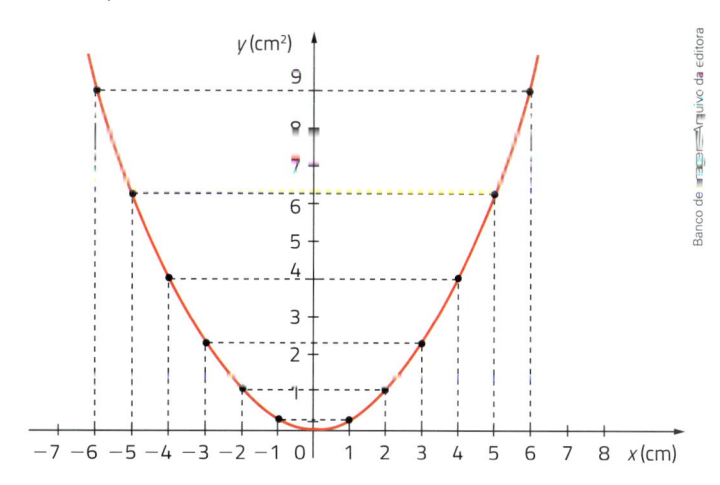

Note que obtemos pontos simétricos aos que já tínhamos em relação ao eixo y. O gráfico é uma curva aberta: atribuindo a x valores maiores que 6, ou menores que -6, podemos prolongá-la para cima em ambos os lados. Essa curva é denominada **parábola**. Toda parábola apresenta um eixo de simetria, que nesse exemplo é o eixo y.

ATIVIDADES

1. Copie e complete a tabela; depois faça o gráfico da função $y = 2x^2$.

x	0	1	-1	2	-2
y					

2. Construa o gráfico de cada função:

a) $y = x^2$

b) $y = x^2 + 1$

c) $y = x^2 - 1$

O preço da viagem de formatura

Os 150 formandos do Ensino Fundamental reuniram-se e planejaram uma viagem para comemorar a formatura.

A agência de turismo Teen-Tour oferece o seguinte pacote promocional: o preço por estudante diminui à medida que mais estudantes forem aderindo. Se x estudantes aderirem, o preço p para cada um será $p = 180 - 0,6x$ reais.

Observe que p é função decrescente de x, conforme prometido. Quanto a Teen-Tour vai receber para promover a viagem?

Se x estudantes aderirem, cada um pagando p reais, a receita será $x \cdot p$; logo, $x \cdot (180 - 0,6x)$. Assim, a receita é função do número x de estudantes que viajarem. Indicada por y, temos:

$$y = x(180 - 0,6x)$$
$$y = 180x - 0,6x^2$$

Muitas escolas organizam viagens com os estudantes do 9º ano para comemorar a conclusão do Ensino Fundamental.

Vejamos alguns pontos do gráfico dessa função. Como x representa o número de estudantes, x pode ser um número natural de 1 a 150.

x	$y = x(180 - 0,6x)$
0	$y = 0$
25	$y = 25(180 - 15) = 4\ 125$
50	$y = 50(180 - 30) = 7\ 500$
75	$y = 75(180 - 45) = 10\ 125$
100	$y = 100(180 - 60) = 12\ 000$
125	$y = 125(180 - 75) = 13\ 125$
150	$y = 150(180 - 90) = 13\ 500$

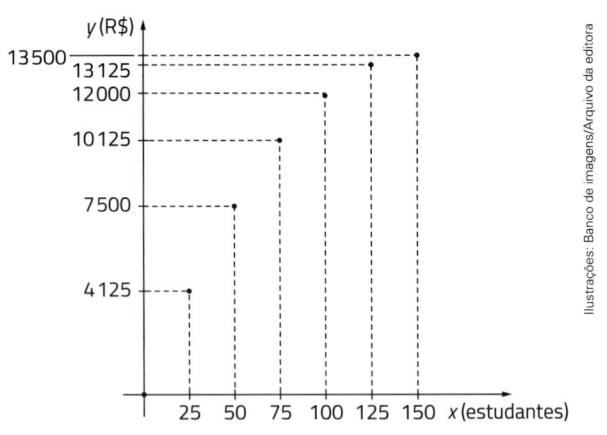

Ilustrações: Banco de imagens/Arquivo da editora

Agora vamos considerar a mesma função, $y = 180x - 0,6x^2$, mas definida para todo x real. Obtemos mais pontos do gráfico e os ligamos, formando uma curva contínua.

x	$y = x(180 - 0,6x)$
175	$y = 175(180 - 105) = 13\ 125$
200	$y = 200(180 - 120) = 12\ 000$
225	$y = 225(180 - 135) = 10\ 125$
250	$y = 250(180 - 150) = 7\ 500$
275	$y = 275(180 - 165) = 4\ 125$
300	$y = 300(180 - 180) = 0$
325	$y = 325(180 - 198) = 24\ 875$
−25	$y = 225(180 + 15) = 24\ 875$

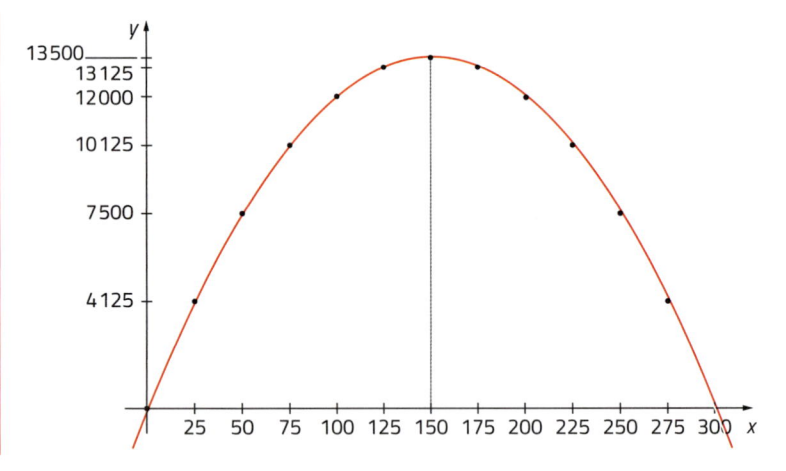

A curva é uma parábola. O **eixo de simetria** é a reta paralela ao eixo y, cortando o eixo x na abscissa 150.

ATIVIDADES

3. Copie e complete a tabela; depois faça o gráfico de cada função:

a) $y = x^2 - 2x$

x	0	1	2	2	−3
y					

b) $y = -x^2 + 4x$

x	0	1	2	3	4
y					

4. Temos um quadrado de lado 10 cm. Se aumentarmos x cm no lado, vai ocorrer um aumento de y cm² na área. Qual é a fórmula para calcular y, sendo dado o valor de x?

O alvo em um jogo de dardos

Em um parque de diversões há uma barraca de jogo de dardos com um alvo diferente, composto de retângulos e triângulos.

O jogador ganha pontos se atingir a área verde e perde se atingir a vermelha.

O alvo é construído escolhendo-se a medida x, de modo que a diferença entre as áreas verde e vermelha seja a menor possível. Indicando essa diferença por y, quanto é y em função de x?

Considere que todas as medidas são dadas em centímetros.

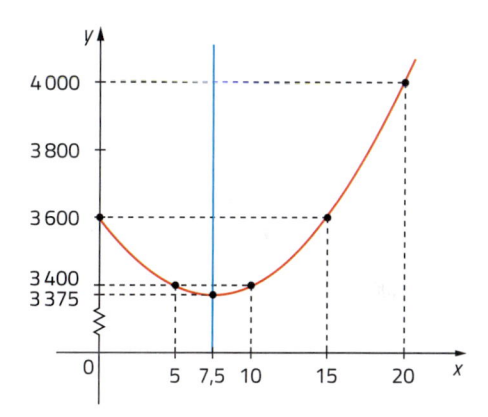

A parte verde é constituída de dois retângulos de área $2x^2$ cm² cada um, quatro triângulos de área $15x$ cm² cada um e dois retângulos de área 1800 cm² cada um. Portanto, a área verde total é $\left(4x^2 + 60x + 3600\right)$ cm². A região vermelha é um retângulo de área $120x$ cm². Portanto, y em cm é dado por:

$$y = \left(4x^2 + 60x + 3600\right) - 120x$$

Logo:

$$y = 4x^2 - 60x + 3600$$

Vejamos o gráfico dessa função. Para o cálculo de y fica mais fácil expressá-lo assim: $y = 4x\left(x - 15\right) + 3600$. Confira mentalmente os cálculos da tabela abaixo.

x	$y = 4x\left(x - 15\right) + 3600$
0	$y = 0 + 3600 = 3600$
5	$y = 20\left(-10\right) + 3600 = 3400$
10	$y = 40\left(-5\right) + 3600 = 3400$
15	$y = 60 \cdot 0 + 3600 = 3600$
20	$y = 80 \cdot 5 + 3600 = 4000$
7,5	$y = 30\left(-7,5\right) + 3600 = 3375$

Aqui também a curva é parte de uma parábola se considerarmos apenas $x \geqslant 0$ (uma vez que x é uma medida).

Considerando uma função definida pela fórmula $y = 4x^2 - 60x + 3600$ para todo x real, a curva é a parábola toda. Atribuindo a x valores maiores que 20 ou menores que 0, vamos obtendo outros pontos e a parábola vai se abrindo para cima. O eixo de simetria é a reta paralela ao eixo y, que corta o eixo x no ponto de abscissa 7,5.

Função quadrática

Nos três problemas propostos anteriormente, as funções eram do tipo $y = ax^2 + bx + c$, em que a, b e c são números conhecidos, sendo $a \neq 0$:

- em $y = 0,25x^2$, temos $a = 0,25$, $b = c = 0$;
- em $y = 180x - 0,6x^2$, temos $a = -0,6$, $b = 180$ e $c = 0$;
- em $y = 4x^2 - 60x + 3600$, temos $a = 4$, $b = -60$ e $c = 3600$.

Funções desse tipo são denominadas **funções quadráticas** ou **funções do 2º grau**.

Uma função definida para todo x real por uma fórmula do tipo $y = ax^2 + bx + c$, em que a, b e c são números reais conhecidos e $a \neq 0$, é denominada **função quadrática** (ou **função do 2º grau**).

Vimos também que:

O **gráfico de uma função quadrática** é uma **parábola**.

Observe que:

- $y = 0{,}25x^2$ é uma parábola que vai se abrindo para cima. Dizemos que é uma parábola de **concavidade voltada para cima**, ou **côncava para cima** simplesmente. O coeficiente de x^2, $a = 0{,}25$, é positivo.

- $y = 180x - 0{,}6x^2$ é uma parábola que vai se abrindo para baixo. Dizemos que é uma parábola de **concavidade voltada para baixo**, ou **côncava para baixo** simplesmente. O coeficiente de x^2, $a = -0{,}6$, é negativo.

- $y = 4x^2 - 60x + 3\,600$ é parábola côncava para cima e $a = 4$; portanto, a é positivo.

Na função $y = ax^2 + bx + c$, $a \neq 0$, podemos atribuir a x valores muito grandes (por exemplo, um mil, um milhão, um bilhão), tornando a parcela ax^2, em valor absoluto, muito maior que as outras. O sinal dessa parcela é o sinal de a. Por isso, se $a > 0$, o valor da função para x bem grande será positivo e a parábola irá para cima. Se $a < 0$, ocorre o contrário.

Quando $a > 0$, a parábola é **côncava para cima**.

Quando $a < 0$, a parábola é **côncava para baixo**.

ATIVIDADES

5. Sem fazer o gráfico, verifique se a parábola é côncava para cima ou para baixo. Depois, calcule $f(-1)$, $f(0)$, $f(1)$, $f(2)$, $f(3)$ e faça o gráfico.

   a) $f(x) = x^2 - 2x - 3$

   b) $f(x) = 2x^2 + 2x + 2$

6. Releia o texto do problema "O alvo em um jogo de dardos", da página anterior. Para qual valor de x o valor de y é o menor possível?

O vértice da parábola

O ponto em que o eixo de simetria corta a parábola é denominado **vértice** da parábola. Vamos indicá-lo por V.

- Analisemos os valores de y em $y = 0{,}25x^2$.

   Para todo x real temos $x^2 \geq 0$, sendo $x^2 = 0$ apenas para $x = 0$.

   Então, para todo x real temos $y \geq 0$ e $y = 0$ apenas para $x = 0$.

   Nesse caso, o vértice da parábola, V, é o ponto de coordenadas $(0, 0)$.

$$V = (0, 0)$$

   V é o ponto mais baixo da parábola, em que a função tem seu valor mínimo.

- O valor mínimo de y é 0, o que corresponde a $x = 0$. Para todo $x \neq 0$ corresponde um y maior que 0.

Gráfico de y = 0,25x²

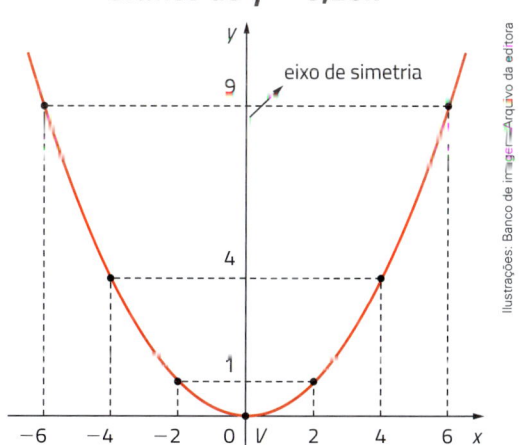

- Na atividade 3, item **a**, você construiu o gráfico da função $y = x^2 - 2x$. Analisemos os valores de y nessa função.

$$y = x^2 - 2x \Rightarrow y = x^2 - 2x + 1 - 1 \Rightarrow y = (x - 1)^2 - 1$$

$\Rightarrow$ lê-se "implica".

Para todo x real, temos $(x - 1)^2 \geqslant 0$, sendo $(x - 1)^2 = 0$ somente para $x = 1$. Então:

$$(x - 1)^2 \geqslant 0 \Rightarrow (x - 1)^2 - 1 \geqslant -1 \Rightarrow y \geqslant -1$$

Para todo x real, temos $y \geqslant -1$, sendo $y = -1$ apenas para $x = 1$.

O vértice da parábola é o ponto $V(1, -1)$, e V é o ponto mais baixo da parábola. O valor mínimo de y é -1, que ocorre para $x = 1$.

Gráfico de y = x² − 2x

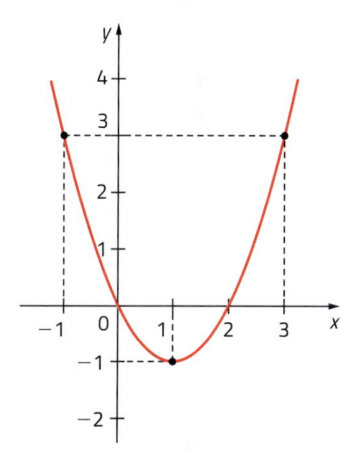

- Agora vamos analisar a função $y = -x^2 + 4x - 3$. Temos:

$$y = -x^2 + 4x - 3$$
$$-y = x^2 - 4x + 3$$
$$-y = x^2 - 4x + 4 - 4 + 3$$
$$-y = (x - 2)^2 - 1$$
$$y = -(x - 2)^2 + 1$$

Para todo x real temos $-(x - 2)^2 \leqslant 0$ e $-(x - 2)^2 = 0$ apenas para $x = 2$.

Então: $-(x - 2)^2 \leqslant 0 \Rightarrow -(x - 2)^2 + 1 \leqslant 1 \Rightarrow y \leqslant 1$

Para todo x real temos $y \leqslant 1$, sendo $y = 1$ apenas para $x = 2$.

O vértice da parábola é $V(2, 1)$, e V é o ponto mais alto da parábola.

O valor máximo de y é 1, que ocorre para $x = 2$.

Gráfico de y = −x² + 4x − 3

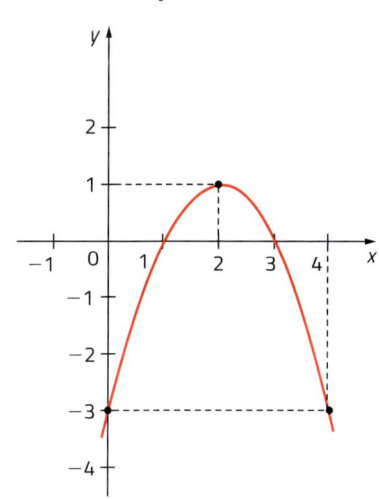

Então, como podemos determinar o vértice da parábola $y = ax^2 + bx + c$?

Como $a \neq 0$, dividindo ambos os membros por a e completando o quadrado, obtemos:

$$\frac{y}{a} = x^2 + \frac{b}{a}x + \frac{c}{a} \Rightarrow \frac{y}{a} = \left(x + \frac{b}{2a}\right)^2 - \frac{b^2}{4a^2} + \frac{c}{a} \Rightarrow y = a\left(x + \frac{b}{2a}\right)^2 - \frac{b^2}{4a} + c$$

Então: $y = a\left(x + \dfrac{b}{2a}\right)^2 + \dfrac{-b + 4ac}{4a}$

Lembrando que $b^2 - 4ac = \Delta$, temos: $y = a\left(x + \dfrac{b}{2a}\right)^2 + \dfrac{-\Delta}{4a}$

Para todo x real temos $a \cdot \left(x + \dfrac{b}{2a}\right)^2 \geqslant 0$, se $a > 0$, ou $a \cdot \left(x + \dfrac{b}{2a}\right)^2 \leqslant 0$ se $a < 0$, sendo $a \cdot \left(x + \dfrac{b}{2a}\right)^2 = 0$ apenas para $x = -\dfrac{b}{2a}$. Assim:

Caso $a > 0$, temos $y \geqslant \dfrac{-\Delta}{4a}$ e, caso $a < 0$, $y \leqslant \dfrac{-\Delta}{4a}$. E temos $y = \dfrac{-\Delta}{4a}$ apenas para $x = -\dfrac{b}{2a}$.

Daí segue que o vértice da parábola é o ponto V de coordenadas:

$$x_V = \dfrac{-b}{2a} \quad \text{e} \quad y_V = \dfrac{-\Delta}{4a}$$

Outro modo de obter a ordenada y_V é substituir x por x_V na fórmula da função:

$$y_V = ax_V{}^2 + bx_V + c$$

Exemplos:

- Em $y = 180x - 0{,}6x^2$, temos $a = -0{,}6$, $b = 180$ e $c = 0$. Então:

$$x_V = \dfrac{-b}{2a} = \dfrac{-180}{-1{,}2} = 150$$

$\Delta = b^2 - 4ac = 180^2 - 4 \cdot (-0{,}6) \cdot 0 = 180^2 = 32\,400$

$y_V = \dfrac{-\Delta}{4a} = \dfrac{-32\,400}{4 \cdot (-0{,}6)} = 13\,500$

Ou, usando $y = 180x - 0{,}6x^2$ e $x_V = 150$:

$y = 180 \cdot 150 - 0{,}6 \cdot 150^2 = 150 \cdot (180 - 0{,}6 \cdot 150) = 150 \cdot (180 - 90) = 150 \cdot 9 = 13\,500$

Logo, $V = (150,\ 13\,500)$.

No problema "O preço da viagem de formatura", da página 355, a receita máxima que a Teen-Tour pode receber é de R$ 13 500,00, que ocorrerá se exatamente 150 estudantes viajarem.

- Em $y = 4x^2 - 60x + 3\,600$, temos $a = 4$, $b = -60$ e $c = 3\,600$.

$x_V = \dfrac{-b}{2a} = \dfrac{60}{8} = 7{,}5$

$y = 4x(x - 15) + 3600 \Rightarrow y_V = 4 \cdot 7{,}5\,(7{,}5 - 15) + 3600 = 30\,(-7{,}5) + 3600 = 3375$

Logo, $V = (7{,}5;\ 3\,375)$.

No problema "O alvo em um jogo de dardos", da página 357, a diferença entre a área verde e a vermelha é a menor possível para $x = 7{,}5$ cm.

Construção de uma parábola

Quando vamos construir uma parábola, é importante mostrarmos o vértice e alguns pontos simétricos (em relação ao eixo de simetria da curva). Por isso, começamos calculando x_V e escolhemos valores convenientes para atribuir a x.

Vejamos um exemplo. Vamos construir, passo a passo, o gráfico da função $f(x) = x^2 - 2x + 2$.

1º passo: Determinamos x_V.

Para $f(x) = x^2 - 2x + 2$, temos: $a = 1$, $b = -2$ e $c = 2$.

Aplicando a fórmula $x_V = \dfrac{-b}{2a}$, obtemos: $x_V = \dfrac{-(-2)}{2 \cdot 1} = \dfrac{2}{2} = 1$

2º passo: Fazemos a tabela atribuindo a x o valor de x_V e mais alguns valores, menores e maiores que x_V. Atribuímos a x os valores: -1, 0, 1, 2 e 3.

3º passo: Calculamos os valores de y.

	x	$y = x^2 - 2x + 2 = x(x-2) + 2$	Ponto
Valores menores que x_V	-1	$y = (-1) \cdot (-3) + 2 = 5$	$(-1, 5)$
	0	$y = 0 + 2 = 2$	$(0, 2)$
x_V (vértice)	1	$y_V = 1 \cdot (-1) + 2 = 1$	$(1, 1)$
Valores maiores que x_V	2	$y_V = 2 \cdot 0 + 2 = 2$	$(2, 2)$
	3	$y = 3 \cdot 1 + 2 = 5$	$(3, 5)$

4º passo: Marcamos os pontos do gráfico.

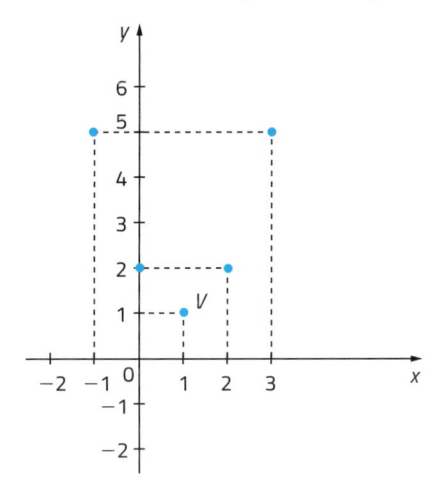

5º passo: Traçamos a curva.

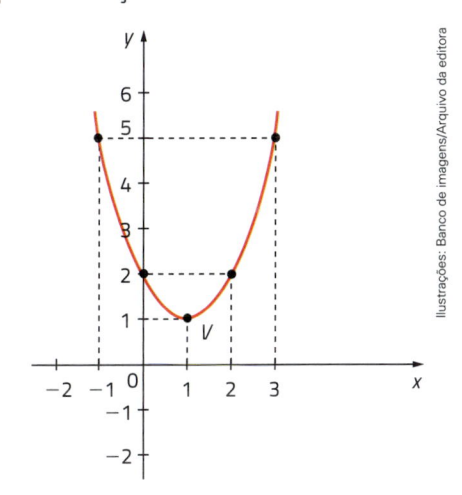

Ilustrações: Banco de imagens/Arquivo da editora

ATIVIDADES

7. Responda às perguntas abaixo para cada função quadrática a seguir.

I. $f(x) = x^2 - 2x + 1$

II. $f(x) = \dfrac{1}{2}x^2 + x + 2$

III. $f(x) = -x^2 + 4x + 1$

a) Quais são os valores dos coeficientes a, b e c?

b) O gráfico é parábola côncava para cima ou para baixo?

c) Qual é a abscissa do vértice da parábola?

Depois, escolha alguns pontos e faça o gráfico de cada função.

8. Para cada x, $0 \leqslant x \leqslant 4$, em centímetros, $f(x)$ é a área colorida no interior do quadrado de lado 8 cm, como indica a figura.

a) Determine a fórmula de $f(x)$.

b) Faça o gráfico de f.

c) Para que valor de x a área é a máxima possível?

d) Quanto é a área máxima?

9. Uma peça sobre um livro de Machado de Assis será apresentada para um grupo de estudantes, em um teatro com 250 lugares. Promocionalmente, para um grupo de x estudantes, cada um paga $(30 - 0,1x)$ reais. Dessa forma, quanto maior o grupo (máximo de 250 estudantes), menor é o preço que cada estudante vai pagar.

a) Qual é a fórmula da receita y recebida pelo teatro em uma sessão à qual compareceram x estudantes?

b) Em uma sessão em que foram arrecadados R$ 2 000,00, quantos estudantes compareceram?

c) Faça o gráfico da receita recebida e verifique quantos estudantes devem comparecer para dar a receita máxima e qual é a receita máxima.

10. Na figura, o triângulo ABC representa um pedaço de cartolina, do qual queremos recortar um retângulo $APQR$, sendo P no lado $\overline{AB}$ e Q no lado $\overline{BC}$.

a) Tomando P a 30 cm de A, qual será a área do retângulo recortado?

b) Expresse a área y do retângulo em função da distância x de P a A.

c) Qual é a área máxima do retângulo?

11. De uma cartolina retangular de 60 cm por 40 cm recortamos quatro quadrados iguais, um em cada canto, e dobramos as abas laterais, construindo uma caixa aberta.

Calcule:

a) a área A da cartolina usada para fazer a caixa após terem sido recortados os quadrados de lado x cm;

b) o volume V da caixa;

c) as dimensões da caixa quando a área total das abas laterais é a máxima possível.

Interseções com os eixos coordenados

Pelos exemplos de gráficos que vimos até aqui, foi possível observar que a parábola pode intersectar (cortar) os eixos coordenados.

Sem desenhar a parábola, é possível saber em que pontos a parábola $y = x^2 - 4x + 3$ corta os eixos coordenados?

O ponto em que corta o eixo y tem abscissa $x = 0$. Calculemos y para $x = 0$:

$$y = x^2 - 4x + 3 = 0^2 - 4 \cdot 0 + 3 = 3$$

A parábola, portanto, corta o eixo y no ponto $(0, 3)$.

Já os pontos do eixo x têm ordenada $y = 0$. Calculemos x para $y = 0$:

$$x^2 - 4x + 3 = 0 \rightarrow (x = 3 \text{ ou } x = 1)$$

Nesse caso, a parábola corta o eixo x em $(3, 0)$ e em $(1, 0)$.

Ao construir o gráfico de uma parábola, é importante indicar as interseções com os eixos:

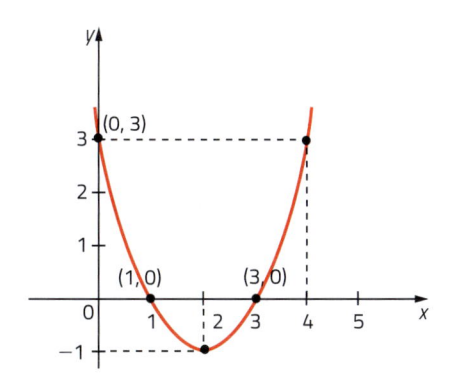

Em $y = ax^2 + bx + c$, para $x = 0$, encontramos $y = c$.

O ponto em que a parábola $y = ax^2 + bx + c$ intersecta o eixo y é $(0, c)$.

Para encontrarmos os pontos em que ela corta o eixo x, precisamos resolver a equação $ax^2 + bx + c = 0$.

Os zeros da função quadrática

As raízes da equação $ax^2 + bx + c = 0$ são denominadas zeros da função $f(x) = ax^2 + bx + c$.

> Zeros de uma função f são os valores de x para os quais $f(x) = 0$.

Conforme o sinal de Δ, $\Delta = b^2 - 4ac$, teremos um dos seguintes casos:

> $\Delta > 0$: $f(x)$ tem dois zeros;
>
> $\Delta = 0$: $f(x)$ tem um único zero;
>
> $\Delta < 0$: $f(x)$ não tem zeros.

Por exemplo, sendo $f(x) = x^2 - 4x + 3$, temos $\Delta = 4$, logo $\Delta > 0$. Então, f tem dois zeros. Os zeros de f são 3 e 1.

Você se lembra da fórmula de Bhaskara, que estudou na unidade 3?

Ilustra Cartoon/Arquivo da editora

12. Dada a função definida por $f(x) = x^2 + 2x + 1$, para que valor de x tem-se $f(x) = 0$?

13. Obtenha os pontos de interseção dos eixos coordenados com o gráfico da função:

a) $f(x) = 2x^2 - x - 6$

b) $f(x) = -2x^2 - 12x - 18$

c) $f(x) = \dfrac{1}{3}x^2 - 2x + 4$

d) $y = 6x^2 + 5x + 1$

e) $y = 4x^2 - 12x + 9$

f) $y = 4 + 3x + x^2$

14. Dada a função $f(x) = 2x^2 - 16x + 24$:

a) Determine os zeros de f.

b) Determine a abscissa do vértice do gráfico de f.

c) Qual é a média aritmética dos zeros da função f?

d) Se uma função quadrática tem dois zeros, a média aritmética deles é sempre a abscissa do vértice?

Os sinais da função quadrática

Observemos o gráfico da função $f(x) = x^2 - 4x + 3$.

Os zeros de f, 1 e 3, são as abscissas dos pontos em que a parábola corta o eixo x.

Vamos percorrer o gráfico da esquerda para a direita, observando os sinais de y para cada valor de x.

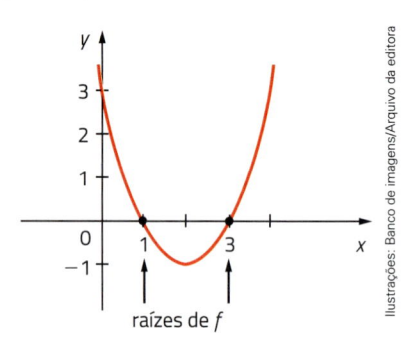

raízes de f

Ilustrações: Banco de imagens/Arquivo da editora

Para valores de x menores que 1, todos os pontos da parábola estão acima do eixo x, tendo ordenada y positiva:

- para todos os valores de x menores do que 1, temos $f(x) > 0$;

- para $x = 1$, temos $f(x) = 0$.

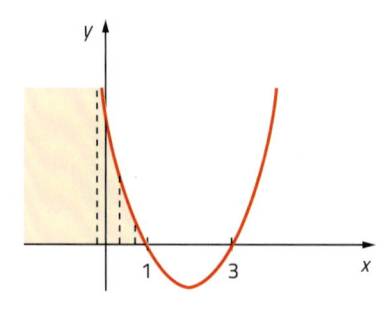

Quando x está entre 1 e 3, os pontos da parábola estão abaixo do eixo x, tendo ordenada y negativa:

- para os valores de x compreendidos entre 1 e 3, temos $f(x) < 0$;

- para $x = 3$, temos $f(x) = 0$.

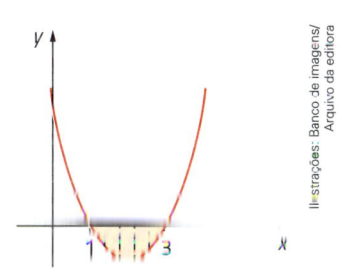

Ilustrações: Banco de imagens/Arquivo da editora

Para valores de x maiores que 3, todos os pontos da parábola estão acima do eixo x, tendo ordenada y positiva: para todos os valores de x maiores que 3, temos $f(x) > 0$.

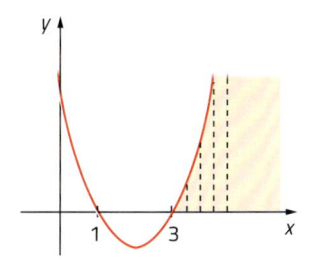

Percorrendo o eixo x da esquerda para a direita, nesse caso, concluímos que:

- para $x < 1$, temos $f(x) > 0$;
- para $x = 1$, temos $f(x) = 0$;
- para $1 < x < 3$, temos $f(x) < 0$;
- para $x = 3$, temos $f(x) = 0$;
- para $x > 3$, temos $f(x) > 0$.

Podemos resumir assim:

- para $(x = 1 \text{ ou } x = 3)$, temos $f(x) = 0$;
- para $1 < x < 3$, temos $f(x) < 0$;
- para $(x < 1 \text{ ou } x > 3)$, temos $f(x) > 0$.

Em palavras:

Os zeros de f são 1 e 3. Entre 1 e 3, f é negativa. Fora do intervalo de 1 a 3, f é positiva.

Para determinarmos os sinais de uma função $f(x) = ax^2 + bx + c$, $a \neq 0$, só precisamos fazer um esboço do gráfico de f levando em conta duas informações fundamentais:

- quais são os zeros de f (se existirem);
- qual é a concavidade da parábola.

Nos exemplos a seguir, analisaremos os sinais de algumas funções quadráticas.

- $f(x) = -x^2 - 3x$

Zeros:

$$-x^2 - 3x = 0 \Rightarrow -x(x + 3) = 0 \Rightarrow (-x = 0 \text{ ou } x + 3 = 0) \Rightarrow (x = 0 \text{ ou } x = -3)$$

A parábola corta o eixo x nos pontos de abscissas -3 e 0.

Concavidade:

$a = -1 \Rightarrow a < 0 \Rightarrow$ concavidade para baixo

Esboço do gráfico	Análise
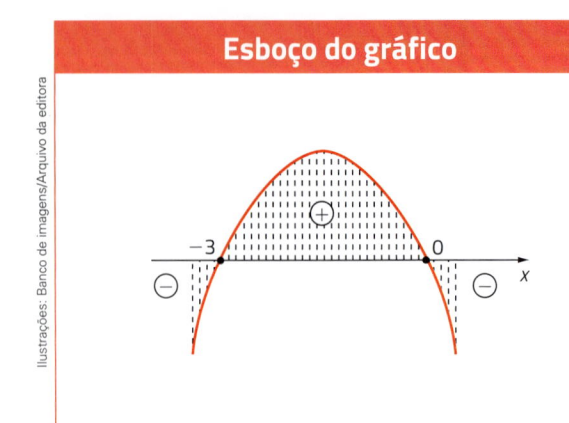	Em palavras: • Os zeros de f são -3 e 0. • Entre -3 e 0, f é positiva. • Fora do intervalo de -3 a 0, f é negativa. Em símbolos: • $\left(x = -3 \text{ ou } x = 0\right) \Rightarrow f\left(x\right) = 0$ • $-3 < x < 0 \Rightarrow f\left(x\right) > 0$ • $\left(x < -3 \text{ ou } x > 0\right) \Rightarrow f\left(x\right) < 0$

- $f\left(x\right) = 2x^2 - 8x + 8$

  Zeros:

$$2x^2 - 8x + 8 = 0 \Rightarrow x = \frac{8 \pm \sqrt{64 - 4 \cdot 2 \cdot 8}}{4} \Rightarrow x = \frac{8 \pm \sqrt{0}}{4} = 2$$

Como $\Delta = 0$, a parábola tem um único ponto comum com o eixo x; nesse caso ela tangencia o eixo x no ponto de abscissa 2.

Concavidade:

$a = 2 \Rightarrow a > 0 \Rightarrow$ concavidade para cima.

Esboço do gráfico	Análise
	Em palavras: • f tem um zero em $x = 2$. • f é positiva para todo x diferente de 2. Em símbolos: • $x = 2 \Rightarrow f\left(x\right) = 0$ • $x \neq 2 \Rightarrow f\left(x\right) > 0$

- $f\left(x\right) = x^2 + 7x + 13$

  Zeros:

  $x^2 + 7x + 13 = 0$

  $x = \dfrac{-7 \pm \sqrt{49 - 4 \cdot 1 \cdot 13}}{2}$

  $x = \dfrac{-7 \pm \sqrt{-3}}{2} \notin \mathbb{R}$

> $\mathbb{R}$ = conjunto dos números reais.
> $\in$ lê-se "pertence".
> $\notin$ lê-se "não pertence".

Como $\Delta < 0$, não existem zeros reais; a parábola não corta nem tangencia o eixo x.

Concavidade: $a = 1 \Rightarrow a > 0 \Rightarrow$ concavidade para cima.

Esboço do gráfico	Análise
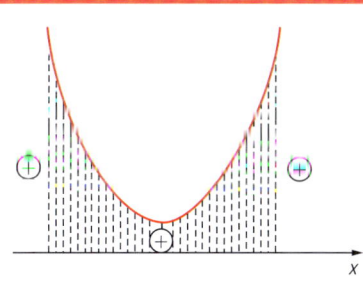	Em palavras: • f é positiva para todo x real, Em símbolos: • $f(x) > 0$, $\forall\, x \in \mathbb{R}$ $\left(\forall \text{ lê-se: "para todo" ou "qualquer que seja".}\right)$

ATIVIDADES

15. Suponha que na reta r da figura abaixo estejam marcados números reais. Vamos percorrer r da esquerda para a direita.

Que sinal deve ser usado para substituir ░░░ e tornar cada sentença verdadeira: $>$ ou $<$?

a) Antes de chegar ao ponto de abscissa 2, passamos pelos pontos x, sendo x ░░░ 2.

b) Depois do 2 e antes do 5 estão os pontos de abscissas x, sendo 2 ░░░ x ░░░ 5.

c) Depois do 5 estão os pontos de abscissa x, sendo x ░░░ 5.

16. Examinando o gráfico da y função $f(x)$, do 1º grau, classifique cada afirmativa em verdadeira (V) ou falsa (F):

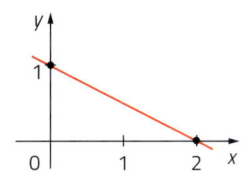

a) Se $x > 2$, então $f(x) < 0$.

b) Se $x < 0$, então $f(x) < 0$.

c) Se $x = 0$, então $f(x) - 1$.

d) Se $x > 0$, então $f(x) < 0$.

e) Se $x < 0$, então $f(x) > 1$.

f) Se $x < 2$, então $f(x) > 0$.

17. Examinando o gráfico de $f(x)$, função do 1º grau, classifique cada afirmativa em certa (C) ou errada (E):

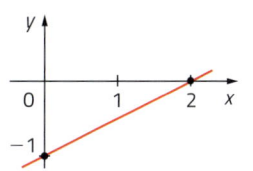

a) Se $f(x) > 0$, então $x > 2$.

b) $f(x) > 0$ somente se $x > 2$.

c) $f(x) < 0$ somente se $x < 0$.

d) Se $f(x) = 0$, então $x = -1$.

e) Se $f(x) = -1$, então $x = 0$.

f) $f(x) = 0$ somente se $x = 2$.

18. Examinando o gráfico da função quadrática $f(x)$ abaixo, classifique em certa (C) ou errada (E) cada afirmativa:

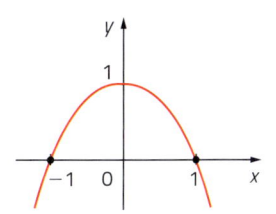

a) Se $x > 0$, então $f(x) > 0$.

b) Se $x > 1$, então $f(x) < 0$.

c) Temos $f(x) < 0$ se $x < -1$ ou $x > 1$.

d) Se $-1 < x < 0$, então $f(x) > 0$.

e) Temos $f(x) \geqslant 0$ se $-1 \leqslant x \leqslant 1$.

f) Para todo x tem-se $f(x) \leqslant 1$.

19. Examinando o gráfico da função quadrática $f(x)$ abaixo, classifique em verdadeira (V) ou falsa (F) cada afirmativa:

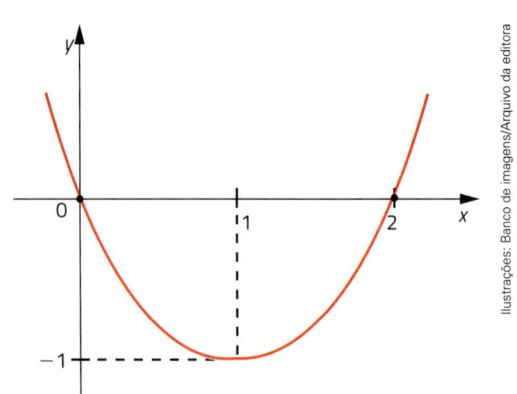

a) $f(x) = 0$ somente se $x = 0$.

b) $f(x) > 0$ somente se $x > 2$.

c) $f(x) < 0$ somente se $0 < x < 2$.

d) Se $x < 0$, então $f(x) > 0$.

e) Para todo x tem-se $f(x) \geq 0$.

f) Para todo x tem-se $f(x) \geq -1$.

20. Determine os sinais das funções quadráticas cujos gráficos estão abaixo:

a) $y = 0,4x^2 - 0,6x - 1$

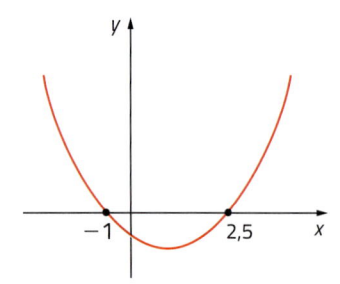

c) $y = -\dfrac{1}{3}x^2 + \dfrac{1}{2}x + \dfrac{3}{2}$

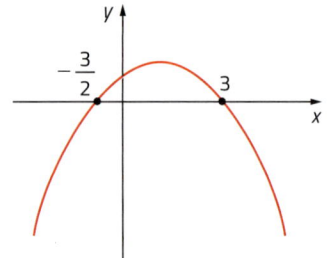

b) $y = \left(x - \dfrac{3}{4}\right)^2$

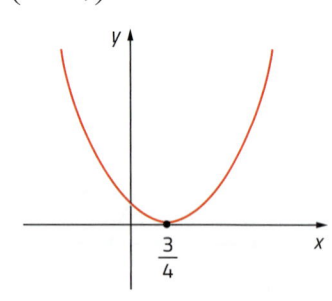

d) $y = -\dfrac{1}{4}\left(x^2 + 4\right)$

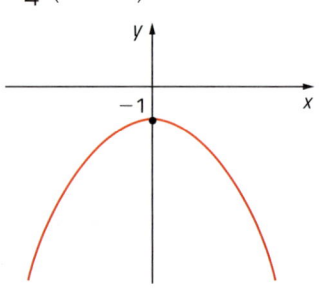

21. Para que valores de x a função f, dada por $y = x^2 - 6x + 5$, é negativa? (Esboce o gráfico para responder à pergunta.)

22. Uma agência de viagens forma grupos de até 35 pessoas para certa excursão. Conforme o número x de pessoas, o lucro y da agência, em reais, é dado por $y = 4x(70 - x) - 2\,400$, portanto $y = -4x^2 + 280x - 2\,400$. Para não ter prejuízo, a agência só aceita fazer a excursão se $y \geq 0$. Com qual número mínimo de pessoas, x, a agência aceita fazer a excursão?

Construção do gráfico de uma função quadrática

Vamos utilizar o GeoGebra para construir o gráfico de uma função quadrática. O GeoGebra é um *software* gratuito de Matemática que pode ser utilizado em computadores, realizando o *download* no *site* www.geogebra.org/download (acesso em: 20 jul. 2021); em *smartphones*, baixando o *app* na loja oficial de aplicativos do sistema operacional do aparelho; ou pode-se acessá-lo *on-line* no *site* https://www.geogebra.org/calculator (acesso em: 20 jul. 2021).

Para construir o gráfico de uma função quadrática utilizando o GeoGebra, siga os seguintes passos:

1º) Acesse o GeoGebra e selecione a opção "Calculadora Gráfica"; o *software* irá exibir uma tela parecida com a que aparece abaixo.

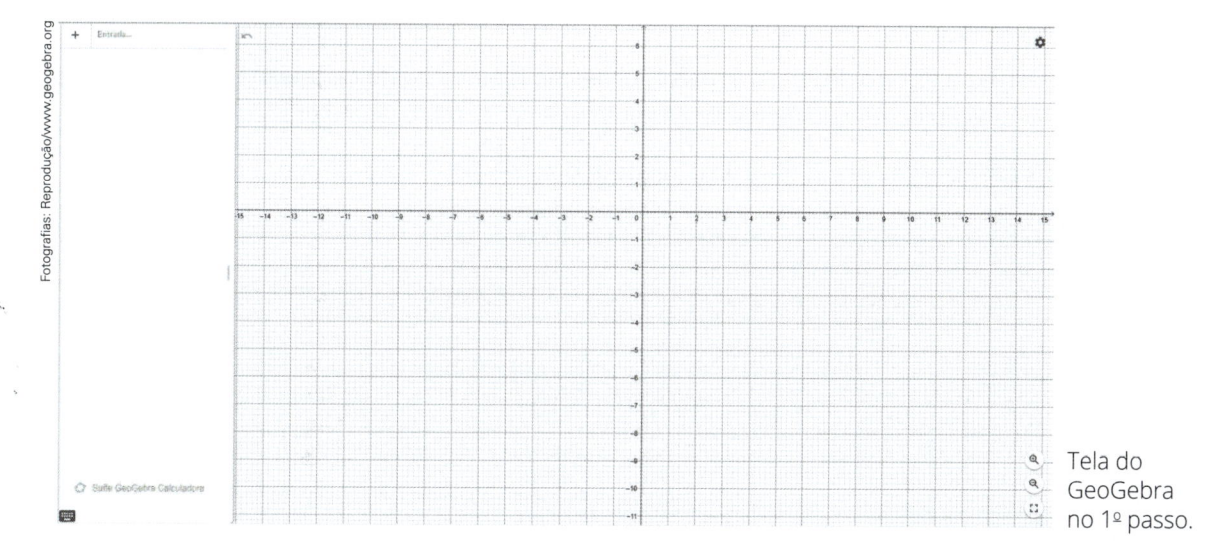

Tela do GeoGebra no 1º passo.

2º) No campo "Entrada", deve ser digitada a fórmula de uma função quadrática do tipo $f(x) = ax^2 + bx + c$. Para isso, clique no ícone ⌨ para exibir o teclado.

Para esse exemplo, considere $a = 1$, $b = 0$ e $c = -9$. Portanto, digite $f(x) = x^2 - 9$ no campo "Entrada". Automaticamente, será exibido o gráfico da função.

> Lembre-se de que o coeficiente a precisa ser diferente de 0 para termos uma função quadrática.

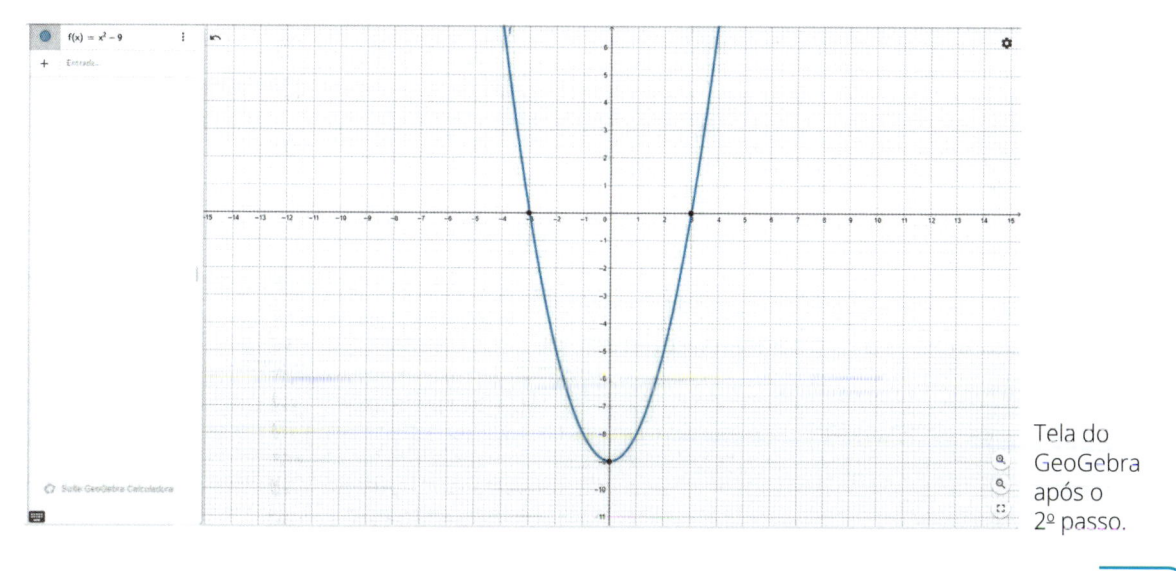

Tela do GeoGebra após o 2º passo.

3°) Ao clicar sobre os pontos destacados na parábola, as raízes da função, assim como o seu termo independente, serão exibidos.

> Para melhor visualização do gráfico, clique com o botão esquerdo do *mouse* sobre a tela para mover o gráfico e utilize os botões de "ampliar" ou "reduzir" apresentados na tela do GeoGebra.

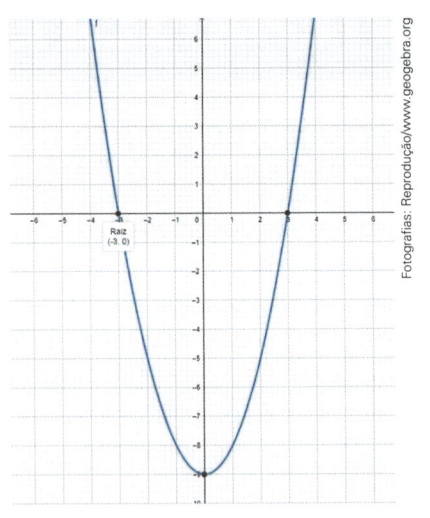

Tela do GeoGebra
no 3º passo.

4°) Para construir o gráfico de uma ou mais funções no mesmo plano cartesiano, digite no campo "Entrada" a equação da função desejada. Vamos verificar como ficaria o gráfico da função anterior ao dividir os coeficientes por 3. Para isso, digite $g(x) = \left(\dfrac{1}{3}\right) x^2 - 3$ no campo "Entrada".

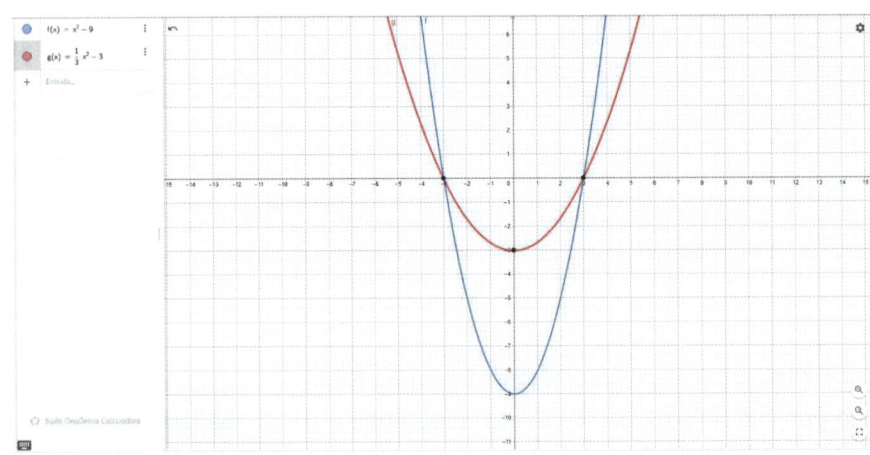

Tela do GeoGebra
após o 4º passo.

Use o GeoGebra para realizar as atividades a seguir.

1. Construa o gráfico da função indicada em cada item.

a) $f(x) = 2x^2 - x - 6$

b) $f(x) = \dfrac{x^2}{4} - 2x$ (o coeficiente a deve ser digitado na forma fracionária antes da parte literal x^2)

c) $f(x) = 1,25x^2 + 5x + 5$ (o coeficiente a deve ser digitado na forma fracionária antes da parte literal x^2)

d) $f(x) = -3x^2 + 12x + 3$

e) $f(x) = \dfrac{3x^2}{2} + \dfrac{7}{4}$

2. Construa o gráfico de $y = x^2$ e, depois, escreva um texto explicando o que ocorre com o gráfico ao trocar o coeficiente de x^2 por:

a) 0,5; em seguida, por 0,1 e, por fim, por 0,05.

b) 2; em seguida, por 4 e, por fim, por 10.

3. Construa o gráfico de $y = x^2$ e, depois, escreva um texto explicando o que acontece ao adicionar uma constante, como em $y = x^2 + 2$, em $y = x^2 + 5$ e em $y = x^2 - 3$.

4. Em um mesmo plano cartesiano, construa os gráficos de $f(x) = -x^2 + 4x$ e de $g(x) = x - 4$ e determine as coordenadas dos pontos de interseção deles.

RESPOSTAS DAS ATIVIDADES

UNIDADE 1 Números e operações com radicais

CAPÍTULO 1 Números reais

1. racionais: **a**, **c**, **d**, **e**; irracionais: **b**, **f**

2. $a < b < c < e < f < d$

3. $C \cong 4,38$; $D \cong 0,92$; $E \cong 4,16$; $\pi \cong 3,14$

4. $A = 1,85$; $B = 2,05$; $C = 2,125$; $D = 2,275$; $E = 2,45$

5. $\dfrac{4}{9}$; $\dfrac{2}{3}$

6. Verdadeira

7. 0,99

8. 0,001

9. 5 000

10. 2

11. a) $\dfrac{11}{17} < \dfrac{13}{17}$ c) $\dfrac{13}{17} > \dfrac{30}{41}$

b) $\dfrac{30}{43} < \dfrac{30}{41}$ d) $\dfrac{11}{17} = \dfrac{33}{51}$

12. a) $2 > -3$

b) $-3 > -5$

c) $\dfrac{3}{5} < \dfrac{7}{5}$

d) $-\dfrac{2}{7} > -\dfrac{3}{7}$

e) $-\dfrac{5}{11} < \dfrac{8}{11}$

f) $0,75 < 0,77$

g) $2,98 > 2,957$

h) $\dfrac{64}{5} = 12,8$

i) $-0,8333 < 0,83411$

j) $1,25 > 1,2345672...$

k) $(-0,333...) = -\dfrac{1}{3}$

l) $(-1,2345678...) > -1,235$

13. a) $-2,11$ d) $-\dfrac{21}{23}$

b) $-0,7$ e) -3

c) 4 f) $-0,8$

14. a) $\dfrac{50}{29}$ d) $4,1111...$

b) $-\dfrac{3}{8}$ e) $\dfrac{71}{99}$

c) $1,1777...$ f) $3,1416$

15. No Rio de Janeiro.

16. Em São Paulo.

17. a) $0,6 < 0,626262... < \dfrac{2}{3} < 0,6789101112...$

b) $0 > -\dfrac{1}{4} > -0,515115111... > -\dfrac{2}{3} > -0,7$

18.

19. a) 5,768 c) 51,011

b) 4,434 d) 0,167

20. a) $\dfrac{6}{9}$ b) $\dfrac{6}{36}$

21. a) $x \cdot y + x \cdot z$ e) $-a \cdot c - b \cdot c$

b) $x \cdot y - x \cdot z$ f) $-x \cdot y - x \cdot z$

c) $a \cdot c + b \cdot c$ g) $-x \cdot y + x \cdot z$

d) $a \cdot c - b \cdot c$ h) $x \cdot y + x \cdot z$

22. a) $\dfrac{49}{12}$

b) $\dfrac{452}{81}$

c) $\dfrac{25}{22}$

23. Respectivamente, $\dfrac{34}{43}$ e $-\dfrac{43}{34}$.

24. $-0,45$

25. $a(b - c) = ab - ac$; propriedade distributiva.

CAPÍTULO 2 Potências e raízes

PARTICIPE

a) 10^{12}

b) $1,9 \cdot 10^{13}$

c) $7,54 \cdot 10^{21}$

1. a) 10 000; 10^4 c) 0,1; 10^{-1}

b) 100 000 000; 10^8 d) 0,001; 10^{-3}

2. a) 51 b) 51

3. a) 1 000 d) 0,000001

b) 100 000 e) $-0,001$

c) 0,01 f) 1

4. a) Rússia b) China

5. 1 rupia $= 10^{-1}$ renmimbi

6. 317

7. a) 125; -64; 0,0625; $\dfrac{8}{27}$; $\dfrac{1}{1\,000}$

b) 36; -243; 0,008; $\dfrac{1}{16}$; $\dfrac{1}{100}$

c) 0,81; 0,001; 2,25; 6,25; $-0,027$

d) 10; 1; 1; 1; 1

e) 1; $-\dfrac{1}{5}$; 0; 0; 1

f) $\dfrac{1}{64}$; $\dfrac{1}{6}$; $-\dfrac{1}{8}$; -4; $\dfrac{64}{9}$; $-\dfrac{125}{8}$

8. a) $2,25 \text{ m}^2$

b) $3,375 \text{ m}^3$

c) 3 375 L

9. a) 5 d) 3

b) -3 e) 2

c) 6 f) 0

10. $x = 2$

11. 0,1875

12. 0,4444...

13. a) $-\dfrac{1}{16}$ c) 2,25

b) $\dfrac{10}{81}$ d) $\dfrac{289}{16}$

14. a) -1 b) 3

15. (hab/km²) B: 24,0; R: 13,0; I: 380,3; C: 142,7; S: 45,0; Índia.

16. a) $3,65 \cdot 10^5$ c) $2,5 \cdot 10^{-1}$

b) $1,1 \cdot 10^{13}$ d) $1,0 \cdot 10^{-6}$

17. Índia; $6,24 \cdot 10^{-1}$

18. a) A resposta depende da pesquisa.

b) A molécula de açúcar.

c) 19 vezes

19. a) $6 \cdot 10^{24}$ c) 300 vezes

b) $2 \cdot 10^{22}$ d) $6,02 \cdot 10^{24}$

20. a) a^8 d) $\left(\dfrac{2}{3}\right)^5$

b) 10^5 e) a^{10}

c) $(2 \cdot a \cdot b)^3$ f) 2^2

21. a) 10^{22} c) $9,84 \cdot 10^3$

b) $1,98 \cdot 10^{-8}$ d) $5 \cdot 10^4$

22. $1,03 \cdot 10^{25}$

23. $5^{3^2} = 5^9$

24. a) 2^5 b) 2^{12}

25. a) x^9 d) 11^3

b) 7^4 e) $3^3 \cdot a^7$

c) a^7 f) $\dfrac{1}{6}$

26. a) $\dfrac{b^5}{c}$

b) y^6

c) $\dfrac{2^4 \cdot y^2}{3^3}$

27. a) 8 vezes b) 7 vezes

28. Entre A e B.

29. Um milhão de reais.

30. a) 12 000 000 m

b) 0,001025 m

31. 150 Gm

32. 30 yg

33. micro

34. bilhões

35. 14

36. 3 cm, 6 cm, 9 cm

37. a) certo   **d)** certo
    b) errado   **e)** certo
    c) errado   **f)** errado

38. a) $x = \pm 6$
    b) $x = \pm 12$
    c) Não existe raiz real.
    d) $x = 0$
    e) $x = \pm\sqrt{5}$
    f) $x = \pm\sqrt{2}$

39. a) 2   **d)** 1
    b) 24
    c) $\dfrac{7}{5}$

40. $\dfrac{1}{5}$

41. a) 1,414; 1,732; 2,236; 2,449; 2,646; 3,162
    b) 5,47; 0,72

42. a, **e**, **h**

PARTICIPE

a) 1 L = 1 dm³
b) 1 000 dm³
c) x^3
d) $x^3 = 1\,000$
e) $\sqrt[3]{1\,000} = 10$; $x = 10$
f) 10 dm
g) 100 cm, 1 m

43. 8 cm

44. a) $\dfrac{20}{3}$ e 6
    b) A aritmética.

45. m.a. = 13,5
    m.g. = 10
    m.a. > m.g.

46. a) −1   **e)** $\dfrac{1}{10}$
    b) $\dfrac{1}{5}$ **f)** 2
    c) $-\dfrac{2}{3}$ **g)** $-\dfrac{1}{2}$
    d) 4   **h)** 0
        i) 2

47. a) 9
    b) 9
    c) 10

48. a) 10 000   **c)** 3
    b) −512   **d)** 6

49. a) −2; 2
    b) −5; 5
    c) −0,3; 0,3
    d) $-\dfrac{7}{11}$; $\dfrac{7}{11}$
    e) 1
    f) −1; 1
    g) Não tem raiz real.
    h) $-\dfrac{1}{2}$

50. 4 m

51. a) 7   **i)** 0,3
    b) 12   **j)** −1
    c) 5   **k)** 2
    d) −2   **l)** 0
    e) 0,5   **m)** 1,2
    f) 15   **n)** 1
    g) 1   **o)** 0,33
    h) −0,1

52. a) $-\dfrac{1}{2}$
    b) 1
    c) 8

53. a) −10; 10
    b) 0
    c) −1
    d) 5
    e) Não tem raiz real.
    f) $-\dfrac{1}{4}$
    g) Não tem raiz real.
    h) −10; 10
    i) −0,2; 0,2
    j) −2; 2
    k) 1
    l) −1; 1

54. a) 7   **f)** 64
    b) 5   **g)** 3
    c) 16
    d) 125   **h)** 10
    e) $\dfrac{1}{3}$ **i)** 4

55. a) $\sqrt[5]{10^4}$
    b) $\sqrt{10}$
    c) $\sqrt[3]{10^{-2}}$
    d) $\sqrt[3]{5}$
    e) $\sqrt{8^7}$
    f) $\sqrt[4]{2^{-1}}$
    g) $\sqrt{6}$
    h) $\sqrt{3}$

56. a) 0,3
    b) 32
    c) −1
    d) $\dfrac{28}{9}$
    e) $\dfrac{45}{4}$
    f) $\dfrac{3 + 2\sqrt{2}}{2}$
    g) 1 000
    h) $\dfrac{15}{8}$

57. Na segunda equação, a passagem $\left(\dfrac{1}{8}\right)^{\frac{1}{3}} =$
$= \left(\dfrac{1}{8}\right)^{-3}$ está errada.

58. $x = \dfrac{1}{10}$

59. m.a. $= \dfrac{10^m + 10^n}{2}$

    m.g. $= \sqrt{10^m \cdot 10^n} = 10^{\frac{m+n}{2}}$

60. a) $2^{\frac{4}{3}}$ **e)** $2^{\frac{1}{3}}$
    b) $9^{\frac{5}{6}}$ **f)** $6^{\frac{1}{2}}$
    c) $5^{-\frac{1}{2}}$ **g)** $2^{\frac{1}{2}}$
    d) $10^{\frac{3}{2}}$ **h)** $3^{\frac{1}{2}}$

61. a) 81   **c)** 8
    b) 1 000   **d)** 25

62. a) 12   **d)** 30
    b) 30   **e)** 10
    c) 4

63. a) 16   **c)** 7
    b) 27   **d)** 4

64. a) $2\sqrt{3}$ **c)** $2\sqrt{5}$
    b) $3\sqrt{2}$ **d)** $5\sqrt{2}$

65. a) 2,83
    b) 14,14
    c) 0,34

CAPÍTULO 3 Operações com radicais

PARTICIPE

a) $3 + \sqrt{2} + \sqrt{5}$
b) 6,65
c) $4 + 2\sqrt{5}$
d) 8,47
e) $XY = 3, YZ = \sqrt{5}, ZX = \sqrt{2} + \sqrt{2} = 2\sqrt{2}$
f) $3 + \sqrt{5} + 2\sqrt{2}$
g) 8,06

1. a) 16   **c)** 2
   b) 5   **d)** 9

2. Falsa, porque $\sqrt{9} + \sqrt{4} = 3 + 2 = 5 \neq \sqrt{13}$.

3. a) $9\sqrt{3}$ **c)** $-6\sqrt{3}$
   b) $3\sqrt{2}$ **d)** $2\sqrt{5} - 4$

4. a) $11\sqrt{2}$ **c)** $10\sqrt{6} - 6$
   b) $-3\sqrt{5}$ **d)** $10\sqrt{2} + 4\sqrt{5}$

5. a) 36
   b) 18
   c) $3\sqrt{2}$
   d) • $12\sqrt{2}$
     • $6 + 6\sqrt{2}$ e $6 + 3\sqrt{2}$
     • $12 + 6\sqrt{2}$ e $6 + 9\sqrt{2}$
     • $12 + 6\sqrt{2}$

6. a) ADE e CDE: $3 + \sqrt{3}$; ABE e BCE: $\sqrt{6} + 2\sqrt{3}$; ABD e CBD: $3 + \sqrt{3} + \sqrt{6}$; ACD: $4 + 2\sqrt{3}$ e ABC: $2\sqrt{6} + 2\sqrt{3}$.

b) $ABCD$: $4 + 2\sqrt{6}$

c) $AEDCB$ e $ADECB$: $3 + \sqrt{3} + 2\sqrt{6}$ e $AEBCD$ e $ABECD$: $4 + 2\sqrt{3} + \sqrt{6}$

7. a) 10 **b)** 3

e) $\sqrt{11}$ **i)** $\sqrt{47}$

h) $\sqrt{90}$ **f)** $\sqrt[3]{20}$

c) 6 **g)** 2

d) 4 **h)** $\sqrt{10}$

9. a) 60
b) 12
c) 72

10. a) $\sqrt{5}$ **c)** $\sqrt{3}$

b) $\sqrt{\dfrac{1}{2}}$ **d)** $\sqrt{2}$

11. a) 3 **b)** 15

12. a) $\sqrt[4]{8}$ **b)** $\sqrt[6]{2}$

13. a) 9 **d)** 10

b) 32 **e)** $\dfrac{1}{6}$

c) 25 **f)** $\dfrac{1}{16}$

14. Dois: $\dfrac{1}{25}$, $4\sqrt{2}$; dois: 9; 63.

a) 36 **e)** $4\sqrt{2}$
b) 50 **f)** 1 250
c) $\dfrac{1}{25}$ **g)** 63
d) 9 **h)** -6

15. $2\sqrt{2}$ cm³

16. a) $\sqrt[4]{6}$ **c)** $\sqrt[8]{2}$
b) $\sqrt[6]{10}$ **d)** $\sqrt[12]{5}$

17. $\dfrac{-\sqrt{3}}{4}$

18. a) 20 **c)** 18
b) $1 + \sqrt{2}$ **d)** 8

UNIDADE 2 Cálculo algébrico

CAPÍTULO 4 Produtos notáveis

PARTICIPE

a) $\sqrt{10}$ cm
b) 2 cm
c) $(\sqrt{10} + 2)$ cm
d) $(\sqrt{10} + 2)^2$ cm² = 10 cm²

1. $(6 - 4\sqrt{2})$ m²

2. a) $7 + \sqrt{3}$ **b)** $105 - 20\sqrt{5}$

3. a) $18 + 8\sqrt{2}$ **d)** $17 + 12\sqrt{2}$
b) $32 + 10\sqrt{7}$ **e)** $5 + 2\sqrt{6}$
c) $12 - 6\sqrt{3}$ **f)** $41 - 24\sqrt{2}$

4. Há outras respostas possíveis.
a) $\sqrt{3} \cdot \sqrt{3} = 3$
b) $\sqrt[3]{2} \cdot \sqrt{2} = 6$
c) $(\sqrt{3} + 1)(\sqrt{3} - 1) = 2$
d) $(7 + \sqrt{19})(7 + \sqrt{19}) = 30$
e) $(\sqrt{8} - 8)(\sqrt{3} + 3) = 5$
f) $(11 + \sqrt{11})(11 - \sqrt{11}) = 110$

5. b, c.
a) $30 + 12\sqrt{6}$
b) -59
c) 6

6. a) $x^2 + 4x + 4$ **e)** $9x^2 - 12x + 4$
b) $4x^2 + 4x + 1$ **f)** $4x^2 - 1$
c) $x^4 + 8x^2 + 16$ **g)** $16x^2 - 2$
d) $x^2 - 10x + 25$ **h)** $x^8 - 4$

7. a) $3\sqrt{2} + 2$
b) $2\sqrt{5} - 30$
c) $6 + 4\sqrt{3}$
d) $5 - 3\sqrt{2}$

8. a) $(2 + \sqrt{3})$ cm²
b) 2 cm²

9. a) $\dfrac{\sqrt{3}}{3}$ ou 0,58 **c)** $\dfrac{\sqrt{5}}{10}$ ou 0,22

b) $\dfrac{5\sqrt{6}}{6}$ ou 2,04 **d)** $\dfrac{\sqrt[3]{2}}{20}$ ou 0,21

10. a) $2\sqrt{3}$

b) $\dfrac{3\sqrt{10}}{4}$

11. a) $\sqrt{2} - 1$ **b)** 0,414

12. a) $\dfrac{4 - \sqrt{2}}{14}$ **c)** $\dfrac{3 + \sqrt{3}}{2}$

b) $2\sqrt{5} - 4$ **d)** $\dfrac{-7 - \sqrt{2}}{47}$

13. a) $\dfrac{3 - \sqrt{3}}{2}$ **c)** $4\sqrt{2} + 1$

b) $2(4 + \sqrt{2})$ **d)** $2 - \sqrt{3}$

14. a) $-2\sqrt{2}$

b) $\dfrac{-2 - \sqrt{15}}{2}$

c) 2
d) 0

15. 0,79

16. 0,35 ave/m² aproximadamente

CAPÍTULO 5 Fatoração

1. $x + 2$

2. a) $x(m + n - p)$
b) $5x(4x + 5)$
c) $2m^2(2m - 3)$
d) $(a + b)(x + 2)$

3. a) $(x + y)(a - b)$
b) $(m - n)(m - 3)$
c) $(x + 2)(x^2 + 2)$
d) $(7x + 1)(x - y)$

4. a) 0; 2
b) 0; 1
c) -1
d) -1; 2; -2

5. $2x^3$

6. Uma: -1

7. a) $(5a + 4)(5a - 4)$
b) $(x + 9)(x - 9)$
c) $(10x + 1)(10x - 1)$
d) $(2a - 3b)(2a + 3b)$
e) $x(x + 2y)$
f) $(1 - x - y)(1 + x + y)$

8. a) $(x + y)^2$
b) $(a + 1)^2$
c) $(x - 3)^2$
d) $(2x - 1)^2$
e) $(m + 2n)^2$
f) $(x - 6)^2$

9. a) $a^2(a + 1)(a - 1)$
b) $2a(x + 4)(x - 4)$
c) $(a - 2)(a + 2)(a + 1)$
d) $(x^4 + 1)(x^2 + 1)(x + 1)(x - 1)$
e) $(x + 1)^2(x - 1)^2$
f) $x^3(x + 1)^2$

10. a) $\dfrac{x}{(x + 1)(x - 1)}$

b) $\dfrac{x - y - 2}{a + 2}$

11. a) m
b) $a + b$
c) $x + 1$
d) $x - 1$

12. a) $x^2 - 7x + 12 = 0$
b) $x^2 + 7x + 10 = 0$
c) $x^2 + 3x - 18 = 0$
d) $x^2 - 3x - 18 = 0$

13. a) $(x - 3)(x - 1)$ **f)** $(x - 4)(x - 6)$
b) $(y + 8)(y + 3)$ **g)** $(x - 6)(x - 1)$
c) $(a - 9)(a + 5)$ **h)** $(y + 5)(y - 1)$
d) $(t - 4)(t + 3)$ **i)** $(a + 2)(a - 1)$
e) $(y + 5)(y + 6)$ **j)** $(t + 8)(t - 1)$

14. a) $\dfrac{x + 2}{x - 4}$ **b)** $\dfrac{x + 4}{x + 2}$

15. a) -8; -4
b) 8; 4
c) 0; 4
d) 8; -4
e) 3; -1
f) 4; -4

16. $(x - 2)(x - 3)(x - 4) = 0$; $x^3 - 9x^2 + 26x - 24 = 0$

CAPÍTULO 6 Equações do 2º grau

PARTICIPE

I. a) $x^2 = \dfrac{9}{4}$

b) $\dfrac{3}{2}$ e $-\dfrac{3}{2}$

II. a) $a = -2$, $b = 0$ e $c = 10$

b) $x^2 = 5$

c) $\sqrt{5}$ e $-\sqrt{5}$

III. a) $x^2 = -2$

b) Nenhum número real elevado ao quadrado dá resultado negativo. Portanto, não há raiz real.

---

1. a) -2; 2

b) -3; 3

c) $-\dfrac{5}{2}$; $\dfrac{5}{2}$

d) $-\dfrac{4}{3}$; $\dfrac{4}{3}$

e) $-\sqrt{2}$; $\sqrt{2}$

f) $-\sqrt{\dfrac{5}{2}}$; $\sqrt{\dfrac{5}{2}}$

g) Não tem raízes reais.

h) $-\sqrt{\dfrac{2}{3}}$; $\sqrt{\dfrac{2}{3}}$

i) -5; 5

j) Não tem raízes reais.

2. 15 cm

3. $-\dfrac{1}{3}$ e $\dfrac{2}{3}$

4. a) 0; 2

b) 0; -5

c) 0; $\dfrac{1}{3}$

d) 0; $-\dfrac{1}{2}$

e) 0; 4

f) 0; $-\dfrac{7}{2}$

5. a) 0 ou 5

b) $\sqrt{\dfrac{7}{2}}$ ou $-\sqrt{\dfrac{7}{2}}$

c) 0 ou $\dfrac{1}{16}$

PARTICIPE

a) São 5 e 1, pois $5 + 1 = 6$ e $5 \cdot 1 = 5$.

b) São 5 e 1.

c) $5^2 - 6 \cdot 5 + 5 = 25 - 30 + 5 = 0$ e $1^2 - 6 \cdot 1 + 5 = 1 - 6 + 5 = 0$

d) $s = -9$ e $p = 18$

e) Negativo.

f) -6 e -3, porque $(-6) + (-3) = -9$ e $(-6)(-3) = 18$

g) $s = -2$ e $p = -8$

h) A negativa.

i) -4 e 2, porque $(-4) + 2 = -2$ e $(-4) \cdot 2 = -8$

j) $(-4)^2 + 2(-4) - 8 = 16 - 8 - 8 = 0$

---

k) $s = 1$ e $p = -20$

l) Uma positiva e uma negativa.

m) Como a soma é positiva, a raiz positiva tem maior valor absoluto.

n) 5 e -4, porque $5 + (-4) = 1$ e $5(-4) = -20$

6. a) 3 e 2

b) -3 e -5

c) 4 e 2

d) 3 e -2

e) 7 e 4

f) 4 e -3

g) -5 e 2

h) 8 e -4

i) -12 e -2

j) 1 e $\sqrt{2}$

7. 6 m ou 8 m

8. a) 2 cm

b) 6 cm

9. 8

10. $2\sqrt{2}$ ou $-2\sqrt{2}$

11. a) $-3 \pm \sqrt{7}$

b) $5 \pm \sqrt{11}$

c) $1 \pm \sqrt{3}$

d) $-2 \pm 2\sqrt{5}$

12. $2 + \sqrt{2}$ e $2 - \sqrt{2}$

13. Demonstração.

14. a) $-\dfrac{1}{2}$ e -3

b) $\dfrac{1}{6}$ e -1

c) $\dfrac{9 \pm \sqrt{5}}{2}$

15. a) São iguais.

b) 4

c) $\dfrac{\sqrt{2}}{2}$

16. Nenhuma

17. 0,5 e 0,4

18. a) $5 + \sqrt{5}$ e $5 - \sqrt{5}$

b) 5 e 5

c) Não existem.

19. 7 anos

20. a) $-\dfrac{1}{3}$; -1

b) $\dfrac{4}{3}$

c) $\dfrac{-1 - \sqrt{5}}{2}$; $\dfrac{-1 + \sqrt{5}}{2}$

d) 4; 7

21. a) 15; -16

b) 1; -9

c) 2; $-\dfrac{1}{2}$

22. 3

23. a) 0,8

b) 2,1

c) $x^2 - 2{,}1x + 0{,}8 = 0$

d) $a = 1{,}6$ e $b = 0{,}5$

24. 15 m e 12 m

25. 2 cm

26. 6 e 7 ou -6 e -7

---

27. a) 26 m e 24 m

b) 625 m²; $\sqrt{625 - q}$ só existe se $q \leqslant 625$; 25 m e 25 m.

28. a) $x = p$

b) $x = \dfrac{m}{2}$ ou $x = \dfrac{m}{3}$

c) $x = 0$ ou $x = 2k$

29. a) $50 \pm \sqrt{2\,500 - s}$ metros

b) 2 500 m²

c) 50 m e 50 m

30. a) $h = (-1 + \sqrt{1 + 2s})$ cm

b) • $h = 4$ cm   • $h = 2$ cm   • $h = 1$ cm   • $h = 0{,}5$ cm

31. a) $m = 1$; $x = 2$

b) $m \neq 1$; $m + 1$ e $\dfrac{1}{m - 1}$

c) 10 000

32. a) duas

b) duas

c) uma

d) nenhuma

e) uma

f) nenhuma

33. $k = \pm 4$

34. $a > 4$

35. $m < \dfrac{1}{3}$ e $m \neq 0$

36. $m \geqslant -\dfrac{1}{24}$

37. $m > -\dfrac{29}{4}$

38. a) Para todo m real.

b) $x = \dfrac{m}{2}$

39. a) $s = -\dfrac{5}{3}$; $p = \dfrac{2}{3}$

b) $s = -\dfrac{11}{2}$; $p = -\dfrac{1}{2}$

c) $s = \dfrac{2}{3}$; $p = \dfrac{1}{9}$

d) $s = \dfrac{5}{7}$; $p = -\dfrac{3}{7}$

e) $s = -\dfrac{11}{2}$; $p = \dfrac{15}{2}$

f) $s = 0$; $p = -\dfrac{7}{11}$

g) $s = -\dfrac{5}{8}$; $p = 0$

h) $s = \dfrac{1}{2}$; $p = -\dfrac{1}{2}$

i) $s = 1$; $p = -2$

j) $s = 10$; $p = 8$

40. $1^{-10} = 1$

41. a) $\dfrac{7}{5}$

b) $-\dfrac{11}{5}$

c) $-\dfrac{7}{11}$

d) $\dfrac{1}{5}$

42. -9

43. a) -18 d) $\dfrac{4}{7}$

     b) 4 e) $-\dfrac{1}{8}$

     c) $\dfrac{1}{3}$ f) $1 \pm \sqrt{2}$

44. a) $m = \dfrac{1}{2}$

     b) $m = -1$

     c) $m = -\dfrac{2}{5}$

45. a) $(x - 5)(x - 2)$

     b) $(x + 1)(x + 3)$

     c) $(x - 6)(x + 1)$

     d) $3(x - 2)\left(x - \dfrac{1}{3}\right) = (x - 2)(3x - 1)$

     e) $4\left(x + \dfrac{1}{2}\right)\left(x + \dfrac{3}{2}\right) = (2x + 1)(2x + 3)$

     f) $5\left(x - \dfrac{2}{5}\right)(x + 3) = (5x - 2)(x + 3)$

     g) $2(x - 5)^2$

     h) $3(x - 1)^2$

46. a) $\dfrac{1}{x - 2}$

     b) $\dfrac{x + 2}{x - 3}$

     c) $\dfrac{x - 5}{5x - 1}$

47. a) $3x^2 + 5x + 2 = 0$

     b) $16x^2 - 16x + 3 = 0$

     c) $49x^2 - 14x - 8 = 0$

     d) $15x^2 - 34x + 15 = 0$

48. $x^2 - 3ax + 2a^2 = 0$

CAPÍTULO 7 Equações redutíveis à equação do 2º grau

1. $\ell = 4$ cm

2. $\ell = 2$ cm

3. $\sqrt{5}$

4. a) $1, -1, \dfrac{2}{3}, -\dfrac{2}{3}$

     b) $4, -4, \sqrt{2}, -\sqrt{2}$

     c) $2, -2$

     d) $3, -3$

5. Resposta pessoal.

6. $x^4 - 26x^2 + 25 = 0$

7. $\ell = 2\sqrt{2}$ cm; $\ell = \dfrac{\sqrt{2}}{2}$ cm

a) $\dfrac{1}{10}$

b) $\dfrac{1}{15}$

c) $\dfrac{1}{10} + \dfrac{1}{15} = \dfrac{5}{30} = \dfrac{1}{6}$

d) 6 minutos

---

8. 36 minutos

9. 30 horas

10. 360 minutos (= 6 h)

11. 10 h e 15 h

12. Resposta pessoal.

13. 1,5 cm, 1 cm e 1,5 cm

14. a) 32 (14 na ida, 18 na volta)

     b) 36; 28

     c) 31,5

15. 68 cm

16. $x = 2$ cm e $y = 5$ cm

17. $x = 8$ e $y = 6$

18. a) 60; R$ 250,00

     b) 50; R$ 300,00

19. Os pares (x, y) são: $(\sqrt{3}, \sqrt{2})$; $(\sqrt{3}, -\sqrt{2})$; $(-\sqrt{3}, \sqrt{2})$; $(-\sqrt{3}, -\sqrt{2})$.

20. Os pares possíveis para as idades são $x = 2$ e $y = 3$ ou $x = 3$ e $y = 2$, pois as idades não podem ser negativas.

21. $\dfrac{400}{x} - 4 = \dfrac{400}{x + 5}$; $x = 20$

$\begin{cases} x \cdot y = 400 \\ (x + 5)(y - 4) = 400 \end{cases}$; $x = 20$

CAPÍTULO 8 Inequações

I. a) certo, porque $2 - 1 + 4 = 5$ e $5 > 3$

     b) errado, porque $2(-1) - 3 = -5$ e $-5 < -4$

     c) certo, porque $2\left(-\dfrac{1}{2}\right) + 3 = -1 + 3 = 2$ e $2 > 0$

     d) certo, porque $\dfrac{1}{3} - \dfrac{1}{2} = -\dfrac{1}{6}$ e $-\dfrac{1}{6} < -\dfrac{1}{7}$

     e) errado, porque $-7 < -1$

     f) certo, porque $\dfrac{1}{2} = 0,5$

     g) certo, porque $0,10 = 0,1$ e $0,2 > 0,1$

     h) certo, porque $-1,1 < 0$

II. a) $30 < 40$. Verdadeira.

     b) $10 < 20$. Verdadeira.

     c) $-30 < -20$. Verdadeira.

     d) $80 < 120$. Verdadeira.

     e) $-80 < -120$. Falsa.

III. a) Verdadeira.

     b) $15 > -15$. Verdadeira.

     c) $-5 > -35$. Verdadeira.

     d) $100 > -200$. Verdadeira.

     e) $-10 > 20$. Falsa.

IV. a) Verdadeira.

     b) Verdadeira.

     c) Verdadeira.

     d) Falsa.

V. a) Nos itens **II.e**, **III.e** e **IV.d**. Os dois membros foram multiplicados por número negativo.

     b) Inverter o sinal da desigualdade: se for ">", substituímos por "<"; se for "<", substituímos por ">".

---

1. a) $13 < 18$ c) $40 < 80$

     b) $-3 < 2$ d) $-40 > -80$

2. a) $70 > 60$ c) $10 > 5$

     b) $-30 > -40$ d) $-10 < -5$

3. $8 > 6$; $-2 > -4$; $6 > 2$; $-6 < -2$

$5 < 7$; $-5 < -3$; $0 < 4$; $0 > -4$

$13 < 31$; $-13 > -31$; $13 = 13$; $8 < 11$

$4 < 10$; $-6 > 0$; $-7 < 10$; $7 > -10$

$2 < 3$; $-8 < -7$; $-6 < -4$; $6 > 4$

4. a) sim   c) não

     b) não   d) não

5. Todo número maior que 10.

Todo número menor que -2.

6. a) não

     b) sim

     c) sim

7. a) errado

     b) certo

     c) certo

8. não

9. Sim, o 4 e o 5.

10. a) certo   c) errado

     b) certo   d) certo

11. Qualquer número menor que 156.

12. a) $x < 0$

     b) $x < 3$

     c) $x \leqslant \dfrac{5}{2}$

     d) $x > -2$

13. É maior que 25 anos.

14. a) $x < 5$

     b) $x > 6$

     c) $x \leqslant 14$

     d) $x \geqslant -\dfrac{10}{3}$

15. Qualquer número menor que -1.

16. a) certo   c) certo

     b) errado   d) certo

17. a) $x \leqslant 3$

     b) $x > 2$

18. Menos que 15°.

19. a) $x \geqslant 2$

     b) $x \leqslant -3$

     c) $x < -4$

     d) $x > -8$

20. 75

21. mais que 8 cm

22. nota $\geqslant 5,9$

23. 53

24. x deve ser maior que 7,5 cm

25. mais que 108°

26. a) $x > 0$

     b) $x \geqslant \dfrac{19}{4}$

27. A-III; B-V; C-II; D-IV

28. a)

b)

c)

d)

e)

f)

29. a) $\{x \in \mathbb{R} \mid x < -2\}$
b) $\{x \in \mathbb{R} \mid -3 < x < 5\}$
c) $\{x \in \mathbb{R} \mid -1 \leqslant x \leqslant 2\}$
d) $\{x \in \mathbb{R} \mid x \geqslant 0\}$
e) $\{x \in \mathbb{R} \mid -\frac{1}{2} < x \leqslant \frac{1}{2}\}$
f) $\{x \in \mathbb{R} \mid -8 \leqslant x < 8\}$
g) $\{x \in \mathbb{R} \mid x \leqslant -2\}$
h) $\{x \in \mathbb{R} \mid x > -7\}$
i) $\{x \in \mathbb{R} \mid -\frac{1}{2} < x < 5\}$
j) $\{x \in \mathbb{R} \mid \frac{3}{2} \leqslant x \leqslant 6\}$

30. a)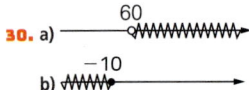

b)

PARTICIPE

a) $0,04x$, sendo x o total das vendas
b) $1\,200 + 0,04x$
c) $1\,200 + 0,04x \leqslant 0,1x$
d) $1\,200 + 0,04 \geqslant 2\,400$
e) No mínimo R$ 20 000,00.
f) No mínimo R$ 30 000,00.
g) No mínimo R$ 30 000,00.

31. Entre 2,5 km e 6,9 km.
32. De 2,6 km a 9,8 km.
33. De 2 000 a 2 250.
34. a) $5 < x < 15$
b) 26 cm $\leqslant$ perímetro $\leqslant$ 36 cm
35. $V = \{x \in \mathbb{R} \mid x < 1\}$

UNIDADE 4
Proporcionalidade e Matemática financeira

CAPÍTULO 9 Relações entre grandezas

1. a) 4,87 hab/km²
b) 1 093,57 hab/km²
c) 4 480,71 hab/km²
d) 194,68 hab/km²
e) Curitiba
2. 100 km/h
3. Não.
4. Embalagem 3

5. A escala é de 1 : 62 500 000.
6. 3,68 cm
7. a) 18 quilates **c)** 75%
b) $\frac{3}{4}$ **d)** 24 quilates
8. Pedro 450 m²; Paulo 270 m²
9. Mônica R$ 8 400,00; Renato R$ 12 600,00; Roberto R$ 16 800,00
10. Resposta pessoal
11. Lara 180; Marco 220
12. Resposta pessoal.
13. 21,6 litros
14. 0; 20; 40; 60; 80; 100
$y = 20x$
15. Resposta pessoal.
16. R$ 64,00
17. 400
18. $y = \dfrac{36\,000}{x}$
19. a) Não
c) R$ 3 000,00
20. a) 24
b) 20
c) 16
21. 2 quilômetros
22. 400 azulejos
23. R$ 36 750,00
24. 48 coelhos
25. 500 veículos
26. 1 500 livros
27. 9 dias
28. 8 homens
29. 30 metros
30. Resposta pessoal
31. Resposta pessoal.

CAPÍTULO 10 Juros simples

PARTICIPE

I. a) 5%
b) R$ 69,30
c) 5% aproximadamente.
II. a) R$ 3 132,60
b) R$ 454,00
c) O valor das parcelas oferecido pela gerente.
d) R$ 68,10
e) O juro cobrado em cada parcela.

1. R$ 3 478,80
2. R$ 3 806,25
3. 625 moedas
4. R$ 6 720,00
5. R$ 10 800,00
6. R$ 152,52; R$ 3 432,52
7. R$ 1 148,00; R$ 20 348,00
8. R$ 536,25

9. a) R$ 43,20
b) R$ 763,20
10. Sim, porque ela vai receber R$ 14 245,00.
11. a) 2%
b) 24%
12. R$ 12 500,00
13. De R$ 5 900,00.
14. 10,2% a.a.
15. 1 ano e 4 meses
16. 7 meses
17. R$ 18 000,00
18. R$ 9 000,00
19. R$ 14 000,00
20. R$ 150,00
21. 6,5%
22. 4 anos
23. Cássio (Lourdes: 11%; Cássio: 18%)
24. Em 9 anos, 4 meses e 15 dias.
25. a) Não tem juro.
b) R$ 15 900,00; R$ 662,50
c) R$ 27 984,00
d) Resposta pessoal.

CAPÍTULO 11 Porcentuais sucessivos

1. a) 1,10
b) R$ 4,40
2. a) 1,05
b) R$ 945,00
3. a) 0,90
b) R$ 108,00
4. a) 0,70
b) R$ 2 520,00
5. a) 1,05 **b)** 5%
6. a) 0,86 **b)** 14%
7. Aproximadamente 2 845 milhares.
8. a) 60 480 **b)** 28%
9. a) R$ 35 200,00
b) R$ 39 424,00, abaixo do valor de 2017 em 1,44%.
10. 87,4%
11. 21%
12. 10%
13. R$ 4 233,60
14. Resposta pessoal.
15. Fator = $(1,10)^6 = 1,771561$. A dívida aumentou 77,16% aproximadamente.

UNIDADE 5 Semelhança e aplicações

CAPÍTULO 12 Teorema de Tales

1. $\dfrac{1}{2}$
2. a) $\dfrac{5}{8}$ **c)** $\dfrac{8}{15}$
b) $\dfrac{8}{5}$ **d)** 3

3. a) 1

b) $\dfrac{1}{3}$

c) 1

d) 3

e) $\dfrac{1}{4}$

4. 4 cm

5. $x = 14$ cm e $y = 21$ cm

6. $x = 28$ cm e $y = 12$ cm

7. $AB = 8$ cm; $CD = 20$ cm

8. 42 m

9. 30 m; 45 m

10. 1

11. a) $x = 6$

b) $x = 7$

c) $x = 6$

d) $x = \dfrac{21}{2}$

12. $x = \dfrac{10}{3}$; $y = 6$

13. a) $x = \dfrac{8}{3}$; $y = \dfrac{15}{4}$; $z = \dfrac{24}{5}$

b) $x = 4$; $y = 8$; $z = 12$

14. a) $x = 12$; $y = 9$

b) $x = 6$; $y = 15$

15. 21 cm

16. a) 12

b) 12

17. Construção.

18. Construção.

19. Construção.

20. Construção.

21. $x = 15$; $y = 16$

22. 42 cm

23. $x = 21$ m; $y = 35$ m

PARTICIPE

$x = 70°$

CAPÍTULO 13 Semelhança de triângulos

PARTICIPE

a) A forma.

b) Quanto ao tamanho e à cor.

c) A cinza. Porque está mais próxima do bolim.

d) Não. Eles possuem a mesma forma mas têm diferentes tamanhos.

1. a) 13; 19

b) 11; 14

c) 15

d) 12

e) 10

f) 9; 18

2. Construção.

3. Construção.

4. 255 mm (25,5 cm)

5. 48 km

6. a) 2, 3, 7 e 10

b) nenhum

c) 6

d) 0

e) 12

8. a) $x = 12$

b) $x = \dfrac{5}{2}$; $\alpha = 105°$

c) $x = 4$; $y = 3$

9. 21 cm, 15 cm e 12 cm

10. a) 21; 18; 15

b) $\dfrac{3}{2}$

11. Demonstração.

12. 12 cm, 27 cm e 24 cm

13. a) $\dfrac{1}{2}$; $x = 10$ e $y = 12$

b) 2; $x = 12$; $y = 6$

14. 3 cm, 6 cm e 7 cm

15. $x = 3$ cm; $y = 4$ cm

16. 10 cm

17. 6

18. a) $x = 6$ cm

b) $x = \dfrac{24}{5}$ cm

19. 8 m; 10 m

20. 10 m; 12 m; 14 m

21. 63 m

PARTICIPE

a) Respostas pessoais.

b) 90°, 45° e 45°

c) Sim

d) Resposta pessoal.

22. 1 ~ 8 (LAL); 2 ~ 5 (LLL); 3 ~ 6 (LLL); 4 ~ 7 (AA)

23. a) $x = 2$; $y = 3$

b) $x = 8$; $y = 10$

24. 45 m

25. a) $x = 9$; $y = \dfrac{32}{3}$

b) $x = 7$; $y = 10$

26. 12,6 cm

27. $x = \dfrac{45}{4}$; $y = \dfrac{75}{4}$

28. $x = 14$ cm; $y = 8$ cm

29. a) $x = \dfrac{8}{3}$; $y = \dfrac{4}{3}$

b) $x = 6$; $y = 10$

30. 16 cm

31. $\dfrac{8}{3}$ cm

32. a) $x = 6$; $y = \dfrac{10}{3}$ **b)** $x = \dfrac{15}{2}$; $y = 5$

33. $\dfrac{12}{5}$

34. 4,8 cm

35. $x = \dfrac{15}{2}$; $y = \dfrac{17}{2}$

36. $\dfrac{2}{3}$

37. Demonstração.

38. 18 cm²

UNIDADE 6 Relações métricas e trigonométricas no triângulo retângulo

CAPÍTULO 14 Relações métricas no triângulo retângulo

PARTICIPE

a) $\overline{AA'}$ e $\overline{BB'}$

b) Construção.

c) Construção.

d) Construção.

e) Construção.

f) Sim; quando $\overline{AB} \perp$ r.

g) Sim; quando $\overline{AB} \parallel$ r.

h) Não; em nenhum caso.

i) A medida da projeção é menor ou igual à medida de $\overline{AB}$.

1. a) • m   • a   • $m \cdot n$ • $a \cdot h$ • a^2

b) • n^2 • m^2 • a^2 • h^2 • $m \cdot n$ • n^2 • m^2

c) • t^2 • n^2 • $(r + s) \cdot t$ • m^2 • m^2 • n^2 • $(r + s)^2$

2. a) 6   **c)** 2

b) 3   **d)** 8

3. a) 5   **c)** 4

b) 12   **d)** 2

4. 2 m

5. a) $2\sqrt{29}$ **c)** $\dfrac{52}{5}$

b) 9

6. 17 cm; $\dfrac{225}{17}$ cm; $\dfrac{64}{17}$ cm; $\dfrac{120}{17}$ cm

7. 20 m e 15 m

8. a) 13 cm

b) $\dfrac{25}{13}$ cm e $\dfrac{144}{13}$ cm

c) $\dfrac{60}{13}$ cm

9. 13 cm

10. 3 cm e 4 cm

11. 7,5 cm; 8 cm e 4,5 cm

12. Sim

13. $2\sqrt{3}$ cm

14. 28 cm

15. a) 6   **b)** 2

16. a) $x = 6$; $y = 3{,}6$; $z = 6{,}4$; $t = 4{,}8$

    b) $x = 6{,}5$; $y = \dfrac{25}{13}$; $z = \dfrac{144}{13}$; $t = \dfrac{60}{13}$

17. a) 12   **b)** 5

18. $3\sqrt{34}$ cm

19. $3\sqrt{2}$

20. $(\sqrt{5} - 1)r$

21. $2(\sqrt{2} + 1)$ cm

22. 2,4 cm

23. 12 cm

24. $8\sqrt{15}$ cm

25. a) $\sqrt{21}$ **b)** 12,30

26. 6 cm

27. 8 cm

28. a) 13

    b) $6\sqrt{2}$

    c) $4\sqrt{2}$

29. 20 cm

30. 13 cm

31. a) $5\sqrt{3}$

    b) $4\sqrt{3}$

32. $3\sqrt{3}$ cm

33. 36 cm

34. 10,39 mm

35. $\dfrac{48}{5}$ m

36. 8 m

37. 12

38. $\dfrac{5\sqrt{7}}{4}$ m

39. a) 5   **b)** 10

40. 52 cm

41. 75 cm e 72 cm

42. 17 cm

43. $4\sqrt{3}$

44. 5 cm

45. 8 cm

46. $2\sqrt{Rr}$

47. 30 cm

48. 6 m

49. 8 cm

50. 2 m

51. Construção.

52. Construção.

53. Construção.

54. Construção.

55. Construção.

56. Construção.

57. Construção.

58. Construção.

CAPÍTULO 15 Razões trigonométricas no triângulo retângulo

    a) 2,80 m

    b) 2 m

    c) triângulo

    d) triângulo retângulo

    e) cateto; cateto; hipotenusa

    f) 1,96 m

1. a) $\dfrac{1}{2}$

    b) $\dfrac{3}{5}$

    c) $\dfrac{3}{5}$

2. a) $\dfrac{3}{4}$

    b) $\dfrac{1}{2}$

    c) $\dfrac{\sqrt{11}}{6}$

3. a) $\dfrac{4}{5}$ **c)** $\dfrac{4}{3}$

    b) $\sqrt{3}$

4. $\dfrac{5}{13}, \dfrac{12}{13}$ e $\dfrac{5}{12}$

5. $\dfrac{12}{13}, \dfrac{5}{13}$ e $\dfrac{12}{5}$

6. $RS = 20$; sen $\hat{R} = \dfrac{3}{5}$, cos $\hat{R} = \dfrac{4}{5}$ e tg $\hat{S} = \dfrac{4}{3}$

7. $x = 8$; $\dfrac{8}{17}, \dfrac{8}{15}$ e $\dfrac{15}{17}$

8. a) 12 cm

    b) 9 cm

    c) $\dfrac{3}{5}; \dfrac{4}{3}$

    d) $\dfrac{3}{5}; \dfrac{4}{5}; \dfrac{3}{4}$

9. a) 15 cm

    b) 20 cm

    c) $\dfrac{4}{5}; \dfrac{3}{4}$

    d) $\dfrac{4}{5}; \dfrac{3}{5}; \dfrac{4}{3}$

10. a) 5   **f)** 5

    b) $8\sqrt{3}$

    c) 5   **g)** 30°

    d) $3\sqrt{2}$ **h)** 45°

    e) 60°   **i)** 2

11. $\dfrac{100\sqrt{3}}{3}$ m

12. $40\sqrt{2}$ m $\Rightarrow x \cong 56{,}6$m

13. $36\sqrt{3}$ m

14. $20\sqrt{3}$ cm e 240 cm

15. $6\sqrt{3}$ cm

16. $8\sqrt{3}$ cm

17. Construção.

18. 25,5 m

19. Aproximadamente 67 km.

20. a) $6\sqrt{2}$

    b) $2\sqrt{3}$

21. $15 \cdot \left(3 + \sqrt{3}\right)$ m

22. 7,7 m

UNIDADE 7 Estatística e probabilidade

CAPÍTULO 16 Noções de Estatística

3. a) 85%; 9%; 5%; 1%

4. a) 34%

5. a) 12%; 40%; 20%; 16%; 8%; 4%

6. a) 50%

    b) Não. Porque não sabemos qual foi a produção total de cada estado.

8. b) 45%

9. c) 32%

12. c) Resposta pessoal.

13. a) Safra 2004/2005; 1,362 milhão de toneladas.

    b) 256 mil toneladas; 28,6%.

14. a) 2005 a 2008; 2009 a 2011; 2016 a 2018.

    b) Resposta pessoal.

15. a) 4:9

    b) 7:8

16. 5,3 mil milhões de dólares.

17. a) 2000

    b) O espaçamento entre os anos não está proporcional no gráfico. Por exemplo, de 1980 a 1990 decorrem 10 anos; de 2018 a 2020, apenas 2 anos.

18. Resposta pessoal.

19. No gráfico do jornal X o candidato B está sendo favorecido. No gráfico do jornal Y o candidato A está sendo favorecido.

20. No gráfico I, não. O candidato A tem prejuízo visual no gráfico II.

21. Resposta pessoal.

22. A comparação realizada no pictograma não apresenta precisão, pois não segue uma escala, e pode causar erro de interpretação do leitor.

23. a) O time D é aquele que apresenta maior torcida.

    b) Os times A e B apresentam as menores torcidas, porém não é possível afirmar qual é o time com menor torcida em valores absolutos.

    c) Não é possível ter precisão sobre a quantidade de torcedores da cada time, pois o pictograma não apresenta uma escala bem definida, e pode induzir a um erro quando comparamos as dimensões.

24. 8 cm

PARTICIPE

Resposta pessoal.

25. 1,9; 1,5; 0

26. 2,2; 2; 2

27. 0,22, 0, 0

28. R$ 1 932,00; R$ 1 300,00; R$ 1 300,00

29. 155 min

30. 4,7

31. 6,54

32. Na abscissa 137 min

33. a) Diretor de *marketing*

b) Em todas as categorias.

34. 7,0

35. a) 5; 1,6

b) 5; 0,8

c) 5; 0

36. a) Todas são iguais a 6,5.

b) No 9º C. Tem o desvio padrão maior.

37. a) 152 cm; 2,1 cm   **b)** 156 cm; 2,1 cm

38. Fortaleza

39. a) R$ 8 100,00; R$ 4 200,00

b) Casa da Cor

c) Casa da Cor: média = R$ 3 000,00, desvio padrão ≅ R$ 3 018,00; Tinta & Cia.: média = R$ 3 000,00, desvio padrão ≅ R$ 1 518,00

40. a) $Q_1 = 4$; $Q_2 = 5$ e $Q_3 = 7$

b) Média = 5,45; Mediana = 5; A média é maior

c) amplitude = 8; $Q_3 - Q_1 = 3$

CAPÍTULO 17 Contagem e probabilidade

1. a) 14 modos   **c)** 48 modos

b) 24 modos   **d)** 24 modos

2. a) 11 modos   **b)** 30 modos

3. a) 9   **b)** 6

4. 36

5. 8

6. a) 3   **d)** 3

b) 3   **e)** 1

c) 3   **f)** 6

7. 4 950

8. a) 45   **b)** 16

9. a) 45   **b)** 55

10. 36

11. $S = \{1, 2, 3, ..., 10\}$; 10

$A = \{9, 10\}$

$B = \{2, 3, 5, 7\}$

12. $S = \{$domingo, segunda-feira, terça-feira, ..., sábado$\}$; 7

$A = \{$domingo$\}$

13. $S = \{(1, 2), (1, 3), (1, 4), (2, 1), ..., (4, 3)\}$; 12

$A = \{(1, 4), (2, 4), (3, 4), (4, 1), (4, 2), (4, 3)\}$

$B = \{(1, 3), (3, 1)\}$

$C = \{(1, 2), (1, 3), (1, 4), (2, 3), (2, 4), (3, 4)\}$

$D = \{(1, 3), (2, 4), (3, 1), (4, 2)\}$

14. $S = \{(1, 1), (1, 2), (1, 3), (1, 4), (1, 5), (1, 6), (2, 1), (2, 2), (2, 3), (2, 4), (2, 5), (2, 6), (3, 1), (3, 2), (3, 3), (3, 4), (3, 5), (3, 6), (4, 1), (4, 2), (4, 3), (4, 4), (4, 5), (4, 6), (5, 1), (5, 2), (5, 3), (5, 4), (5, 5), (5, 6), (6, 1), (6, 2), (6, 3), (6, 4), (6, 5), (6, 6)\}$

$A = \{(6, 6)\}$

$B = \{(1, 1), (1, 3), (1, 5), (3, 1), (3, 3), (3, 5), (5, 1), (5, 3), (5, 5)\}$

15. $\dfrac{1}{5}$; $\dfrac{2}{5}$

16. $P(A) = \dfrac{1}{2}$; $P(B) = \dfrac{1}{6}$; $P(C) = \dfrac{1}{2}$; $P(D) = \dfrac{1}{3}$

17. a) $S = \{1, 2, 3, 4, 5, 6\}$ **c)** 1

b) $\dfrac{1}{6}$ **d)** $\dfrac{2}{3}$

18. a) $\dfrac{3}{10}$

b) $\dfrac{3}{5}$

19. a) $\dfrac{1}{7}$

b) $\dfrac{2}{7}$

20. b) $\dfrac{1}{2}$ **c)** $\dfrac{1}{2}$

21. a) $\dfrac{1}{36}$ **b)** $\dfrac{1}{4}$ **c)** $\dfrac{5}{12}$

22. 98,4%

23. 4%

24. $\dfrac{5}{9}$

25. $\dfrac{7}{8}$

26. a) $\dfrac{7}{8}$ **b)** $\dfrac{7}{8}$

27. a) 30%   **b)** 100%

28. 10%; 60%

29. a) $\dfrac{1}{4}$ (ou 25%)

b) 25%

30. a) $\dfrac{37}{115}$ **b)** $\dfrac{18}{115}$ **c)** $\dfrac{13}{23}$

31. $\dfrac{3}{11}$

32. a) $\dfrac{1}{3}$ **b)** $\dfrac{3}{11}$ **c)** $\dfrac{1}{11}$

33. a) $\dfrac{1}{3}$ **b)** $\dfrac{1}{3}$ **c)** $\dfrac{1}{9}$

34. $\dfrac{1}{4}$

35. a) $P(A) = \dfrac{1}{3}$, $P(B) = \dfrac{1}{3}$ e $P(A \cap B) = \dfrac{1}{9}$

b) $P(A) = \dfrac{1}{3}$, $P(B) = \dfrac{1}{3}$ e $P(A \cap B) = 0$

UNIDADE 8 Área, segmentos tangentes, polígonos e círculo

CAPÍTULO 18 Áreas: triângulo e quadriláteros notáveis

1. 1, 2, 3, 4, 6

2. 1, 3, 4, 6

3. a) 32 m²   **b)** 120 m²

4. a) 25 cm²   **b)** 74 cm²

5. $A = 100$ m²

6. 4 cm

7. 47 cm

8. 82%

9. a) 18 cm²   **d)** 24 m²

b) 28 m²   **e)** 18 cm²

c) $90\sqrt{3}$ m²   **f)** 112 cm²

10. áreas: 28 m²

11. $2\sqrt{7}$ m

12. áreas: 36 m²

13. 6 m

PARTICIPE

a) Construção.

b) Retângulo; 48 cm²

c) Sim; caso LAL

d) Iguais; 48 cm²

e) 24 cm²

f) Construção.

g) Paralelogramo; 30 cm²

h) 15 cm²

14. a) $16\sqrt{3}$ m²   **e)** 48 cm²

b) $9\sqrt{5}$ m²   **f)** 40 cm²

c) $32\sqrt{3}$ m²   **g)** 216 cm²

d) $9\sqrt{2}$ cm²

15. 54 m²

16. $50\sqrt{3}$ cm²

17. $25\sqrt{3}$ m²

18. $12\sqrt{3}$ m²

19. 48 cm²

20. 60 m²

21. $2\sqrt{3}$ cm

22. $(8 + 4\sqrt{2})$ cm

23. 15 cm²

24. a) $\dfrac{bh}{8}$, $\dfrac{bh}{4}$, $\dfrac{3bh}{8}$ e $\dfrac{bh}{2}$

b) $\dfrac{1}{4}$

25. a) $\dfrac{1}{3}S$ **b)** $\dfrac{2}{5}S$

26. Demonstração.

27. área: $10\sqrt{3}$ m²; altura: $4\sqrt{3}$ m

28. área: $24\sqrt{6}$ m²; altura: $\dfrac{24\sqrt{6}}{7}$ m

29. 48 cm

30. a) 120 m²

b) $72\sqrt{2}$ m²

c) $96\sqrt{3}$ m²

31. a) 30 m²   d) 144 m²

b) 180 m²   e) $96\sqrt{3}$ m²

c) 210 m²   f) 36 m²

32. 80 m²

33. 52,5 m; 22,5 m

34. 1 890 m²

35. Construção.

36. Construção.

37. a) 24

b) 21,5

c) 304 cm²

CAPÍTULO 19 Segmentos tangentes

1. a) $x = 15$ cm

b) $x = 4$

c) $x = 15$

2. perímetro: 26 cm; lados: 7 cm, 9 cm e 10 cm

3. 2 cm

4. perímetro = 36 cm

5. $\dfrac{9}{2}$

6. 1 cm

7. 20 cm

8. a) 13 cm   b) 3 cm   c) 8 cm

9. 140°

10. $AP = 6$ cm

11. 36 cm

12. $r = 2$ cm

13. a) 3 cm

b) 30 cm

14. a) $x = 11$ cm   c) $x = 16$ cm

b) $x = 7$ d) $x = 9$

15. Não. Porque a soma de dois lados opostos ($AB + CD = 10$) não é igual à soma dos outros dois ($AD + BC = 8$).

16. 20

17. 6

18. 12 cm

19. 56 cm

CAPÍTULO 20 Polígonos regulares

I. a) 180°; 180°; 180°

b) 540°

c) 180°

d) 360°

II. a) 720°

b) 360°

c) 360°

---

1. 7; 35

2. 27

3. 11

4. 1 800°

5. 1 260°

6. heptágono

7. 720°

8. 110°, 120° e 130°

a) Mediatriz de $\overline{AB}$

b) São iguais.

c) $Q \in r$

d) Bissetriz de $C\hat{O}D$

e) São iguais.

f) $S \in s$

---

9. a) $3\sqrt{3}$ m   c) $\sqrt{3}$ m

b) $2\sqrt{3}$ m   d) $\sqrt{3}$ m

10. a) $8\sqrt{2}$ m   c) 4 m

b) $4\sqrt{2}$ m   d) 4 m

11. a) 12 m   d) $6\sqrt{3}$ m

b) 6 m   e) $3\sqrt{3}$ m

c) $3\sqrt{3}$ m

12. a) 120°   c) 45°

b) 72°   d) 36°

13. icoságono

14. 60°, 30°, 30°

15. a) 90°   c) 140°

b) 120°   d) 150°

16. 36 lados

17. a) 120°

b) 72°

c) 45°

18. 9

19. a) 24°

b) 156°

20. octógono

21. 1 800°

22. a) 2

b) 3

23. $12\sqrt{3}$ cm²

24. 64 cm

25. $24\sqrt{3}$ cm²

26. 36°

27.

Polígono regular inscrito	Lado	Apótema
Triângulo	$r\sqrt{3}$	$\dfrac{r}{2}$
Quadrado	$r\sqrt{2}$	$\dfrac{r\sqrt{2}}{2}$
Hexágono	r	$\dfrac{r\sqrt{3}}{2}$

---

28. 10 cm; 5 cm

29. 1 m

30. 50 cm²

31. $10\sqrt{2}$ cm

32. 100 cm²

33. 1 753 m (aproximadamente)

34. $\dfrac{3\sqrt{3}}{2}$ cm

35. 1 039 m² (aproximadamente)

36. 8 cm

37. a) $\dfrac{5\sqrt{3}}{2}$ cm

b) $\dfrac{5\sqrt{3}}{2}$ cm

c) $5\sqrt{3}$ cm

38. 84 cm

39. $\dfrac{10\sqrt{3}}{3}$ cm; $\dfrac{5\sqrt{3}}{3}$ cm

40. $48\sqrt{3}$ cm²

41. $6\sqrt{3}$ cm

42. a) $3\sqrt{2}$ m; 3 m

b) 6 m; $3\sqrt{3}$ m

c) $2\sqrt{3}$ m; $\sqrt{3}$ m

43. a) 50 m²

b) $24\sqrt{3}$ m²

c) $27\sqrt{3}$ m²

44. a) $\sqrt{3}$ cm

b) 3 cm

c) $3\sqrt{3}$ cm

45. 7,5 cm

46. Construção.

47. Construção.

48. Construção.

CAPÍTULO 21 Círculo, cilindro e vistas

1. 240π m ≅ 753,6 m

2. 152,9 cm

3. 31 847 voltas

4. aproximadamente 10 m

5. aproximadamente 491,2 m

6. 2π cm ≅ 6,28 cm; $2\pi\sqrt{2}$ cm ≅ $6,28\sqrt{2}$ cm = 8,85 cm

7. π cm ≅ 3,14 cm

8. aproximadamente 31,4 m

9. 16 077 m

10. 10 350 voltas; 94 voltas por minuto

11. 125 cm

12. Construção.

13. Construção.

14. $\dfrac{25\pi}{12}$ cm ≅ 6,5 cm

15. a) 45π cm   c) 36π cm

b) 30π cm

16. a) $\frac{8}{3}\pi$ cm $\cong$ 8,37 cm

b) $\frac{3}{5}\pi$ cm $\cong$ 1,884 cm

c) 9π cm $\cong$ 28,26 cm

d) 24π cm $\cong$ 75,36 cm

17. $\widehat{AB} = 3\pi$ cm $\cong$ 9,42 cm

$\widehat{CD} = 2\pi$ cm $\cong$ 6,28 cm

$\widehat{EF} \cong \frac{4}{3}\pi$ cm $\cong$ 4,19 cm

18. 240°

19. a) 8π cm $\cong$ 25,12 cm

b) 30π cm $\cong$ 94,2 cm

20. 180°

21. $\frac{15}{\pi}$ cm $\cong$ 4,78 cm

22. $\frac{125}{\pi}$ m $\cong$ 39,81 m

23. 2

24. $\frac{90}{\pi}$ cm

25. $\frac{R \cdot 360°}{G}$

26. 48π cm $\cong$ 150,72 cm

27. $20(3\sqrt{3} + 2\pi)$ cm $\cong$ 2,29 m

28. a) $x = 55°$

b) $x = 70°$

29. 85°

30. 92°

31. $9(4\pi - 3\sqrt{3})$ cm²

32. a) $\frac{4 - \pi}{4}a^2$

b) $\frac{\pi - 2}{2}a^2$

c) $\frac{4 - \pi}{4}a^2$

33. 2π cm²

34. $4(\pi - 2)$ cm²

35. $(3\sqrt{3} - \pi)r^2$

36. a) $8(4 - \pi)$ cm²   **b)** $4(4 - \pi)$ cm²

37. $\frac{24\pi}{5}$ cm² $\cong$ 15,072 cm²

38. a) 4π m²   **c)** 30 m²

b) 7π m²   **d)** 18 m²

39. 160π cm²

40. a) 3π m² $\cong$ 9,42 m²

b) 3π cm²

41. a) $4(\pi - 2)$ cm² $\cong$ 4,56 cm²

b) $\frac{41\pi}{9}$ cm²

42. a) 84π m²   **b)** 25π m²

43. $0,24\pi$ m² $\cong$ 0,7536 m²

44. $(23,04 + 5,76)$ m² $\cong$ 41,1264 m²

45. 37,3 m²

46. $6 \cdot \left(1 - \frac{\pi}{4}\right)$ m² $\cong$ 1,29 m²

47. 4 cm

48. 120°

49. $125\sqrt{3}$ cm³

50. a) 18   **c)** 8

b) 12   **d)** $540\sqrt{3}$ cm³

51. a) 24π cm³

b) 250π cm³

c) 300π cm³

52. aproximadamente 28 L

53. aproximadamente 2,8 cm

54. 5

55. a) $c^2 = a^2 + b^2$

b) 36 m³

c) 84 m²

56. O cilindro.

57. Resposta: $A - I$; $B - III$; $C - II$

58. Resposta: $A - III$; $B - I$; $C - II$

59. Construção.

60. Construção.

61. Construção.

UNIDADE 9   Funções

CAPÍTULO 22 Tabelas, fórmulas e gráficos

2. a) $A(5,2); B(2,5); C(-2,5); D(-5,2); E(-5,-2); F(-2,-5); G(2,-5); H(5,-2)$

b) $A(6,0); B(5,3); C(3,5); D(0,6); E(-3,5); F(-5,3); G(-6,0); H(-5,-3); I(-3,-5); J(0,-6); K(3,-5); L(5,-3)$

3. a) G **c)** D

b) H **d)** E

4. a) D **e)** F

b) K **f)** B, C, D, E, F

c) B **g)** H, I, J, K, L

d) L **h)** A, G

5. Não, $AB \neq BC$

6. 9; 9; 5; 17

7. 11,3

8. $\hat{A}$

9. $M(-0,5; 5,5)$

10. a) $M(5, 2)$

b) $M = (0, 0)$

11. $M_{AB} = \left(\frac{5}{2}, \frac{5}{2}\right)$; $M_{BC} = \left(3, \frac{-9}{2}\right)$;

$M_{CA} = \left(-\frac{3}{2}, -2\right)$

12. $AM = 5$

13. a) $M\left(-1, -\frac{3}{2}\right)$

b) $10 + 10\sqrt{2}$

c) 35

14. a) 55; 70; $5x$

b) Sim. A cada x corresponde uma única nota y.

15. a) R$ 1,25; R$ 4,50

b) R$ 0,21

16. a) 200 km

b) $y = 100x$

c) 150 km

17. a)

Nº de acertadores	Prêmio de cada um (R$)
1	120,00
2	60,00
5	24,00
8	15,00
20	6,00
40	3,00

b) Do número de acertadores.

c) p = prêmio; n = nº de acertadores; $p = \frac{120}{n}$

18. a) $A = \ell^2$ (lado = ℓ; área = A)

b) $\ell = \sqrt{A}$

c) $2\sqrt{5}$ cm

19. a) • 2   • 5   • 35   • $\frac{n(n-3)}{2}$

b) Sim. A cada n corresponde um único número de diagonais. A fórmula dessa função é $d = \frac{n(n-3)}{2}$.

20. a) $y = -4$ **d)** $x = \frac{10 - 5y}{2}$

b) $x = -45$

c) $y = \frac{10 - 2x}{5}$

21. a) $y = 6$ ou $y = -6$

b) Não. A $x = 8$ correspondem dois valores de y.

22. a) Sim. A cada x corresponde um único y.

b) Não. A $y = 9$, por exemplo, correspondem dois valores de x: 3 e -3.

23. a) 11 km

b) 96 km. É a distância percorrida em 1 h.

c) 100 min (ou 1 h 40 min)

24. a) 1,5 L

b) 1; o volume é 1 L quando a altura é 10 cm.

c) 20 cm

25. a) -1 **c)** $\frac{\sqrt{3} - 1}{2}$

b) $\frac{5}{8}$ **d)** não existe

26. $-\frac{99}{4}$

27. a) 29

b) $17 - \sqrt{2}$

28. a) $2\,304\pi$ (aproximadamente 6,9 L)

b) 36π. O volume em cm³ de uma bola de raio 3 cm.

31. a) $y = \frac{10 + x}{x}$, para $x > 0$.

33. a) 20 kg   **c)** 60 kg

b) 40 kg   **d)** 70 kg

CAPÍTULO 23 Função afim

1. Resposta pessoal.

2. a) Sim. A cada x corresponde um único y.
b) $y = 180$, para todo x.

3. $f(x) = 40$ cm²

4. a) 100; 200; 300; 350; 400
b) $y = 100x$

5. a) $y = 6\,000 - 100x$, para $0 \le x \le 60$.
b) Resposta pessoal.

7. a) -2
b) 5

8. a) $y = 100\,000 + 50x$
b) R$ 600 000,00
c) R$ 110,00

9. a) $y = 20x + 100$ (litros), para $0 \le x \le 12,5$
b) 20 L/min
c) 45 min

10. a) $y = 25 - 2x$, para $0 \le x \le 12,5$
c) -2 cm/xícara

11. a) $h = 20 - 0,2 \cdot t$
b) $-0,2$ cm/min $= -2$ mm/min

12. b) O coeficiente b.
c) O ponto de interseção com o eixo y (as retas são paralelas).

13. b) O coeficiente a.
c) A inclinação, já que todas passam no ponto $(0, 0)$.

14. a) crescente **d)** decrescente
b) constante **e)** crescente
c) decrescente **f)** constante

15. a) R$ 218,40
b) $y = 4,20 \cdot x$, para $0 \le x \le 52$
d) R$ 4,20/L

16. a) Sim. A cada idade corresponde uma única altura.
b) Não. Não é verdade que dobrando a idade a altura dobre; nem que triplicando a idade a altura triplique. Se uma pessoa aos 10 anos tem 1,30 m, aos 30 anos não terá 3,90 m.

17. a) 4,20; 2,10; 6,30; 8,40; 12,60; 16,80
b) $y = 0,42 \cdot x$
c) Sim. A razão $\dfrac{\text{custo}}{\text{distância}}$ é constante.

18. a) $y = \sqrt{3} \cdot x$
b) Sim.

19. a) I, II, V, VI
b) III, IV
c) II, V

20. a) $d = (0,12)x$
b) $v = (0,88)x$
c) Sim

21. a) Crescente; aumentando a conta, aumenta a gorjeta.
b) Sim. A razão $\dfrac{\text{gorjeta}}{\text{conta}}$ é constante.
c) $f(x) = y = (0,10)x$
d) Sim

22. a) Sim. Aumentando o ângulo, aumenta o comprimento da corda.
b) Não. Dobrando o ângulo, não dobra o comprimento da corda.

23. a) $y = \dfrac{\pi x^2}{4}$ (m²), para $0 < x \le 50$
b) Não; dobrando o valor de x, y quadruplica.

24. a) 200; 100; 50; 40; 31,25; 25
b) A massa se reduz à metade (fica dividida por 2).
c) Fica dividida por 4.
d) $y = \dfrac{1\,000}{x}$
e) 1 000

25. III

26. a) Crescente; y é diretamente proporcional a x.
b) Decrescente; n é inversamente proporcional a p.

27. a) Crescente.
b) Decrescente.
c) Em a, y é diretamente proporcional a x. Em b, y é inversamente proporcional a n.

28. a) I, II, IV, V, VII, VIII, IX
b) III, VI
c) I, II
d) III
e) I, II, IV, V, VI, IX
f) I, II

29. a) $y = 35 - x$; decrescente; y não é proporcional nem inversamente proporcional a x.
b) $y = \dfrac{80}{x}$; decrescente; y é inversamente proporcional a x.

30. a) É decrescente; aumentando r, diminui a área.
b) Não; não.

31. R$ 3 600,00

32. R$ 3 200,00

33. R$ 20 000,00

34. a) 5 azulejos
b) À 1 h do dia seguinte.

CAPÍTULO 24 Função quadrática

1. a) 0; 2; 2; 8; 8

3. a) 0; -1; 0; 3; 3
b) 0; 3; 4; 3; 0

4. $y = x^2 + 20x$

5. a) para cima; 0, -3, -4, -3, 0
b) para baixo; -1, 2, 3, 2, -1

6. 7,5

7. a) I: $a = 1$, $b = -2$ e $c = 1$;
II: $a = \dfrac{1}{2}$, $b = 1$ e $c = 2$;
III: $a = -1$, $b = 4$ e $c = 1$
b) I e II: para cima; III: para baixo.
c) I: $x_V = 1$; II: $x_V = -1$; III: $x_V = 2$

8. a) $f(x) = -2x^2 + 4x + 48$ (cm²)
c) 1 cm
d) 50 cm²

9. a) $y = 30x - (0,1)x^2$
b) 200 ou 100
c) 150; R$ 2 250,00

10. a) 450 cm²
b) $y = 60x - \dfrac{3}{2}x^2$
c) 600 cm²

11. a) $A = (2\,400 - 4x^2)$ cm²
b) $V = x(60 - 2x)(40 - 2x)$ cm³
c) 35 cm; 15 cm; 12,5 cm

12. -1

13. a) $(0, -6)$, $(2, 0)$ e $\left(-\dfrac{3}{2}, 0\right)$
b) $(0, -18)$ e $(-3, 0)$
c) $(0, 4)$
d) $(0, 1)$, $\left(-\dfrac{1}{2}, 0\right)$, $\left(-\dfrac{1}{3}, 0\right)$
e) $(0, 9)$, $\left(\dfrac{3}{2}, 0\right)$
f) $(0, 4)$

14. a) 6 e 2
b) 4
c) 4
d) Sim. $\dfrac{x_1 + x_2}{2} = \dfrac{\left(\dfrac{-b}{a}\right)}{2} = \dfrac{-b}{2a} = x_V$

15. a) $<$
b) $<$; $<$
c) $>$

16. a) V **d)** F
b) F **e)** V
c) V **f)** V

17. a) C **d)** E
b) C **e)** C
c) E **f)** C

18. a) E **d)** C
b) C **e)** C
c) C **f)** C

19. a) F **d)** V
b) F **e)** F
c) V **f)** V

20. a) $(x < -1$ ou $x > 2,5) \Rightarrow f(x) > 0$
$-1 < x < 2,5 \Rightarrow f(x) < 0$
$(x = -1$ ou $x = 2,5) \Rightarrow f(x) = 0$
b) $x \ne \dfrac{3}{4} \Rightarrow f(x) > 0$
$x = \dfrac{3}{4} \Rightarrow f(x) = 0$
c) $\left(x < -\dfrac{3}{2}$ ou $x > 3\right) \Rightarrow f(x) < 0$
$-\dfrac{3}{2} < x < 3 \Rightarrow f(x) > 0$
$\left(x = -\dfrac{3}{2}$ ou $x = 3\right) \Rightarrow f(x) = 0$
d) $\forall\, x \in \mathbb{R}$, $f(x) < 0$

21. $1 < x < 5$

22. 10 pessoas

Tabela de razões trigonométricas

Ângulo (graus)	Seno	Cosseno	Tangente	Ângulo (graus)	Seno	Cosseno	Tangente
1	0,01745	0,99985	0,01746	46	0,71934	0,69466	1,03553
2	0,03490	0,99939	0,03492	47	0,73135	0,68200	1,07237
3	0,05234	0,99863	0,05241	48	0,74314	0,66913	1,11061
4	0,06976	0,99756	0,06993	49	0,75471	0,65606	1,15037
5	0,08716	0,99619	0,08749	50	0,76604	0,64279	1,19175
6	0,10453	0,99452	0,10510				
7	0,12187	0,99255	0,12278	51	0,77715	0,62932	1,23499
8	0,13917	0,99027	0,14054	52	0,78801	0,61566	1,27994
9	0,15643	0,98769	0,15838	53	0,79864	0,60182	1,32704
10	0,17365	0,98481	0,17633	54	0,80903	0,58779	1,37638
				55	0,81915	0,57358	1,42815
11	0,19087	0,98163	0,19438	56	0,82904	0,55919	1,48256
12	0,20791	0,97815	0,21256	57	0,83867	0,54464	1,53986
13	0,22495	0,97437	0,23087	58	0,84805	0,52992	1,60033
14	0,24192	0,97030	0,24933	59	0,85717	0,51504	1,66428
15	0,25882	0,96593	0,26795	60	0,86603	0,50000	1,73205
16	0,27564	0,96126	0,28675				
17	0,29237	0,95630	0,30573	61	0,87462	0,48481	1,80405
18	0,30902	0,95106	0,32492	62	0,88295	0,46947	1,88073
19	0,32557	0,94552	0,34433	63	0,89101	0,45399	1,96261
20	0,34202	0,93969	0,36397	64	0,89879	0,43837	2,05030
				65	0,90631	0,42262	2,14451
21	0,35837	0,93358	0,38386	66	0,91355	0,40674	2,24604
22	0,37461	0,92718	0,40403	67	0,92050	0,39073	2,35585
23	0,39073	0,92050	0,42447	68	0,92718	0,37461	2,47509
24	0,40674	0,91355	0,44523	69	0,93358	0,35837	2,60509
25	0,42262	0,90631	0,46631	70	0,93969	0,34202	2,74748
26	0,43837	0,89879	0,48773				
27	0,45399	0,89101	0,50953	71	0,94552	0,32557	2,90421
28	0,46947	0,88295	0,53171	72	0,95106	0,30902	3,07768
29	0,48481	0,87462	0,55431	73	0,95630	0,29237	3,27085
30	0,50000	0,86603	0,57735	74	0,96126	0,27564	3,48741
				75	0,96593	0,25882	3,73205
31	0,51504	0,85717	0,60086	76	0,97030	0,24192	4,01078
32	0,52992	0,84805	0,62487	77	0,97437	0,22495	4,33148
33	0,54464	0,83867	0,64941	78	0,97815	0,20791	4,70463
34	0,55919	0,82904	0,67451	79	0,98163	0,19087	5,14455
35	0,57358	0,81915	0,70021	80	0,98481	0,17365	5,67128
36	0,58779	0,80903	0,72654				
37	0,60182	0,79864	0,75355	81	0,98769	0,15643	6,31375
38	0,61566	0,78801	0,78129	82	0,99027	0,13917	7,11537
39	0,62932	0,77715	0,80978	83	0,99255	0,12187	8,14435
40	0,64279	0,76604	0,83910	84	0,99452	0,10453	9,51436
				85	0,99619	0,08716	11,43010
41	0,65606	0,75471	0,86929	86	0,99756	0,06976	14,30070
42	0,66913	0,74314	0,90040	87	0,99863	0,05234	19,08110
43	0,68200	0,73135	0,93252	88	0,99939	0,03490	28,63630
44	0,69466	0,71934	0,96569	89	0,99985	0,01745	57,29000
45	0,70711	0,70711	1,00000				

AGRADECIMENTOS E BIBLIOGRAFIA

Consignamos nossa mais sincera gratidão aos colegas pelo apoio recebido durante a elaboração deste trabalho.

Affonso Luiz Reyz de Paula Neves
Alvaro Zimmermann
Aranha Ambrogina L. Pozzi Cesar
Ana Maria de Souza Almeida Matos
Ângela Maria de Carvalho Barroso
Antonio Lourenço de Oliveira
Antonio Renato de Paula Pessoa
Arnaldo Mendonça
Augusto C. O. Morgado
Bárbara Lutaif
Carlos Balbino Pelegrinelli
Cesar Augusto Soares
Cesar Soares dos Reis
Cleister Alves Cordeiro
Danilo Carvalho Villela
Dylson Faria Lima
Edjarbas de Oliveira Jr.
Edna Maria C. Conceição
Eldon Nogueira de Albuquerque
Elias Veiga
Elisabete Longo Santiago
El-Mani Gomes
Elon Lages Lima
Evaldo Ribeiro da Cunha

Fernando José Campps Lavall
Fernando Willer Klein de Aquino
Flávio Leite Mota
Francisco Guilherme da Silva
Gracia Tereza Bittencourt Martins
Helena Maria Tonet
Henriette Tognetti Penha Morato
Hiroko Ando
Hugo José Nascimento
Iguatemi Coquinot de Alcântara Nunes
Irene Torrano Filisetti
Izelda Maciel Ramos
Jaine Rita Celentano Lino
João Alfredo Sampaio
João Dionísio Amorim
João dos Reis Neto
João Pereira dos Santos
Joaquim Serafim da Paz
José Cardoso
José Fonseca Júnior
José Geraldo
José Jorge Chama
José Wightnan de Carvalho

Judite David
Jélia Hosi
Leonor Farsic Fic
Luciano de Oliveira
Luiz Angelo Marengão
Luiz José de Macedo
Manoel Benedito Rodrigues
Manuel Maria Lourenço de Sousa
Marcelo Antônio Ferreira
Marcelo Marcio Morandi
Maria Aparecida Olivares Pusas Santos
Maria Aparecida Simões Okamura
Maria Consuelo G. B. da Silva
Maria José R. Pereira
Marisa Ortegosa da Cunha
Martha Helena Franco de Andrade
Mercês Edith Dubeux Beltrão
Messias Rosa do Nascimento
Milton Carvalho Barbosa
Mitiko Imoto Kawata
Nelson José Correia
Nilze Silveira de Almeida

Orozimbo Marinho de Almeida
Oscar Augusto Guelli Neto
Otaviano Alves
Pelegrino P. Dinard
Plínio José Oliveira
Regina Célia Santiago do Amaral Carvalho
Rêmulo Pifano
Roberto Meconi Júnior
Ronaldo Schubert Souto
Rosana Covões
Rosângela de Fátima dos Reis Silva
Sergio Augusto Sepúlveda Figueiredo
Sidney Tognini Martos
Silvia de Lima Guitti Oliveira
Silvia Helena Augusto
Valéria Araújo Barbosa
Vanda Cotosck
Vicente Carelli
Vilma Cotosck
Walfrido Diniz Gattoni
Wancleber Pacheco
Wilson José da Silva
Yoshiko Yamamoto Nukai

BIBLIOGRAFIA

100 jogos geométricos, de Pierre Berloquin (Lisboa: Gradiva, 1999).

100 jogos numéricos, de Pierre Berloquin (Lisboa: Gradiva, 1991).

A arte de resolver problemas, de George Polya (Rio de Janeiro: Interciência, 1978).

Ah, descobri!, de Martin Gardner (Lisboa: Gradiva, 1990).

Anuários do Conselho Nacional de Professores de Matemática dos EUA (NCTM) (São Paulo: Atual, 1995).

As maravilhas da Matemática, de Malba Tahan (Rio de Janeiro: Bloch, 1987).

As seis etapas do processo de aprendizagem em Matemática, de Zoltan P. Dienes (São Paulo: EPU, 1986).

Aventuras matemáticas, de Miguel de Guzman (Lisboa: Gradiva, 1990).

Coleção *O Prazer da Matemática*, de vários autores (Lisboa: Gradiva).

Coleção *Pra que serve Matemática?*, de Luiz Márcio Pereira Imenes e outros (São Paulo: Atual, 1990).

Coleção *Vivendo a Matemática*, de vários autores (São Paulo: Scipione, 1990).

Da realidade à ação – Reflexões sobre educação e Matemática, de Ubiratan D'Ambrósio (São Paulo: Summus, 2004).

Didática da resolução de problemas de Matemática, de Luiz Roberto Dante (São Paulo: Ática, 1999).

Divertimientos lógicos y matemáticos, de M. Mataix (Barcelona: Marcombo, 1982).

El discreto encanto de las matemáticas, de M. Mataix (Barcelona: Marcombo, 1986).

Estatística básica, de Wilton de O. Bussab e Pedro A. Morettin (São Paulo: Saraiva, 2013).

Etnomatemática – Elo entre as tradições e a modernidade, de Ubiratan D'Ambrósio (Belo Horizonte: Autêntica, 2001).

Fazer e compreender Matemática, de Jean Piaget (São Paulo: Melhoramentos, 1978).

História da Matemática, de Carl B. Boyer, tradução: Elza F. Gomide (São Paulo: Edgard Blücher, Edusp, 1974).

Matemática divertida e curiosa, de Malba Tahan (Rio de Janeiro: Record, 2008).

Matemática e língua materna, de Nilson José Machado (São Paulo: Cortez, 2001).

Na vida dez, na escola zero, de David Carraher e outros (São Paulo: Cortez, 2003).

O homem que calculava, de Malba Tahan (Rio de Janeiro: Record, 2008).

O livro dos desafios, v. 1, de Charles Barry Townsend (Rio de Janeiro: Ediouro, 2004).

Quebra-cabeças, truques e jogos com palitos de fósforo, de Gilberto Obermair (Rio de Janeiro: Ediouro, 2000).

Revista do Professor de Matemática (São Paulo: SBM).

Revista Nova Escola (São Paulo: Fundação Victor Civita).

Revista Temas e Debates (São Paulo: SBEM).